行为与认知发展

宋锋林 著

北京邮电大学出版社
www.buptpress.com

内 容 简 介

约翰·洛克指出:"理解如同眼睛似的,它虽然可以使我们观察并知觉别的一切事物,但是却不注意自己。"人们在认识世界的时候,知道自己认知的对象,知道对象的活动与演变,但是人们无法直接考察和探究自己认识外部世界的认知过程本身,它就像是一个黑箱系统,人们知道系统的输入和输出,却不清楚黑箱系统的内在结构及其运作逻辑。本书所尝试解构的,正是这一黑箱系统的逻辑结构和演绎机制,雪花模型理论体系是针对这一课题的初步回答,该体系系统探究了个人的行为与认知能力是如何从最基础的刺激感受获取,一步步迭代演进至可化解各种生活矛盾的复杂适应能力,关于"理解"背后的运作机制也在这种演进中变得明朗起来。

雪花模型是一个多层次、多机制、多变量、多输入与多输出的动态演绎体系,该体系初步呈现了一个模式规则与演化历史相融合、差异化关系维度与多样化价值尺度相统一的系统性框架。雪花模型给出了人的行为与认知体系的总体演绎范式,在人的行为动机分析上,在人的思维逻辑推演上,在学科知识体系的解构上,雪花模型都能够给出深入而独到的方法或观点。雪花模型涵盖了极为丰富和灵活的逻辑演绎形态,可作为探求全新学术思想的重要辅助工具。

图书在版编目(CIP)数据

行为与认知发展 / 宋锋林著. -- 北京:北京邮电大学出版社,2021.1(2023.4 重印)
ISBN 978-7-5635-6290-9

Ⅰ. ①行… Ⅱ. ①宋… Ⅲ. ①认知科学 Ⅳ. ①B842.1

中国版本图书馆 CIP 数据核字(2020)第 273377 号

策划编辑:彭 楠　　责任编辑:刘 颖　　封面设计:七星博纳

出版发行:北京邮电大学出版社
社　　址:北京市海淀区西土城路 10 号
邮政编码:100876
发 行 部:电话:010-62282185　传真:010-62283578
E-mail:publish@bupt.edu.cn
经　　销:各地新华书店
印　　刷:北京九州迅驰传媒文化有限公司
开　　本:787 mm×1 092 mm　1/16
印　　张:18
字　　数:473 千字
版　　次:2021 年 1 月第 1 版
印　　次:2023 年 4 月第 2 次印刷

ISBN 978-7-5635-6290-9　　　　　　　　　定价:78.00 元

· 如有印装质量问题,请与北京邮电大学出版社发行部联系 ·

前　言

本书尝试探究个人的行为调节动向与情景关系认知是如何从简单逐步趋向复杂的。这里的简单和复杂有着特定的范畴。简单是从人的感觉过程开始的，在个体认识和适应环境的过程中，感觉是用于刺探环境状况的最为基本的交互信息，也是一系列后续行为与认知的触发点，因此将其作为问题的起点。复杂针对的是个人应对乃至把控环境中各种非常态事物的适应过程，相比瞬间即可采样的感觉过程，适应过程是一个持续的刺激信号采样与行为交互过程，其中涉及环境当中的各类庞杂的大批量刺激信号，以及行为反应的多样性和不确定性，个体需要建立起环境信息与自身行为反应之间的有效联动与调节机制，以维系和保障自身的存在。如果说感觉是一个偏微观的简单问题，那么开放环境下的有效适应过程就是一个偏宏观的复杂问题，人的行为与认知体系（下简称知行体系）是如何一步步从微观开始迭代并逐步演进到宏观，以及其中所可能存在的演绎机制与演绎模式，这些都是本书所重点探讨的课题。

雪花模型理论演绎体系是对这一课题的初步回答。这是一套多层次、多机制、多变量、多尺度的动态演绎体系，其中包含着众多形式化极强的演绎规律，表1是对雪花模型理论演绎体系核心内容的简要提炼。

表1　雪花模型理论体系概要

演绎组件	状态	对策	规则	主体
演绎内核	自适应调控机制			
演绎框架	产生-检验循环架构			
演绎进路	规则裂变图	关系聚变图		动力模型图
演绎体系	雪花模型图	逻辑全景图		情理逻辑
演绎哲学	层次建构论			

理论的提出固然重要，但关键的是理论的可靠性与实用性，如果理论不能有效刻画目标问题，如果理论不能用于解决实际问题，那么其价值必然有相当的局限，由此，如何去检验理论成为一个不可回避的基本问题。

检验理论效度的一种常见方法，是设计实验程序并进行大量的实证考察，对其中的数据进行归纳和分析，然后与理论预测进行比对，基于一定的置信度区间来评判其可靠度。对于雪花模型来说，运用这种检验方法只能对模型体系的局部性质进行测试，而难以进行整体层面的考察，其原因在于：雪花模型当中的规则不是单一的，而是由多个层次所构成的复合规则体系，个体在适应环境时各个层次规则可以单独激发，也可以组合激发，规则的生效与否与个体的成长经历息息相关，不同的个体面对同样的情景，激活的规则很难保证是完全一致的。从第三方视角来看，每个个体在适应环境时究竟基于哪种适应性规则是带有随机性的，不同的规则或规则组合有着不同的行为表现，在不指明内在规则的情况下，基于实证的方法很难去检验由这些复合规则所建构起来的理论体系效度。即使强制性约定场景的适应性规则,单独针对每层规则来设计并考察数据,然后简单将各层数据综合时也并不能够反映各层次规则相互协同运作时的总体表现,因为高层规则不是基层规则的简单叠加,而是基层规则协同运作的涌现。哥德尔定理也在提醒着我们,在给定规则的运作系统中,是不可能既获知系统的总体性质,同时又避免其绝对无矛盾性,而自然科学当中基于严格限定条件下的实证考察方法往往是拒绝矛盾的,进而也拒绝了系统不断与环境耦合而衍生出来的复杂性。鉴于此,我们需要寻找新的效度检测方法。

许多理论往往有着专属于该理论的特定实证程序,换了其他方法可能很难对其效度进行考察,因此对理论效度的检测,需要结合理论本身的特点来进行。理论体系越复杂,其有效检视工具通常也会越复杂。雪花模型是一个复杂模型,其主旨是关系认知和行为动机的逐级演进问题,行为表现可以一定程度上进行实证检测,而认知逻辑涉及思维与意识,其检验不仅需要实证材料辅助,更需要社会的共识。对于经过反复检验的成熟知识体系来说,人们相对容易达成共识,但是对于新兴的理论或观点,要达成共识并非易事。面对不断蹦出的新观点,人们在评判其是非对错时,依据的往往是自己所积累的生活常识或专业知识,这类认知越可靠,对相关领域观点的评判一般会越到位。这给我们的启示是,当难以基于实证方法来检验与认知有关的理论体系的效度时,可以用人类所沉淀出来的可靠知识体系来作为评判的参照和基础。

事实上,任何的知识都是人们不断实践之上的经验总结,任何的知识都是人们认知和适应周边世界的成果体现,人是知识的生产者和加工者,也是认知和组织一切事物关系的动力系统,人所加工出来的任何相对成熟的知识体系,都直接或间接印刻了认知或行为方面的逻辑。用于刻画个人行为和认知演绎规律的理论体系,是对个人这一动力系统运行逻辑的反映,它也必然与所有人类已经沉淀下来的成熟知识体系之间存在着某些共性。

如果把人的知行演绎机制当作一部机器,那么人类所沉淀下来的知识体系可视为这部机器的产出品,因此,要检验知行相关的理论或范式的有效性,可以用所有的成熟知识体系来进行验证操作。由于每一门成熟的知识体系本身就具有鲜明的逻辑范式,用既有的范式来对知行理论进行检验,相当于用一套架构体系去检验另一套架构体系,每一套架构都是一种多变量或多概念的演绎体系,每一套体系都有自身的动态演绎范畴,如何完成效度检验,并不是一件容易的事情,基于严格参照条件下的科学实证方法不适合于这种不同架构体系间的对照分析。鉴于这种情况,对知行理论的检验将更多地从原则上来考察,以充分兼容各自的框架内容。

1. 行为与认知理论的效度检验原则

一般来说,行为与认知理论的效度检测原则总体上可以归结为3个方面:

第一,**通约性检验**。所给出的理论或范式是否与已有的各门类知识体系之间存在可比性,或是某些共通属性、结构,符合条件的学科越多,符合条件的门类本身越具有综合性,则通约性越强。

第二,**指导性检验**。基于所给出的理论或范式,是否能够指出既有学科知识体系当中的各种问题所在,指出的问题越多,指出的问题越关键,界定问题的效率越高,涉及的科目越多,则指导性越强。

第三,**建设性检验**。基于所给出的理论或范式,能否对既有知识体系当中存在的各种问题提出进一步的解决思路、解决方案,解决的问题越多,解决方案越系统、越全面,解决的科目越多,则建设性越强。

这3个方面的要求是逐次提升的,三者之间既有交叉,同时又存在着一定的对立性。通常来说,越抽象的理论体系,通约性越强,指导性和建设性则会相对弱一些。指导性强调的是解决特定问题的可参考性或可实施性,其成效依赖于实践,而抽象往往是远离实践的。建设性强调的不仅仅是指出特定问题的可能解,还要求给出与特定问题有关的同类型问题的系统性解决思路,它是对指导性的进一步发展,它不仅能够用来解决问题,还能够给出解决问题的背后原理。

这3个方面对行为与认知理论的效度提出了一套原则性的检测方案,3个方面的测度无法直接定性一个理论的可靠性,但是在同样的一套标准方案测试下,是能够看出不同理论之间的效度差异的。有了一套界定理论效度的检测准则,可以帮助我们少走许多弯路,也可以进一步明确应当攻关的方向。

2. 雪花模型的检测表现

表2罗列了雪花模型在相关知识体系下的检测表现,它们在后续章节中均有具体的解析说明。

表2　雪花模型的效度检测

知识体系	通约性检验	指导性检验	建设性检验
形式逻辑基本规律	☑	☑	☐
辩证逻辑核心规律	☑	☐	☐
哥德尔不完全性定理	☑	☐	☐
弗洛伊德人格理论	☑	☑	☐
马斯洛需要层次理论	☑	☑	☐
斯金纳强化学习理论	☑	☑	☐
皮亚杰认知发展理论	☑	☐	☐
微观经济学的需求与效用理论	☑	☑	☐
雷克汉姆大订单销售工具	☑	☑	☐
前景理论(行为经济学)	☑	☑	☐
单纯型遗传算法	☑	☐	☐
人工神经网络基础模型	☑	☐	☐
图灵机架构	☑	☐	☐
三种基本程序控制结构	☑	☐	☐
典型复杂性概念	☑	☑	☐
复杂适应系统(CAS)	☑	☐	☐
海德格尔存在哲学	☑	☑	☐
老子之"道"	☑	☐	☐
易经卦理	☑	☑	☐
价值理论(规则裂变机制)	—	—	☑
行为动机(动力演绎模型)	—	—	☑
哲学分析范式(层次建构论)	—	—	☑
分层演绎逻辑(情理逻辑)	—	—	☑
常识推理框架	—	—	☑

下面简要说明雪花模型理论体系在3个方面的检测表现。

(1) 通约性检验

在通约性方面,雪花模型的表现是较为突出的,部分概述如下:

① 雪花模型兼容形式逻辑的4个基本规律(即同一律、不矛盾律、排中律、充足理由律)。个体基于习得的规则来适应潜在场景,当规则始终有效时,即适应时规则部件未检测出明显的状态演变或对策执行模式差异,此时状态是明晰的,对策是明确的,规则演绎是确切的,个体的认知处理是基本符合形式逻辑的4个基本规律的(6.2节);而当规则失效时,状态与对策的多种对接表现会同时共存,导致状态的不明确、对策的多样性、规则演绎的不可控,个体的认知处理不符合形式逻辑的4个基本规律。形式逻辑的这些规律实际上是个体思维逻辑体系当中的一种特例。

② 源自黑格尔的辩证法三大规律(量变与质变、对立性的相互渗透、否定之否定)在雪花模型的逻辑演绎体系当中均有着较为明显的体现。(8.2节)

③ 雪花模型兼容辩证逻辑的演绎思想,"归纳与演绎的统一、分析与综合的统一、抽象与具体的统一、逻辑与历史的统一"这四种辩证思想均可以在雪花模型当中找到相对应的逻辑结构。(8.3节)

④ 雪花模型的层次演绎遵循哥德尔的不完全性定理,具体体现在:低层逻辑关系不能充分判定高层逻辑关系的性质;每个运作层次的无矛盾性和完备性不能同时满足;每个运作层次整体层面的无矛盾性只能在更高层次当中进行明确。(7.1节)

⑤ 雪花模型与弗洛伊德人格理论存在逻辑相似性,弗洛伊德的"本我、自我、超我"在雪花模型当中均有对应的逻辑变量(需求本体、颉颃本体、抵兑本体),它们滋生于雪花模型的3个高层运作模式之中。雪花模型为弗洛伊德的人格理论提供了一套更为坚实的理论参照。(10.1节)

⑥ 雪花模型兼容马斯洛的需要层次理论,马斯洛所提出的"生理需要、安全需要、归属和爱的需要、自尊需要以及自我实现"等均可以在雪花模型的理论体系当中得到原理上的解释。(10.2节)

⑦ 雪花模型兼容斯金纳的强化学习理论,包括应答性反应、操作性反应、正强化、负强化、惩罚、一级强化物、二级强化物等概念都可以在雪花模型当中找到对应的逻辑变量或运作机制。(10.3节)

⑧ 雪花模型与皮亚杰认知发展理论在核心概念和发展层次上存在许多逻辑相似性。图式、同化、顺应、平衡等概念均与雪花模型中的特定逻辑结构存在着对应关系,其中图式对应运作模式,同化对应基于既定规则的迁移学习过程,顺应对应不断调节适应性规则的模式探索过程,平衡对应从低层运作模式向高层运作模式的迭代演进过程。皮亚杰关于儿童发展的四个主要阶段(感知运动阶段、前运演阶段、具体运演阶段、形式运演阶段)也与雪花模型的高层运作模式之间有着逻辑对应性。(10.4节)

⑨ 雷克汉姆在大量的实践案例基础上总结提炼出来了一套针对大订单销售的实用工具,给出了该工具的关键步骤(如难点问题、暗示问题、需求效用问题等),雪花模型可以用来解释这些关键步骤背后的价值演绎逻辑。(11.3节)

⑩ 雪花模型的层次迭代机制与单纯型遗传算法(SGA)的进化原理存在逻辑一致性。单纯型遗传算法包括初始化、个体评价、选择算子、交叉算子、变异算子、终止计算等6个基本步骤,它们在雪花模型当中均有体现,其中:初始化相当于先天预置的基本规则;个体评价相当于

基于规则的实践表现评估;选择算子相当于基于高层规则的适应性测度,变异算子相当于基于低层规则的适应性测度,这两个算子都基于测度结果而筛选出用来参与后续迭代的关系数据;交叉算子相当于从低层规则向高层规则的组合演进;终止计算是特定条件下的综合适应效度检验(13.1节)。

⑪ 雪花模型理论体系当中蕴涵着许多复杂性特征,包括模糊性、因果循环、多层次性、自相似性、倍周期分岔、吸引子等(14.1节);雪花模型与莫兰的复杂性思想在许多方面是相通的(14.2节);雪花模型满足霍兰所提炼出的关于复杂适应系统的7个典型特性(14.3节)。

⑫ 雪花模型中的规则概念与老子哲学中的"道"的含义是相通的,老子对"道"的作用的解析,与个体适应环境时规则所起到的作用存在逻辑上的一致性,它们都遵循"反者道之动,弱者道之用"的运作规范。基于雪花模型,可以对"道"的演绎进路和演绎表现形成更为清晰的认知,也可以对"德、仁、义、礼、智、信"等社会伦理概念的演绎进路给出一种机制上的解析。(17.2节、17.3节)。

⑬ 雪花模型与《易经》的卦象、易理在许多方面是相通的,包括演变阶段的相似性,价值分化的相似性,吉凶判定类型的相似性,阴阳辩证关系的逻辑相似性,爻位关系与层次逻辑之间的相似性,卦理与规则组合表现之间的相似性等,雪花模型为解析《易经》提供了一套新的理论工具参考(第18章)。

(2) 指导性检验

在指导性方面,基于雪花模型能够较为清晰地界定许多学科知识体系当中的问题,给出相应的应用策略以及可供实施的改进方向,部分概述如下:

① 指出了形式逻辑和辩证逻辑的本质区别在于规则是否可变易,形式逻辑属于规则不可变易的逻辑系统,而辩证逻辑则属于规则可变易的逻辑系统,这一区别直接决定了两大逻辑系统在运用范畴和运用方法上的显著不同。指出逻辑矛盾与辩证矛盾之间的关联与区别,以及两类矛盾相互转化的条件。(第6章、8.1节)

② 经过高度形式化的各类经典逻辑或变异逻辑系统,由于无法包容多规则的并行,以及忽视对策变量在状态演绎方面的组织作用,使得悖论的出现基本上是不可避免的,并且悖论一旦出现,在形式逻辑的体系内通常难以短时间内解决。基于雪花模型,不仅有助于定性悖论产生的可能原因,还能够有效解释和阐明各种涉及语用或语境方面的悖论问题(如突然演习问题、纽科姆疑难、盖梯尔问题等),而在传统的形式逻辑体系中,对这些问题的解析都是相当困难的。(第7章)

③ 指出了辩证法三大规律的内在关联性。量变,意味着对立性的出现,以及一种自否定;质变,意味着对立性的融合,以及否定之否定。三大规律的相互对应性可以从雪花模型的基层规则和宏观规则的协同演绎中找到对照性,由于两者统一于同一个运作层次,从而间接论证了辩证法三大规律的内在统一性。(8.2节)

④ 对逻辑学的真假判定体系进行了重新梳理。逻辑学当中,对命题的判断会得出或真或假的结论,不管命题本身的类型有多么不同,只要给出了明确的真假判定,就可以按照布尔逻辑来进一步计算这些不同类型命题相互组合而构成的复合命题的真假。对照基于雪花模型的情理逻辑就会发现,真假判定有着相当多的子类型,不同的真假判定是存在着运作机理上的不同的,直接按照布尔逻辑进行组合运算实际上是非常不严谨的,具有不同逻辑结构的真假判定不能够直接混同,因为它们属于不同的逻辑判定,其混同等同于不同规则之间的对抗,究竟谁主导是存在不确定性的,因此最终的真假也是存在不确定性的。(9.2节)

前　言

⑤指出了对角线方法以及对角线引理的逻辑蕴涵。对角线方法在证明不可数集和哥德尔不完全性定理的过程中发挥了关键性的作用,学术界对相关成果的探讨和应用非常广泛,但对于成就这些成果的对角线方法本身的逻辑内涵的探究是不够的。从雪花模型中可以看出,对角线方法实质上是从相关性建构迈向作用性建构的一种操作方法,是从二阶逻辑关系向三阶逻辑关系的跨越,当仍然以二阶的视角来看待关系的演绎时,就容易产生悖论。而汤姆逊的对角线引理则指出了相邻逻辑层次之间的相容条件,它预示着局部(间断性)与整体(连续性)的统一,雪花模型的规则部件能够对这种逻辑统一性提供解释。(7.5节)

⑥指出了马斯洛动机理论的不足。马斯洛的需要层次理论是以成人为中心的,其所划分的动机层次能够一定程度上反映人的各类需要的不同,以及各类需要之间的优先级差异。不过,从雪花模型来看,这种对需要的类型划分是较为粗糙的,不同类型之间存在着交叉,界限不够明晰,一味地按照这一套优先级层次来分析人的动机意向,有可能得出与实际不相符的结论。雪花模型对人的行为动机进行了机制上的探讨,给出了动机演化的基准条件和逻辑变量,能够对动机的生成演变给出更为明确的解析。(10.2节)

⑦指出了斯金纳强化学习理论中的一些不足。斯金纳强调了操作性反应的外因,但没有深入探究其内在的可能运行机制,雪花模型的6个运作模式弥补了这一缺憾。斯金纳指出了正强化、负强化以及惩罚概念,雪花模型进一步细化了正强化、负强化,以及Ⅰ型惩罚和Ⅱ型惩罚的7种子类型,为定性行为反应逻辑提供了更为精细化的界定标准。(10.3节)

⑧指出了西方经济学对需求和效用概念解析上的不足。需求概念是经济学领域一个非常基础的概念,界定原生需求的逻辑变量至少有4个,而界定涉及价值交换的跨期需求的逻辑变量则有6个,而当前微观经济学则侧重于满足需要的商品数量这一个维度之上,这种偏差使得微观经济学难以把握需求概念本身的内在关联结构,而这些逻辑关联恰恰是经济不断演化的内在动力所在。西方经济学对效用概念的把握也是不全面的,效用概念可以进一步拆分为体验、效用、效应、效果4个逻辑变量,其中每一个变量都对应一套特定的价值检验机制,4个变量之间存在着层层嵌套、逐级演进的复杂逻辑关联,只有充分理解了这4个变量的逻辑蕴涵,才能有效把握效用的本质。对效用价值的系统化解构,有助于更为精确地勾勒经济演绎的微观动力基础。(11.1节、11.2节)

⑨对认知的同一性问题给出了系统的阐释,指出了建构同一性的5种不同演绎逻辑,阐明了界定同一性的完整条件,为逻辑学与哲学的演绎分析奠定了新的基础。(16.1节)

⑩海德格尔哲学间接指出了理解价值的途径,即从更为根本的存在论中衍生。海德格尔所提出的存在论是存在者的基础这一颠覆传统形而上学的论断,也可以在雪花模型当中给出一种解释,不仅如此,雪花模型还给出了存在以及存在者的逻辑结构,并对存在概念在认识论上的意义做了更为彻底的溯源(16.2节、16.3节)。

(3)建设性检验

在建设性方面,结合雪花模型理论体系,对一些典型问题给出了初步的解决方案,为相应领域的进一步发展奠定了初步的理论基础。具体说明如下:

①价值理论方面。所有的价值表现都是人对环境适应过程的即时评判,雪花模型给出了个人适应环境过程当中的28种价值评价类型,并详细说明了这28种价值评价之间的逻辑关联和演绎进路。价值不仅定性了个人的行为动机,价值也反映了社会资源不断流变的内因,对价值体系的全面梳理,不仅有助于理解人性,也为定性分析社会问题提供了基础工具。(第3章)

② 逻辑学方面。无论是经典逻辑、变异逻辑，还是广义模态逻辑，它们的一个共同特点是没有进行逻辑的分层处理，漠视了不同层次之间运行机理的不同，从而容易将不同的判定原则混同，进而引发各种悖论。基于雪花模型的情理逻辑弥补了这种缺点。情理逻辑梳理了从局部到整体的 6 个不同的判定层次，给出了更为系统的"真""假"判定真值表。情理逻辑的所有关系判定都与主体有关，情理逻辑体系中没有悖论一说，只有还未经历或待解决的质性演绎矛盾或价值趋向矛盾。（第 9 章）

③ 哲学分析范式方面。无论是形式逻辑，还是辩证逻辑，在分析事物时都存在一些短板。形式逻辑可以准确演绎既定规则下的逻辑演绎，但难以分析多规则并行下的逻辑发展，辩证逻辑可以辩证地分析存在矛盾的事物，但是难以分析具有多重矛盾的结构性演化，这两种逻辑体系在面对较为复杂的事物时都会存在一些困难。基于雪花模型的层次建构论给出了一套全新的哲学分析范式，在分析复杂事物方面有其独到之处：一方面，层次建构论给出了复杂系统不断演进的总体路径；另一方面，层次建构论指出了演进的要素、条件和机理，在给定了演绎的基准之后，就能运用层次建构论来推演系统的可能生成演变。（5.6 节、5.7 节、15.2 节、15.3 节、第 16 章、第 17 章）

④ 心理学方面。心理学的宗旨是研究人的行为与心理活动，体现这一宗旨的并不是事无巨细地呈现各种假设条件下的行为或心理表现，而是给出行为与心理活动的总体演绎规律，并能够尽可能地统合既有心理学派的诸多观点或理念。雪花模型初步展现了其整合能力，弗洛伊德人格理论、马斯洛动机理论、斯金纳强化学习理论、皮亚杰认知发展理论等，这些都是心理学领域极具代表性的理论，每套理论都有自身的一套概念体系，相互之间看不出有多少共同点，然而这些理论的核心部分均与雪花模型存在着逻辑上的共性（第 10 章），这种广泛兼容性让我们看到了建立心理学统一理论范式的可能性。这是其一。其二，雪花模型给出了心理现象与物理现象之间的机制性关联（第 3 章、第 4 章），为心理学研究引入系统控制与自适应优化等系统性方法搭建了通道。

⑤ 行为经济学方面。对于人的每一种行为决策，行为经济学几乎都有一套特定的机制解释，各种解释之间难以互通，显得较为零散。基于雪花模型的规则裂变体系和情理逻辑体系，能够非常直观地解析人的各种行为动机和行为选择，并能够给出这种选择的判定条件和判定原则。雪花模型为建构统一的行为经济学理论分析范式提供了重要参考。（第 12 章）

⑥ 知识推理方面。基于雪花模型的演绎体系为常识推理提供了新的多层次参考框架，复杂的问题可用高层框架来解决，简单的问题可用低层框架来解决，每一层框架都有特定的逻辑结构与变量构成。依循这些框架，有助于打造出更具人性化的推理机器，为语音助理、生活秘书等智能应用提供参考，也为专家系统搭建提供架构借鉴。（13.5 节）

3. 雪花模型的架构特点

总体来看，与雪花模型存在通约性的科目有不少，并且分布广泛，其中既有自然科学方面的，也有社会与人文科学方面的，还有涉及多种学科门类的交叉科学与综合科学。不同的学科各有其自身的特色，然而它们与雪花模型均存在着一定的共性，这间接说明了雪花模型理论体系的灵活性与丰富性。此外，基于雪花模型能够指出许多知识体系当中的问题与局限，给出解决的思路与策略，并在多个领域提出了新的解决方案。雪花模型所针对的主体系统，不仅适用于个人，也适用于许多其他的自组织系统，雪花模型初步展示了作为一种一般系统演化理论的潜力。

那么，雪花模型为何与既有的知识体系之间存在着如此广泛而密切的关联，又为何能够进一步指导乃至发展既有的知识体系呢？实际上，这与雪花模型独特的体系架构是分不开的。雪花模型包含6个逐级复杂化的逻辑层次，每一个层次对应一个主导该层次运作的序参量，高层序参量是相邻低层序参量进一步交互迭代的系综涌现。图1是对这一模型的抽象表示，其中 A 为最底层的序参量，F 为最高层的序参量，所有的高层序参量都包容低层序参量，具体是：变量 B 包容变量 A，变量 C 包容变量 A 和 B，变量 D 包容变量 A、B、C，变量 E 包容变量 A、B、C、D，变量 F 包容变量 A、B、C、D、E。

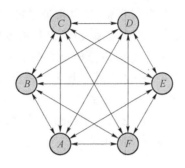

图1　雪花模型的架构示意图

雪花模型探讨的是这6个不同序参量的运行机制与演绎逻辑，根据所涉及序参量数量的不同，可划分为6个不同的运作模式，图2示意了6个模式的变量交互关系，从模式一到模式六，模式的交互机制愈来愈复杂。所有的运作模式都涉及序参量之间的双向交互与影响，每一个运作模式反映的是所关涉变量在相互的竞争与协同过程中如何从无序走向某种动态平衡（更具包容性的高层序参量可视为这种平衡的产物），这些稳态能够沉淀下来（相当于经验、历史、记忆），参与到后续的层次交互当中，其中初级运作模式所沉淀下来的经验能够为高级运作模式所运用（用低层序参量指向高层序参量的箭头表示），高级运作模式所沉淀下来的经验可以指导乃至重塑低级运作模式（用高层序参量指向低层序参量的箭头表示），这种相互交错与影响催生了一套极为复杂的演绎系统。把每一个箭头视为一种特定的逻辑关联（每个箭头的逻辑含义可参考5.2节说明），那么模型图中的30个箭头将组合出逾10亿种逻辑关联①，这种灵活多样的全联动交互模型能够演绎出众多的逻辑范式，也使得雪花模型具有了映射或类比众多理论知识体系的潜力。

霍兰指出，在科学上，3个数量级的差别已经足够产生一门新的科学②。不同事物在数量级上的差别通常意味着一种作用尺度或关系维度上的差异，3个数量级的差别相当于作用尺度或关系维度上的三度差异（通常表现在所涉时间或空间的度量差异上）。对于雪花模型来说，模式一是逻辑演绎的基点，从模式二开始，每一个运作模式都是前一个运作模式的系综涌现，其相对于前一个模式都存在关系维度和作用尺度上的升级，6个模式中一共存在关系维度和作用尺度上的六度差异，这意味着雪花模型具有比一般专业性知识体系更为宽广的演绎范畴，对逻辑变量在各种作用尺度和关系维度上的生成变化具有更为系统的探究。哥德尔不完全性定理指出系统自身的无矛盾性只能在形式更强的系统中得以证明，对于雪花模型的6个

---

① 注：共15组箭头30种指向，每个箭头指向代表一种支撑作用（低层指向高层）或重塑作用（高层指向低层），实际运作时有"起作用"和"不起作用"两种基本状态，故共可产生约 2^{30} 种状态组合，这些状态不仅包括当前表现，也包括所有的交互历史。

② 约翰·霍兰.涌现——从混沌到有序[M].陈禹，等译.上海：上海科学技术出版社，2006：87.

模式来说,每一个模式相对于前一个模式,都是一个形式更强的系统,这种系列化的更强形式演绎,为反向解构演绎体系的内在规律提供了素材,也为分析外在系统提供了参考。雪花模型既可以用于向内探究目标系统的局部特性,也可以用于向外探究目标系统的整体表现,雪花模型包含了从微观向宏观的演绎进路,以及从宏观影响微观的逻辑回路。这些特性初步解释了雪花模型对其他知识体系的广泛包容性。

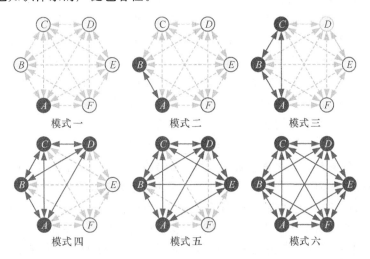

图 2　雪花模型的 6 个逐级递进的运作模式

在现代科技全面推进、社会经济全域流转、民族与文化全球碰撞的情况下,人类社会面临着越来越复杂的组织与协调、引导与发展等方面的系统性问题,具体表现在时间跨度上的变化越来越快,空间活动上的规模越来越大,影响和后果越来越深远,由此使得问题的解决愈来愈具有挑战性。面对这些复杂的系统性问题,人们亟须方法论或思维范式上的突破,雪花模型勾勒了主体系统从简单逐步趋向复杂的生成演变机制,为解析日益棘手的社会性复杂问题提供了原理性参考。

4. 本书的基本结构

本书所有内容均围绕雪花模型而展开,其宗旨是尽可能全面地挖掘雪花模型所内含的各种演绎规律。主要内容分为六个部分。

第一部分介绍雪花模型的建构背景与建构方法,雪花模型的总体演绎框架,以及雪花模型的 6 个核心运作模式。雪花模型是关于个人行为与认知发展的多层次理论模型,从婴幼儿到儿童,再到成人的成长发展轨迹,是支撑雪花模型的重要经验素材。霍兰针对复杂适应系统的普适理论框架,是搭建雪花模型的主要分析工具,该框架包括 4 个组件,分别是状态、对策、规则和主体,它们在雪花模型当中有着特殊的意义(1.2 节有详细解析),其中状态是对目标事物的表征,对策是对行为方式的映射,规则是对状态目标演变和行为对策匹配范式的提炼,主体是对特定规则下的架构体系的整体运演。结合这一框架,本部分依序解析了雪花模型的 6 个逐级复杂化的运作模式,包括每个模式的运作机理,每个模式的逻辑变量构成,每个模式所沉淀的逻辑关系。雪花模型的前 3 个模式界定了主体系统的基本构成,后 3 个模式阐述了一个具有意向性、主观性、竞争性、协作性、计划性的主体系统是如何炼成的。本部分所定义的概念较多,其中 6 个模式的逻辑变量共有 21 个,这些变量与图 1 中的 6 个圆点和 15 条连线一一对应,它们构成了雪花模型的整体骨架,这里的每个逻辑变量都不是孤立的存在,其意义和性质是在与其他逻辑变量的交互中明确下来的。

第二部分重点讲解雪花模型的演绎规律,具体细分为3个方面:一是对雪花模型规则网络演绎规律的解析。第3章详细阐述了规则网络所裂变出来的28种价值表现,它们基本上囊括了个人在面临各种场景时的主观价值判定准则,基于这些价值判定方式,可以更为清晰地界定一个人的行为意向和行为动机。每个层次的价值判定准则所界定的关系维度和作用尺度是随着层次的提升而逐级递增的,并且判定准则的迭代进化遵循遗传算法。二是对雪花模型动力内核的演绎逻辑的解析(第4章)。雪花模型当中存在着丰富的因果反馈机制,这些反馈机制还存在着相互嵌套,低层的反馈机制支撑着高层的反馈机制,高层的反馈机制在成熟后能够向下沉淀为低层反馈机制的动力素材,如此循环,进而使得整个运作体系能够不断适应越来越复杂的外部环境。三是对雪花模型层次间关联逻辑的解析(第5章),具体体现在各逻辑变量的交互之中。雪花模型的21个逻辑变量之间存在着密切的关联,每个逻辑变量的异动能够直接映射个体心理或行为活动的变化。21个逻辑变量中包括6个横向发展向度,它们反映了个人的6种适应能力,分别是适应度评估能力、状态编码能力、对策执行能力、自我协调能力、社会协调能力、跨期协调能力。6个逻辑层次折射出了主体系统不断进阶的5个关键历程,分别是相关性建构、作用性建构、主体性建构、社会性建构、发展性建构,这5个建构历程具有标度无关性,其演绎逻辑不仅适用于个人,也适用于一般自然系统和社会系统。

第三部分到第六部分展开说明雪花模型在各个学术领域的应用探索,包括逻辑学、心理学、经济学、复杂性科学、哲学等方面,前文关于雪花模型理论效度的检测表现中已经做了部分说明,本处不再重复。

人是一切社会问题的主要推动者,也是自然科学规律的解码者,对人的行为与认知体系内在演绎逻辑的解析,不仅有助于理解每个人的成长进路,有助于揭示思维的运作规律,还能够帮助我们更好地透视现有各类知识体系的演绎结构和演绎方式。雪花模型刻画的是人的行为与认知体系的总体演绎范式,在人的行为动机分析上,在人的思维逻辑推演上,在学科知识体系的解构上,雪花模型都表现出了其应用价值。雪花模型初步呈现了一个模式规则与演化历史相融合、差异化关系维度与多样化价值尺度相统一的系统性框架。雪花模型所涵盖的极为丰富和灵活的演绎形态,成为探求全新学术思想的重要思维工具,本书对雪花模型逻辑规律的介绍实际上非常有限的,雪花模型的应用价值还有极为广阔的挖掘空间。

目　录

第一部分　雪花模型理论体系概述

第1章　研究背景与研究方法 ……………………………………………… 1
　1.1　研究背景 ……………………………………………………………… 1
　1.2　模型的演绎方法论 …………………………………………………… 2

第2章　雪花模型及其层次演绎逻辑 ……………………………………… 7
　2.1　第1层：感受过程 ……………………………………………………… 9
　2.2　第2层：感知过程 ……………………………………………………… 10
　2.3　第3层：机动过程 ……………………………………………………… 12
　2.4　机体适应环境的动力内核 …………………………………………… 14
　2.5　前三层运作模式的内在联系 ………………………………………… 19
　2.6　第4层：消解过程 ……………………………………………………… 20
　2.7　第5层：调谐过程 ……………………………………………………… 24
　2.8　第6层：趣时过程 ……………………………………………………… 28
　2.9　六个运作模式的演绎类比 …………………………………………… 33

第二部分　雪花模型的演绎原理解析

第3章　雪花模型的规则裂变逻辑 ……………………………………… 36
　3.1　作用体验的质性分化 ………………………………………………… 37
　3.2　需求效用的价值分化 ………………………………………………… 38
　3.3　颉颃效应的价值分化 ………………………………………………… 41
　3.4　抵兑效果的价值分化 ………………………………………………… 44
　3.5　规则裂变与分化维度 ………………………………………………… 48
　3.6　价值产生于主体系统 ………………………………………………… 49

第4章　雪花模型的动力演绎逻辑 ……………………………………… 51
　4.1　机动过程的动力模型 ………………………………………………… 51

4.2 消解过程的动力模型 ………………………………………… 52
4.3 调谐过程的动力模型 ………………………………………… 56
4.4 趣时过程的动力模型 ………………………………………… 58
4.5 动力模型的总体演进 ………………………………………… 61
4.6 状态与对策的循环迭代 ……………………………………… 65

第 5 章 雪花模型的关系协调逻辑 ………………………………… 70

5.1 层次间的协同竞争与关系演化 ……………………………… 70
5.2 高层与低层之间的逻辑关联 ………………………………… 73
5.3 基础变量与序参量间的关联 ………………………………… 76
5.4 逻辑变量的横向演绎规律 …………………………………… 79
5.5 逻辑变量的整体演化路径 …………………………………… 84
5.6 关系层次的总体建构规律 …………………………………… 89
5.7 层次建构论中的演绎规律 …………………………………… 93

第三部分 雪花模型的逻辑内涵

第 6 章 雪花模型与形式逻辑 ……………………………………… 98

6.1 关于思维形式的基本结构 …………………………………… 99
6.2 关于形式逻辑的基本规律及其客观基础 …………………… 100
6.3 关于逻辑系统的形式化方法及其缺陷 ……………………… 103
6.4 经典逻辑与变异逻辑的预设原则 …………………………… 104

第 7 章 逻辑悖论的产生与化解 …………………………………… 109

7.1 哥德尔定理的启示 …………………………………………… 109
7.2 悖论的产生缘由探析 ………………………………………… 111
7.3 忽略对策变量的典型悖论解析 ……………………………… 113
7.4 涉及对策多样性的悖论解析 ………………………………… 117
7.5 基于对角线方法的悖论构造 ………………………………… 120
7.6 逻辑悖论的一般演绎表现 …………………………………… 123
7.7 逻辑悖论的化解思路探析 …………………………………… 125

第 8 章 雪花模型与辩证逻辑 ……………………………………… 128

8.1 从逻辑矛盾到辩证矛盾 ……………………………………… 128
8.2 雪花模型中的辩证法 ………………………………………… 130
8.3 雪花模型当中的辩证思维结构 ……………………………… 134

第 9 章　基于雪花模型的情理逻辑探析 ································· 139

- 9.1　情理逻辑的演绎进路 ································· 139
- 9.2　关于情理逻辑的真假判定 ································· 146
- 9.3　情理逻辑与规则评价之间的异同 ································· 148
- 9.4　关于情理逻辑的视角差异 ································· 149
- 9.5　关于情理逻辑的实际应用 ································· 153

第四部分　雪花模型与行为科学

第 10 章　雪花模型与心理学 ································· 156

- 10.1　雪花模型与弗洛伊德人格理论 ································· 157
- 10.2　雪花模型与马斯洛需要层次理论 ································· 159
- 10.3　雪花模型与斯金纳强化学习理论 ································· 164
- 10.4　雪花模型与皮亚杰认知发展理论 ································· 166

第 11 章　雪花模型与需求评价 ································· 173

- 11.1　社会经济中的需求概念 ································· 173
- 11.2　经济人的效用论新解 ································· 177
- 11.3　雷克汉姆大订单销售法 ································· 179

第 12 章　雪花模型与行为经济学 ································· 182

- 12.1　风险规避与损失厌恶的雪花模型解释 ································· 182
- 12.2　框架效应的雪花模型解释 ································· 185
- 12.3　参照依赖的雪花模型解释 ································· 185
- 12.4　锚定效应的雪花模型解释 ································· 186
- 12.5　禀赋效应的雪花模型解释 ································· 187
- 12.6　心理核算的雪花模型解释 ································· 188
- 12.7　小结 ································· 189

第五部分　雪花模型与系统科学

第 13 章　雪花模型与计算智能 ································· 191

- 13.1　规则裂变中的遗传算法 ································· 191
- 13.2　雪花模型与人工神经网络 ································· 194
- 13.3　雪花模型与图灵机 ································· 199

- 13.4 雪花模型与程序控制结构……200
- 13.5 雪花模型与常识推理……202

第14章 雪花模型与复杂性科学

- 14.1 雪花模型当中的复杂性特征……209
- 14.2 雪花模型与莫兰的复杂性思想……219
- 14.3 雪花模型与霍兰的复杂适应系统……225

第15章 雪花模型与系统演绎思想

- 15.1 雪花模型与贝塔郎菲系统论……231
- 15.2 一般系统的演绎与发展……233
- 15.3 科学研究范式的演进……238

第六部分 雪花模型与中西哲学

第16章 雪花模型的哲学启示

- 16.1 认知的同一性问题……243
- 16.2 存在是一种作用性建构……245
- 16.3 本体是主体性的映射……248
- 16.4 逻辑学、本体论、认识论的统一本质……251
- 16.5 试论存在与思维之间的关系……252

第17章 雪花模型与老子之道

- 17.1 老子的"有""无"之辩……254
- 17.2 老子之"道"的真正本义……255
- 17.3 社会之"道"的进化路径……257

第18章 雪花模型与易经思想

- 18.1 《易经》的演绎层次与价值判定……261
- 18.2 《易经》中的辩证思想……264
- 18.3 《易经》的卦理解构……267

第19章 结语……271

第一部分 雪花模型理论体系概述

本部分主要介绍雪花模型的研究背景、研究方法论,以及雪花模型的层次架构体系。

雪花模型当中包括6个运作模式,它们依序呈现了个体从刺激感受,到分类感知,到有序作用,到主观需求,到交互博弈,到决策反思的成长发展进路,展现了个体如何从懵懂无知一步步走向成熟理性的内在演绎机制。

第1章 研究背景与研究方法

1.1 研究背景

婴儿能够感受环境当中的刺激变化,但表现不出明显的事物认知和行动能力。成人不仅能够及时应对处理环境当中的异常情况,还能够未雨绸缪,提前分析乃至谋划有利于自身的远期事物。婴儿与成人之间,有着极为显著的能力差异,这种能力跨越的背后,究竟有着怎样的发展历程?每个个体是否都有同样的一套成长发展路径?如果成长逻辑相似,又如何解释每个个体极具个性化的知行表现?

对行为与认知发展规律的探究,一直是学术和教育领域所关心的重点课题。由于所要研究的对象极其复杂,所牵连的环境变量难以穷尽,所涉及的时间跨度持久而漫长,使得行为与认知发展的研究存在着极大的不确定性,基于有限变量的实证研究方法很难解构这一艰巨问题。

每个个体在不同的成长阶段,一些形式相似的行为模式会反复出现,如初生阶段的原始条件反射,幼儿阶段的各种探奇与折腾,成人阶段的无尽需求,社会交互当中的经济来往……每一类模式所面对的场景状态和所触发的行为交互基本上是类似的,对人类行为与认知体系的发展规律建模,一种方法就是提取出所有形式相似的行为认知模式,找出各种模式之间的发展次序以及演绎逻辑,如果这些模式能够保持数量较少,同时对人的行为和认知表现的解释能够尽可能的全面,那么就应当是一个可取的建模方案。

界定模式的标志,除其演绎形式外,更重要的是找出维系模式的内在运行机制。以需求为例,每个个体大部分时间都在践行着各种各样的需求活动,当需求实现时,会触发开心、爽快等积极的情绪,当需求没有实现时,会触发沮丧、懊恼等消极的情绪,这种一正一负的奖惩机制,使得机体总是倾向于去实现需求,而不是背离需求,从中隐隐约约展现了一种维系定向需求的正负反馈调节机制。这一调节机制并不是孤例,从简单的需求,到复杂的期望和谋划,都有双向的情绪反馈调节的身影。拙作《认知的维度》正是以相互对立的情绪反馈为研究重点,以控制论为主要研究方法,梳理出了个体行为和认知体系的 6 种基本模式,进而初步建构出了一套系统的发展框架——雪花模型。这些研究为进一步挖掘行为与认知发展的底层演绎逻辑打下了基础。

"要认识人类发展,必须认识与个体、地点和时间有关的种种变量如何协同塑造行为的结构和功能,及其系统的和系列的变化……无论所选择的分析水平是什么,组织、系统、结构或形式,以及它们的转换,这些概念都应当处于进化发展的中心位置[①]",这些总结极具启发性,其中的难点在于,如何建构合适的分析体系,来映射个体心理发展的复杂性与系统性,以及刻画和演绎行为与认知的动态性与多样性。迈因策尔指出,对于微观尺度上的脑过程的神经相互作用和宏观尺度上的认知结构的形成,复杂系统探究方式提供了一种建立模型的可能性[②],王传东、岳国安等许多学者也强调了复杂性理论在突破行为与心理发展的研究困局中所可能起到的作用[③][④]。

复杂性理论的一个重要思想,是简单规则能够孕育出复杂性,复杂性本身较难以理解,但规则相对容易理解,因为基于规则可以更容易地推演事物的发展演变,明确事物演进的前因后果,规则成为映射系统复杂性的一把关键钥匙。要厘清人的各种行为模式,一方面是要找到合适的复杂性分析框架,另一方面是提炼出以该框架为基准的一般演绎规则,以此来进一步推敲保障规则有效运作以及促进规则不断迭代进化的支撑和协调机制。

1.2 模型的演绎方法论

人的行为与认知由神经系统所主导,神经系统活动体现在无数神经元冲动的相互联动与交错,神经网络中的信息传导通路会因为输入信号的异动而不断发生变化,进而影响人的知行表现,而其中能够保障机体存续的有用表现有更大概率稳固下来。整个神经系统可视为一个超级复杂的自适应系统,人不断适应环境的过程,就是神经网络连接方式的持续塑造过程,塑造活动印刻了人与环境之间的交互变化。

针对复杂适应系统,霍兰总结提炼出了一套普适描述框架,其中包括 4 个基本部件:状态、对策(树)、规则、主体[⑤],由神经系统所主导的个人是典型的自主适应系统,因此也可以用这一框架来进行描述。维纳指出,神经系统是从中枢到效应器,再到感官,再回到中枢的环形过程[⑥],结合霍兰的复杂适应系统普适框架,可初步勾勒出人体神经系统处理信息的总体联动架构(如图 1-1 所示)。

---

① Lerner, R M. 儿童心理学手册(第一卷上)[M]. 6 版. 林崇德,李其维,董奇,等译. 上海:华东师范大学出版社,2008:7,52.
② 克劳斯·迈因策尔. 复杂性思维——物质、精神和人类的计算动力学[M]. 曾国屏,苏俊斌,译. 上海:上海辞书出版社,2013:194.
③ 王传东. 复杂性理论在心理学研究中的价值[J]. 心理学探新,2009(4):7-10.
④ 岳国安,管健. 混沌理论研究对心理学研究的介入[J]. 自然辩证法通讯,2005(1):106-110.
⑤ 约翰·霍兰. 涌现——从混沌到有序[M]. 陈禹,等译. 上海:上海科学技术出版社,2006:124-126.
⑥ 维纳. 控制论[M]. 2 版. 郝季仁,译. 北京:科学出版社,2009:8.

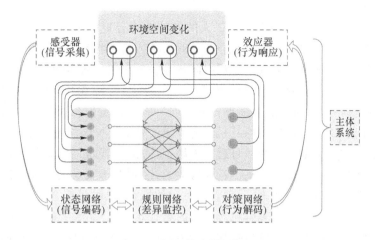

图 1-1　产生-检验循环架构

整个结构包括 4 个核心部件,分别是状态网络、对策网络、规则网络,以及由这三者相互联动而构成的主体系统,这一结构也称为**产生-检验循环架构**。要特别强调的是,这是一个计算存储一体化的架构,与经典的冯·诺依曼结构有所不同的是,其中的核心部件不仅负责信息流的存储,同时也负责对当前信息流(实时传入信息)和历史信息流(存储信息)的运算处理,这种一体化架构充分保障了运算的高并发性和低能耗性。

下面具体说明这一架构当中的四个核心部件的主要职能。

(1) 状态网络

状态概念的本义是指对事物各种表现形态的描述,在产生-检验循环架构当中有其特殊的意义,主要有 3 个方面的指代:

第一,作为运算部件,状态网络负责提取与编码环境空间中能够影响机体行为的信息流的特征集及其演变序列,它是对机体所处环境的可能表现形态的某种有序刻画。对于开放环境当中的自适应系统来说,对状态的提炼,既要考虑环境当中所有能够塑造系统行为的信息,也要考虑系统内在机制带来的级联效应。透视系统及其环境的方式不同,对状态的刻画也会有所不同。霍兰特别指出,对状态的正确定义,应当包含将会影响系统将来行为的过往历史的各个方面[①],因此,状态应当是具有继承性的且不断复杂化的演绎趋势,具备这种特点的往往意味着不断进化的层次性。

第二,状态指主体系统(即特定需求下的个体)在适应场景过程中所针对的具体目标信息,它针对的是被编码的信息本身,而不是编码和提取等运算过程。状态反映了影响机体运作的空间环境当中的特定特征组合,状态是对环境事物的一种表征,可以用特定的符号或符号系列来间接表示。能够用语言描述的任何命题,都可视为状态的范畴,语言是对状态的间接指代。

第三,状态指主体系统所积累的历史状态目标的信息集群,通常在描述各层次当中与状态有关的一般性逻辑表现时会涉及这一指称。它不是针对某个具体的状态目标,而是针对具有各种特定逻辑结构的状态系列,它相当于承载各类信息的内容空间。例如,存在同步关联性的目标信息,存在作用转换的目标演变信息,存在价值转换的目标意向信息,这些信息的逻辑结构的复杂度各有不同,每种逻辑结构下都有极其丰富多样的信息实例,个人经历越多,所积累

---

① 约翰·霍兰. 涌现——从混沌到有序[M]. 陈禹, 等译. 上海: 上海科学技术出版社, 2006: 125.

的信息实例就越多。

从一般意义上来说,状态的生成源于人的各种感觉处理系统,状态所反映的就是人的认知,对状态的刻画,就是对认知逻辑的刻画。不过,单独基于状态体系本身,是难以深入挖掘认知的逻辑规律的,一种改进的方式是将状态同行为联系起来。从实际表现来看,环境当中的大部分信息似乎并不引起人的行为反应,因而人们习惯上会将环境当中的状态信息作为"自在自为"的独立对象来研究,同时对那些能够影响人们反应的特定信息进行区别对待,这种思路是不够妥当的。在婴儿期,环境当中的几乎任何刺激信号都有可能影响机体的行为反应,只是随着经验的积累,机体对大部分刺激信号逐步失敏了,对某些特定信号则保持敏感,从这个意义上来说,环境中的任何信号都是与机体行为有关的,区别在于关联的程度不同,有些关联程度趋近于零,有些关联程度则比较高,并且随着时间的推移,关联程度会不断地发生变化。除了将状态与行为进行关联外,深入理解状态本质的更有效方式,是基于整个主体系统的逻辑框架来分析状态的生成演变,其中不仅包括描述行为的对策部件,还包括检测适应度的规则部件。

(2) 对策网络

对策的本义是针对性的转换函数,在产生-检验循环架构当中,对策同样包含着多种含义:

一是作为运算组件,负责产生基于各种环境信息流的有效行为程序,它表示系统响应每一种状态的应对策略,并基于当前状态输入条件而生成后续状态。对策意味着主体系统的行为多样性,如果在任何场景中总是只有一种机械化的行为反应,就谈不上对策了。多样性行为所呈现的特定应对举措,反映了行为的可调节性和可辨识性,可辨识性即触发行为的特定条件,可通过状态目标来区分和牵引,可调节性则依赖于协调可控的多级正负反馈机制。

二是指主体系统在适应场景过程中的具体行为方案。对策代表一种过程性和持续性,它与状态的静态性和聚集性存在本质的区别。对策通过一系列有序行为体现出来,并极大地影响着主体系统的存续。对策过于简单会使得系统在变化环境中不易趋向更优,对策过于复杂会使得系统难以即时应对突发场景,一个具有较高智能性和适应性的系统通常拥有符合环境条件的适当且灵活的应对策略。

三是指主体系统中具有一定共性结构的各种类型的对策体系。各种对策相互关联交错,形成具有各种演绎可能性的对策网络。主体在适应环境的过程中,对策网络会刻录下那些带有明显价值趋性的行为对策,进而沉淀为一幕幕过往的实践经历,并影响着后续的行为实施。丰富的对策体系给了主体多样化的行为选择,进而练就出了主体系统的自主性。

对策是对行为方式的描述,对策涉及持续的状态演变。具有复杂逻辑结构的状态信息,依赖于对策进行组织和融合,缺乏对策的支撑,状态信息无法演绎出复杂的高维逻辑。相应的,复杂的状态演变逻辑,意味着复杂的行为实施对策。在各种复杂事物的生成变化之中,状态与对策是相互交织在一起的。状态可以通过符号来间接指代,对策可以通过具有逻辑演算功能的算子来指代,也可以通过状态演变的关键节点的有序衔接来间接表征,这其中,关键节点的集合就是特定的状态演变序列,衔接的逻辑就是特定的组织对策。

对策不单单用于个人自身行为方式的描述,也可以用于任何其他主体的行为描述,包括各种动物、植物等有机生命体,以及各种具有一定自持能力的动力系统。不过,对其他主体行为方式的认知,是建立在个体自身的行为交互经验之上,即某类高度相关的状态演变组织程序。所有能够匹配该经验程序的场景异动,即使实际的场景交互目标没有体验过,个体依然能够获得一定的认识,这就是迁移学习。种子对策或经验对策是推动个体进行迁移学习的基石,对策的细化与深入伴随着迁移学习过程中状态目标的不断分化与重组。

(3) 规则网络

规则作为产生-检验循环架构的核心部件,是整个雪花模型理论体系的灵魂所在,雪花模型所内含的所有逻辑演绎规律,都与规则概念有着不同程度的关联性,理解规则概念,是理解整个理论体系的基础。本书中,规则概念涉及3个方面的含义:

一是作为状态网络和对策网络的中介,来监督实时的输入(具体状态目标)与即时的输出(具体行为对策)之间的衔接匹配是否出现异常,并根据检测出的偏差来指引状态网络和对策网络进行相应的调节修正,以保障主体的环境适应性。规则部件会对每一次的异常情况进行实时的适应度评价,评价并不绝对确切,但评价反馈为进一步地调节优化提供了方向,不断地优化调节,就有可能逐步适应新旧场景中的各种异动。规则部件的监测与引导调节机制是多层次的,简单的场景通常激活的是简单的规则评价与引导机制,复杂的场景则可能导致简单规则与复杂规则的同时激活,其监控和引导任务也更加繁杂。

二是指主体系统在适应具体场景中的规范性参照,可由具体的状态演变和行为对策之间的匹配对接来表征,它代表的是系统对过往适应性经验的沉淀,并成为当前适应表现的执行样本。复杂适应系统的规则通常不是单一的,简单规则的不断迭代能够涌现出复杂规则。在不确定性环境中,所刻画的状态不一定可靠,所沉淀的对策并不能总是奏效,由此导致系统经常出现远离稳态的各种扰动,恰当的规则设定能够支撑系统逐步地适应特定类型的扰动因子,从而维系主体系统在该类境况下的平衡。

三是指所有适应性规则的泛称,它不指向具体的某个规则,而是指代具有相似逻辑结构的一类规则,或是所有不同逻辑结构所组成的全体规则集群。复杂系统通常对应着多样性的规则,要探究复杂系统的内在演绎规律,可以从规则体系的迭代进化路径中摸索。

上述关于规则的3个方面的释义,分别对应其运作结构上的意义、确切场景上的意义,以及一般范畴上的意义,三者虽然都是用来解释规则概念,但切入点是不一样的。确切场景通常与实践执行有关,更真实更具体;一般范畴与整个认知体系和行为体系的共性规律有关,更抽象更泛化;运作结构涉及系统运作的物质条件和操作机理,它源自于第三方的研究视角。

从字面意思来看,"规"从夫从见,寓意考虑揆度,"则"从贝从刀,寓意分割价值,两者结合寓意对价值的合理分割或截取,这一含义影射了规则概念的运作机理(第3章会详解基于规则的价值分化体系)。许多常用的概念中,都可以找到规则的影子。王浩指出,逻辑作为一种活动,即思维的艺术,裁决信念与行为间的相互作用,逻辑的裁决作用表现在各式各样的思维当中[①]。何新指出,逻辑是确定思维有效性的形式规则系统[②]。逻各斯原有挑选、选择之义,由此引申出计算、尺度、比例和规律的意思,逻各斯是变化的尺度,是变中之不变[③]。这里的逻辑或逻各斯概念,与规则概念均有相通之处。

(4) 主体系统

主体涉及一种系统描述,是状态、对策、规则3个组件的综合体现。由于这3个组件对应着多层含义,相应的主体概念也有多种指代:

一是指由状态、对策、规则3个组件相互联动而形成的交互作用系统,它代表的是一套特定的输入输出结构,它界定了个人这一组织机构的环境适应机制,在与环境的交互过程中,这

---

① 王浩.逻辑之旅——从哥德尔到哲学[M].邢滔滔,等译.杭州:浙江大学出版社,2009:18-19.
② 何新.泛演化逻辑引论——思维逻辑学的本体论基础[M].北京:时事出版社,2005:(序)3.
③ 邓晓芒.思辨的张力[M].北京:商务印书馆,2016:22-23.

一机制总是倾向于保障和维系个人的存在性。构成主体系统的3个核心组件之间有着密切的关联,其中,状态牵引行为,行为推动状态演变,而状态演变与行为对策的对接表现始终受到规则的监控,并在必要时引导状态部件与对策部件的优化调节程序。组件间的相互联动并不是一个链路中的死循环,而是一种组合嵌套结构,其中的规则部件所映射的状态演变与行为对策的稳定组合,代表的是经验和历史,它能够为即时的输入(状态)和即时的输出(对策)提供参照,而融合了实践的输入和输出的对接之中又孕育着新的规则。主体系统不是一个简单的传导系统,而是一种类似分形的嵌套结构,其中既有局部层面的规则运算,也有整体层面的规则运算,主体性体现在这种局部性规则与整体性规则的协同之上(可参考2.4节中的图2-4)。

二是指由具体的状态、对策、规则实例而构成的某种演绎逻辑,它是对具有动态调节能力的适应性系统的实践反映。主体系统的反馈调节机制总是在推动着主体从亚稳态向稳态回归,这一演变趋向代表着系统基于环境的一种价值导向,主体性即具体体现在由特定价值意向所引导的行为实践当中,这一表现可用需求关系来表示。

三是泛指承载无数个性需求的总体系统,即个人。对于个体来说,每一个需求就是一个内在的主体元素,个体就是由无数需求元素所构成的一个集合体。不过,在每个具体的场景中,个体所呈现的通常是有限的、特定的需求。

主体意味着自组织、自适应、自演化,个人以及有机生命体都属于主体系统,社会中的许多组织与团体也可视为是主体系统,进一步的,主体还可以泛化至一切有着复杂内部结构的物质系统之上(15.2节有主体范畴的进一步解析)。

描述产生-检验循环架构的4个核心部件当中,每一个部件都对应着多种意义,表1-1对其进行了简要汇总,其中对应词汇是指本书讲解中出现相应意义的常用描述词汇。从表中可以进一步明确产生-检验循环架构所具有的运算与存储一体化的特点。

表1-1 4个核心部件的意义解析

概 念	作为功能组件	作为具体内容	作为内容空间
状 态	提取和编码环境信息流	被编码的目标对象	沉淀的历史目标信息集群
对应词汇	状态、状态部件、状态组件	状态、状态目标、习得目标	状态、状态体系、状态网络
对 策	组织场景状态的有序演变	所实施的具体行为方案	沉淀的历史行为对策集群
对应词汇	对策、对策部件、对策组件	对策、行为对策、习得对策	对策、对策体系、对策网络
规 则	检验输入输出组合的执行偏差	适配具体情景的状态对策组合	历史适应性规则的集群
对应词汇	规则、规则部件、规则组件	规则、规则实例、习得规则	规则、规则体系、规则网络
主 体	与环境相交互的适应系统	呈现特定价值取向的逻辑结构	各类适应结构的集合体
对应词汇	主体、系统	主体、需求、需求关系	主体、主体系统、个体、个人

产生-检验循环架构当中,从环境中采集信号,到进行状态编码,到行为系统的解码,以及规则网络的差异监控,再到效应器的响应并作用于环境,整个构成一套系统与环境相互耦合的动态环路。变化的空间环境就是置入这个架构的随机变量,在个体的整个生命周期内,随机变量在永不疲倦地训练着整个架构,以达到行为对策与各种状态目标之间的有效匹配。循环架构底部的3个核心部件的运作机制反映了个人的适应能力,其中,状态网络反映了人的认知能力,对策网络反映了人的行为能力,规则网络反映了人的适应度评估能力。对个体行为与认知发展规律的探索,可以从产生-检验循环架构的核心部件的发展演绎当中寻找线索。

第 2 章 雪花模型及其层次演绎逻辑

雪花模型是一套刻画个人行为与认知发展演绎逻辑的多层次模型,其模型图如图 2-1 所示。模型图分为 3 个界面:运作模式(外圈)、运作规则(中圈)、逻辑关系(内圈),它们都有 6 个逐级复杂化的演绎层次。

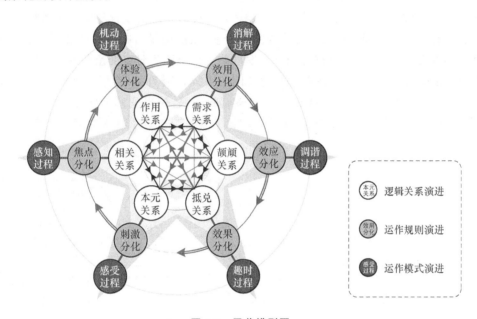

图 2-1 雪花模型图

运作模式有 6 个,分别为**感受过程**、**感知过程**、**机动过程**、**消解过程**、**调谐过程**、**趣时过程**,这些模式代表了个人适应场景状况的 6 种感应机制。

运作规则对应运作模式当中的 6 种监控反馈机制,分别为:**刺激分化**、**焦点分化**、**体验分化**、**效用分化**、**效应分化**、**效果分化**,它们协助调节实践过程中的即时表现同经验参照之间的差异,以维系机体的适应性。

逻辑关系是各运作模式所沉淀出来的 6 套逻辑演绎结构,分别为**本元关系**、**相关关系**、**作用关系**、**需求关系**、**颉颃关系**、**抵兑关系**,这些关系是对各个运作模式在实践过程中所组织和加工的场景信息和历史信息的综合刻录,它们反映了个人认知和适应周边世界的 6 套关系框架。

雪花模型总共有 6 个分支(即 6 个"花瓣"),它们代表个体适应环境的 6 个不同层次,每个层次中个体与环境的交互深度和关联广度均有所不同。各个层次之间有着密切的逻辑关联,这种密切关联性可通过图 2-1 中心处六边形的全连接线来反映,把这个全连接图形从本元关系开始依次展开,可以得到一幅由 21 个**逻辑变量**组成的全景式交互关系图,简称**逻辑全景图**(如图 2-2 所示),这些逻辑变量与中心六边形的 6 个顶点和 15 条连接线之间存在一一对应性

(5.2节将具体说明两者间对应关系)。逻辑全景图有多种观察和分析视角：

（1）纵向视角（空间序）：其中包括6个纵向发展层次，它们与雪花模型的6个运作模式相对应，每个运作模式都对应一种逻辑关系，每种逻辑关系所包含的逻辑变量数等于该关系所在的层次数（横向从左往右数）与阶数（纵向从低往高数）。每个纵向的最高阶逻辑变量称为序参量[①]，整个逻辑全景图当中包括6个序参量，具体是：刺激感受、感知目标、作用方式、需求本体、颉颃环境、抵兑时机。其他15个变量称为**基础逻辑变量**（可简称为**基础变量**）。序参量和基础变量统称为逻辑变量。

（2）横向视角（时间序）：其中包括6个逐级复杂化的发展序列，分别是适应度评估、知觉逻辑发展、行为逻辑发展、自我意识发展、社会意识发展、跨期意识发展，它们对应个体的6种专业能力（5.4节有进一步解析）。每个发展系列均对应一组性质相似但关联结构不同的逻辑变量，其中，进行适应度评估的逻辑变量组统称为**规则变量**（也可称一阶变量），描述知觉逻辑发展的变量组统称为**状态变量**（二阶变量），描述行为逻辑发展的变量组统称为**对策变量**（三阶变量），描述自我意识发展的变量组统称为**主体变量**（四阶变量），描述社会意识发展的变量组统称为**环境变量**（五阶变量），描述跨期意识发展的变量组称为**时空变量**（六阶变量）。

（3）交错视角（演变序）：即各逻辑变量之间的连线，它们代表着层次之间的交互，它们是各运作模式的历史经验与当前实践相互纠缠碰撞的反映，逻辑变量的跃迁（质变）与回归（坍缩）就发生在这种无序的碰撞之中。（第5章以及8.3节当中有逻辑变量交互的进一步讲解）

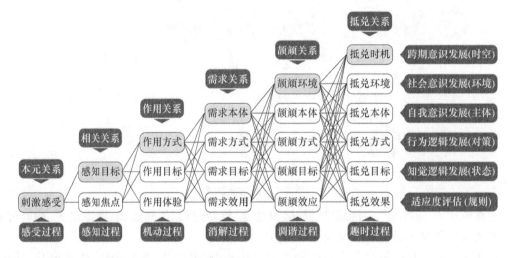

图2-2 逻辑全景图

逻辑全景图当中的每一个逻辑变量都不是孤立性的存在，单独来看每一个变量，其意义是不太明朗的，而把变量与变量联合起来看时，就能借助变量之间的交互机制而界定逻辑变量的含义。每一个变量都是对机体处理环境集群刺激信号以及历史经验信息当中某个环节的反映，完整的处理环节即对应着一系列的变量与变量之间的逻辑关联，这种关联被印刻在3个核心部件所在的网络空间中。

雪花模型是对包括雪花模型图和逻辑全景图在内的整个演绎体系的总体指称。在雪花模型的六个运作层次当中，越底层越原始，越顶层越智慧，前三层表现出一种机械性，而后三层逐

[①] 序参量为哈肯在协同学理论中所提出来的核心概念，它是对系统集体运动所反映出来的总体势态或秩序描述。由于每个层次当中的最高阶逻辑变量具有与哈肯序参量高度相似的性质，故此处用序参量来描述。

渐展现出人的主观性和意向性。不同的运作层次,其关系维度和作用尺度均有所不同,越到高层,关系就越复杂,个体的行为与认知能力也愈加完善。

雪花模型所包含的层级虽然有限,但各层级之间的逻辑关联极其庞杂,在解构分析每个具体运作层次时不可能一一穷尽其间的所有逻辑关联,因此在本章的讲解中先重点介绍运作层次的核心机理。关于各运作层次以及逻辑变量之间的丰富演绎规律,会在后续章节中陆续展开。

2.1 第1层:感受过程

感受过程,即机体从采集环境刺激信号,到触发躯体生理反应并形成适宜与否的感受体会过程。感受是对机体各调节系统运行是否适宜的一种即时反馈,感受的生成与环境对机体的刺激作用高度相关,缺乏对环境作用刺激的有效监测,将极大地影响机体的生存。

对感受过程所产生的适宜判断来自于产生-检验循环架构当中的规则部件,从婴儿出生起,这一判断就能够起作用,不过此时婴儿对场景状态特征的提取编码,以及针对刺激的行为反应都还不够成熟。感受过程所侧重的正是规则部件起主要作用,而状态部件和对策部件功能待定下的主体表现。规则部件要形成明确的价值判断,必须存在对照的评价基准,根据与基准的执行差异来界定执行的好坏。对于感受过程来说,这一基准与维系机体存续的各种稳态调节系统有关,如体温调节、酸碱调节、水含量调节、血糖调节等,这些系统随时都有可能受到环境的影响。其次,环境中必须存在接触人体的支撑点才能使人体保持平稳,而人体的任何一个部位都有可能成为接触点,机体接触点与环境支撑点的作用表现也成为衡量机体是否处于平衡态的一个重要信息源(通常由前庭觉来反馈)。机体内置了许多感受器来实时监测自身可能受到的环境作用,以即时反馈其作用表现,如干渴、饥饱、香臭、苦甜、冷热、痛痒、突然加速等刺激或感受,出现这些信号,意味着机体的调节系统出现了局部失衡,或是与环境的作用出现了有别于常态的差异,感受程度越深,则失衡或差异程度越强,机体进一步调节的动能就越强。强烈的感受通常伴随着明显的生理反应,如心跳、血压、呼吸等活动的改变,这些生理变化会直接影响行为反应的强度,对平衡系统当中的差异存在促进作用。

在胎儿期,机体的生存环境长期保持相对恒定,而出生之后即面对复杂多变的各种环境刺激信号,这是机体学习适应各种刺激信号的起始。面对环境当中引发特定感受的差异化刺激信号,机体往往需要通过多次实践才能逐渐适应,一种表现就是机体对反复出现的同类刺激的习惯化,它是机体回归平衡的体现,也是最为基础的适应能力。对于那些造成机体伤害的刺激信号,机体不一定能够习惯化,而是出现敏感化的现象,保持敏感可以让机体更加关注这类刺激,以便摆脱不适场景,提升个体生存机会。

刺激感受是个体心理活动的源头,是引发行为改变的起因,是激发情绪体验的起点,因此将其作为逻辑全景图的第一个逻辑变量。所有伴随调节系统或外部环境异动而产生的各类刺激感受,称为**本元关系**。本元关系界定了机体评价环境适应性表现的底层标准,它是对机体与环境间可兼容性的最基础的判断。机体对各种复杂事物的质性评判都源自于本元关系,是基于本元关系之上的综合评判。

2.2 第2层:感知过程

感知过程描述的是各感觉系统相互竞争与协作,进而凝练出关于周边世界的固有状态关联模式。机体所处的场景中有各种各样的事物,它们都有着特定的静态组合形式,或是特定的运动节奏、运动形态。对于一个对场景完全陌生的个体来说,场景当中存在着哪些事物,这些事物有着怎样的构成,又有着怎样的联系和区别,个体是不清楚的,不过,内置于机体当中的各种感觉系统,为采集场景事物的各种状态特征提供了便利,也为进一步提炼各种状态特征在不断演变当中的固有联系性奠定了基础。

提炼状态特征是个体识别环境事物的第一步,每种感觉系统都具备提炼状态特征的能力,味觉可以提炼出酸甜苦辣咸等特征,嗅觉可以提炼出香、臭、腥等特征,触觉可以提炼出物质的质感特征,如光滑、粗糙、柔软、坚硬等,听觉可以提炼出声音的音色、音调、响度、音源方向等特征,视觉可以提炼出颜色、亮度、轮廓、大小、动静、距离、方位等特征。识别环境事物的第二步,就是从这些极其多样化而又性质各异的特征触发中发现其内在的联系性。有多种方式可以建立这种联系性:一是基于时间的同步捆绑①,机体筛选出那些高度同步的各类感觉特征信号,并在同步性反复出现时逐步形成特征的捆绑记忆,整个处理过程相当于一种大数据的筛选过程,总是反复同步的特征组合代表的就是场景中所有特征信号当中最具相关性的组合;二是基于一定行为方式组织下的系列状态的有序融合,这种涉及行为的联系会更为复杂一些,它允许在那些并不严格同步的特征信号之间建立联系性,支撑这种联系性的有赖于特定的机体行为,缺乏行为支撑,难以建立这种存在时序先后的联系性。基于单纯的视觉或听觉注意似乎也能发现场景中一种特征与另一种特征相继发生的固有规律,但是注意本身也是一种行为体现,前庭-眼球反射就是伴随注意的一种重要行为机制②,注意过程既存在感觉器官的协调(如两眼眼肌的同步),也存在机体动作的协调(如头部转动与眼球转动的协同),没有这种协调,会让注意效果大打折扣,进而影响对事物有序演变的规律认知。

婴儿刚出生时,对场景当中的特征认知基本上是一片空白,在适应初期,所能提取的场景状态特征也是相对简单的,如线条、色块,或某种声响、气味等,而随着经验阅历的增长,所能提取的场景状态特征也越来越复杂,例如目标事物的完整轮廓,以及"轮廓+颜色+大小+气味"等组合特征,乃至描述事物的语音或书写符号等。简单状态特征与复杂状态特征的区别在于,简单状态特征更加局部、更加微观,特征间联系性较为单一,复杂状态特征相对宏观,特征间联系形式更加多样化。复杂状态特征代表的是各特征要素之间的联系性,建立这种联系性,就是提炼周边世界状态演变中的某种固有关联模式,习得了关联模式之后,就能够极大地促进机体对场景的了解和适应,这种对适应性的促进体现在多方面:

(1) 使得个体更快定位或识别场景中的人或物。例如,某种口音总是伴随着某个面部特征出现,个体单独通过口音就能知晓对方是谁。

(2) 使得个体有更大概率识别出场景中的伤害性刺激信号。个体习得了一种特定特征

---

① Von der Malsburg C. binding in models of perception and brain function[J]. Current Opinion in Neurobiology,1995, 5:520-526.
② Nicholls J G, Martin A R, Fuchs P A, et al. 神经生物学[M]. 杨雄里,等译. 北京:科学出版社,2014:541.

(如银色闪亮的尖状物体)与一种伤害性刺激(如刺痛)同步触发的关联模式后,当该特征出现在场景中时,伤害性刺激出现的概率将会很高,由此使得个体有时间提前规避可能造成的伤害。

(3) 使得个体有更大概率识别出场景中的适宜刺激信号。个体习得了一种特定特征(如某种咖啡色的球状物体)与一种适宜性刺激(如甜味)同步触发的关联模式后,当该特征出现时,适宜性刺激出现的概率将会很高,由比使得个体有时间提前抓住该特征,从而获得有益于自身存续的适宜性刺激。

上述这些例子说明了,多种感觉系统的相互协调,能够提升个体对场景事物的识别效率,进而为行为实践提供标的参考。在所有传入大脑的感觉信息当中,视觉信息几乎占据了90%以上,视觉系统可以用于区分事物的分类特征要远远多于其他感觉系统,仅仅20个特异化感受器就能够组合出超过100万种各不相同的信息,而视网膜上的视觉感受器超过1亿个,使得视觉系统能够区分的事物几乎是无限的。当视觉所采集的状态特征与某种敏感性刺激信号建立了捆绑联系时,结合视觉系统极为庞大的单次信息传入量(每支视神经传入轴突有100万个),以及效率极高的信息筛选机制,可以显著提升个体在开放空间中再次寻找到该敏感性刺激的概率。越多的感觉系统参与进来,定性指定状态特征的准确率就越高,越有助于机体识别定位与该特征相关联的刺激源。

对感知过程所提炼出来的状态关联来自产生-检验循环架构当中的状态部件,这一部件的功能是基于当前的局部状态特征来预测与之相关的完整状态或后续状态。对于习得了一定状态联系性的个体来说,当一种状态被激活时,与之关联度最高的另一种状态也会随之被唤醒,这一过程不仅体现了个体对该状态的可预知性,也意味着个体对场景状态演变的一种提前把握。感知过程在当前场景中所加工出来的状态特征关联性,称为**相关关系**,它包含两个逻辑变量:

一是**感知焦点**,即感觉系统在庞杂的场景信息中所分离出来的当前关注点,它通常对应着场景中最为显著的刺激特征或状态标识。人在活动的时候,有衣服鞋袜等物体对皮肤的刺激、唾液对味觉的刺激、环境光线对视觉的刺激、空气振动对听觉的刺激……这些信号都通过丘脑(嗅觉信号除外)进行处理,一些传入信号被减弱,而一些传入信号则被增强,使得机体能够聚焦于特定刺激[1]。越显著的敏感性刺激,可能带来越大的伤害,也可能是更丰盛美味的食物源,或是一种更为异常和陌生的状况,对这些临时性的高反差状况的聚焦处理,比去处理那些已经习惯化的刺激信号,更有利于促进个体的生存,也更有利于个体学习新知。

二是**感知目标**,它代表个体当前所处理的具有一定演变规律的状态关联性组合。个体在不断实践当中,各种感觉系统所沉淀出来的特征关联性组合非常之多,但机体在每个即时场景中所能临时处理的关联性组合是有限的,在所有已习得的潜在关联性组合当中,基于当前场景条件而凸显出某种特定的关联性组合,就意味着一种目标性存在,这种目标有赖于感知焦点来激活。目标代表某种目的性,汉语中的目的一词从字面意思来理解,就是双眼所聚焦的标的,这一释义与感知目标的本义是相近的。感知目标对环境事物关系的映射可以是静态的特征组合结构,还可以是不同特征组合的演变序列。例如,照片中的鸟与户外飞翔的鸟,前者感知的是一种相对固定的特征结构,后者则是一种有一定波动范围的固定组合的位置演变。明确了目标事物的特征组合结构,及其一般性的运动表现(即特征组合的不同状态表现的有序衔接),

---

[1] Kalat J W. 生物心理学[M]. 10版. 苏彦捷,等译. 北京:人民邮电出版社,2011:96-99.

可以帮助个体更便捷地检索状态的进一步演变，以及评判熟悉的事物是否出现反常。

感知目标代表一系列的状态特征关联组合，构成该目标的特征要素可能来自多个不同的感觉系统，也有可能是同一感觉系统的某个排列，例如特定的轮廓组合或按照一定次序激发的声音序列。在认知场景事物的过程中，个体并不是一开始就立刻明确感知目标是什么，而是先出现局部特征要素，根据该要素而唤醒过往的关联捆绑认知，至此个体才获得感知目标的较完整认知。在构成特定感知目标的所有特征要素中，并不是每个特征要素出现时都能够唤醒该感知目标，如果某个特征要素（或组合）与多个感知目标有关联，则难以通过该要素准确定位特定的感知目标；如果某个特征要素（或组合）仅与一个感知目标有关联，则该要素较容易唤醒相应的感知目标，这一特征要素也称为焦点特征。从上述分析中可以发现，个体在区分环境事物时，实际上并不需要所有特征完全出现，而只需要焦点特征出现时就可以做出判断。在许多关于英文文本阅读时的眼动跟踪实验间接证明了这一点，阅读时眼睛的焦点并不是完整地扫过每个单词，而是落在最能代表该单词特征的结构点位上，然后直接跳到下一个单词的最特别的结构点位上，一些极为常见的介词甚至会直接跳过。有时语句当中出现的个别用字错误，或是顺序错误，人们在快速阅读时不太容易发现，也没有妨碍人们对语句的理解，这种现象与焦点特征对关联目标全局特征的代表性替代有关[①]。这种方式的优点在于，它使得个体区分定位环境事物的效率大为提升，有利于个体建立起对各种紧急状况的快速反应，从而提升个体生存的概率。这种机制也会产生一些副作用，例如还没弄清楚目标对象的额外关联就仓促行动。焦点特征与全局特征相结合，可以帮助人们更为准确地界定目标对象。心理学中经常会提到一些带有歧义的图片，同样一幅图形，注视焦点和注视方向不同，人们"脑补"（即唤醒记忆中的同步关联性）出的对象也会不同，要确认人们看到的到底是什么，需要同时界定焦点特征和全局特征（14.1节第⑴小节有具体案例解析）。对于相关关系的两个逻辑变量来说，感知焦点就是全局特征当中的焦点特征，感知目标就是人们所"脑补"出来的全局特征，单单列出目标的特征要素集合，很多时候并不能准确界定目标对象是什么。

2.3 第3层：机动过程

机动过程是指针对当前场景中的特定关联目标而触发相应行为对策的实践过程。行为对策有两种来源：一是先天遗传的原始条件反射，如吸吮反射、抓握反射等，这些对策也称为种子对策；二是后天习得的行为对策，它们是基于种子对策的不断实践而沉淀下来的有效适应性对策（4.6节会进一步讲解后天习得对策的沉淀过程）。

原始条件反射一般是婴幼儿机体的特定部位受到环境的刺激（即非条件刺激）而触发的，婴幼儿开始时只能确认是否存在刺激，而并不能区分刺激物是什么，任何环境物体只要接触到婴幼儿机体的特定部位，通常就会引发与之相应的原始条件反射。在物体与身体特定部位的反复刺激中，感知过程会分离出个体的注意焦点，并凝聚行为触发过程中的固有状态特征，进而逐步习得基于该状态特征的条件反射，此时幼儿初步建立了非条件刺激信号与特定特征（即条件刺激）之间的关联捆绑，幼儿由此了解了引发该刺激的特征源是什么。不过初始阶段所习得的捆绑特征依然是较为简单的、局部的，这种不完全、不充分的识别使得该特征在新的场景

---

① 关于基于关键焦点特征来区分事物的详细解析，可以参考拙作《认知的维度》5.1节至5.3节。

中呈现的概率相对更高(相对于成人的充分识别来说),种子对策被触发的可能性也较高,这种高概率触发机制有利于婴幼儿不断进行学习摸索。

斯金纳用逐次逼近法,在不到三分钟之内,就让一只鸽子学会了啄笼子里的一个指定的点;开始时训练鸽子转头,接着训练鸽子将头指向指定点,然后训练头贴近指定点的行为[1]。幼儿习得主动进食行为的过程与这个训练过程有相近之处,完整的自主进食行为的习得依赖于抓握反射、觅食反射、吸吮反射、吞咽反射这四个种子对策,抓握反射用于抓取碰到手心的物体,觅食反射表现为把头转向触摸脸颊的刺激的方向,或是进行自主性头部转动(便于搜索场景关键特征),吸吮反射表现为口唇受到刺激时触发吸吮动作,吞咽反射完成最后的进食动作。这些动作中,抓握反射和吸吮反射有可能组合并形成抬手及吸吮手指的行为,而抓住物品并抬手时,也有可能使所抓握的物品碰到嘴唇而引发吸吮反射,这几个原始反射的随机尝试,就有可能沉淀出一个完整的有序进食动作:即把头转向物品,抓住物品并往嘴里塞,然后吞食。在看护者的引导下,这个进食动作的习得效率会更高(10.2节有关于进食行为习得过程的进一步讲解)。

上述过程展示了个体习得基本适应策略的迭代进路,学习从基于非条件刺激的随机性尝试开始,逐步提升至基于简单特征(条件刺激)的随机性尝试,然后从中逐步沉淀出更为复杂的捆绑关联特征,它与相应的行为对策同步耦合,从而建立起针对特定条件的响应策略。

在基于既定行为对策(先天种子对策或后天习得对策)的实践过程当中,感受过程和感知过程均起到重要的辅助作用。感受的差异会影响个体与场景的互动水平。婴儿哺乳时,会获得一种非常适宜的味觉感受,此时婴儿两眼会张得很大[2],从而可以更有效地捕捉与该适宜刺激相关的场景同步特征,如哺乳者的相貌、声音、体味等,这为婴儿辨别哺乳者和其他人提供了重要特征参考;当婴儿遇到不适宜的刺激感受时通常会闭眼或转头[3],这种方式减少了婴儿进一步与不适宜刺激进行互动的可能性,这是在婴儿应对策略极为有限的条件下的一种有效举措。在行为的实施过程中,感知过程成为牵引机体有序行为的重要支撑。感知过程记录了行为过程中总是同步或次第出现的感觉特征,当面对类似的场景时,其中一种感觉特征的出现就会唤醒与之关联的同步特征或后续特征,进而引导机体进一步与同步特征或后续特征互动,从而促进了行为的有序性。例如,听到"汪汪"的狂叫声时,浮现出狗的形象比猫咪的形象的概率会高得多,个体就会知道附近可能有狗出现,进而激发个体本能的规避反应。再比如,抓着门把手准备开门却打不开时,焦点转移至门锁或钥匙的概率相对更高,因为平时的开门动作中,门把手与门锁、钥匙高度相关。在这些日常动作中,感知过程对过去关联特征的捆绑记忆,成为牵引机体有序行为的重要参照,缺乏感知过程的关联记忆与对现场特征的搜索聚焦,就难以建构有序行为。

机动过程所形成的有序行为缘于产生-检验循环架构当中的对策部件,其核心职能是组织并推进场景交互状态的有序演变,组织推进过程依赖于感受过程和感知过程地密切配合。机动过程建立了条件状态与结果状态之间的联系性,这种基于指定行为对策上的状态联系性,称为**作用关系**,它包括三个逻辑变量:**作用体验**、**作用目标**、**作用方式**,三者与规则、状态、对策三

---

[1] Duane P Schultz, Sydney Ellen Schultz. 现代心理学史[M]. 叶浩生,杨文登,译.北京:中国轻工业出版社,2017:340.
[2] 威廉·蒲莱尔.幼儿的感觉与意志[M].孙国华,唐钺,译.北京:北京大学出版社,2014:28.
[3] 威廉·蒲莱尔.幼儿的感觉与意志[M].孙国华,唐钺,译.北京:北京大学出版社,2014:118.

个部件有对应性,其中:

作用体验是对整个行为实施过程的总体感受评价,一般可分为两种表现:积极体验、消极体验。它反映了当前的行为实践对机体是适宜的还是不宜的。作用体验与刺激感受的区别在于,刺激感受强调对单个或某一类刺激信号的感受,而作用体验强调对整个作用进程的总体感受,它相当于对过程中全体刺激信号感受性的整体评估。对一个连续作用过程的总体感受评价可以有很多种方法,Kahneman(卡尼曼)通过实验给出了一种评估机制:峰终定律和过程忽视,即个体对行为过程的总体评价取决于过程中的峰值体验和终值体验的均值,并且与过程无关[①]。峰值和终值可视为整个作用过程中所有即时刺激感受集合的特定代表,这种方式能够非常快捷地计算出从作用开始到作用过程中任一时刻的整体感受水平。

作用目标是指牵引机体行为动向的感知目标系列,它界定了从一种感知目标向另一感知目标的形态转换,或是一系列的目标形态转换。相对于感知目标来说,作用目标关联了推进状态演变的行为对策,这是作用目标能够兼容不同感知目标的原因所在。感知目标通常对应的是一种既定的对象形态,而作用目标能够对应一种对象模态,其中内嵌了形态的演变。

作用方式反映的是推进状态有序演变的行为对策。在对策的组织推动下,状态目标才能鲜活起来。特定的状态演变依赖于特定的行为对策来支撑,特定的行为对策推动了特定的状态演变,两者相辅相成。作用方式的不同,推进目标的演变序列的不同,通常会带来不同的感受体验。

对于机动过程来说,只要有行为发生,并与环境产生互动,就一定会形成作用体验,作用体验界定了机体每一次行为实践的质性表现。要注意的是,机动过程主要负责行为程序的有效实施,并不负责对错误或较差表现进行调节,进一步地适应调节是更高运作层次的职能。换句话说,机动过程只保障程序正确性,不保障过程或结果正确性,过程当中所产生的实践表现是伴随机动过程的副产品,它为更高层运作模式的调节提供了信标。机动过程在生成作用体验的同时,也界定了该体验的产生条件和产生结果(体现在作用目标之中),这种条件与结果之间的关联代表了一种因果性认知,它反映的是基于同一背景参照之上的前景状态之间的定向关联,这里的背景参照就是组织状态演变的行为产生系统。作用关系是代表现实存在性的且具有演绎持续性的基本逻辑关系,5.6节、5.7节、16.2节会对这种逻辑关系做进一步地讲解。

2.4 机体适应环境的动力内核

机动过程中指出了机体基于先天的种子对策而习得新的适应性对策,但是并没有详细阐明这一过程的缘由,本节我们将进一步探讨行为对策的迭代升级方式,以及机体不断适应各种外部环境的内在动力机制。

"刺激-反应"公式(即 S-R 公式)是研究行为的基础工具,其对行为的学习机理有着较为客观而实在的解读,但难以解析复杂行为模式的产生,很多学者也对该公式所存在的问题作了评论。我国著名心理学家潘菽指出:"'S-R'公式的两头都是比较复杂的,不能把它想得太简

[①] 丹尼尔·卡尼曼.思考,快与慢[M].胡晓姣,李爱民,何梦莹,译.北京:中信出版社,2012:350.

单[①]。"霍兰指出："任何非常复杂的系统行为不能被简单的 S-R 理论所刻画[②]。"皮亚杰指出："S→R 应当写作 S⇌R,更确切地说应当写作 S(A)R,其中 A 是刺激向某个反应图式的同化,而同化才是引起反应的根源[③]。"

那么,如何能够更好地描述和刻画行为的运作机制呢?如果机制较简单,就会陷入 S-R 一样的问题,而如果机制较复杂,虽然可以解释一些问题,但难以保障该解释性的可迁移性和普适性。有鉴于此,刻画行为的运作机制应当在保持简洁性的同时,兼顾适应性和成长性,在不断实践中演绎行为发展的多样性与复杂性,适应性可以通过规则的不断更新来呈现,成长性可以通过伴随规则更新而不断升级的状态网络和对策网络来呈现。这里面的关键就是体现适应性的规则,复杂适应系统的核心思想,就是简单规则能够产生复杂性。"刺激-反应"公式代表的是较为基础的学习规则,如何从基本的规则当中一步步演绎出后天的复杂行为模式,是行为问题所要探究的重点。霍兰针对复杂适应系统的普适框架给了我们分析规则演变的指导性工具,产生-检验循环架构就是基于该框架下的一个具体应用。下面将从反馈控制谈起,来探究催生复杂行为模式的一种可能的动力内核,以及其中的规则演进逻辑。

稳定的系统状态控制依赖于负反馈机制,它是在基本的反馈回路基础上,通过测量输入与输出之间的差值,然后引导反馈回路不断缩小这个差值而使得系统逐步趋向稳定。整个调节机制包括两个关键部分,一是执行系统,二是反馈系统,这两个系统需要密切配合才能完成系统稳控。当只有执行系统而没有反馈系统时,系统的运行就变得非常机械化,只能基于既有的程序运行,而无法获得运行过程中存在的误差,最终可能引发不可挽回的后果。只有反馈系统而没有执行系统,就像是只有中控台而没有发动机的汽车,任何反馈都失去了意义。执行系统不可能是盲目的,它必然存在启动的条件,并且在执行过程中时刻受到环境的影响,因此对执行情况的描述必须考虑初始状态和实时状态,从这个意义上来说,执行系统相当于状态部件和对策部件的综合。反馈系统也不可能是盲目的,反馈必须伴随着对系统状态的监测,并根据监测情况引导反馈回路的运作,因此反馈系统相当于规则部件和对策部件的综合。由此,我们可以用产生-检验循环架构来解构动力系统的调节机制,其中状态部件用于识别和确认动力系统的触发因子或影响因子,对策部件用于推进动作系统的运作实施,规则部件用于检测动力系统的执行差异并引导后续的动作调节。

人体是一个极其复杂的动力系统,其中包含着多种层面的执行与反馈调节,具体有:

(1)由主动肌和拮抗肌之间的牵张反射和反牵张反射构成最底层的反馈回路,它们是促进机体与环境支撑点快速达成平衡的自适应回路。皮肤中的鲁菲尼复合体向中枢传递脚踩在地上的强度等信息,以辅助对反馈回路的监控。

(2)来自神经中枢的基底神经节能够同时激活主动肌和拮抗肌,进而稳定关节,也可以协助终止运动或进行运动学习。大脑皮层参与了基底神经节的功能环路,使得环路的调节具有可塑性。

(3)小脑主导对机体所有肌群运动的平衡调节。小脑中分布着数量庞大的浦肯野细胞和平行纤维,每一束浦肯野细胞可以囊括一个躯体代表区内的所有来自肌梭和关节的输入,平行纤维连接起邻近的浦肯野细胞,为不同关节和肌群间的运动协调建立通道。基底神经节、前庭

[①] 叶浩生,宋晓东."潘菽心理学思想的后经验主义蕴涵[J].心理学探新,2007(2):3-7.
[②] 约翰·霍兰.自然与人工系统中的适应[M].张江,译.北京:高等教育出版社,2008:49.
[③] 皮亚杰.发生认识论原理[M].王宪钿,等译.北京:商务印书馆,1981:66.

器官和小脑共同组成负反馈及正反馈环路,其中小脑接收本体、前庭和全身的其他感觉输入,还接受来自运动皮层和联合皮层的大量投射,从而执行皮层提供的运动计划。①

从上述机制当中可以看到,每个层面都存在着反馈调节回路,每个回路当中都存在着执行系统和反馈系统间的协调运作,内嵌在回路当中的各种特异感受器会实时采集回路的运作信息并传入中枢做进一步的调节处理,以保持回路的稳定。例如,鲁菲尼复合体能够监测牵张反馈回路的牢固度②,基底神经节反馈回路用于调节局部运动的稳定性③,前庭觉监测头部运动的平衡④(头部的平衡往往代表着全身的平衡,它依赖于全身所有肌群的作用环路的协调运作),这种多层次的配合协调,使得机体既能够应对场景中的局部关节异动,同时又能够保持身体的总体平稳。

对于简单的场景来说,场景的状态异动通常是有限且平稳的,机体的动力调节系统一般能够及时适应这种场景并达成某种动态或静态平衡,而对于较为复杂的场景来说,机体能否与环境达成平衡,是存在着较大的不确定性的。在任何待适应场景中,机体都是置身于环境之中的,机体与环境构成一个多层次的复合反馈回路,环境是锤炼机体适应性的一个经常变量。所谓适应性,就是在环境变量发生异动的情况下,机体能够有序应对环境当中的各种信号刺激或作用影响,而不是出现无序和混乱的状况,也就是说,机体与环境这组共同体的整体价值异动能够逐步趋向稳定,环境中的刺激过好或过坏都会影响共同体的稳定,过好会吸引机体的趋近交互,过坏会引发机体的规避远离,交互到熟练可控的程度,规避到刺激不再显著异动的程度,都是一种稳定的体现。换句话说,适应性意味着个体对场景应对有方,个体明确了场景当中的状态演变,以及存在与状态演变相匹配的有效行为对策,个体不再出现因不了解场景而引发各种随机的行为表现。

特定的场景状态演变与特定的行为对策之间的稳定对接,代表的正是一种规则(严格来说是规则体系中的一类基准参照,5.4节会做进一步的说明)。每个个体初生时,机体都内置了一些应对环境的种子对策,如吸吮反射、抓握反射、眨眼反射、屈肌反射、呕吐反射等,这些反射都因特定的场景刺激而触发,这种特定刺激条件与特定行为反应之间的联结,代表着机体适应环境的最初始规则(也可称种子规则)。个体逐步适应各种外部环境的过程,就从这些初始的规则开始。规则相当于感觉(代表状态网络)与运动(代表对策网络)联动的稳定模式,以稳定模式为参照,就可以更好地测定类似条件下的执行表现,以及其中所存在的执行差异,进而为适应环境提供进一步调节的关键数据。状态部件协助对行为对策的目标进行引导,规则部件则进行行为执行表现的实时监测,监测时不仅要采集状态的异动,同时也要采集行为的异动,这两者共同构成规则的基本部分,只检测状态变化,或只检测对策异动,都不能有效评判机体对环境的适应性。进行规则异动的检测是机体适应环境的第一步,当没有发现差异时,机体将继续按照既定的规则运行;当检测出差异时,根据差异的程度和性质表现引导状态网络与对策网络进行相应的调节更新,直至机体与新环境间的价值异动逐步得到收敛,进而达成与环境间的平衡(关于平衡的判定条件会在2.6节~2.8节中具体展开说明)。

结合上文的分析,可以初步勾勒出个体适应环境的一种自适应调控内核,具体如图2-3所

---

① Nicholls J G, Martin A R, Fuchs P A, et al. 神经生物学[M]. 杨雄里, 等译. 北京:科学出版社,2014:501,574,598,600,601,602.

② Nicholls J G, Martin A R, Fuchs P A, et al. 神经生物学[M]. 杨雄里, 等译. 北京:科学出版社,2014:501.

③ Nicholls J G, Martin A R, Fuchs P A, et al. 神经生物学[M]. 杨雄里, 等译. 北京:科学出版社,2014:602.

④ Kalat J W. 生物心理学[M]. 10版. 苏彦捷, 等译. 北京:人民邮电出版社,2011:210.

示,其中主要包括两个部分:

(1) 状态网络与对策网络构成的反馈循环。个体已经适应了的场景通常会形成相对稳定的状态-对策组合,相应的适应性规则也是较为明确的,这其中,状态网络能够明确行为的触发条件、场景的状态关联,以及行为触发后场景的状态演变,对策网络能够明确从场景初始状态生成场景后续状态的执行策略,并在实践中基于该策略来组织状态流变。因此,已经适应了的熟悉场景通常可以由状态网络与对策网络的对接环路所自行处理,而不依赖于规则部件的监控引导,并且处理过程可以做到快速、直接而高效。例如,当幼儿基于觅食反射、吸吮反射和抓握反射而习得了牛奶味道和奶瓶之间的状态关联之后,就能因奶瓶的出现而触发抓握动作,吸吮奶嘴,幼儿所习得的这一规则可以迁移到任何针对瓶状特征的物体上,不用再经过试探学习,而是相似特征出现后直接触发。

(2) 规则网络对状态与对策循环回路的差异监测与引导调节。个体未适应的新场景(包括熟悉场景出现了新的状况)中,状态与对策环路的执行表现会存在多种可能性,适应性规则也是不明确的,个体可基于能够适配当前局部状态的某个过往习得规则来作为监测的标准,并基于状态或对策上的异常来引导后续的调节,在调节后续状态或对策的过程中,规则也跟着同步调节(因规则体现在特定状态与对策的衔接上)。例如,幼儿看到奶瓶就用双手抓着往嘴里塞,但是奶瓶抓反了,与奶瓶这一局部状态有关的奶嘴这一状态特征没有即时出现,场景状态和作用体验出现了异常,寻找和定位奶嘴成为调节的重点,在随机尝试中,能够复现奶嘴的动作会得到增强(相应的体验能够回归正常),从而促进幼儿习得正确抓握奶瓶的对策。

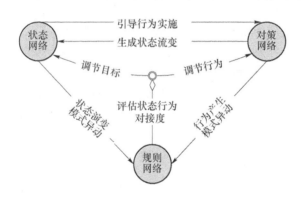

图 2-3 主体系统的自适应调控机制(动力内核)

自适应调控机制(如图 2-3 所示)展示了个体适应环境的一种动力内核,先天预置的种子规则是这个内核不断成长发展的基础。基于种子规则地不断随机尝试,使得触发种子对策的刺激条件能够逐步与存在高度同步性的其他特定状态特征相融合,进而沉淀出较复杂的特征关联目标,以及与之相适配的行为对策序列,这些习得经验又能够反作用于环境。场景变化的多样性使得习得对策和场景状况并不总是匹配的,两者之间的脱节经常性发生,带来的差异触发规则部件的运作,以引导状态部件和对策部件调节当前场景中存在的失衡。当场景状态异动较为复杂时,规则部件一时难以消除失衡,此时机体会进入与场景局部状态有关的各习得规则的无序的随机尝试之中,直至达到新的平衡。

康韦自动机在随机尝试中生成的"滑翔机"[①]以及朗顿蚂蚁在混沌中开出的"高速公路"[②],展示了基于简单规则衍生出复杂规则的生动实例。普里戈金模拟了在系综层面挖掘底层无序运动之上的统计稳定性[③],揭示了复杂规则的提取是有迹可循的。从局部的无序演进到整体层面的有序,有一种哲学式的经典解析:矛盾命题的两个极端构成了变化的回旋,一个回旋哪怕只有一点开放性,它都使得循环不会准确地回到原来的起点,其结果是,随着活动的持续进行,这种开放的回旋延伸成为螺旋,连续的螺旋就体现出了总体的变化方向[④]。从基本规则当中沉淀出复杂规则,其道理是类似的:复杂规则对应着复杂场景,它比基本规则的作用尺度更宽、关系维度更广,基本规则在这种更复杂的场景中一点点推进,最终在更宏观的层面展示出系统的总体演进动向,这种确切演进动向下的规则,就是系统适应复杂环境的新规则。

一套规则只能解决一定类型的问题,而不能解决所有类型的问题。仅基于基本规则来调控系统的运作,代表的只是一种机械性,而基于基本规则的不断尝试,进而在较复杂的场景中沉淀出更为综合的运行规则,并以此来指导系统的运作,则代表了一种适应性。具体来说,适应性意味着机体具备根据实践效果来调整运行规则的能力[⑤]。基于随机尝试下的不断试错调整,可从经验的变化中逐步对比分化出缩减整体失衡的行为应对模式,以及相应的状态演变模式,进而从中沉淀出趋向平衡的全新规则。因此,规则对失衡的管控并不是一定会回到原有的水平,也可以基于新的场景条件而跃迁至一种新的平衡,其中的状态目标和行为对策的内在结构也相应有了新的变化。基于反复尝试所沉淀出来的新规则,既是原规则的一种延伸,同时又是融合了更多场景要素下的一种稳定模态表现,因此新规则相当于是包容原规则的一种宏观势态提炼。

如果基于动态的、发展的视角来观察自适应调控机制,那么当系统适应了新的复杂场景时,就滋生了至少两种调控规则,一种是原有的基本规则(可称为基层规则或微观规则),另一种是适应较复杂场景的衍生规则(可称为宏观规则),基层规则负责调控局部动作,宏观规则负责监督整体走向(第4章中会进一步解析这两种规则之间的协同运作),相应的状态网络和对策网络也有了局部和整体的运作区别(具体如图2-4所示),它预示了状态网络、对策网络和规则网络的多层次性。

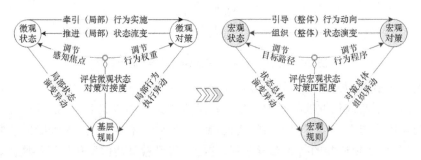

图2-4 规则的自迭代体现了主体的适应性

---

① 约翰·霍兰.涌现——从混沌到有序[M].陈禹,等译.上海:上海科学技术出版社,2006:141.
② 范东平.复杂系统突现论——复杂性科学与哲学的视野[M].北京:人民出版社,2011:93-96.
③ 普里戈金.确定性的终结——时间、混沌与新自然法则[M].湛敏,译.上海:上海科技教育出版社,2009:64-69.
④ Lerner R M.儿童心理学手册(第一卷上)[M].6版.林崇德,李其维,董奇,等译.上海:华东师范大学出版社,2008:68.
⑤ 约翰·霍兰.自然与人工系统中的适应[M].张江,译.北京:高等教育出版社,2008:14.

自适应调控机制是对产生-检验循环架构的进一步细化，是机体适应环境的动力内核，它初步揭示了复杂的新规则是如何迭代出来的，也初步揭示了复杂的行为序列和状态目标是如何产生的。自适应调控内核是一个动态调节系统，这套系统既能够习惯于常态环境，也能够逐步适应于变化的环境。自适应调控内核与"刺激-反应"公式的不同之处在于，后者呈现出一种机械性、单调性，它可简单归结为从状态部件到对策部件的单向链路，而前者给出的是一个体系化的演绎架构，架构当中的各组件存在着密切的关联（例如，状态目标对行为对策的牵引作用，行为实施对状态演变的推动作用，规则对状态对策对接差异的监控引导作用等），使得整体上呈现出自主性、协调性和灵活性。自适应内核给出了界定行为与认知的全新分析框架，即以一种整体性的组件协同为总体架构，来去探究局部组件在各种场景异动下的演变，在演变当中寻找局部或整体联系性的发展，这种分析方式并不一定能生产出新的基础性、常识性知识，但却非常有利于从组件间的关联异动中挖掘出更多的逻辑演绎规律。

2.5 前三层运作模式的内在联系

产生-检验循环架构是描述个体行为与认知体系的总体框架，自适应调控机制是描述行为与认知发展的内在动力结构，这两者是雪花模型演绎体系的建构基础。感受过程、感知过程、机动过程是雪花模型的3个底层运作模式，三者各有侧重。感受过程中规则部件起主导作用，感知过程中状态部件起主导作用、规则部件起辅助作用，机动过程中对策部件起主导作用、规则部件和状态部件起辅助作用。3个运作模式都是自适应调控机制的一种局部环节体现，三者的协同运作才能进一步体现自适应调控机制所内含的适应性和成长性。

感受过程通过感觉系统来采集所有影响机体的刺激信号，并经中枢系统而给出适宜与否的评价，这种评价也会在机动过程中起作用。当个体以种子对策或习得对策来适应场景时，机动过程会基于作用当中的一系列刺激感受而生成作用体验，这种体验也是对与作用进程相同步的状态目标的评价，不同的行为对策和状态目标组合，通常会形成不同的感受评价，这些评价将成为个体分拣行为对策和状态目标优劣的重要依据。

感知过程基于感觉系统所采集的巨量信息而进一步筛选出场景中的特有状态关联模式，它不仅是机体识别类似场景的参考标识，同时也为机体适应类似场景提供了目标指引，从而促进了行为推进的有序性。不同类型的感觉系统可以同时工作，进而采集到多种敏感性刺激信号，从感受上来说会造成混乱，但感知过程不会，因为感知焦点实现了对多种刺激的对比筛选，进而实现对特定刺激或特征的聚焦，这种聚焦是牵引行为的关键。

机动过程基于场景中的关联目标而推动行为的有序实施，在行为的实施过程当中，感知过程刻录着场景实时状态当中的关联性，感受过程反馈着实时交互作用中的刺激信号，为生成作用体验输送数据。种子对策是响应特定状态条件的预置程序，也是催生复杂有序行为的基础，感受过程和感知过程是促进有序行为的重要支撑。感受过程辅助标记各类刺激的程度，感知过程辅助分化各类刺激的敏感度，同时运算焦点特征的目标关联，为行为的实施提供牵引标的，也为行为的平稳提供实时反馈。

总体上来说，感受过程、感知过程、机动过程三者是对产生-检验循环架构的局部描述，感受过程显性化了规则部件的运作结果（反映在机体感受当中），感知过程显性化了状态部件的运作表现（反映在对象识别当中），机动过程显性化了对策部件的运作过程（反映在行为实践当中),三者各自对应产生-检验循环当中的一个核心部件,每个部件的性质都需要依靠其他两个部件来体现,每个部件的功能升级都涉及其他两个部件的协同升级。3个核心部件之间存在密切的联动关系:一个有序的行为一定伴随着状态的演变和刺激信息的体验感受;场景的状态演变不仅取决于场景自身的特征变化,更受制于机体的动作,如眼动、脖子动、手动、脚动等,这些动作会带来新的特征演变(如视角变化带来透视形状变化和相对位置变化),进而直接或间接影响后续动作,因此界定状态演变时不能忽视行为动作;一个特定的刺激感受产生于某个行为实践之中,对刺激源的准确定位又依赖于感知系统对状态演变的模式抽取,否则就无法界定感受的形成原因。

产生-检验循环架构当中的3个核心部件间的不同协同方式,映射了3个基础运作模式,协同程度的不同也反映了3个运作模式复杂度的不同,这其中:感受过程不考虑状态和对策表现,只重点考虑规则的表现;感知过程不考虑对策表现,只重点考虑状态和规则的协同表现;机动过程则同时考虑3个部件的协同表现。这3个运作模式是呈逐级复杂化的趋势。从功能上来看,3个运作模式相当于自适应调控机制的3个不同的剖面,这3个剖面并不是相互独立或平行的,而是关系维度逐级扩展、作用尺度逐级递增的剖面,更复杂的剖面包容和囊括更为基础的剖面,这种前向包容的逐级分层方法不同于直接对构成要素进行单列的模块切割法,它能够保留要件之间的相干性,并通过层次的复杂化而凸显相干性的逐级演进规律,14.1节的第(3)小点给出了这一分层方法的若干案例。

从自适应调控机制本身来看,3个部件相互影响、相互支撑,孤立地看待它们只能得出相对有限且片面的结论,而将3个核心部件联合起来时,就可以逐步窥见其中所潜藏的无穷可能性。以自适应调控机制为动力内核,机体不断吸收着各种差异化刺激,提取各种状态演变,激发各种行为序列,进而又带来新的差异化刺激,如此不断循环,为整个系统的发展进化提供了源源不断的素材,较复杂的运作模式更有可能从这种反复变更的主体系统中涌现出来[①],人的丰富多彩的高级心理活动与复杂行为表现,与这个涌现过程息息相关。下文将以自适应调控机制和3个底层运动模式为基础,来逐一解析雪花模型的3个高层运作模式的调控机理,及其所沉淀的逻辑关系。

2.6 第4层:消解过程

个体基于机动过程的种子对策来适应各种场景时,在没有获得环境事物的实践感受经验之前,个体并不能确切预判事物的作用性质,在探索环境的过程中,有可能陷入各种潜在危险之中。婴幼儿的成长过程,动物的初始发育阶段,都面临着这种问题,即使是成人,有时也不可避免地因猎奇而陷入一些未知的陷阱当中。虽然潜在危险不可穷尽,但进行试探性的行为实践对于催熟个体的认知能力来说依然是不可或缺的,如果总是规避所有潜在的作用场景,意味着个体将失去成长的锻炼机会。因此,问题的关键在于如何从不断地尝试中学习和改进。

面对熟悉的场景,个体可以启用已有的经验对策,该对策与相应场景状态条件的组合,代表的是个体适应该类场景的基本规则,这一规则对于既定场景是有效的,但对于发生了显著变动的新场景,该规则往往会失效,个体在适应新场景的过程中会出现无序或混乱状态。2.4节

---

① 约翰·霍兰.涌现——从混沌到有序[M].陈禹,等译.上海:上海科学技术出版社,2006:187.

提到,个体基于既有的经验规则的随机尝试,有可能从中迭代出适应新场景的全新规则,这一过程依赖于自适应调控内核(图2-3)的运作,其核心职能之一是监控既定规则的执行是否出现偏差,并根据差异情况进行相应调整,这里的关键在于如何衡量差异,以及针对差异的调整进行到何种程度才算完结,这两个问题的答案都在规则部件当中。既定规则体现在特定的状态演变和行为对策的匹配上,状态与对策在实践当中的对接会生成相应的感受体验,感受体验是对状态与对策对接表现的一种即时评价,监测规则的执行表现是否出现偏差,可以通过检测适应新场景的即时评价与过往的经验体验之间是否存在异动来体现。这里将当前实践体验与历史平均体验之间的差异称为**作用体验反差**。作用体验反差的计算具体可分为3种:

一是体验反差不明,这意味着场景对于个体来说是比较陌生的,个体没有针对陌生场景的可参考经验规则,此时个体的行为表现具有一定的随机性,个体与环境之间能否达成平衡也存在不确定性。

二是存在较大体验反差,个体具有针对当前场景的可参考经验规则,但实际的行为与状态对接体验表现与经验表现存在着较大的差距,差距可细分为两类,一类是当前的实践体验比经验体验更积极,另一类是当前的实践体验比经验体验更消极,这两类情况对于个体来说都属于一种失衡。

三是体验反差较小乃至趋近于0,这意味着当前的实践表现与过往经验表现基本一致,个体是在熟悉的情景中进行熟悉的交互,由于异动不大,个体与所适应环境处于相对平衡的局面。

综合上述3种情况,就得到了个体与所适应场景之间是否达成平衡的第一个判定规则[①],即作用体验反差是否为零。当当前体验与经验体验之间的差异逐步趋近于0时,代表机体逐步适应了既定场景;当当前体验与经验体验之间的差异不能收敛时,代表机体未能完全适应既定场景。

在基于既定对策的反复实践中,通过实时监控作用体验反差,并基于差异来引导状态网络和对策网络进行相应的调整,使得具有更优体验的状态目标与行为对策的稳定循环能够从一系列的调整分化中沉淀出来,这一适应性过程称为**消解过程**。图2-5示意了消解过程逐步适应新场景中的状态网络、对策网络与规则网络的迭代逻辑,迭代过程中,3个功能性部件相互联动,互相促进,最终沉淀出可适应场景的新规则。

机动过程评价的是体验的积极性与消极性,而对于消解过程来说,评价的则是当前作用进程的体验是趋向积极,还是趋向消极,实现这种评价的方式,是将过往的类似经验(刻录在状态与对策的对接环路上)叠加至当前的行为动向上,进而提前运算出这种动向的可能体验水平,通过与当前实时体验进行比对,就能够得出体验的异动趋向,然后据此调节当前行为动向。维纳指出,预测就是基于某种算法或装置来运算消息的过去[②],当机动过程获得了各种行为对策(先天预置或后天习得)在各种场景中的状态演变及其体验经验时,就为预测提供了依据。当场景中出现了带有特定作用体验记忆的状态目标时,个体就能提前基于经验而预判实践可能达成的体验表现,如果预判体验比当前实时体验较好,就趋近之,如果预判体验比当前实时体

---

① 如果从感受过程的判定规则算起,这应该是第四个判定规则,因为前三个运作模式当中都存在规则部件的运作。这里视其为第一个判定规则,是基于整个主体系统层面而言的,前三个运作模式当中的规则判定是基于局部层面的判定,不是主体层面的判定。

② 维纳.控制论[M].2版.郝季仁,译.北京:科学出版社,2009:8.

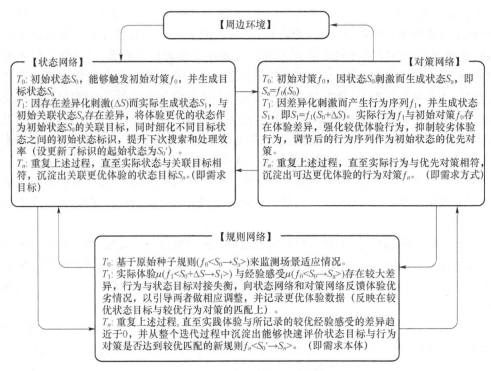

图 2-5 消解过程的迭代逻辑[①]

验较差,就规避之,以此来即时调整后续目标和行为趋向,形成一种"趋乐避苦"的行为模式,这种有经验指引的适应过程属于模式应用阶段。而在没有经验作为参照的情况下,个体会进入模式探索阶段,在随机尝试中,通过巩固体验积极的行为对策关联,抑制体验消极的行为对策关联,而逐步沉淀出可适应陌生场景的行为对策。要特别注意的是,这里的抑制或巩固并不是针对整个行为进程,而是针对其中有差异的那部分经验状态所对应的局部行为程序,而原来起作用且没有引发状态差异的那部分行为程序依然会继续,状态网络中的目标标识的逐步细化是实现这种针对性调节机制的关键所在(3.2节有关于这种调节表现的具体案例说明)。

表 2-1 以作用体验反差为核心监控指标,进一步细化了上述两种典型运作阶段(模式探索阶段和模式应用阶段)的演绎迭代过程。监控作用体验反差并进行分化引导,是消解过程的核心调控规则。作用体验是对指定状态目标和行为对策执行表现的一种基本评价,作用体验反差测定的是当前的状态对策对接表现与经验表现之间的差异。整个演绎迭代过程相当于是当前作用关系与历史作用关系之间的竞争对比,从比对中分化出更强的环境适应性,具体体现在:规则部件能够实时反馈作用体验优劣,分化出更具稳定性的适应表现,状态部件能够跟踪作用场景中的各种状态异动,学习具有各类体验表现的状态演变模式,对策部件能够避开体验消极的行为并巩固体验积极的行为,生成更具针对性和适应性的行为序列。

[①] 注:流程图中,状态用 S 表示,对策用 f 表示,规则用 $f<S_j \to S_k>$ 表示,基于规则的执行表现用 μ 表示。更新了分辨标识的 S_0' 与初始状态 S_0 的区别在于:两者的焦点特征集合不同,S_0' 包含 S_0 当中的焦点信息,但同时添加了来自实践当中的新特异焦点信息,S_0' 是一个更为复杂的焦点特征集,使得它既能够用于牵引 S_0 所对应场景当中的行为对策,又能够处置与 S_0 不同的新场景当中的适应策略。

表 2-1　消解过程迭代升级的控制变量与演绎进路

作用体验反差	状态网络分化	对策网络分化	运作亚阶段		具体运作情况
×	N	N	Dc 模式探索阶段	Dc0 探索起点	个体缺乏特定作用进程下的历史体验数据,无法及时评判当前情景交互的体验是趋向较好还是趋向较坏,其行为动向依然由机动过程的动力模式来牵引,其体验表现存在不确定性。
×	Y	N		Dc1 目标关联学习	基于既定作用方式来探索周边事物,获得全新的状态流变和实践体验,生成该信息流的目标标识及其演变模式(新作用目标),并关联体验表现。(更新状态网络)
×	N	Y		Dc2 对策演绎试错	基于既定作用目标来引导行为实施,每次进行实践的作用方式可能有所不同,通过强化体验积极的作用方式,抑制体验消极的作用方式,逐步产生出全新的行为序列(新作用方式)。(更新对策网络)
×	Y	Y		Dc3 规则稳态探索	在新的场景中摸索实践,呈现出全新的状态流变和行为序列,在不断地局部调节(Dc1+Dc2)中逐步发现体验波动趋于稳定的适应表现,进而凝练出该表现下的演绎目标(需求目标)与适应对策(需求方式)组合。(更新规则网络)
√	N	N	De 模式应用阶段	De0 应用起点	在状态目标和行为对策没有发生分化的情况下,个体唤醒的明确体验波动反差预示着需求的异常,由此引发以习得规则为基核的主体系统的反馈调节模式,以趋近积极、规避消极。
√	Y	N		De1 目标迁移学习	基于习得的需求方式(Dc3)来组织有新对象的需求场景,因目标对象的作用性质不明确而引发出一系列新的场景状态异动,及时标记其中的显著体验波动表现,并同步刻录始于既有需求意向下的与新对象有关的场景状态演变。
√	N	Y		De2 对策迁移学习	以习得的需求目标(Dc3)为基准,来学习尝试新的需求实现方式,通过对比原有需求方式组织下的经验体验波动表现来定性当前进程的优劣,表现较优时予以强化,表现较差时予以抑制,从而获得既定需求目标的更优实现方式。
√	Y	Y		De3 规则迁移学习	基于习得需求规则来适应新的需求情景,针对适应过程中的体验波动异常来引导状态网络和对策网络进行不断调节(De1+De2),规则也由此得到逐步更新,直至针对新场景的体验波动能够稳定下来,经过优化后的适应规则也从中沉淀出来。

作用体验反差:评估当前的实时体验与过往经验之间的差异(× 反差不明;√ 反差明确)
状态网络分化:监控场景中的状态演变模式是否与经验不同(Y 差异模式出现;N 差异未现或暂未明确差异)
对策网络分化:检测实践中的行为对策推进是否与经验不同(Y 差异方式出现;N 差异未现或暂未明确差异)

　　基于消解过程运作模式而沉淀出更优作用关系的演绎逻辑,称为需求关系,它包括**需求效用**、**需求目标**、**需求方式**、**需求本体**四个逻辑变量,其中:
　　需求效用计算作用体验反差的消解程度。它与作用体验的区别在于,需求效用内含了基于体验差异之上的指向性,任何趋向积极体验、规避消极体验的趋向,代表的是正面效用,而趋向消极体验、规避积极体验的趋向,则代表负面效用。趋向积极的程度可用满足度来衡量,规避消极的程度可用安全度来衡量,满足度和安全度都是效用的体现。

需求目标表示能够引导机体弥补体验反差的有效作用目标系列。对任意两组存在体验波动差异的作用目标系列进行优劣分拣,标记了优劣转变趋向的作用目标系列即代表一种需求目标。如果把作用目标视为标量的话,那么需求目标相当于从初始关联目标指向更优关联目标的向量,其中的方向性代表着体验价值的转变。

需求方式表示能够组织作用目标并弥补体验反差的有效作用方式组合。需求方式意味着背后存在多套作用方式组合的优劣分拣,是多套作用方式系列地不断试探练就出了需求方式,作用方式系列地试探越频密越深入,个体所沉淀出来的需求方式就越有针对性。作用方式会随时因环境的局部异动而有所改变,但需求方式则表现出了一种定向行为调节趋向,其中存在着某种意向不变性。

需求本体代表消解体验反差的主体系统。需求本体承载着始于自身的较优目的性集合,是个体意向自主性的体现,它源于机体对作用体验反差的不对称分拣,并通过反馈联动来保障较优状态目标和有效行为对策之间的稳定对接,形成能够对抗一定外部干扰性的自持价值趋向。需求本体是状态、对策、规则3个部件达成稳定循环下的系综描述,也是消解过程的序参量。

在消解过程运作模式的加持下,个体初步展现出了有别于机械系统的意向自主性,其形成源于机体建立了一种比对过往体验与当前体验的调节分化机制,这一机制的内核正是自适应调控机制。消解过程所沉淀出来的四个逻辑变量,映射了产生-检验循环架构的四个基础部件,其中需求本体对应主体系统,需求方式对应对策网络,需求目标对应状态网络,需求效用对应规则网络。这种映射意味着,需求关系隐含了个体对自身核心结构体系的初步感性认知,它通过具体场景中的价值取向而反映出来,诸多迹象显示,这一认知与自我意识高度相关。恰如侯世达所述:"自我成为一种存在的时刻,也恰是它具有反映自身能力的时刻[①]。"

2.7　第5层:调谐过程

消解过程能够历练出比机动过程更具适应性的行为对策,不过依然存在一些局限。对于每个个体来说,整个社会所创造出来的新需求,数量上要远远大于个人基于随机尝试而对比分拣出来的需求。由于消解过程对差异化的体验高度敏感,其调控规则总是在激励个体去消解所认知到的体验反差,因而社会所创造出来的无尽潜在需求,总是会不断地牵引着个体的消解意志,其结果就是个人的需要永无止境。当个体总是遵循着这一单向的价值牵引机制,则不可避免地会触及个人的能力边界,其表现有两种:一是个人难以独自消解复杂需求,二是环境限制了个人的需求进程。在与环境的纠缠碰撞当中,一些情况下个体原来难以消解的需求能够得以实现或更难以实现,一些情况下个体可以消解的需求得到更顺利地实现或遭到直接破坏,这些需求效用的波动会引发消解过程的趋乐避苦机制,其应对举措又会带动环境的一系列反应,使得个体与环境之间的需求纠缠可能会不断反复,消解过程的调控规则难以及时优化这些

---

① 侯世达.哥德尔、艾舍尔、巴赫——集异璧之大成[M].本书翻译组,译.北京:商务印书馆,1996:938.

状况,需要通过新的处理机制来解决。现有规则的失效,正是寻找新规则的前兆①。

基于机动过程,个体能够认知质性相对稳定的各种事物的作用属性,基于消解过程,个体能够认知事物在特定行为对策下的效用实现,而对于包括他人在内的各种复杂环境主体来说,由于其行为方式的多样化,相应的作用表现也极其多样化,使得基于消解过程来互动时,每次交互的结果可能存在较大的差异,所能实现的效用也经常处于波动之中,可能处于正面也可能处于负面,消解过程的规则无法准确预判每次的交互表现,规则的失效会引发个体的随机尝试,进而不断生成新的目标、新的对策。在这个摸索过程中,由于消解过程会不断对状态和对策进行分化迭代,在与环境的反复纠缠下,不断地微调有可能使得效用实现的前后波动水平逐步稳定下来,个体在纠缠中获得的效用实现的可达范畴不会再有太大的变化,这种状况就是个体与环境主体之间的一种交互稳态。个体在实现特定需求时,从初始的效用反复波动,到形成明确需求交互范畴的适应性过程,称为**调谐过程**。

个体与待适应场景达成平衡的条件,是效用波动的前后反差逐步收敛为零,这是界定主体适应性的第二个判定规则。图 2-6 示意了基于这一规则的调谐过程迭代进路,以及状态部件和对策部件在其中的联动作用。

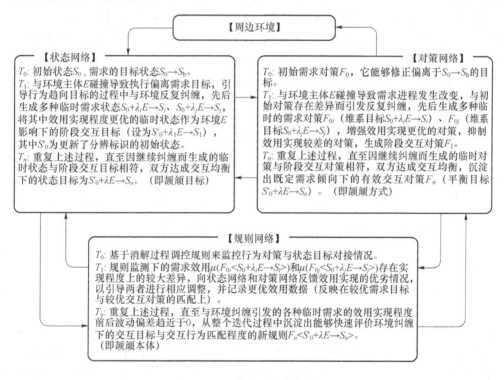

图 2-6　调谐过程的迭代逻辑

监控**需求效用反差**并进行分化引导,是调谐过程的核心运行规则,需求效用反差即当前需求效用波动幅度与过往经验之间的差异。在个体缺乏社会交互经验时,需求效用反差是不明朗的,消解过程的运作机制会主导个体的交互进程,即总是用趋乐避苦的价值趋向来引导自己的行为,直到发生碰壁或产生显著差异,使得个体对既有需求进程的效用实现有了新的认知,例如在特定的环境主体面前去实现某个特定效用时会遭到严厉惩罚,而实现另一种效用时又会

---

① 库恩.科学革命的结构(第四版)[M].2 版.金吾伦,胡新和,译.北京:北京大学出版社,2012:57.

收到额外奖励,前者的行为对策与状态关联会受到抑制,后者的行为对策与状态关联会受到巩固。在反复纠缠碰撞下,个体就能够逐步沉淀出基于特定需求和外部环境主体之上的交互规则。

全新适应性规则的形成,意味着个体与环境主体之间的特定需求纠缠能够达成稳态,要注意的是,稳态并不意味着需求效用不再发生波动,而是需求效用的总体波动水平是有限且既定的,超过某个阈值时就到达个体的能力瓶颈,或是引发环境的强烈反应,进而压制了自身进一步扩展效用水平的趋势。在调谐过程的迭代进程中,一些存在体验缺失的需要在特定外部主体的加持下而趋于平稳,由此导致需求目标和需求方式的进一步分化,即原有的需求目标总是与特定的外部主体特征相同步、原有的需求方式总是与特定的外部主体反应相拮抗,这种印刻了环境性质的交互目标与交互方式逐步成为个体适应类似交互环境的新基准、新参照。针对既定需求,在没有外部主体加持下时个体的价值意向是单一的,而有了外部主体的加持,个体的价值意向既有可能受到节制,也有可能得以扩展,因此相比消解过程,调谐过程能够衍生出更为多样化的行为与认知表现(3.3节中有具体的案例讲解)。表2-2梳理了状态网络和对策网络不断发生分化的迭代演绎进程,其中依然包括模式探索和模式应用这两个主要亚阶段。探索阶段下的试错尝试为个体筛选出与初始需求目标高度相关的环境演绎特征提供了素材,也为个体界定与初始需求方式高度耦合的外部主体行为对策提供了依据。应用阶段下,个体积累了一定的交互经验,通过预判环境影响下的可达效用水平,来指引自身的需求走向,并对交互过程中的实际效用实现与预期可达效用之间的差异进行调节,以保障可达效用的实现。在新的场景条件下,个体或环境的行为可能产生新的异动,进而打破原有的纠缠稳态,引发新一轮反复碰撞,直至达成新的均衡。

个体基于特定需求的实践进程与环境之间发生纠缠时,环境的影响会带来新的体验异动,相当于临时衍生出新的需求,因此个体与环境的纠缠碰撞,相当于初始需求与衍生需求之间的纠缠,两者可能是完全对立的(一个是正面效用,一个是负面效用),也有可能是一致的(都是正面效用或都是负面效用)。无论是初始需求,还是衍生需求,都是由个体来评判的,因此个体与环境发生需求纠缠的过程,实质上等同于个体关系库当中不同需求进程相互交叉配对并进行适应性检验的过程,也是个体探索"趋乐""避苦"(或"趋苦""避乐")孰轻孰重的尝试过程。当初始需求与衍生需求都偏负面时,个体会从两个比较负面的表现中筛选出那个负面程度相对小一些的需求表现,由此使得个体在面对特定环境主体时停留于负面效用的交互稳态之中,从消解过程来看,这是一种调节还未完成的状态,从调谐过程来看,这是需求受限的典型表现。

在不断地碰撞中,个体过往所习得的所有需求倾向,在与环境的交互中被打磨、塑形,逐渐形成了全新的需求边界认知,这种与环境纠缠而逐步沉淀出稳定需求可达范畴的演绎逻辑,称为**颉颃关系**,它包括**颉颃效应**、**颉颃目标**、**颉颃方式**、**颉颃本体**、**颉颃环境**五个逻辑变量,其中:

颉颃效应计算的是需求效用波动的平衡情况,它反映了个体在特定环境加持下的效用实现的新位置,可能被环境所压抑而无法实现效用(属于负面效应),也有可能被环境所支撑而获得更好的效用实现(属于正面效应)。

颉颃目标刻画的是个体与环境之间的状态纠缠,从初始的未成型的交互状态,转向至原生目标与衍生目标相协同或拮抗的稳定纠缠状态,即代表颉颃目标。颉颃目标反映了目标状态所表征的事物在个体和环境主体之间的效用关联度差异,主观上体现为价值的融合或分割,独属、共享、它属是其典型体现。

表 2-2　调谐过程迭代升级的控制变量与演绎进路

需求效用反差	状态网络分化	对策网络分化	运作亚阶段		具体运作情况
×	N	N	Ed 模式探索阶段	Ed0 探索起点	在社会当中,个体随时会存在各种体验缺失,并由此牵引个体的行为实践,但个体并不明确环境对自身行为进程可能造成的影响,使得当前需求的效用表现存在一定随机性。
×	Y	N		Ed1 目标关联学习	基于习得需求方式来消解体验缺失,特定的环境因素影响了当前需求进程,使得原有的目标演绎经常叠加了一些新的状况,个体及时标记其中所存在的显著体验波动表现,并同步刻录这一与特定环境因子相关的场景状态关联演变。(更新状态网络)
×	N	Y		Ed2 对策演绎试错	基于习得需求目标来引导存在体验缺失的需求,特定的环境影响引发出与过往不同的需求应对方式,根据与经验效用表现的对比来分化当前的需求应对方式,表现较优则予以增强,表现较差则予以抑制,进而逐步产生出应对特定环境因素的临时需求对策序列。(更新对策网络)
×	Y	Y		Ed3 规则稳态探索	在新的场合进行适应性探索,引发与外部环境因素的一系列碰撞,催生出一系列新的状态流变和需求对策,在不断地局部调节(Ed1+Ed2)中逐步发现效用波动趋于稳定的适应表现,进而沉淀出特定环境因素加载下的适应规则,以及相应的演绎目标(即颉顽目标)与适应对策(即颉顽方式)。(更新规则网络)
√	N	N	Ef 模式应用阶段	Ef0 应用起点	在状态目标和行为对策没有发生分化的情况下,个体唤醒的明确效用波动反差预示着自身与外部交互的异常,由此引发基于习得规则的反馈调节模式,以收敛个体在外部客体加载下的效用波动。
√	Y	N		Ef1 目标迁移学习	基于习得颉顽方式(Ed3)来应对场景当中的新客体,因交互客体行为动向的不明确而引发一系列新的场景状态演变,及时标记其中的显著效用波动表现,并同步刻录始于既有交互意向下的与新客体有关的场景状态演变。
√	N	Y		Ef2 对策迁移学习	以习得的颉顽目标(Ed3)为基准,来学习尝试新的交互方式,通过对比原有交互方式组织下的经验效用波动表现来定性当前交互过程的优劣,表现较优时予以强化,表现较差时予以抑制,从而获得既定交互目标下的更优交互方式。
√	Y	Y		Ef3 规则迁移学习	基于习得交互规则来适应新的互动场景,针对适应过程中的效用波动异常来引导状态网络和对策网络进行不断调节(Ef1+Ef2),规则也由此得到逐步更新,直至针对新场景的效用波动能够稳定下来,经过优化后的交互规则也从中沉淀出来。

需求效用反差:评估当前的需求效用与过往经验之间的差异(× 反差不明;√ 反差明确)
状态网络分化:监控场景中的状态演变模式是否与经验不同(Y 差异模式出现;N 差异未现或暂未明确差异)
对策网络分化:检测实践中的行为对策推进是否与经验不同(Y 差异方式出现;N 差异未现或暂未明确差异)

颉颃方式指的是可保持纠缠稳态的交互适应对策，它反映了个体对环境影响下的需求走向的把握度，并表现在双方对纠缠价值的分割或融合上，主观上体现为对外的价值影响力，掌控、迎合、协作、抢夺、强制等是其典型体现。

颉颃本体指的是可维系效应均衡的需求本体耦合，它反映了个体的需求组织进程在特定环境客体加持下的整体活动范畴。无论外部环境的影响性是否存在，个体基于特定需求的价值都是存在的，只是环境的影响明确了这种价值的可实现区间，这种明确体现在初始需求与衍生需求的纠葛之中，这一情形就像是相互掣肘的拮抗肌，它使得需求的可实现范畴得以定格。

颉颃环境指的是与个体形成需求纠缠的外部主体系统，它代表了环境的一种价值自主性，并基于其对个体所造成的价值波动而间接体现出来。颉颃环境是调谐过程的序参量。

颉颃关系界定了需求效用实现的范畴，在没有环境因素的限制下，效用价值是可以不断膨胀下去的，直至达到自身的能力上限，或是环境的资源瓶颈。环境客体的掣肘使得个体从自身价值的波动中明晰了价值是有范畴、有条件的，这种效用价值的前后对比凸显了个体对自我能力和地位的认知，同时也映衬出了个体对社会的认知。

2.8 第6层：趣时过程

每个个体都有无尽的日常需求，每个需求通常都有特定的实现条件，也会受到各种外部因素的影响，当多个需求的实现条件发生纠葛或既定需求存在多个外部影响因素时，就容易滋生矛盾。例如：在商场买东西，看上了两样产品，但不知道挑哪个，这里存在有限预算的纠葛；临到周末，不知道是跟同学去打篮球，还是去准备下周的考试，这里存在行动进程的纠葛；看到甜品非常想吃，但又怕身体变形并带来疾患，在渴望与担忧之间反复摇摆，这里存在需求导向的纠葛；辛苦准备的重要文案，一位领导大加赞赏，另一位领导严厉批评，这里存在环境客体的纠葛……这些矛盾问题都有一个共同的特点：每种问题都包含两个需求情景，每个需求情景都对应着一种特定的交互环境，个体能够初步预判每种交互情景的效应表现，但是不知道这两种难以相容的交互情景同时呈现时，哪一种有更优的后续表现。这些问题相当于两种不同的需求纠缠之间产生了相干性，任选其中一种，都会额外影响另一种，在没有亲身实践之前，个体不知道哪种选择更合适，这种情况下，由于得不到即时的价值反馈，规则网络找不到分化矛盾的价值基准，状态网络难以进行目标优化，对策网络难以产生明确的行为输出，要解决这些问题，需要引入更为复杂的调控规则。

当矛盾一时难以解决时，多种行动趋向的碰撞无法分出价值优劣，从调谐过程来看，预期中的效用波动在多种需求意向中来回跳跃而无法明确，这种状态对于个体来说是不太健康的，因为实质性的行动始终未能迈出，预期价值难以落地，如果不能逃离这种状态，个体的其他必要生存行动就会受到限制，进而影响个体的存续。能够摆脱这种纠结状态，对于个体来说就意味着一种正面价值，即使所采取的对策并没有带来有益的表现，它对于个体的生存也是有意义的。走出矛盾的关键，在于找到两种选择所带来后续效应表现之间的价值差异，这种差异除通过付诸实践来获取外，还可以通过在经验中搜索潜在影响因子来区分，这里的经验可以来源于任何一个基层运作模式。以调谐过程为例，在模式探索阶段(表2-2中的Ed)，个体与环境发生持续的纠缠碰撞，在交互过程中，个体逐步明了环境对效用实现程度的关键性影响，以及在特定的环境加持下，基本需求与衍生需求所可能达成的均衡态势。在调谐过程的模式应用阶段(表 2-2 中的 Ef),个体会将习得的需求纠缠经验迁移至各种类似的情景中,每一次迁移,效用实现程度多少会出现一些差异,个体也由此逐步明确了不同纠缠环境(即颉颃环境变量)所带来的价值差异。例如,爸爸在身边时与妈妈在身边时,儿子某些特定需求的可实现程度通常会有些不同,这些经验为个体界定特定影响因子对需求的作用范畴和作用表现提供了参考。不同的影响因子会对需求意向产生不同的影响,当环境因子不同时,需求波动带来的效应转变也会有所不同。在没有潜在影响因子的加持下,哪种趋向的最终表现更优存在不确定性,但是在某个特定影响因子的加持下,其中一种效应偏向正面的程度可能更甚一些,或者一种效应偏向负面的程度可能更明显一些,虽然正面与负面效应之间的价值优劣并不能直接比较,但是相对于当前无法抉择的矛盾纠缠状态来说,特定影响因子的加持使得原有的矛盾状态开始有了价值演进上的偏差,正是这一偏差为规则部件分化矛盾趋向的价值优劣提供了素材,进而成为个体走出矛盾的诱因。

找到可以分化矛盾的特定影响因子,只是解决矛盾问题的起始。在实际的行为实践中,可能出现各种情况,它不一定与初始的预期相符,但能够带来实时的价值反馈,这种反馈为个体最终定性矛盾问题的价值演绎提供了重要参考。基于特定的影响因子下的行为实践可能并不能让个体满意,通过调整和优化该因子下的执行策略,或是不断适配不同的影响因子,有可能获得让个体满意的结果。满意与否体现在执行目标与预期目标之间的反差,同效用表现类似,这种反差越明显,个体的行动意志就越强烈。在不断地实践反馈下,状态目标、行为对策和影响因子有了比对分化的丰富参照,进而使得个体对矛盾问题的价值走向看得更为清晰,越有助于个体在面对矛盾时给出较优的适应策略。这个针对效应矛盾而不断尝试各种预期方案,获得关于矛盾在特定背景条件下的确切价值走向并践行较优趋向的适应过程,称为**趣时过程**[①]。

图 2-7 示意了趣时过程的基本迭代进路。相比调谐过程,趣时过程的调控机制要复杂许多。当个体面临无法兼容的效应矛盾时,意味着状态目标与行为对策之间的不协调,由于得不到即时的实践表现反馈,这种不协调并不会快速消失,而是形成认知和行为对策上的反复波动(状态对策环路的震荡),此时,通过搜寻适当的影响因子,或是进行局部试探,模拟出不同影响因子所带来的纠缠效应,从中筛选出可能存在的效应转变度差异,基于差异分化状态目标和行为对策,形成协调统一的价值预期,进而指引行为实践,获得实际的效应转变程度反馈,再通过对比预期价值和实践结果的优劣来更新状态网络和对策网络,最终获得矛盾场景下各种决策的实际效果认知,为后续类似的矛盾场景提供重要的价值参考。趣时过程的整个调控机制当中,体验评价、效用评价、效应评价这 3 种评价机制都有可能涉及,趣时过程完成的是一种更为综合的评判,这一评判机制即为效果评判,它兼容所有的低层评判机制。

整个趣时过程可归结为"搜索→决策→实践→反思"4 个步骤(如图 2-8 所示)。在面对矛盾场景时,个体经常会出现举棋不定的焦虑状态,这是多种状态目标与行为对策对接环路同时激活,但又没有明确价值反馈下的一种典型表现,它预示着效应规则的失效。焦虑是一种负面的情绪表现,走出焦虑状态则会受到正面的激励,这种价值差异为反复振荡下的状态与对策对接环路去吸收(搜索)潜在的影响因子提供了动能,搜索的基础来源于前 5 个运作模式所积累

---

① "趣时"一词取自《易经·系辞下》:"变通者,趣时者也","趣"内含意向之意,"趣时"即把握有效时机的行动导向,要达成这一点,应当懂得"变通",即不完全受制于当前所困情境,从更为广泛的演绎范畴中寻找契机或价值。这一词汇完美契合了雪花模型第六个运作模式的演绎逻辑,故命名为趣时过程。

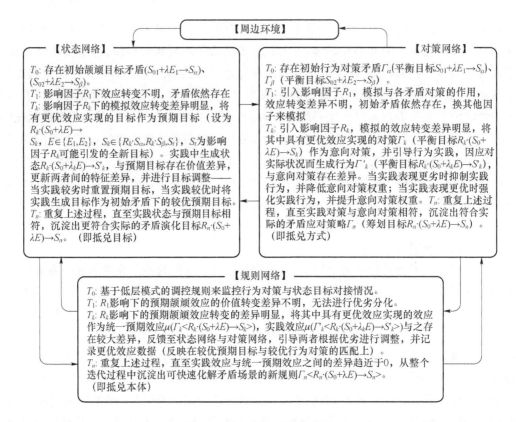

图 2-7 趣时过程的迭代逻辑

的丰富经验数据,以及矛盾现场的临时信息输入,这一内一外的信息交汇有助于提升搜索的效率,促进个体更快定位出可能分化矛盾价值的有效影响因子。搜索出的影响因子能够分化矛盾并形成决策的前提,在于匹配出一种共同的价值评价基准,使得规则网络能够捕捉其中的效应转变差异,如果影响因子不能带来价值的差异化,将难以形成决策,甚至可能使问题进一步复杂化。影响因子可以是从本元关系到颉颃关系当中的任何一个逻辑变量,也可以是它们的组合。决策即通过有效影响因子来分化存在矛盾的行为对策,确立矛盾场景的预期目标。决策意味着肯定某种对策,否定其他对策,不同待选对策之间的效应转变差异对比出了有效预期决策。决策的实际执行效果与预期的状态目标之间可能并不一致,两者之间的差异会影响个体对矛盾对策的权重再调节,如果超出预期,那么所选决策会被强化(伴随成就的情绪),如果不及预期,那么所选决策会被抑制(伴随后悔的情绪),此时原来被放弃的决策的权重可能相对更高,进而凸显为该矛盾场景的优先对策。这个基于实践效果而重新修正预期目标的过程,即是反思过程,其作用在于获得目标更优或代价更小的有效适应策略。整体来看,搜索是触发有效计算的引子,决策是基于经验记忆的计算,实践是基于现场行动的策略计算,而反思则是对决策和实践表现的再分化。

在自适应调控机制中,由于 3 个核心组件的密切关联,使得各个组件的运作功能相互间都有交叉渗透,单一组件的功能体现得并不明显。表 2-3 进一步细化了趣时过程迭代演进过程中核心组件的运作情况,在其他两个组件的功能既定时,每一个组件的核心功能有着较为明显的体现,其中:状态部件用于筛选状态关联演变,对策部件用于调节优化执行程序,规则部件用于提炼稳定适应表现。相对于调谐过程,趣时过程是在潜在演绎空间中迭代规则。

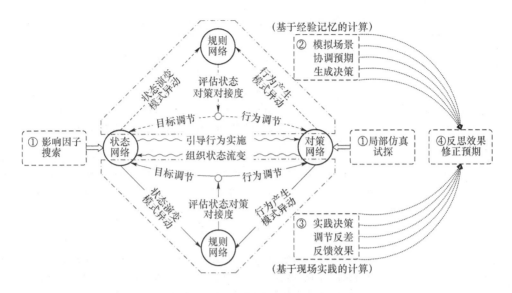

图 2-8 趣时过程调控机制的四个关键步骤

个体与存在多种价值趋向矛盾的待适应场景达成平衡的条件,是颉颃效应转变程度的前后反差趋近于 0,这是个体适应环境的第三个判定规则。当不断引入新的影响因子并引导实践,效应的前后转变程度始终没有改观时,代表个体针对矛盾意向的效应实现很难再得到优化,个体开始逐步习惯于这一状况,原有的矛盾性也将不再那么凸显。当引入新的影响因子使得效应的转变较经验表现更为显著,代表矛盾情境中存在着潜在的价值失衡,个体恰当地应对举措有可能抓住其中的有利效应转变契机。趣时过程,就是一个不断嗅探失衡并在失衡的交错演变当中寻求价值机会的历练过程,只要有更优的效应转变空间,趣时过程就有可能一直运作下去,这一机制的现实表现就是人们总是在追求价值的最大化。

同时触发的矛盾趋向,相当于不同颉颃关系之间的拮抗。趣时过程的职能,即是分化不同颉颃关系相纠缠时的后续价值演绎差异。基于趣时过程而沉淀出的可消解矛盾趋向的跨期价值演绎逻辑,称为**抵兑关系**,抵代表决策时所摒弃的价值趋向和所付出的努力,是一种成本体现,兑代表实践决策所获得的实际价值,是一种收益体现。抵兑关系包括**抵兑效果**、**抵兑目标**、**抵兑方式**、**抵兑本体**、**抵兑环境**、**抵兑时机**6 个逻辑变量,其中:

抵兑效果计算的是存在矛盾的多个颉颃效应的分化结果,它反映了个体在受限情况下的价值实现,其水准的前后转变催生了个体对收效和成本的主观认知。当效应的前后转变使得个体的效用实现有了额外的增益时,代表一种正面效果;当效应的前后转变使得个体的效用实现进一步收缩乃至完全置空时,代表一种负面效果。抵兑效果界定了个体定性矛盾事物的价值分化基准,它体现了个体对效应转变的敏感度,阅历不同,习惯策略不同,对效应转变幅度的要求也会有所不同。

抵兑目标刻画的是达成特定效果的前景与背景关联,前景针对的是践行后所达成的状态目标,背景针对的是促成这一目标转变的各种有重要关联性的状态因子,这两者凸显了矛盾走向的演绎条件信息与演绎结果信息。

表 2-3 趣时过程迭代升级的控制变量与演绎进路

颉颃效应反差	状态网络分化	对策网络分化	运作亚阶段		具体运作情况
×	N	N	Fe模式探索阶段	Fe0 探索起点	丰富的经验既能够增强个体环境适应力,同时也更容易因经验间的纠葛而带来各种价值趋向矛盾,其中有很多矛盾得不到及时的反馈,引发状态对策环路的震荡,由此进入分化矛盾的随机尝试之中。
×	Y	N		Fe1 目标关联学习	多个无法兼顾的目标趋向同时触发,形成状态认知上的矛盾,通过搜寻并实践各种影响因子,从中筛选出可以导致效用波动发生额外转变的情景,及时记这一情景所对应影响因子下的状态关联演变,并同步记录效用的额外波动表现。(更新状态网络)
×	N	Y		Fe2 对策演绎试错	多个无法兼顾的行为趋向同时触发,形成行为对策上的矛盾,通过不断实践尝试以找出能够影响效用波动表现的有效影响因子,对达成较优效应的交互对策予以强化,对达成较劣效应的交互对策予以抑制,从而逐步摸索出可应对矛盾情景的临时适应对策。(更新对策网络)
×	Y	Y		Fe3 规则稳态探索	多个无法兼顾的价值趋向同时触发,形成认知和行为上的矛盾,通过不断搜寻和尝试各种影响因子,在不断地局部调节(Fe1+Fe2)中逐步发现效应转变趋于稳定的适应表现,进而沉淀出针对既有矛盾情景的适应规则,以及相应的演绎目标(即抵兑目标)与适应对策(即抵兑方式)。(更新规则网络)
✓	N	N	Ff模式应用阶段	Ff0 应用起点	在状态目标和行为对策没有发生分化的情况下,个体唤醒的明确效应转变反差预示着自身在后续适应过程当中的危或机,它代表着场景交互的潜在失衡,由此引发以习得规则为基核的反馈调节模式,以保障后续的适应表现。
✓	Y	N		Ff1 目标迁移学习	基于习得抵兑方式(Fe3)来应对类似的矛盾情景,因潜在关联影响因子的价值取向不明确而引发一系列新的情景演变,及时记其中的显著效应转变表现及其影响因子,并同步刻录始于既有决策意向下的矛盾状态演变。
✓	N	Y		Ff2 对策迁移学习	以习得的抵兑目标(Fe3)为基准,来学习尝试新的行动计划,通过对比原有行动策略下的经验效应转变表现来定性当前实践过程的优劣,表现较优时予以强化,表现较差时予以抑制,从而获得矛盾情景在既定目标下的更优行动策略。
✓	Y	Y		Ff3 规则迁移学习	基于习得交易规则来适应新的矛盾情景,针对适应过程中的效应转变异常来引导状态网络和对策网络进行不断调节(Ff1+Ff2),规则也由此得到逐步更新,直至针对新场景的效应转变能够稳定下来,经过优化后的交易规则也从中沉淀出来。

颉颃效应反差:评估当前的颉颃效应与过往经验之间的差异(× 反差不明;✓ 反差明确)
状态网络分化:监控场景中的状态演变模式是否与经验不同(Y 差异模式出现;N 差异未现或暂未明确差异)
对策网络分化:检测实践中的行为对策推进是否与经验不同(Y 差异方式出现;N 差异未现或暂未明确差异)

抵兑方式指能够组织抵兑目标并达成较优实践效果的推进策略。抵兑方式反映了个体针对矛盾问题的排解能力,包括资源利用能力、计划筹措能力等。抵兑方式通常不是直接去实现特定价值,而是尽量去保障特定价值的可实现性。

抵兑本体指趋向较优实践效果的颉颃本体演进,它反映了个体从一种交互协调形式向另一种交互协调形式的转变。抵兑本体是个体对自身目的性集合边界的再调节优化,优化的幅度反映了决策和执行的效度。抵兑本体预示着个体开始有了对需求意向进行取舍的筹算能力,这种灵活取舍也意味着价值的可交换性、对易性。

抵兑环境指能够支撑个体实现较优实践效果的颉颃环境演进。不同影响因子所带来的价值多样性给了个体可选择的空间,从当前矛盾空间指向更优实践效果的场景空间,即为抵兑环境,它与抵兑目标的不同之处在于,抵兑环境内含着环境这一主体的价值自主性。有效的影响因子通常是有多种可能性的,每个个体由于阅历的不同,对影响因子的偏好会存在差异,对抵兑环境的筹算也会有所不同。

抵兑时机指个体获得较优实践效果的执行机会,当个体明确了自身价值的扩张收缩条件,以及环境转变所带来的价值异动,就为把握时机打下了基础。抵兑时机是趣时过程的序参量。

趣时过程的触发源于多个价值趋向并行时所带来的矛盾对立性,通过搜索影响因子并模拟作用场景而提前对存在矛盾的问题进行定性,进而引导实践,这一过程代表的是一种理性。基于场景而触发一系列下意识的连环反应则显示了个体感性的一面,低层运作模式多存在这种现象。理性与感性是相对的,虽然理性代表着更高的适应性测度,但并不意味着深思熟虑的理性行为一定优于率性而为的感性行为,导致两者效果差异的,与个人的经历和习性密切相关,与个人在解决矛盾问题时的搜索深度与搜索广度有关,也与环境的自行演变有关。

2.9 六个运作模式的演绎类比

前文简要介绍了雪花模型6个运作模式的运作机理,由于层次众多、概念庞杂,理解起来可能存在一定困难。在自然环境中,我们可以找到许多自主性单元,以及由这些单元集群所演绎出来的群体智能,如蚁群、蜂群等。雪花模型所代表的演绎系统也可以看作是具有一定能动性的交互群体的智能涌现。雪花模型的内核是由自适应调控机制所维系的主体系统,基于这一系统的每一个具体的需求演绎样本都是一个基本的主体单元,每一个单元都能展现出能动性、自主性,整个系统的演绎就是无数主体单元的协同运作与演进。为了便于理解,下面以"水流体"作为基本的主体单元,来类比演绎雪花模型的六个运作层次。

水流体即特定温度和气压下,一段在地表特定环境中流动的水体,它的自主性体现在总是由势能高的地方向势能低的地方流动。保持流动性是水流体的主体性所在,当流动性耗竭,意味着主体性的消失;当流动性永久冻结,意味着主体性的坍缩、退化,它就像玻璃或石头一样失去生气。水流体这一主体单元的基本性质可通过感受过程、感知过程、机动过程这三个基础运作模式来呈现,其中:

(1)感受过程用于测定水流体自身流动性的变化,可通过水流横截面的流速来表示,横截面上的取样点越多,取样密度越大,对流动情况的把握就越精准。流速是反应流体本身运动特性的关键信号,它与地表环境高度相关,但又不能基于流速来完全反映地表环境,这种与外界密切相关的内在表征信号,即代表一种"感受性"。

(2) 感知过程用于觉知水流体所面临的周边环境特征,可通过水流体自身各个区段流动速率的分布场(包括方向分布)来体现,这个分布场是多个横截面流速的关联呈现,也是"感受性"数据的集群呈现。流速分布场刻画了水流体的形态变化,也间接映射出了环境地貌的特征,因此,水流体对自身形态特征的提取过程即相当于水流体对环境的感知过程。环境地貌千变万化,水流体要"认知"各种地貌,就应该学会区分各种地貌的特征,不同的地貌塑造出不同的水流体形态,形态当中的显著特征(如各区段中的拐点),以及总体的特征组合(包括那些比较平缓的非显著特征),这两组数据组合可用于区分不同的地貌。

(3) 机动过程对应的是水流体基于特定地貌而组织其水分子持续流动的行为过程。水分子之间特定的作用机制涌现出了水体的可流动性,只要其总体的生存环境处于适宜的水平之内(例如温度、气压和重力场均为常态的情况下),那么水流体就能够保障这种流动的持续性和有序性。水流体在特定材质的地表环境中流动时,水体的流速分布场会发生转变,例如从高流速、窄分布转变为低流速、宽分布,或是其他形式的转变,这种转变间接印刻出了地貌的作用性质,包括地貌的干燥度或湿润度如何,地貌平直度或陡峭度如何等,这些"体验"数据为水体的后续演绎走向提供了"参考"。

上述三个运作模式是对单个水流体机能的定义,实际的水流系统是由大量的水流体单元而组成的水系,在与地表环境的交互当中,水系也能够呈现出它的智慧性,下面用消解过程、调谐过程、趣时过程三个高层运作模式来做类比说明,其中:

(4) 消解过程指多种不同地貌环境下的流动情况的对比,并分化出了流动情况的好坏。那些比较湿润的地貌能够促进水流体不断增长,属于相对较好的情况;那些比较干燥的地貌会使得水流体不断出现损耗,属于相对较差的情况。两相对比,前者有利于水流体的存续和壮大,水系有更大概率沿着前者的地表环境而持续流动,这种选择体现出了水系的一种不断增殖的"主观价值趋向",这种倾向可通过"感受过程"所采集到的流速数据,与"感知过程"所采集到的截面分布数据之积(即流量)的前后反差来体现,流量增大意味着主体性的扩展,流量减少意味着主体性的萎缩。

(5) 调谐过程对应的是外部因素影响下的水系流动问题。各种各样的水流体分化出了适宜自身增殖的地表环境,以及不利于自身存续的地表环境,不过,在额外因子的影响下,原来适宜的地表可能出现问题,原来不适宜的地表可能变得适宜了,或是变得更糟糕了。例如,气候的变化,使得原来比较湿润的地方开始变得干燥起来,于是除地貌外,气候等外部因素也成为影响水系增殖的重要影响因子,水系的"认知"也开始从地貌进一步扩展到了气候等外部环境。

(6) 趣时过程对应的是整个水系综合"评判"各种外部因素影响下的水系的更优流动性的选择问题。一些水系暂时看来是趋向增殖的,但长期来看可能走向消亡;一些水系暂时看来是有一定损耗的,但长期来看,水系则有可能越来越发达。例如,某些干燥的地方,因为水系的流动,植被开始得到滋润并不断生长,久而久之,茂盛的植被开始影响了周边的气候环境,原来干燥的区域变得湿润起来,水系在该区域也得到进一步的发展。在这些不同水系分支的不断探索下,整个水系对环境的"认知"达到了新的高度,包括局部地表的质地,局部地势的变化,区域地质的优劣,区域环境的影响,乃至整个地表环境的轮廓、走势和演变历史。

在水系的成长历程中,从感受过程一直到趣时过程,所参与计算的水流体的规模是逐步扩张的,计算所得到的逻辑关联也是逐步趋向复杂化的。感受过程反映的是水流体的横截面上采样点的数据,感知过程反映的是水流体的形态,机动过程反映的是水流体的形态变化,消解过程反映的是多组水流体(水系分支)的存续情况的分拣对比,调谐过程反映的是多组水系分支在环境影响下的分拣对比,趣时过程反映的是整个水系的历史与当前的分拣对比。

要补充说明的是,这里关于水系的"认知"能力的建构有一个基本假设,即每个水流体单元与环境的当前或历史作用信息能够进行交流比对。一个单独的、孤立的细小水流体是不可能"知晓"整个区域的地表信息,但是由无数个细小水流体相互联动而形成的动态聚合体,是有可能获悉整个区域的地表情况的。这样的系统在人体当中也是存在的,在小脑中有上千万个像水系网络一样的浦肯野细胞,每个浦肯野细胞可接受多至数十万的输入,等同于有数十万个水流分支,贯穿于各个浦肯野细胞的平行纤维使得这些"水系分支"相互之间能够通信交流,从而形成了可实时适配环境的整体协同运作能力。

个人的行为与认知能力的发展与水系的发展是类似的,个体都是用内在信号来表征或映射外在环境。从接触环境刺激而引发的痛、痒、酸、甜(感受过程),到筛选出可代表环境刺激源的同步形态特征(感知过程),到映射作用对象的状态演变与作用性质(机动过程),到调节分化出目标对象的使用价值(消解过程),到纠缠碰撞出目标对象的权益归属(调谐过程),到推演验证出目标对象的潜在应用价值(趣时过程),在这个成长历程中,个人处置的信号所涉及的空间和范畴在不断扩展,恰如水系"认知"能力的扩张。

从上述类比中可以初步看到,雪花模型的六个运作模式存在运作条件、运作结构、运作范畴的不断升级,认知与行为能力也在这个升级过程中从微观逐步演进到宏观。后续章节将进一步探讨这一升级迭代过程当中的演绎规律。

第二部分　雪花模型的演绎原理解析

上文围绕产生-检验循环架构，初步介绍了雪花模型 6 个模式的运作机理，给出了各个模式逐级递进的演绎背景和迭代思路，指出了模式运作所沉淀出来的 6 个逻辑关系层次，以及这些关系所包含的 21 个逻辑变量及其基本含义。这些介绍偏重于每个运作层次的内在演绎，对层次之间的演绎逻辑着墨不多，本部分开始将着重介绍层次与层次之间的逻辑关联，并从这种关联中进一步探究雪花模型的总体演绎原理，以尝试提炼出雪花模型的更多内在演绎规律。

第 3 章　雪花模型的规则裂变逻辑

人是典型的复杂适应系统，理解复杂适应系统的关键，在于理解其适应性，所谓适应性，就是在不断变化的环境当中调节既有规则、发现全新规则（参考 2.4 节说明）。提炼复杂适应系统的规则体系，是解构和剖析其演绎规律的核心所在。雪花模型囊括了个体行为与认知发展的 6 个基本适应性规则，它们通过各运作模式所沉淀出来的逻辑关系当中的规则变量体现出来，分别是：刺激感受、感知焦点、作用体验、需求效用、颉颃效应、抵兑效果。在上一章节的解析中，初步给出了规则变量的评判表现，例如作用体验的积极与消极，以及需求效用、颉颃效应、抵兑效果的正面与负面表现，它们都是对适应表现的评价，本章所要重点探讨的，是这种逐层评价当中的演绎规律。

总体上来看，高层的规则变量，是在低层规则变量的基础上，通过引入新的结构，建构新的程序，沉淀出新的秩序，从而给出以该秩序为基准的更为综合的质性评判。6 个规则变量的评价存在着逐级递进、逐步升级的趋势，这种升级演进有着形式化极强的演绎规律，图 3-1 给出了规则评价逐级递进的分化演绎路径（下称规则裂变图）。

从低层级演进至高层级的典型标志，就是一套有着更复杂逻辑结构的适应性规则的成型，它能够检测出低层规则随机运作所涌现出来的系综稳定性。规则的升级演绎以一种较为特殊的方式进行：不断的裂变分岔，每次一裂变，即代表一次适应表现的质性分化。要注意的是，刺激感受和感知焦点这两个规则变量也能够对信息进行分化处理，但它们不是基于主体层面的信息分化，而是基于主体局部组件的信息分化，它们还不能够定义基于主体的价值表现。一个针对环境适应性的基本价值评估是由主体系统所给出的，只有经历了基于产生-检验循环的完整作用链条，即从感受器采集刺激信号，到状态编码，到规则过滤，再到行为输出，才代表了主体系统的有效运作（参考图 1-1）。规则裂变图侧重的是主体系统的价值演绎，其中的裂变从涉及整个作用链条的机动过程开始。

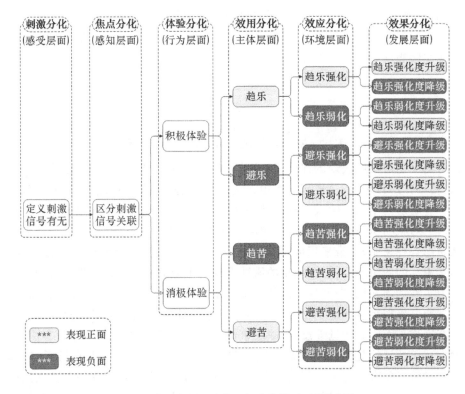

图 3-1 基于规则评价的逐级分岔图(规则裂变图)

规则变量的测度是从感受器所采集的刺激信号开始的,越到高层,规则变量的测度越全面。个体行为与认知体系的成长发展,其核心就是规则的判定逻辑不断裂变、不断深化的过程。下面以体验分化为起点,来逐层剖析个体的适应表现评估能力的演进逻辑。

3.1 作用体验的质性分化

机动过程的运作始于先天遗传的种子规则,它定义了特定的刺激条件,以及与该条件相匹配的行为响应。种子规则是适应性学习的基础所在,在基于种子规则的学习实践当中,机体能够获得实践进程的感受体验(即作用体验),获知与体验感受相同步的状态目标(即作用目标),这两者都依托特定的行为推进方式(即作用方式)。作用目标不同,作用方式不同,所生成的作用体验也会有所不同,不过从质性表现上来看,主要可分为两类:

(1) **消极**(简称苦),即与场景目标对象互动过程中激活了许多伤害性、非适宜性的刺激感受,通常会伴随着机体本能的规避、收缩反应,如屈肌反射、呕吐反射等,机体产生了针对该目标特征的消极体验。

(2) **积极**(简称乐),即与场景目标对象互动过程中,伴随着一些适宜性的、非伤害性的刺激。例如,幼儿拿着奶瓶往嘴里塞,感觉到一种鲜甜味道,或者随手抓起某样东西,发现了一种新奇状态,这些都会催生相对积极的体验。

这两类表现代表了作用体验的质性分化,图 3-2 给出了体验分化的示意图,其中 μ 代表指定规则(先天种子规则或后天习得规则)的体验原点,它标记的是机体生成体验感受的最低阈值(或最低分布密度),超过该阈值的刺激能量会引发机体反应,并生成相应体验,未超过该阈值的刺激能量则不会生成体验感受。μ^+代表指定规则在实践当中所形成的积极体验;μ^-代表指定规则在实践当中所形成的消极体验。

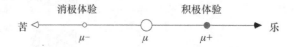

图 3-2　基于作用体验的评价维度:积极与消极

　　积极与消极是对规则表现的评价,并通过与作用目标及作用方式的关联而进一步显性化,不过,单独基于作用目标,或单独基于作用方式,都是不能够判定其质性表现的。例如,一只看起来已经有些腐烂的苹果会给人一种不好的体验,这一质性表现不是苹果画像所直接赋予的,而是苹果这一对象与所唤醒的关联进食倾向共同作用下产生的。再比如,有一把刀,抓住手柄可以用来切割各种物品,并带来积极体验,但是触碰刀口则会带来消极体验,在没有明确作用方式及其作用标的的情况下,与刀互动的质性表现并不能够得到准确定性。类似的,对于任何指定的行为实践活动来说,在不指明该行为所产生的状态演变时,也是不能定性行为对策本身的质性优劣的。例如觅食反射,婴儿对任何触碰嘴唇的物品都会激发这一反应,不能因为婴儿经常误吃有害物品而归罪于觅食反射,缺乏机械性的觅食反射,婴儿能否生存将成为一个迫切性的问题。真正的评价是建立在规则之上的,即综合考虑行为对策和状态目标时才能进行评判。在行为对策与状态演变的匹配衔接上,机动过程的规则分化出了积极与消极两类表现。

　　对于机动过程来说,由于还处于较为初级的适应阶段,个体还未建立针对实践行为的调节分化机制(到更高层模式中才得以建立),其后续动作(与后续场景刺激条件有关)依然带有一定的随机性成分。机动过程的核心职能是组织推进状态的不断演变,虽然执行过程存在不确定性,但机动过程完成了一项极为关键的工作:同步刻录实践当中的具体体验表现,形成即时的体验评价,这种质性记录是支撑个体进行行为分化调节的基础所在,没有这种评价做参考,就难以分化出适合个体存续的有效行为。

　　要特别补充说明的是,机动过程在实践当中所标注的积极体验或消极体验是一种质性评价,而不是一种价值评价。质性评价与价值评价的区别在于,质性评价只做性质界定,不做意向区分,而价值评价既有性质界定,同时还关联了相应的行动意向。在机动过程运作模式当中,还不具备同时对两种不同作用方式所带来的质性表现差异进行比较与优劣分化,因而无法形成对基于当前质性表现的调节动向,相应的质性评价就不会附带行动意向。机动过程所界定的积极或消极两种标签,都是高层运作模式进一步优化调节的起点,机动过程本身不能区分两者的优劣。

3.2　需求效用的价值分化

　　个体如果总是处在不变的确定环境当中,那么只要个体充分熟悉和了解该环境的状态演变,那么个体就能够较为顺利地适应该环境。然而现实当中的环境总是多变的,当个体基于该环境当中的某个状态目标而触发相应的行为对策时,下一秒内环境的状态就可能大变,因惯性而触发的行为对策仍然在实施当中,但在环境已经发生异动的情况下,当前的行为要不要继续、要不要调整,就成为一个必须实时处理的棘手问题,否则个体有可能陷入各种风险之中。

这个问题需要新的机制来处理。

机动过程在推进特定场景下的行为实践时,基于作用体验的积极或消极表现同步刻录于状态目标与行为对策的对接环路当中,当新的场景中出现与过往状态目标相似的特征标识时,就能够激活该环路,进而辅助个体提前预判该场景的体验水平,为个体当前的行为动向提供执行参照。同一场景同一对策下的反复实践,其每次行动表现并不都是完全一致的,有时行动执行比较到位,有时行动执行比较一般,单单考察一个孤立的实践过程,并不能给出行动执行到位与否的评价,只有将多个类似的实践进程表现进行相互对照时,才能给出这种评价。图 3-3 给出了历次实践体验的数据汇聚情况示意图,它们随机分布于积极或消极两个区间内,不同的分布位置,代表体验的积极或消极程度的不同,越偏离原点 μ,表示体验程度越强烈,越靠近原点 μ,表示体验程度越轻微。

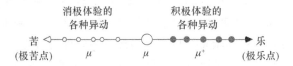

图 3-3 作用体验的历史汇聚

从这两大类表现中随机挑选两个拿来做对照,其中一个体验作为过往所刻录的初始经验参照值,另一个体验作为当前实践的实时表现值,那么实践相对于经验参照的异动情况总共可分为四种表现:趋乐、避乐、趋苦、避苦,这四种表现统称为需求效用。需求效用是对作用体验实践值与经验值之间反差程度的检测评估,它继承了作用体验的分化标签(即苦与乐),并在此基础上叠加了一种体现行动意向的指向性,即趋近和规避,它们是相对于"苦一乐"参考轴的左、右两个端点(可称为极苦点和极乐点)而言的。趋近是指当前的体验表现进一步趋向于两个极点,体验程度不断加深(用上箭头↑表示);规避是指当前的体验表现进一步趋向于体验原点,体验程度不断缩减(用下箭头↓表示)。需求效用的 4 种典型表现是在两种体验表现(积极与消极)上叠加两类异动方向(趋近与规避)而组合形成的,具体如表 3-1 所示。

表 3-1 需求效用源于作用体验历史与当前的纠缠

作用体验异动		需求效用	效用评价
体验经验	实践异动		
积极	趋近(↑)	趋乐(↑μ^+)	正面
(μ^+)	规避(↓)	避乐(↓μ^+)	负面
消极	趋近(↑)	趋苦(↑μ^-)	负面
(μ^-)	规避(↓)	避苦(↓μ^-)	正面

趋近和规避是对体验程度异动方向的描述,它也是无数基本体验数据的一种系综描述,它刻画了当前体验数据相对于过往常态体验数据的反常程度,属于一种柔和了历史的宏观描述。因此,需求效用的 4 种表现相当于微观描述与宏观描述的融合,这与规则的涌现机理是吻合的。在 4 种表现中,趋乐和避苦的表现是正面的,需求进程能够获得调节系统的奖赏,并伴随较为积极的情绪反馈;而避乐和趋苦的表现是负面的,需求进程会引发调节系统的惩罚,并伴

随较为消极的情绪反馈①。

下面举例说明需求效用的四种表现：

(1) 趋乐：即与积极体验对接。例如，幼儿看电视时切换到了动画频道。

(2) 避乐：即与积极体验脱节。例如，幼儿看电视时切换掉了动画频道。

(3) 趋苦：即与消极体验对接。例如，幼儿从床上摔了下去，疼得哇哇叫。

(4) 避苦：即与消极体验脱节。例如，幼儿就要从床上摔落时，临时抓住了床沿。

四种表现都会引发机体的即时行为调节，但各种情况下即时调节的侧重点不一样。效用表现为趋乐时，个体一般会强化该场景的行为对策。效用表现为避苦时，身体可能没有受到实质性伤害，也可能有一定的伤害，个体可能会强化该场景下能够规避消极体验的行为保障动作，也有可能远离整个作用场景。许多主题公园中的惊险游乐项目就是一种避苦表现，它能够给那些有一定耐受度的游客以极其强烈的娱乐刺激（这种情况属于避苦），但是对于那些耐受度较低的游客来说则如同一场可怕的梦魇（这种情况属于趋苦）。避乐时身体通常没有受到实质性伤害，只是实践过程当中的状态目标演变与经验中较优的目标演变存在距离，此时的行为调节侧重于状态目标的控制，以消除远离较优目标的倾向，而不是终止积极体验过程本身，因此幼儿切掉了动画频道后，又会再切换回来，而不是因为切掉了就不看电视了。而趋苦时身体通常存在实质性伤害，或是临时唤醒了过往的伤害性体验，此时的行为调节一般会立即终止当前行为（哭泣是幼儿调节能力极为有限情况下的一种典型表现，它能引发看护者的注意，以弥补自身调节能力的不足）。

从上述调节动向来看，机体可能保持行为对策不变而调节状态目标，可能保持状态目标不变而调节行为对策，也有可能两者都保持，也有可能两者都进行调节，无论是哪一种方式，其总体的调节趋向是保障积极、规避消极。

图 3-4 示意了需求效用这一规则变量的价值分化模型，其中 μ^+ 或 μ^- 代表当前场景所唤醒的积极（或消极）体验经验，需求效用计算的是以这些经验为参照的实践体验异动（通过以经验体验为起点的箭头来表示）。从形式上来看，需求效用相当于作用体验的差分运算（即需求效用＝实践体验－经验体验）。需求效用有 4 种调节趋向，整体上来看，只要调节的方向向右（即朝乐的方向），那么就是一种正面效用；调节的方向向左（即朝苦的方向），那么就是一种负面效用。这种调节动向意味着，不管机体的当前体验表现是什么，机体总是倾向于趋近更积极、规避更消极，这种调节动向是没有止境、没有边界的（4.2 节会进一步说明这种动向的调节原理）。

图 3-4　基于需求效用的分化维度：趋近与规避

相对于机动过程的作用体验仅仅进行积极或消极的标注（相当于一种标量），消解过程的效用分化给出了有明确趋向的价值评判（相当于一种矢量），体验积极的并不一定表现为正面，体验消极的也并不一定表现为负面，关键是体验表现及其异动趋向。在机动过程的不断随机尝试中，沉淀出了消解过程"趋乐避苦"的调节适应机制，也催生了个体的主观价值倾向。

---

① 情绪是对伴随行为趋向的感受的反映，也是对感受激发程度的实时标注，可视为体验表现，因此这里对情绪反馈的描述通常用"积极"或"消极"来作为质性界定。

效用评价源于过往经验与当前实践体验的对比分化。要注意的是，作用体验本身所内含的融合感受，并不是直接储存在神经系统当中的。上文提到的作用体验的初始经验值，是一种被储存的经验记忆，这种储存并不是感受本身，而是与体验同步的作用关系。换句话说，机体所储存的作用体验经验值，是由生成体验的特定作用目标及其对接的特定作用方式所形成的循环回路来间接表征的，这一经验回路是规则网络检验当前执行表现的重要参照。

随着同一类需求进程的不断实践，个体对需求表现的经验记忆越来越明确，后期实践表现与经验值之间的差异逐步缩小乃至趋近于0，此时个体对效用的感受将越来越微弱。例如，吃饭是一种基本需求，但一日三餐总是吃同样的饭菜，久而久之就索然无味，吃饭更多地成为一种机械化的响应程序。在对实践进程越来越熟悉的情况下，个体的体验原点（μ）发生了平移，从原来没有任何体验的初始空白状态，平移至该进程的常态体验状态，相当于从 μ 平移至 μ^+ 或 μ^- 点。这种平移意味着个体的效用评价有了新的基准。当出现全新的更积极体验时，会吸引个体参与，直至前后体验差异再次趋近于0，于是体验原点再一次平移。当个体不断习得新的更优体验并习惯化后，体验原点会不断向右平移，这一演绎趋势反映的就是个体欲壑难填的本性。

除不断趋近更为积极的体验外，个体也能够适应消极状态。Kahneman 及其同事设计了冰手实验，被试共需参加三次实验，第一次实验是在冰水中浸泡60秒，第二次实验是先在冰水中浸泡60秒，后30秒会继续浸泡，但水温会调高1摄氏度。第三次实验中，实验者让被试自由选择是重复第一次实验还是重复第二次实验（也可选择不参与），结果80%的被试选择重复第二次实验[①]。从需求效用表现来看，第一次实验是趋苦的负面效用，第二次实验是避苦的正面效用，这种差异解释了为何大多数被试选择重复第二次实验，这一实验也预示了个体对消极状态的可适应性。如果个体经常处于消极体验之中，需求实践表现与经验表现之间的反差会逐步归零，意味着个体对这一状态的调节动能开始逐步丧失，其外在表现就是个体对该情景的习惯化，此时，个体的体验原点会停留于"苦—乐"参考轴的左端。当个体总是处于逆境之中时，体验原点也会不断向做左平移。而当个体回到曾经习以为常的正常状态时，这些原来感觉"中性"的情景又会成为个体所向往的目标。这也意味着，一个经常在逆境中受苦的个体，面对生活中很不起眼的小小补偿都会是一件快乐的事情，而经常处于顺境中的个体则较难以体会到这种"小事"当中的快乐。

3.3 颉颃效应的价值分化

需求效用捕捉的是差异化的作用体验，这决定了效用分化机制对环境中所存在的差异化体验的高度敏感性。由于趋乐和避苦能够带来正面的激励，而趋苦和避乐带来负面的惩罚，使得每一个个体都倾向于趋近积极，规避消极。当所有的个体都遵循着这样一套行事规则时，并且不同个体间其需求进程当中存在共同的目标关联要素时，就会发生需求的纠缠，进而影响各自的需求进程，由于每一个个体都是具有价值自主性的主体，都有维系特定行动意向的机制，双方的纠缠可能导致效用实现存在较大不确定性，具体表现在效用的各种波动之中。

图3-5示意了需求纠缠导致的各种可能影响情况，其中的实线箭头（指除"苦—乐"参考轴

[①] 丹尼尔·卡尼曼. 思考，快与慢[M]. 胡晓姣，李爱民，何梦莹，译. 北京：中信出版社，2012：351-352.

以外的 4 个实线箭头)代表个体对既定需求进程效用实现情况的经验认知,虚线箭头代表在外部环境的纠缠下个体最终可能达到的效用实现情况。虚线箭头与实线箭头的长度差距越大,代表环境对个体需求进程的影响越显著。

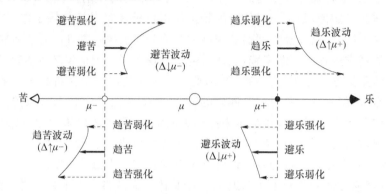

图 3-5　环境影响下的效用实现波动

要补充说明的是,实际的纠缠表现中,虚线箭头是有可能与实线箭头的方向完全相反的,其转变幅度依然可以用效用实现的差值来描述,不过此时的幅度等于两者箭头长度的累加。

对于任意一个确定场景下的特定需求进程来说,在不考虑环境影响的情况下,个体会有相对明确的效用实现认知,以这一认知为参照基准,那么环境的影响可能促进了个体的效用实现,也有可能阻碍了个体的效用实现。总体上来看,效用波动有 8 种表现(详见表 3-2),这 8 种表现统称为颉颃效应。颉颃效应是对效用波动情况的宏观势态评价,环境对个体效用总体走向的影响主要分为两类:一是效用实现被环境所强化(用头部的上箭头↑表示),即环境所导致的效用异动与经验认知相一致,正面效用基础上叠加正面的影响,负面效用基础上叠加负面的影响;二是效用实现被环境所弱化(用头部的下箭头↓表示),即环境所导致的效用异动与经验认知相反,正面效用基础上叠加负面的影响,负面效用基础上叠加正面的影响。从作用体验的异动程度来看,强化意味着进一步偏离 μ^+ 或 μ^- 这两个效用基点(对应图 3-5 中较长的 4 个虚线箭头);弱化意味着进一步回归效用基点(对应图 3-5 中较短的 4 个虚线箭头),或是直接反向。强化和弱化是对各种影响表现的系综描述,它刻画了主客体相互纠缠中的效用数据相对于经验效用数据的反常程度,这是一种基于历史的统计描述。

表 3-2　颉颃效应源于需求效用历史与当前的纠缠

需求效用波动		颉颃效应	效应评价
效用经验	外部影响		
趋乐 ($\uparrow\mu^+$)	强化(↑)	趋乐强化($\uparrow\uparrow\mu^+$)	正面
	弱化(↓)	趋乐弱化($\downarrow\uparrow\mu^+$)	负面
避乐 ($\downarrow\mu^+$)	强化(↑)	避乐强化($\uparrow\downarrow\mu^+$)	负面
	弱化(↓)	避乐弱化($\downarrow\downarrow\mu^+$)	正面
趋苦 ($\uparrow\mu^-$)	强化(↑)	趋苦强化($\uparrow\uparrow\mu^-$)	负面
	弱化(↓)	趋苦弱化($\downarrow\uparrow\mu^-$)	正面
避苦 ($\downarrow\mu^-$)	强化(↑)	避苦强化($\uparrow\downarrow\mu^-$)	正面
	弱化(↓)	避苦弱化($\downarrow\downarrow\mu^-$)	负面

下面举例说明8种颉颃效应的实际表现：

（1）趋乐强化：即与积极体验对接时，环境保持乃至加强了个体积极体验的实现。例如，爸爸陪儿子一起玩通关游戏，游戏过关更顺利了。

（2）趋乐弱化：即与积极体验对接，环境阻碍了个体对接积极的趋向。例如，妈妈看到儿子在玩游戏，要儿子马上停下来。

（3）避乐强化：即与积极体验脱节，环境保持乃至加深了个体脱离积极的趋向。例如，儿子找游戏机没找到，妈妈听说是找游戏机，把儿子骂了一顿。

（4）避乐弱化：即与积极体验脱节，环境减缓了个体脱离积极的趋向。例如，儿子找游戏机没找着，爸爸过来帮忙找。

（5）趋苦强化：即与消极体验对接，环境保持乃至加强了个体对接消极的趋向。例如，学骑单车时猛摔了一跤，被同学取笑了一番。

（6）趋苦弱化：即与消极体验对接，环境缓解了个体对接消极的趋向。例如，学骑单车时猛摔了一跤，同学赶紧过来帮忙安抚。

（7）避苦强化：即与消极体验脱节，环境保持乃至加深了个体远离消极的趋向。例如，下雨了，儿子用一块纸板挡雨，老师及时递了一把伞过来。

（8）避苦弱化：即与消极体验脱节，环境阻碍了个体脱离消极的趋向。例如，下雨了，儿子撑着雨伞，一阵歪风把雨伞吹翻了。

上述8种效应中都存在环境这一客体因素的影响，识别这一要素的前提，在于个体已经对常态化的需求实现有了较为明确的了解，知悉常态需求进程的状态演变与实现方式。以此为参照，个体就能够判定改变需求进程的各种额外影响，无论是他人、它物、它景，只要是对既定需求造成额外影响的自主系统，都可称为环境。8种影响表现中，趋乐强化、避乐弱化、避苦强化、趋苦弱化这4种效应的价值是正面的，多体现为一种互补协调，其过程会伴随积极的情绪反馈，个体对促成这种影响的环境因子会产生同化心理，个体也倾向于支撑和维系与环境因子之间的协同倾向；而趋乐弱化、避乐强化、避苦弱化、趋苦强化这4种效应的价值是负面的，多体现为一种竞争对抗，其过程会伴随消极的情绪反馈，个体对造成这种影响的环境因子会产生异化心理，个体倾向于阻抑、破坏或逃避与环境因子间的对抗倾向。

图3-6示意了从评价体验表现，到评价效用表现，再到评价效应表现的分化模型。相比需求效用的分化模型，图中新增了一个参考维度：强—弱，强代表强化，弱代表弱化，它跟原有参考维度"苦—乐"之间不是平行关系，而是包容递进关系，"强—弱"维度是"苦—乐"维度总体异动表现的度量，是一种更为宏观的评价维度，也代表一种更为宽广的关系尺度。微观和宏观维度放在一起，能够更好地呈现逻辑关系在运动实践当中的逐级演绎趋势。

颉颃效应评价的是需求效用实践表现与经验表现之间的总体波动趋向，这一规则能够捕捉场景交互当中的效用实现的各种异动，并辅助状态网络和对策网络进行适应性调节。4种正面效应和4种负面效应的对比，为个体指明了调节的方向，在趋向负面时寻求帮助，或是主动管控外部负面影响，在趋向正面时寻求保障，或是主动维系和支撑正面影响，这种调节动向催生了个体的协作、受助需求，以及把控、避让需求，相比于消解过程的趋乐避苦需求来说，调谐过程的需求取向更为复杂一些，涉及的要素关联也更为宽广。

在环境的影响下，个体的效用实现不完全受自身所主导，实际的效用可达情况存在不确定性。不过，在其他条件不变的情况下，基于特定需求进程的环境纠缠碰撞，其引发的效用波动有可能逐步收敛至某种均衡状态，即效用被限制或被维系在某个相对确切的范围内，个体也将获得该需求进程在特定环境影响下的效用可达水平的明确认知,它界定了个体与环境之间发生需求纠缠时的交互策略,并为迁移到类似交互情景提供了经验参照。这一明确认知经验阶段性固化了个体的社会性需求,它也成为演绎各种社会现象、社会问题的基核。认知的固化也可能带来一些潜在的问题,当环境的条件发生变化时,个体可能依然遵循的是原有的看法和对策,使得双方纠缠时发生认知错位,进而引发诸多的矛盾,这类问题可以在进一步的纠缠碰撞中得到解决,或是在更高层运作模式中解决。

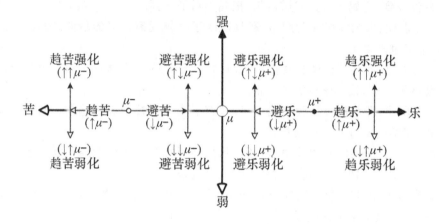

图 3-6 基于颉颃效应的分化维度:强化与弱化

3.4 抵羌效果的价值分化

对于个体的任意需求进程来说,环境所施加的限制作用,或是所给予的支撑作用,以及个体所能进行的把控维系作用,都有可能改变需求进程的走向,这些经验为个体解决限制条件下的需求实现,或是保障自身对策缺失下的需求实现,均奠定了调节优化的基础。颉颃效应捕捉的是需求效用波动的前后异动情况,如果个体习惯化了某种交互样态,那么后期出现交互上的任何异样情况就能够引起个体注意,并对差异进行分化调节,个体的特定交互倾向即滋生于这种调节倾向中,它外显于个体的各种社会性交互需求之中。

个体和环境(客体)相互纠缠而达成的稳态,定义了一个基本的交互情景,其中存在着原生需求与衍生需求的耦合平衡。当不同交互情景间存在着相干性要素时(参考 2.8 节首段文字中的举例),就容易引发矛盾,针对其中每一个情景的调节都会影响到另一个情景的演绎走向。基于趣时过程"搜索→决策→实践→反思"这一基本流程的处理,个体能够从矛盾场景的实践效果与预期效果之间的对比中沉淀出符合自身需求的价值取向。个体在行为实践前所生成的预期效果中存在分化矛盾价值的影响因子,这一因子通常来源于对过往经验或现实场景的搜索,而在实践执行当中,个体可能会认识到真正影响价值走向的关键性因子,它与生成预期效果的影响因子存在一定差异。影响因子的不同,相应的执行条件和执行策略也会有所不同,带来的执行效果也会不同,因此影响因子及其作用条件成为个体定性矛盾问题走向的关键背景要素,它推动了价值的向前发展。

图 3-3、图 3-4 意味着完整的效用评价是在作用体验的各种异动中体现出来的,图 3-5、图 3-6 意味着完整的效应评价是在需求效用的各种波动中体现出来的,类似地,完整的效果评

价是在颉颃效应的各种转变中体现出来的。图3-7示意了不同背景影响因子下矛盾场景的效应转变情况,一些情况下纠缠效应可能波动更为剧烈,一些情况下纠缠效应可能波动更小。这里要特别指出的是,影响因子可以是一个简单的本元关系变量,也可以是一个复杂的主体或环境变量,图3-7展示的是环境变量影响下的效应转变,其中包含多种效用波动情况,它们来源于环境变量所内含的行为多样性,基于调谐过程的运作经验为个体界定环境中的主体系统的各种行动价值取向提供了支撑,也为估算这类型影响因子下的效应异动提供了参考。把垂直于参照基准面的法线(即图3-7中横贯三个波动面的直线)作为新的"苦—乐"轴,把各类影响因子下的波动表现进行归一,把波动幅度视为体验异动,那么图3-7就变成了图3-3,于是实际的效应转变程度就可以通过不同影响因子下的效应波动幅度之差来反映。

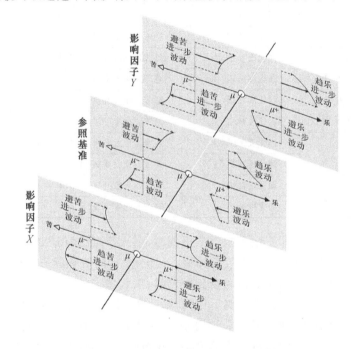

图3-7 不同背景影响因子下的效应转变

由于个体与环境的纠缠效应有8种,那么不同背景条件下纠缠效应的进一步发展就存在16种表现,具体如表3-3所示,这些表现统称为抵兑效果。抵兑效果是对效应转变情况的发展势态评价,效应的各种变动总体上分为两类:一是升级(用头部的上箭头↑表示),即相比经验认知,特定影响因子下的需求效用在更大范围内波动;二是降级(用头部的下箭头↓表示),即相比经验认知,特定因子影响下的需求效用在更小范围内波动。

下面举例说明16种抵兑效果的实际表现(加了横线的要素为背景影响因子):

(1)趋乐强化度升级:即正面需求把制得力时,引入特定的背景要素后,该正面效应价值进一步向好转变。例如,爸爸同儿子一起玩通关游戏时,购买了许多<u>新的装备</u>,不仅通关更顺利,很多隐藏关卡也可以打了。

(2)趋乐强化度降级:即正面需求把制得力时,引入特定的背景要素后,该正面效应价值向坏转变。例如,爸爸同儿子一起玩策略游戏时,使用了从别人学来的<u>全新招数</u>,结果没多久就被对方团灭了。

表 3-3 抵兑效果源于颉颃效应历史与当前的纠缠

颉颃效应转变		抵兑效果	效果评价
效应经验	前景影响		
趋乐强化	强化度加强($\uparrow$)	趋乐强化度升级($\uparrow\uparrow\uparrow\mu^+$)	正面
($\uparrow\uparrow\mu^+$)(正面)	强化度减弱($\downarrow$)	趋乐强化度降级($\downarrow\uparrow\uparrow\mu^+$)	负面
趋乐弱化	弱化度加强($\uparrow$)	趋乐弱化度升级($\uparrow\downarrow\uparrow\mu^+$)	负面
($\downarrow\uparrow\mu^+$)(负面)	弱化度减弱($\downarrow$)	趋乐弱化度降级($\downarrow\downarrow\uparrow\mu^+$)	正面
避乐强化	强化度加强($\uparrow$)	避乐强化度升级($\uparrow\uparrow\downarrow\mu^+$)	负面
($\uparrow\downarrow\mu^+$)(负面)	强化度减弱($\downarrow$)	避乐强化度降级($\downarrow\uparrow\downarrow\mu^+$)	正面
避乐弱化	弱化度加强($\uparrow$)	避乐弱化度升级($\uparrow\downarrow\downarrow\mu^+$)	正面
($\downarrow\downarrow\mu^+$)(正面)	弱化度减弱($\downarrow$)	避乐弱化度降级($\downarrow\downarrow\downarrow\mu^+$)	负面
趋苦强化	强化度加强($\uparrow$)	趋苦强化度升级($\uparrow\uparrow\uparrow\mu^-$)	负面
($\uparrow\uparrow\mu^-$)(负面)	强化度减弱($\downarrow$)	趋苦强化度降级($\downarrow\uparrow\uparrow\mu^-$)	正面
趋苦弱化	弱化度加强($\uparrow$)	趋苦弱化度升级($\uparrow\downarrow\uparrow\mu^-$)	正面
($\downarrow\uparrow\mu^-$)(正面)	弱化度减弱($\downarrow$)	趋苦弱化度降级($\downarrow\downarrow\uparrow\mu^-$)	负面
避苦强化	强化度加强($\uparrow$)	避苦强化度升级($\uparrow\uparrow\downarrow\mu^-$)	正面
($\uparrow\downarrow\mu^-$)(正面)	强化度减弱($\downarrow$)	避苦强化度降级($\downarrow\uparrow\downarrow\mu^-$)	负面
避苦弱化	弱化度加强($\uparrow$)	避苦弱化度升级($\uparrow\downarrow\downarrow\mu^-$)	负面
($\downarrow\downarrow\mu^-$)(负面)	弱化度减弱($\downarrow$)	避苦弱化度降级($\downarrow\downarrow\downarrow\mu^-$)	正面

(3) 趋乐弱化度升级:即正面需求受到限制时,引入特定的背景要素后,该负面效应价值进一步向坏转变。例如,儿子想玩平板但妈妈不让玩,然后向爷爷诉苦,结果被妈妈打了屁股。

(4) 趋乐弱化度降级:即正面需求受到限制时,引入特定的背景要素后,该负面效应价值向好转变。例如,儿子想玩平板但妈妈不让玩,然后偷偷溜出家门,找同学一起打游戏。

(5) 避乐强化度升级:即负面需求被增强时,引入特定的背景要素后,该负面效应价值进一步向坏转变。例如,儿子游戏机不见了想要翻找但妈妈不让,于是假装在地上撒泼,结果被妈妈狠狠骂了一顿。

(6) 避乐强化度降级:即负面需求被增强时,引入特定的背景要素后,该负面效应价值向好转变。例如,儿子游戏机不见了想要翻找但妈妈不让,于是给妈妈又是捶背又是夸赞,妈妈终于准许儿子去找游戏机玩。

(7) 避乐弱化度升级:即负面需求有所缓解时,引入特定的背景要素后,该正面效应价值进一步向好转变。例如,小明有一关游戏通不过,练习了许久分数有所提升但离通关还是差一点,最后充钱买了高级装备后顺利通关。

(8) 避乐弱化度降级:即负面需求有所缓解时,引入特定的背景要素后,该正面效应价值向坏转变。例如,小明有一关游戏通不过,练习了许久分数有所提升但离通关还是差一点,找爸爸帮忙时结果把已有游戏存档给弄没了。

(9) 趋苦强化度升级:即负面需求被增强,引入特定的背景要素后,该负面效应价值进一步向坏转变。例如,小明考试不及格被老师批评了,回到家说给妈妈听又被痛骂了一顿。

(10) 趋苦强化度降级:即负面需求被增强,引入特定的背景要素后,该负面效应价值向好转变。例如,小明考试不及格被老师批评了,回到家说给爷爷听时,爷爷拿出了小明最爱吃的蓝莓,鼓励小明下次努力。

(11) 趋苦弱化度升级:即负面需求有所缓解,引入特定的背景要素后,该正面效应价值进一步向好转变。例如,路旁一只突然狂叫的狗吓到了小明,小明假装下蹲捡东西,及时唬住了旁边狂叫的狗,然后喊人过来拴住了那只狗。

(12) 趋苦弱化度降级:即负面需求有所缓解,引入特定的背景要素后,该正面效应价值向坏转变。例如,路旁一只突然狂叫的狗吓到了小明,小明假装下蹲捡东西,及时唬住了旁边狂叫的狗,然后撒腿狂跑,结果还是被狗咬了。

(13) 避苦强化度升级:即正面需求有所增强,引入特定的背景要素后,该正面效应价值进一步向好转变。例如,烈日炎炎,出了一身汗的小明回家吹风扇,然后又利用冰箱制作冰棍来解暑。

(14) 避苦强化度降级:即正面需求有所增强,引入特定的背景要素后,该正面效应价值向坏转变。例如,烈日炎炎,出了一身汗的小明回家吹风扇,然后又打开了更凉爽的空调,结果没多久就感冒了。

(15) 避苦弱化度升级:即正面需求把控不力时,引入特定的背景要素后,该负面效应价值进一步向坏转变。例如,爸爸犯困休息时小明在敲桌子,爸爸一顿臭骂后小明号啕大哭,没法再休息了。

(16) 避苦弱化度降级:即正面需求把控不力时,引入特定的背景要素后,该负面效应价值向好转变。例如,爸爸犯困休息时小明在敲桌子,爸爸塞了一颗糖给小明后就没闹了。

上面 16 个情景可细分为 8 组类似的交互情景,在不同背景因子影响下,发生了对立性的效应转变,正是这种对立性认知,使得个体能够从行动背后的纠结与矛盾状态中走出来,不同的矛盾情景,都有可分化矛盾的关联影响因子,当个体认识不到这类因子时,就难以化解矛盾情景。要补充说明的是,上述案例都是直接给出了基于特定背景因素的行动方案和行动后果,省略了个体在经验缺乏时的犹豫、焦虑等矛盾心理描述,趣时过程的运作机理也因此表现得不是很明显(4.6 节解释了个体在获得成熟经验后的高层机制"退化"问题,13.5 节第(1)小节进一步说明了意向性并不凸显的事件性描述背后实际上有着较为复杂的推理演绎逻辑)。虽然背景因素重要,但是该背景要素下个体的行为应对策略也同样重要,不能主动抓住该背景要素影响下的各种纠缠演变,就难以增进自身效应价值的积极转变。上述 16 种效果表现中,有 8 种表现相对正面(对应向好的效应转变),其过程会伴随积极的情绪反馈,如成就、优越、欣慰、得意、诚服等情绪;另外 8 种表现相对负面(对应向坏的效应转变),其过程会伴随着消极的情绪反馈,如后悔、失落、憎恨、埋怨、恐慌等。

图 3-8 示意了从作用体验到抵兑效果的分化模型,图中新增了一个参考坐标轴:"升-降"(即升级、降级)。升代表效用波动幅度增强,降代表效用波动幅度收敛,"升-降"是对颉颃效应总体转变表现的一种度量,是比"强-弱"(即强化、弱化)更为宏观的评价维度,同时也包容更多的价值演绎可能性。要注意的是,升级所带来的更大波动,并不意味着价值实现就一定提升,降级带来的更小波动也不意味着价值实现就一定收缩。在更大幅度的效用波动中,可能存在让个体受益进一步扩大的正面效应可达点,也可能存在让个体受损进一步扩大的负面效应到达点;在较小幅度的效用波动中,可能存在个体的损失受到有效节制的效应到达点,也可能存在个体的收益受到进一步牵制的效应到达点,具体究竟如何,依赖于个体对波动动向的准确评估和对波动时点的准确把握,把握情况会在实践过程中体现出来,最终结果综合反映了个体把握时机的决策能力和实践能力。无论当前的价值表现如何,无论加载的背景条件所带来的

价值波动是强是弱,个体都有可能从中发现价值的扩展机会,能否实现就在于机会的实际把握情况,这也是将第 6 个运作模式定义为"趣时"的原因所在。

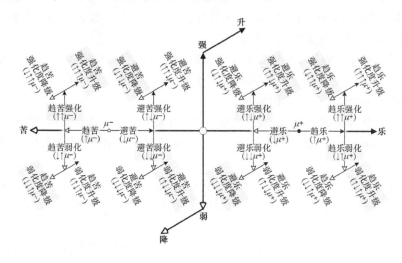

图 3-8　基于抵兑效果的价值分化维度:升级与降级

抵兑效果评价的是颉颃效应的转变情况,选定不同的影响因子,生成不同的应对策略,执行时一般会得到不同的效果反馈。应对策略的保障和推进,代表了基于预期价值的付出与努力;效用的升级与降级程度(即效应的转变程度),决定了价值的收获或损失程度。不同影响因子及其实践条件所关联的效果差异,界定了个体对不同背景条件的价值区分,也代表了个体对时机这一抽象概念的认知。同效用评价和效应评价一样,效果评价也是高度主观化的,针对类似的情景,每个个体的期望值可能不一样,对预期效果的评判也会有差异。有些人的期望值会因为顺风顺水而不断膨胀,有些人的期望值会因为屡屡受挫而不断收缩。对于那些期望值较高且对负面价值比较敏感(外在表现是多疑)的人来说,一个简单潜在因子所分化出来的有限价值差异可能并不能形成有效的预期决策,一个更为复杂的影响因子所分化出来的更为显著的价值才有可能成为有效预期决策。而对于那些期望值一般且对正面价值比较敏感(外在表现是乐观)的人来说,通常很少在日常小事情上计算筹划,更多的是率性而为。因此,基于抵兑效果的分化调节表现,间接呈现了每个个体的内在性格。

3.5　规则裂变与分化维度

雪花模型当中,每个运作模式所沉淀出来的规则并不是唯一的,而是与个体的阅历和经验高度相关:个体所经历的作用实践有多少,那么相应的体验规则就有多少;个体所明确的需求有多少,那么相应的效用分拣规则就有多少;个体所适应的需求纠缠有多少,相应的效应分拣规则就有多少;个体所决策的效应矛盾有多少,相应的效果分拣规则就有多少。

基于主体层面的价值裂变以作用体验为基点,每一次裂变,都存在一套对立的质性呈现,正是这种对立表现的相互对照与调节分化,催生出了个体的价值认知基准。例如,避乐对照出了趋乐的正面性,避苦对照出了趋苦的负面性,避乐强化对照出了避乐弱化的正面性,趋苦强化度降级对照出了趋苦强化度升级的负面性。每习得一个新规则,即对应着环境适应当中的一个新稳态,价值即体现在从失稳状态向稳态的回归倾向中。长期的失稳意味着实践表现的不断异动,这种无序又为沉淀新规则创造了条件,无数异动所映射出来的宏观势态稳定性,既是新规则的生成标志,也是界定价值表现的新基准。

从规则网络的裂变路径可以看出,从低到高,分化出的对立质性表现呈倍数增长趋势,作用体验分化出1对对立表现,需求效用分化出2对对立表现,颉颃效应分化出4对对立表现,抵兑效果分化出8对对立表现,越到高层,判定质性表现的分化标准就越多。高层规则的分化标准是兼容低层的,这种兼容性可以从分化标准的组合维度中体现出来:作用体验的分化维度是"积极|消极",需求效用的分化维度是"积极|消极+趋近|规避",颉颃效应的分化维度是"积极|消极+趋近|规避+强化|弱化",抵兑效果的分化维度是"积极|消极+趋近|规避+强化|弱化+升级|降级"。表3-4汇总了规则网络当中后四个层次的分化维度。

表 3-4　规则评价与分化维度

规则变量	分化标准	质性表现	分化维度	维度符号表示
作用体验	1对	2种	积极↔消极	$\mu^+ \leftrightarrow \mu^-$
需求效用	2对	4种	趋近↔规避(积极↔消极)	$\uparrow \mu^\pm \leftrightarrow \downarrow \mu^\pm$
颉颃效应	4对	8种	强化↔弱化(趋近↔规避(积极↔消极))	$\uparrow \updownarrow \mu^\pm \leftrightarrow \downarrow \updownarrow \mu^\pm$
抵兑效果	8对	16种	升级↔降级(强化↔弱化(趋近↔规避(积极↔消极)))	$\uparrow \updownarrow \updownarrow \mu^\pm \leftrightarrow \downarrow \updownarrow \updownarrow \mu^\pm$

说明:$\mu^\pm$表示积极或消极两种情况;$\updownarrow$表示趋近/规避(或强化/弱化)两种情况。

从表中各规则变量的符号表示法中,可以更清晰地看出低层规则向高层规则裂变时的递进逻辑:高层规则是在低层规则所分化出的对立矛盾的集合中,凝练出新的分化标准的。换句话说,高层规则能够包容低层规则的矛盾对立性,并在这种矛盾基础上,演绎出新的矛盾对立性,沉淀出新的分化维度。每一层所新增的维度,都是对前一层维度的系综(宏观)层面异动情况的度量。个体能够认识越来越复杂的场景事物关系,与这种不断向系综层面扩展的参照维度是分不开的。

要注意的是,规则部件所检验出的质性表现并不等于规则本身。规则是一种机制、一种基准、一种参照,每一个运作层次都有其相对应的运作规则,层次的运作机制越复杂,相应的规则也越复杂。质性表现是对基于规则的实际运作偏差的定性。

3.6　价值产生于主体系统

雪花模型的每个运作模式当中都有规则变量,每个层次的规则变量都可以进行质性界定。感受过程的规则变量(刺激感受)分化出刺激的有与无,感知过程的规则变量(感知焦点)分化出显著性和一般性,机动过程的规则变量(作用体验)分化出了积极性与消极性,这三个层次的规则变量所界定的都是质性表现,而没有关联行动意向,因此都不属于价值表现。从消解过程开始,高层运作模式当中的规则变量所分化出的质性表现当中都包含"趋"或"避",它的意义在于,高层模式开始有了一种基于主体的意向性,这种基于特定质性表现之上的意向性叠加,所代表的即是主体的价值取向。由于"趋""避"等行动意向只有在内含自适应调节机制的主体系统中才能产生,因此价值只产生于主体系统之中。

价值不仅内含着质性体验,也关联着行动意向,价值是主体系统在特定环境中保持自主性的主观反映。人的价值取向当中的行动意向强度与规则变量所评估出来的质性表现程度是呈正相关的,质性表现取决于实践与经验之间的偏差。因此,实际表现越反常,所激发出来的价值意向通常会越强烈,当实际表现越一般时(与经验越贴近),所激发出来的价值意向就越微弱。从这里可以看到,价值意味着主体与所适应环境之间的某种失衡,这种失衡是主观的,而不是客观的。每个个体的经验和阅历都有所不同,每个个体自身感觉器官的灵敏度并不完全一致,这决定了每个个体对同一场景的认知与感受也会存在或多或少的差异,进而产生了个性化的质性表现评估,这种与个体自身息息相关的独特评价即代表一种主观性,相应的价值取向也是较为主观的。

价值意味着实践中的失衡,实现价值就是去化解各种失衡,而创造价值,某种意义上来说就是建构新的且可控的失衡,如果建构的失衡不可控,很有可能演变为损失或灾难。

价值意味着失衡中的调节意向。"意向性"是区分物质性与精神性的关键概念,也是哲学领域的一个热点概念和难点概念,在其生成机制并不明朗的情况下,是很难触及其本质意义的。雪花模型当中的规则网络演绎体系呈现了"意向性"的前因与后果,成为定性和分析"意向性"的重要理论工具。

第 4 章 雪花模型的动力演绎逻辑

系统动力学是用于刻画复杂系统组织结构和动态行为的一门学科，它的强项在于分析系统中的各种价值活动对资源和结构带来的一系列的相互关联的、持久交互的影响，而不只是单纯地从某个状态到另一个状态的定向转换分析。反馈控制环是体现这一思路的重要基础分析方法，它能够相对直观而形象地展示出推动系统不断发展变化的因果联动机制，能够帮助我们更好地理解系统的行为。

产生-检验循环架构（见 1.2 节图 1-1）即是一个典型的嵌套式反馈控制环路，其中包括多套反馈回路：一是主体系统与环境构成反馈闭环，二是主体系统内部的核心组件之间构成反馈环路。前者可视为整体层面的反馈控制，后者可视为局部层面的反馈控制，两套控制体系有序协同，共同保障系统的有序运作。本章将重点解析这种局部与整体的协同运作是如何从简单逐步趋向复杂的。

4.1 机动过程的动力模型

个体先天预置的种子对策数量是有限的，而全身特异化的感受器数量是极为庞大的，感受器的激发组合能够映射机体内外环境的各种异动，这种映射即对应状态网络的信息编码。个体认知世界的启蒙阶段，就是用预置的种子对策，去适配场景中的各种显著刺激信号及其组合，在这个过程中，个体的动作反应形式是有限的，场景中的各种刺激信号组合是无限的，且千变万化的，个体一开始不可能具备应对复杂的刺激信号组合的能力，也不具备应对不断变动的场景刺激的能力。要建立更为成熟的环境适应能力，个体需要一步一步循序渐进，逐步摸清自身的动作组合（即依序触发的动作序列）与场景当中的信号组合之间的最优匹配关联。不过，在建立最优关联之前，个体需要先了解和试探各种组合可能性及其运作表现，如此才能够从中沉淀出相对更优的匹配方案，这一任务依赖于机动过程。

机动过程确保机体的运动平衡，以及局部动作的平滑顺畅，这其中，存在着许多基于感觉反馈的行为控制（参考 2.4 节说明），这种控制很多是自发的，很少会体现在个体的主观意识当中。有意识的活动发端于规则部件的偏差监控与引导分化程序中。机动过程在组织行为的过程中，存在着状态部件与对策部件的密切联动，这其中，状态部件所编码的场景显著刺激信号（感知焦点）触发机体的行为反应，同步采集的场景关联信号协调着行为反应的动向，有什么样的环境刺激条件，就有什么样的机体行为反应，机体还未表现出基于环境异动的自主意志。

图 4-1 示意了机动过程的动力模型，其中作用目标牵引作用方式，作用方式影响环境信息，进而改变了作用目标，如此循环，作用目标与作用方式也因此实现了对接，两者因为共存于同一个循环回路而实现了一体化。皮亚杰在观察婴幼儿的行为时，记录了许多循环反应（见

10.4节中的表10-4）。特定的作用目标牵引特定的行为方式，特定的行为方式促成特定的状态演变，在界定目标事物的性质时，同时结合状态目标以及支撑这一目标演变的作用方式时，会比单纯基于状态目标的描述或行为方式的描述来得更为清晰明朗。明确这一点对于理解各种逻辑悖论具有重要的意义，第7章中会就这方面问题做进一步探究。

在状态与对策的循环回路中，规则部件实时生成作用体验，并进行体验表现的刻录，它是机体对作用过程中连续刺激感受的总体表现的一种即时运算。所生成的积极或消极评价与状态演变（作用目标）和行为对策（作用方式）所对接的环路完全同步，相当于给作用关系贴上与其执行表现相一致的属性标签。

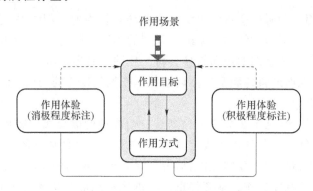

图 4-1　机动过程的体验反馈回路

对于处于适应初期的个体来说，场景是陌生的（即信息量太大，超出个体处置能力或处置经验），个体的动作反应是机械的、原始的，个体对场景当中的危害和风险无知无畏。机动过程的基础职能是按程序办事，记录匹配作用程序（即作用方式）的办事实例（即作用目标）和办事表现（即作用体验），机动过程并不负责基于办事表现的后续状态与对策回路调节。

4.2　消解过程的动力模型

机动过程由状态目标与行为对策的组合链路来呈现，当规则部件标记了体验表现时，意味着形成了基于实践表现的经验记忆，其中关联了体验表现的状态目标即成为经验目标，融合了体验表现的行为对策即成为经验对策。当个体面对确定的环境，且已经充分熟悉了环境的状态演变，那么基于习得的行为对策就可以适应该环境，这一适应性的建立不是基于单纯的"刺激—反应"公式，而是基于过往的历史。个体在面对还未适应的新环境时，其中并不是所有的状态信息都是全新的，个体总是会从中找到一些与已适应的旧环境局部相似的状态目标，这些近似目标将成为个体预判新环境性质及牵引个体适应新环境的起点。对新环境可能性质的预判来自所识别的局部状态所唤醒的习得规则，它为后续的状态网络和对策网络调节提供了参照。由于习得规则是针对环境当中的局部状态，因此它属于一种基层的微观规则，它能否有效刻画当前环境的可适应性，还有待进一步的实践检验。

个体在与新环境进行进一步交互的过程中，会采集到许多与经验状态不同的实时状态信息，从个人的主观视角来看，它相当于实时环境相对于经验环境的偏差。基于经验状态而触发的行为对策会因为惯性而继续执行，此时的惯性对策就会与环境当中的实时状态形成配对，在与环境进行对接时，就有两组状态对策组合产生，一组是经验状态与经验对策的组合，一组是环境中的实时状态与处于惯性之中的经验对策的组合,两组组合唤醒两种不同的体验感受,消解过程的规则部件依据两组表现的优劣差异而触发即时的调节分化,使得相对更优的组合表现能够适配当前的环境。

图4-2示意了消解过程的动力模型,相比机动过程,其调控机制要复杂许多。首先,规则部件直接参与到了状态目标与行为对策的循环回路的调控当中,由此使得状态部件、对策部件、规则部件三者相互影响,形成一个近似于三体运动的复杂动力学问题,其动向难以直接预测。其次,规则部件所进行的调控不是单方面的,而是一个微观与宏观相结合的多层次调控体系,其中,微观的规则即机动过程在过往实践当中所刻录下来的体验规则,它记录的是过往所习得的触发条件、实践对策以及实践表现;宏观规则即消解过程的效用规则,它负责临场适应进程的调节分化。

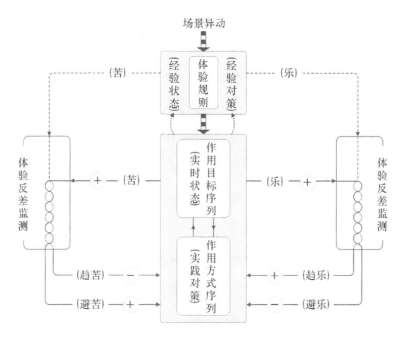

图4-2 消解过程的反馈控制回路

消解过程效用规则的职能主要体现在3个方面:一是调用微观规则来预判当前行为动向在当前情景中可能达到的体验表现(即经验体验唤醒,对应图4-2上部的2条虚线体验数据),并实时对比实际表现(对应图4-2中部的2条实线体验数据)与经验体验之间的差异(体现在图4-2下部的4条效用数据上);二是根据差异引导状态网络的更新调节,即细化当前场景与经验记忆当中状态目标演变的相同之处与不同之处,将存在不同的特异特征添加为当前场景演变目标的新标识;三是根据差异引导对策网络的更新调节,当实时体验更优时增强与特异特征相匹配的行为对策的权重,当实时体验较差时降低与特异特征相匹配的行为对策的权重(相当于抑制该行为对策),由此逐步调节出针对所实践场景的较优适应策略,这一策略能够包容原有的实践经验,同时又凸显了基于差异的针对性调节举措。基于实践而沉淀下来的适应规则又会成为后续类似场景的经验规则。

在消解过程的反馈控制回路中共有4个调控分支,其中有两个正反馈回路,即趋乐、避苦效用表现所在的回路,当环境中存在更优的体验时,个体就会趋近之,体验愈优,个体动机愈强;当能够远离伤害或管控消极体验时,远离或管控得越高效、越彻底,个体获得的效用评价就越高。另外两个是负反馈回路,即避乐、趋苦效用表现所在的回路,它意味着个体会即时抑制趋向消极的行为倾向,以及远离积极的行为倾向,这种反向调节保障了个体回归积极,以及隔离消极的行动意向。4个调节回路的协同配合,凸显了个体"趋乐避苦"的价值意向,由于其中的两个正反馈回路在消解过程层面是无法收敛的,这意味着个体"趋乐"和"避苦"的意向是没有止境的,直至达到环境或自身能力的瓶颈。

消解过程的动力内核即自适应调控机制(见2.4节图2-3),图4-2是这一机制的另一种刻画方式,它将用于引导调控的规则这一核心部件做了分拆,从而凸显了规则部件的内在机理(状态与对策部件的机理在该图中未做详细列示)。不过,消解过程并不只是简单地进行给定条件下的单一变量的反馈循环,在每一次反馈控制当中,状态网络、对策网络和规则网络都会进行更新,由此使得后续的每一次反馈循环都同过往不一样,为此,有必要进一步说明每一次反馈循环对于个体知行成长的实际意义。总体来看,消解过程的每一次调控循环中包含3个基本步骤:执行前的预评估过程、执行过程的实时反馈,以及执行后的调节优化,具体说明如下:

预评估过程就是经验体验的唤醒过程,经验体验是后续调控的基准参照。由于经验信息是对实践中大批量信息同步相关性的筛选沉淀,其中的许多信息被过滤掉了(如非显著性信息、非同步性信息等),因此,实践当中所产生的信息量一般会远远大于经验当中所刻录的信息量。以过往经验来作为当前巨量实践信息的参照,那么这个参照通常是局部的、基础性的,它不能保证覆盖到实践场景当中的方方面面,以及其中可能存在的各种异常情况,它所起到的作用是进行初步的简单排查,尽量用低成本、低能耗来引导当前问题,如果有偏差再进行更为深入的排查。

有效的反馈一定是基于行为实践的,因为实践意味着持续性和变化性,实践当中的每一时刻都会产生丰富的信息量,持续的异动为个体定性作用性质提供了充实的素材,这种界定会比经验来得更为真实、更为全面。实践反馈为规则部件界定执行偏差提供了一手材料。

基于实践过程的调节优化,并不是着眼于实践过程本身,而是针对既有的经验规则,通过一点一滴的优化调节,使得经验规则能够不断得到更新,以适配所有实践过的大多数场景,进而使得个体所积累的习得规则能够尽可能地准确定性(预判)后续的类似场景。过往的调节优化成果对后续实践进程能够起到积极作用,但并不能够完全保障后续实践的效度,只有全知全能者才有可能实现这一点。现实之中没有全知全能者,每个个体要保障更好地环境适应性,需要不断在实践中学习,弥补与优化实践表现与经验之间的偏差,这种弥补不是对过往经验的完全肯定(或否定),而是肯定(或否定)其中的差异部分,这样就能够在兼容过往经验的基础之上,不断地学习提升,简单来说,这就是一种"求同存异"的学习迭代方式。在这个过程中,所习得的状态目标比过往更丰富了(因添加了新的特异标识),所习得的行为对策比过往更复杂了(因为细化了行为触发条件与行为组织程序),所沉淀的规则也比过往更宏观了(因为兼容了新的异常情形,吸收了环境的作用性质)。

针对既定的待适应场景,消解过程的正反馈回路会逐步吸收实践当中的正面体验差异,消解过程的负反馈回路会逐步收敛实践当中的消极体验偏差,当差异消失时,会使得状态部件、对策部件逐步稳定在特定的运作水平。这其中,能够实现较优体验波动表现下的作用方式序列,就是需求方式,需求方式保障更优体验异动的机制主要分为两方面:趋近积极和规避消极,趋近积极通过两个对立性的调节回路(即趋乐和避乐所在回路)来实现,规避消极同样是通过两个对立性的调节回路(即趋苦和避苦所在回路)来实现。对抗式(拮抗式)的调节方式既能够保持反应的敏感性和灵活性，同时又能够呈现出确切的方向性，它是实现系统的适应性、目的性的基础所在。表 4-1 简要罗列了需求方式的功能实现，其中，作用方式只是需求方式的子程序，每一个成熟的需求方式都是由一系列的作用方式有机耦合形成的。

表 4-1 需求方式产生于对立性作用方式的协同运作

需求方式的调节功能	支撑各调节功能的子系统
趋近积极	巩固趋乐（与积极目标同步）的作用方式 抑制避乐（与积极目标异步）的作用方式
规避消极	抑制趋苦（与消极目标同步）的作用方式 巩固避苦（与消极目标同步）的作用方式

无论是作用方式，还是需求方式，如果不指定该行为对策下的状态目标异动，那么是不能单方面评判该对策的优劣的。对特定作用方式的引导调节，只有在作用方式与作用目标相对接的环路中才有意义，失去目标的行为调节同双手胡乱抓空气没有多大分别。消解过程反馈控制回路在形成明确的需求方式的同时，也同步沉淀出了与该方式调节功能相匹配的需求目标，表 4-2 简要说明了需求目标的合成因素，它由具有拮抗性质的作用目标耦合而成。要注意的是，界定同一类型需求目标的子系统的意思看起来一样，例如"指引个体趋向积极""避免个体远离积极"，两者似乎并没有什么太大分别，但实质上不一样，原因在于背后的行为方式是不同的，可以从"趋向"和"远离"这两个不同的动作描述上体现出来，因此，不能简单地将这两句话做等价或近似处理。这给我们的另一个启示是，两个表述有差异但意思大体相同的语句，可能是一种对偶的体现，可能是矛盾事物的两个不同侧面，可能是周期活动的不同局域，宏观上的某种确切性往往是由它们共同界定的。

表 4-2 需求目标产生于对立性作用目标的耦合

作用目标的耦合	所合成的需求目标
指引个体趋向积极的作用目标 避免个体远离积极的作用目标	与积极目标同步
指引个体远离消极的作用目标 避免个体趋近消极的作用目标	与消极目标异步

相比机动过程，消解过程涌现出了许多新的性质。在机动过程的体验反馈回路中，规则部件并未参与行为层面的引导调控（有状态层面的引导调控，具体体现在焦点的变易上），而消解过程的规则部件则能够引导对策部件完成对行为的调节分化。消解过程的行为不是盲目的，消解过程不像机动过程那样出现了特定的刺激就触发特定的反应，而是有一个预评估过程，如果评估合适就行动，如果评估不合适就即时调整，直至合适为止。这种奖励一面同时惩罚另一面的不对称分拣与调控，是消解过程能够呈现出价值自持性、意向自主性的关键。2.6 节的末尾提到，消解过程所沉淀出来的逻辑关系（需求关系）映射了主体系统，霍兰指出，主体是具有主动性、具有决策能力的个体[1][2]，消解过程所涌现出来的新性质反映和论证了主体的主动和

---

[1] 约翰·霍兰.隐秩序——适应性造就复杂性[M].周晓牧,韩晖,译.上海:上海科技教育出版社,2011.7.
[2] 约翰·霍兰.涌现——从混沌到有序[M].陈禹,等译.上海:上海科学技术出版社,2006:119.

自持特性,这也意味着,对主体、自主意志、意向等概念的描述可以通过消解过程的运作机理来刻画,也可以通过需求关系这一包含多个变量的逻辑关系来勾勒。从机动过程到消解过程,预示着从被动的机械性适应向主动的调节适应,以及向有意向的、自我的主观价值世界的跨越,皮亚杰将这一飞跃称为哥白尼式的革命(10.4节有进一步解析),说明了这一跨越的重大意义,从5.6节的解析中可以了解到,这一跨越预示着主体性的初步建立。

4.3 调谐过程的动力模型

消解过程的反馈控制回路如果较为顺利地实施,那么个体就能够形成正面的效用评价,并伴随积极的情绪反馈,如开心、爽快等。而如果实施不顺利,那么主体可能形成负面的评价,并伴随消极的情绪反馈,如害怕、紧张等。需求进程的满足情况如何,除与自身的经验技能有关外,还与环境的影响有关。环境当中既有影响相对固定、单一的事物,也有影响极为复杂的事物。例如,另一个具有价值意向性和自主性的主体(下称客体),它与固定事物的区别在于,客体会随着当前个体行为的调节而进行针对性的调整,在这种情况下,消解过程基于过往的实践经验来指导后续的行为,往往会出现较大的偏差,当个体即时修正偏差并形成新的需求对策时,客体有可能继续调整其行为,由此带来双方交互的反复震荡,个体所获得的效用可能时而向好、时而向坏,消解过程难以给出满意的适应性对策。

解决这一问题依赖于调谐过程,图4-3示意了调谐过程的动力模型。同消解过程类似,调谐过程也是一个微观规则与宏观规则相协同的多层次调控体系,且同样包括执行前的预评估、执行过程的实时反馈、执行后的调节优化这3个基本工作模块,各模块的机理也基本上是一致的,其中:执行前的预评估是基于消解过程的效用规则而给出的,用于预判当前场景可达的效用水平,这一预判来自过往所习得的需求经验;执行过程的实时反馈能够检验效用规则的预判是否出现偏差,为后续调节提供参照;执行后的调节优化是基于实践表现与经验表现之间的效用反差来引导状态网络和对策网络的更新迭代。这些工作模块共同构成了基于效应规则的调控模式。

调谐过程的效应规则主要监测的是实践当中的效用表现与习得经验当中的效用表现之间的反差,效应规则会监测消解过程所生成的所有4种效用表现,相对于效用规则的监控机制来说,效应规则的监测体系更全面、更宏观,也更复杂。在个体与环境客体发生需求纠缠的适应初期,基于消解过程的需求经验缺乏对客体影响性的系统刻画,因为消解过程可以定性体验定向转变下的目标和对策,而不能定性体验转变毫无规律下的目标和对策。体验转变的反复波动,相当于多种效用的依序触发,效用规则能够区分效用表现类型的不同,但是不能界定不同类型效用相互纠缠时的性质,这些短板可通过效应规则来处理。在效应规则的分拣下,依序触发各种效用代表着不同的交互效应,从异动趋势上来看共有8种细分表现,效应规则会对每一种表现进行分化调节,共形成8个反馈回路,其中有4个正反馈回路(趋乐强化、避乐弱化、趋苦弱化、避苦强化等效应表现所在回路),以及4个负反馈回路(趋乐弱化、避乐强化、趋苦强化、避苦弱化等效应表现所在回路)。同消解过程类似,正反馈回路是没有止境的,只要环境中存在更优的效用价值,正反馈回路就会引导个体去实践这种价值,直至达到个体的能力瓶颈,或环境的资源瓶颈,而4个负反馈回路则会使个体去收敛或管控相应的负面效用趋向,进而使得个体与环境达成某种平衡态。无论是正反馈回路,还是负反馈回路,它们都界定了个体与环境发生需求纠缠时的一个可达效用区间(即效应水平)的经验值,它们成为个体预判后续类似交互表现的基准参照。

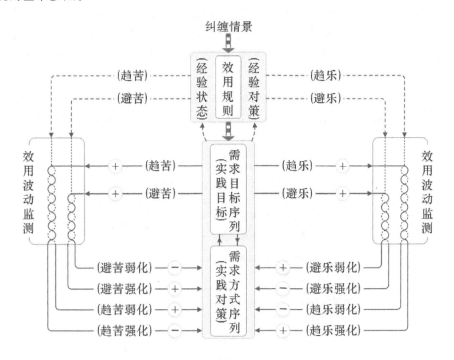

图 4-3 调谐过程的反馈控制回路

针对既定的纠缠场景,调谐过程的正反馈回路会逐步吸收环境当中的正面效用差异,调谐过程的负反馈回路会逐步收敛负面效用偏差,当偏差消失时,最终会达成某种纠缠稳态,明确的颉颃关系也由此生成。这其中,能够实现较优效用波动表现下的需求方式组合程序,就是颉颃方式。颉颃方式保障较优效用波动范畴的机制可细分为多个方面:保障趋乐、避苦,抵制或调节避乐、趋苦。表 4-3 简要罗列了颉颃方式的功能实现,同需求方式类似,颉颃方式当中的每一个功能都是基于一组对立性的调节回路来实现,每一个成熟的颉颃方式都是由一系列的需求方式有机耦合形成的。

表 4-3 颉颃方式产生于需求方式的协同运作

颉颃方式的调节功能	支撑各调节功能的子系统
保障趋乐	奖励强化趋乐(积极目标同步性叠加)的需求方式 惩罚弱化趋乐(积极目标同步性减弱)的需求方式
抵制避乐	奖励弱化避乐(积极目标异步性减弱)的需求方式 惩罚强化避乐(积极目标异步性叠加)的需求方式
保障避苦	奖励强化避苦(消极目标异步性叠加)的需求方式 惩罚弱化避苦(消极目标异步性减弱)的需求方式
抵制趋苦	奖励弱化趋苦(消极目标同步性减弱)的需求方式 惩罚强化趋苦(消极目标同步性叠加)的需求方式

调谐过程能够实现对所有效用异动表现的监测,也意味着调谐过程能够同时或依序处理

多套需求回路(图 4-3 中上部的来自经验空间的 4 条效用表现虚线,代表可并列运行的 4 条需求调控回路),多套需求回路的对比能够映射出个体对自身与环境之间纠缠关系的理解:以过往需求经验为基准参照,以该需求回路在额外的环境客体加持下的对策成效为素材,由此就可以分析和界定额外的环境客体所带来的效用偏差、状态异动(主要体现在客体这一特异标识之中)与对策转变,基于多组偏差之间的相互类比就能够分化和定性偏差的性质,它们体现在颉颃效应表现之中。

调谐过程反馈控制回路在形成明确的颉颃方式的同时,也同步沉淀出了与该方式调节功能相匹配的颉颃目标,表 4-4 简要说明了颉颃目标的合成因素,它由具有拮抗性质的需求目标耦合而成。

表 4-4 颉颃目标产生于需求目标的耦合

需求目标的耦合	所合成的颉颃目标
指引个体强化趋乐的需求目标 避免个体弱化趋乐的需求目标	保障趋乐的目标
指引个体强化避苦的需求目标 避免个体弱化避苦的需求目标	保障避苦的目标
指引个体弱化避乐的需求目标 避免个体强化避乐的需求目标	抵制避乐的目标
指引个体弱化趋苦的需求目标 避免个体强化趋苦的需求目标	抵制趋苦的目标

在个体习得了一定的交互经验后(即明确了各种交互情景下的颉颃目标和颉颃方式),就可以用于指导类似场景下的适应过程。要特别说明的是,习得有效交互规则的调谐过程重点计算的是需求的可保障性、可管控性,而不是需求实现本身,需求实现是消解过程这一更低层运作模式去具体操作的,调谐过程重点计算的是需求实现的条件是否可靠。

对于由负反馈控制回路所维系的交互经验,通常意味着个体的效用实现存在一定的边界,超过该界限时极有可能引发环境的不利影响,基于该经验的预判会使得个体在类似的场景中收敛自己的特定需求倾向,而不是再来一轮需求的反复纠缠,这种泛化迁移折射出了人们在社会交互当中的一些基本准则和规范,如保护自有财物、尊重他人财物、交互有分寸等。而那些不受限制或是限制程度有限的需求纠缠过程,很有可能引发许多不协调、不健康的社会交互行为。

4.4 趋时过程的动力模型

调谐过程所沉淀的颉颃目标界定了环境影响下的需求可达范畴,它与没有环境影响下的需求实现存在一定的差异,可能效用实现被环境限制在较低的水平,也有可能被环境支撑至此前无法达到的水平。在调谐过程规则部件的引导分化下,当有积极影响的环境客体远离时,个体会产生对环境客体的依赖倾向,当有消极影响的环境客体临近时,个体会产生对环境客体的避离倾向。从中可以发现,与个体发生过需求纠缠的环境客体的状态异动,对个体的需求实现产生重要的影响,体现在个体的需求实现范畴随着环境客体的状态异动而发生显著波动。例如,小明看到非常宠溺他的妈妈走过来时,开始毫不客气地跟同学打闹,看到严厉的爸爸走过来时,又变得老实起来了,在爸爸与妈妈这两个不同的环境客体之间切换时,小明的行为会有较为明显的变动。在一些简单场景中,有可能额外叠加多个潜在影响因子;在一些复杂场景中,有可能会出现多个影响自身需求倾向的客体因子,它们能够带来不同的效应表现。在调谐过程中,特定的效用实现依托于特定的环境条件,多个影响性质不同的环境条件同时叠加时,调谐过程难以做出准确判断。这一问题需要通过趣时过程来解决。

图4-4示意了趣时过程的动力模型,该模型依然遵循着与消解过程和调谐过程相类似的调控结构,只是复杂度更胜一筹。调谐过程所生成的8种效应表现为趣时过程的预评估提供了参考素材,每一种效应表现都与相应的颉颃环境变量高度相关,个体对需求纠缠交互性质的界定,实际上也是对颉颃环境变量影响性的定性。经验中的多组效应表现回路的同时运作(图4-4上部的来自经验空间的8条效应表现虚线),使得个体能够初步筛选出具有更优效应转变的影响条件和场景演变,进而为行为实践提供价值预期。

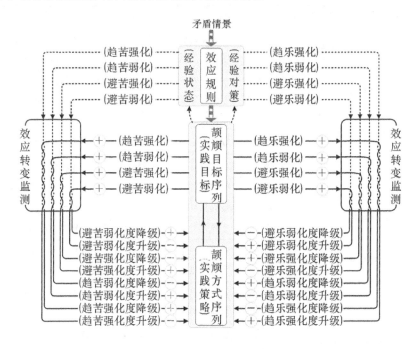

图4-4 趣时过程的反馈控制回路

在基于预期的实践交互当中,可能出现新的关键性影响因子,使得实际的效应转变与预期存在偏差,效果规则会引导状态网络去筛选界定引发差异的原因,引导对策网络去优化调整适应策略,从而确保迭代后的规则能够覆盖存在偏差的新情况。效果分拣规则对各种执行偏差的定性共分为16种,每一种表现均有对应的反馈调节回路,其中有8个正反馈回路(对应图4-4下部带⊕号的8条效果表现所在回路),以及8个负反馈回路(对应图4-4下部带⊖号的8条效果表现所在回路)。正反馈回路意味着个体总是追求能够带来更优效应转变的行动计划,其现实表现就是个体在所有的可能成效当中,总是偏向于那个有着最大成效的行动方案;负反馈回路意味着个体在效果评估、矛盾决策以及行为实践等方面的能力限度或能力短板,个体难以全面界定矛盾情景的后续走向,也难以有效把握矛盾演绎当中的价值机会,这些都会促成个体的反思。这两方面的调节反馈，催生了个体不断提升自身能力，以及不断追求价值最大化的行动意向。

正反馈回路一般情况下是无法收敛的，消解过程和调谐过程的调控之所以能够达成某种稳态，是因为给定了明确的适应场景，虽然个体本身有不断吸收环境价值的倾向，但是对于个体与确定的环境这一组合体来说，仍然是能够趋于平衡的，因为组合当中的某一方总会出现瓶颈。趣时过程也是类似的，在既定的问题领域，趣时过程的反馈回路在探寻不到新的效应转变时，就会逐步停留于某个稳态之中，明确的抵兑关系也由此形成。这其中，能够实现较优效应转变表现下的颉颃方式序列，即是抵兑方式。抵兑方式保障较优效应转变的机制可细分为8个方面：巩固趋乐强化度、巩固避乐弱化度、巩固避苦强化度、巩固趋苦弱化度、抵制避乐强化度、抵制趋乐弱化度、抵制趋苦强化度、抵制避苦弱化度。表4-5简要罗列了各类抵兑方式的功能实现，同颉颃方式类似，抵兑方式当中的每一个功能都是基于一组对立性的调节回路来实现，每一个成熟的抵兑方式都是由一系列的颉颃方式有机耦合形成的。

表4-5 抵兑方式产生于颉颃方式的协同运作

抵兑方式的调节功能	支撑各调节功能的子系统
巩固趋乐强化度	奖励进一步强化趋乐（积极目标同步性再度叠加）的颉颃方式 惩罚不继续强化趋乐（积极目标同步性不再叠加）的颉颃方式
巩固避乐弱化度	奖励进一步弱化避乐（积极目标异步性再度减弱）的颉颃方式 惩罚不继续弱化避乐（积极目标异步性不再减弱）的颉颃方式
巩固避苦强化度	奖励进一步强化避苦（消极目标同步性再度叠加）的颉颃方式 惩罚不继续强化避苦（消极目标同步性不再叠加）的颉颃方式
巩固趋苦弱化度	奖励进一步弱化趋苦（消极目标同步性再度减弱）的颉颃方式 惩罚不继续弱化趋苦（消极目标同步性不再减弱）的颉颃方式
抵制避乐强化度	奖励不继续强化避乐（积极目标异步性不再叠加）的颉颃方式 惩罚进一步强化避乐（积极目标异步性再度叠加）的颉颃方式
抵制趋乐弱化度	奖励不继续弱化趋乐（积极目标同步性不再减弱）的颉颃方式 惩罚进一步弱化趋乐（积极目标同步性再度减弱）的颉颃方式
抵制趋苦强化度	奖励不继续强化趋苦（消极目标同步性不再叠加）的颉颃方式 惩罚进一步强化趋苦（消极目标同步性再度叠加）的颉颃方式
抵制避苦弱化度	奖励不继续弱化避苦（消极目标异步性不再减弱）的颉颃方式 惩罚进一步弱化避苦（消极目标异步性再度减弱）的颉颃方式

基于经验的多重效应调节回路的同时运作，可匹配出针对矛盾问题的行动预期，预期效应相当于一种价值实现的假设，通过不断的实践能够检验哪些假设是可靠的，哪些假设是不现实的，趣时过程的运作使得个体能够积累越来越多的符合环境、符合社会的有效预期，这些预期可通过抵兑目标而具体体现出来。表4-6简要罗列了抵兑目标的构成，相比颉颃目标，抵兑目标的构成要更加复杂。除针对待适应情景的有效预期外，人们也经常生成许多无效预期，其典型表现是这种预期所对应的状态目标与自身的行为能力是不匹配的，它属于一种难以实现的愿望、欲望或幻想。

趣时过程起源于多个颉颃关系的矛盾纠缠，趣时过程具备分化和定性这些矛盾问题走向的运作机制。搜索因子的过程就是一个多角度、多方面来介入与影响矛盾问题的过程,引入的潜在影响因子越多,对既成事实的价值走向就估测得越全面,个体越有机会从中筛选出较为有利的预期成果。趣时过程的动力模型可以在已经初步化解矛盾的经验基础上,通过不断引入新的影响因子而持续优化下去,这也意味着,许多矛盾问题没有绝对最优答案,只有相对适合的方案。不过,并不是所有的矛盾一定能够得到化解,当搜索的因子作用有限,使得既有的矛盾状态长期未得到改善时,个体会开始适应这种矛盾无法处理的情况,它预示了个体能力的瓶颈。

表 4-6 抵兑目标产生于颉颃目标的耦合

颉颃目标的耦合	所合成的抵兑目标
指引个体提升趋乐保障度的颉颃目标 避免个体降低强化保障度的颉颃目标	提升趋乐保障度的目标
指引个体降低趋乐远离度的颉颃目标 避免个体提升趋乐远离度的颉颃目标	缓解趋乐远离度的目标
指引个体提升避苦保障度的颉颃目标 避免个体降低避苦保障度的颉颃目标	提升避苦保障度的目标
指引个体降低避苦远离度的颉颃目标 避免个体提升避苦远离度的颉颃目标	缓解避苦远离度的目标
指引个体降低避乐巩固度的颉颃目标 避免个体提升避乐巩固度的颉颃目标	缓解避乐巩固度的目标
指引个体提升避乐隔离度的颉颃目标 避免个体降低避乐隔离度的颉颃目标	提升避乐隔离度的目标
指引个体降低趋苦巩固度的颉颃目标 避免个体提升趋苦巩固度的颉颃目标	缓解趋苦巩固度的目标
指引个体提升趋苦隔离度的颉颃目标 避免个体降低趋苦隔离度的颉颃目标	提升趋苦隔离度的目标

4.5 动力模型的总体演进

个人是一个具有复杂行为意向的动力系统,这一系统能够寻的,能够循环执行同一类需求(如饮食),能够适应不同环境并扩张或收缩需求,也能够不断尝试以便巩固和优化自己所获得的各种权益。当个体不断适应差异化的环境时,个体的体验原点不断平移,效用走线不断伸展(图 3-4),效应势面不断波动(图 3-5),效果空间不断转换(图 3-7),其中就存在着复杂度逐级递增的各种动态表现,多层级的动力调节机制使得个体的演绎空间能够由局部迈向整体,逐步实现各个层面的有序调控,保障各种动态表现与个体的价值意向相吻合。

雪花模型给出了一套基于主体系统的因果反馈动力模型体系,为分析个人行为动机的内部调节机制提供了初步的可视化流程参考。机动过程定义了个体的种子对策,并叠加了评价对策执行表现的实时评估系统(即体验规则),这一评估来自对作用过程中持续刺激感受的总体抽样表征,它是个体进行后续适应性调节的参照基准。从消解过程到趣时过程,其动力模型越来越复杂,适应场景的行为对策愈来愈成熟、愈来愈理性。高层动力模型的反馈环路,是对低层动力模型各分支线的进一步分化,从中裂变出新的价值对立性,它们能够引导个体在更复杂的关系维度和更宽广的作用尺度上建立协调性。总体上来看,三个高层模式遵循着同样的功能模块,即经验预估模块、执行反馈模块、调节优化模块。预估模块并不是基于所在层次的调控规则,而是基于低层运作模式的习得规则,它预示着个体在解决实际问题时,能从简则从简,如果低层规则能够处理问题,通常不会激活更为复杂的宏观规则(即所在层次调控规则)。不过,在实际的执行过程中,总是难以避免各种意外情况,这是低层规则难以预料到的、经验之外的情景,它超出了低层规则的处理范畴,此时就轮到宏观规则出场了。宏观规则能够测算实践表现与基层经验之间的反差,进而激活调节优化模块,通过不断修正状态标识与对策序列,来逐步弥补经验与实践之间的偏差。基于基层规则的经验指导相当于模式探索阶段,场景中的各种意外情况预示了该规则的局限;基于宏观规则的调节优化相当于模式应用阶段,它能够统筹与收敛场景当中的各种局部偏差。

三个高层运作模式当中,每个运作模式都存在两套规则(即基层规则与宏观规则)的协同运作,与此同时,每个规则又都涉及两个相邻的运作模式,其中,基层规则相对于低一层运作模式来说就是宏观规则,而宏观规则相对于高一层运作模式来说则是基层规则。如果把雪花模型的整个调控体系联系起来看,那么调控机制的运作就是一个从低层开始,逐步触动各个高级层次的联动过程,执行偏差是触动高层的引信。图4-5示意了从机动过程动力模型到趣时过程动力模型的演进与联动路径,其中的 ⊕ 代表正反馈回路,它能够促进系统与环境因素的协同耦合,⊖ 代表负反馈回路,它能够引发系统与环境因素的调整分离,正负反馈回路的共同运作,使得系统在所适应环境的锤炼下引发自身结构的不断重组与分化,进而产生机制与模式上的演进升级。

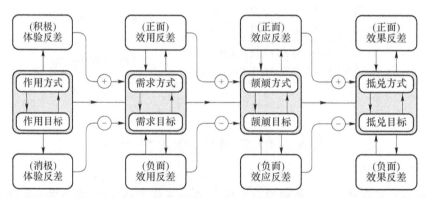

图 4-5　动力模型的总体演进路径

总体上来看,机动过程与后三层运作模式的三个动力模型存在着本质上的区别,机动过程没有基于主体层面的反馈控制回路(表现在规则部件没有针对状态与对策循环回路的反馈控制,图4-5中与规则评价相连的单向箭头表示没有这种反馈控制,双向箭头表示有这种反馈控制),而后三层的动力模型都有基于主体层面的反馈控制回路,这是机动过程呈现出机械性,而后三层运作模式展现出主观性和意向性的主要原因所在。

规则的裂变过程存在与生物进化逻辑相类似的遗传算法(13.1节有详细说明),由于规则是对状态与对策组合的综合描述,因此遗传算法同样也存在于对策网络和状态网络的升级演进中。这里重点说明对策网络的升级迭代当中所存在的三个核心算子。

低层次的动力模型当中都有多个反馈控制回路,在向高层进化时,相当于将各个回路进行两两交叉组合,并对这些组合进行适应性检验,以从中遴选出新的适应对策。例如,小明在看到路边的荔枝时摘了一大串荔枝下来吃,但随即被附近的屋主打了屁股,以消解过程的动力模型来分析,当小明以吃荔枝的积极体验为经验背景时,实践所叠加的屁股疼痛感是一种避乐表现,消解过程倾向于抑制这种表现并回归到吃荔枝的积极体验之中,进而引发避乐的负反馈调节回路;而当小明以体验空白的陌生屋主为经验背景时,实践所叠加的屁股疼痛感是一种趋苦表现,消解过程倾向于回避这一消极体验,进而引发趋苦的负反馈调节回路。总体上来看,小明与屋主之间的交互属于调谐过程,但它可以通过小明基于消解过程所生成的避乐效用与趋乐效用间(对应前一种经验背景)或趋苦效用与趋乐效用间(对应后一种经验背景)的竞争博弈来刻画,它相当于多个消解过程反馈控制回路的同步运作,最终那个运作更为稳定的回路会成为胜出者,这一胜出不代表另一反馈控制回路的淘汰,而是相对于小明与屋主的纠缠场景来说,胜出的回路与指定场景有更强的关联匹配度,而失败的回路与指定场景存在较一般的关联匹配度,这种基于整个回路的总体势态关联度的对比分化,就是调谐过程的效应分拣规则,它是在消解过程反馈控制回路进行两两交叉的适应性检验后而形成的。消解过程的反馈控制回路有多条,其交叉组合样式也比较多,不同的组合可映射不同的需求纠缠情景,其检验表现也多种多样。这种以低层主体运作单元为要素来进行组合配对的运算过程,形同于交叉算子,对不同交叉组合的检验择优,形同于选择算子。

在适应环境的过程中,基于高层对策可以实现较好的适应性,但并不代表着低层对策就不能起主导作用,一些情况下,由某些较强烈刺激信号所触发的低层对策可能打破高层对策的掣肘,而成为当前场景的主要适应对策,尤其是催生高层规则的演绎迭代过程当中缺乏低层对策的相关处置经验时,这种现象更有可能出现。从遗传算法来看,这一以更低层行为对策为主导的适应过程即相当于变异算子(进行局部的对策权重调节),它意味着在宏观规则层面看来可以漠视或理应淘汰掉的低层级适应策略实际上仍然有发挥作用的余地,一些情况下,低层级适应策略的不断延伸甚至有可能改变宏观层面的适应生态。

从上述分析可以看到,适应性对策的迭代升级过程,选择算子、交叉算子、变异算子都有可能参与其中。高层适应性对策源于低层适应性对策的进化迭代,这意味着高层行为对策能够包容低层行为对策,它是一系列低层行为对策的特定组合,这里的特定指的是在无数的低层行为对策排列组合当中,经过了实践检验且表现突出的那些组合。从某种意义上来说,低层行为对策建构了高层行为对策。低层对策所能适应的场景相对简单,高层行为对策所能面对的场景更为复杂,作用尺度更为宽广,这些机制各异的对策所组成的网络,预示着个体既能够应对简单的场景,也能够应对复杂的场景。

在行为对策的进化迭代过程中,状态目标(状态演变模式)也在同步迭代进化。在反馈控制回路中,当前状态与经验状态之间的对比,界定了状态演变模式的差异,在基于宏观规则的调节优化过程中,界定状态演变差异的特异标识会添加至原有的状态目标之中,宏观规则所监测出来的反差越大,该特异标识的权重就越高。状态目标的升级迭代过程,就是不断添加引导标识的过程,不同的标识有不同的权重,各类标识存在着权重的竞争与次序的协同。状态目标的演进迭代,就是带有权重的标识集的不断扩展的过程。表4-2、表4-4、表4-6从语义上简明示意了状态目标随着动力模型的迭代升级而不断复杂化的演绎趋势。在不断适应新场景的过程中,更宏观的状态目标有可能从中不断沉淀出来。过往习得的状态目标成为映射场景关系复杂性的参照,习得的状态演变越复杂,就越能够预判当前场景所内含的丰富关联性,习得状态目标所内含的关系维度,决定了个体解析当前所适应场景的关系复杂度。

在动力模型的总体演进路径中,状态目标与行为对策不断向更复杂的关系维度和更宽广的作用尺度上纠缠。"当考虑运动控制的更高级方面时,感觉系统和运动系统之间的界限就消失了[①]。"感觉系统对应状态网络,运动系统对应对策网络,两者在系统的各个层面都存在着密切的耦合关联(参考2.4节中关于机体各层面执行与反馈调节的说明)。状态目标与行为对策相互耦合于同一反馈控制回路当中,它们相辅相成、互根互用。在向更高层动力模型的进化过程中,行为对策依赖于基层状态目标(即图4-2至图4-4中的经验状态)的引导,状态目标依赖于基层行为对策(即图4-2至图4-4中的经验对策)的支撑,越到高层,这种引导与支撑就不断嵌套叠加,你中有我,我中有你,愈来愈难以分清彼此,其表现与人体感觉系统和运动系统的深度交融是一致的。

外部世界是复杂的,这种复杂性并不会因为个体的适应能力还处于相当初级的阶段时就变得简单,所谓的简单,只是因为个体的认知和行为能力还只能处理复杂世界当中的局部信息而已。因此,低层的运作模式所界定的事物性质,并不代表着事物的全部。高层运作模式代表着更为复杂的关系维度,以及更为宽广的作用尺度,它能够包容低层的运作模式,这也意味着高层模式承载着低层运作模式所能觉察的局部信息,以及所能运作的局部机能。消解过程动力模型中有两组对立性的反馈控制回路,如果效用规则不起作用,即不能够对比区分同一组中每个回路的体验异动的价值对立性,那么就不能够引导后续的调节优化进程,这样的回路就同机动过程没有什么分别。类似的,调谐过程中有四组对立性的反馈控制回路,如果效应规则部分失效,只能检测体验反差的价值对立性,而不能检测效用反差的价值对立性,那么调谐过程的动力模型就与消解过程没有什么分别;如果效应规则完全失效,即连体验反差的对立性也不能检测出来,那么其动力模型就退化至机动过程的水平。趣时过程的效果规则如果依次失效,那么其动力模型也会逐步向调谐过程、消解过程、机动过程退化。下一节会举例说明动力模型的"退化"问题。

从机动过程到趣时过程,动力模型的反馈回路的数量呈现逐层倍增的趋势,到最高层的趣时过程共分化出16条反馈控制回路。要特别说明的是,每个层次的多条回路并不是平行的关系,也不是彼此无关的独立关系,而是同所在层次的序参量一样,是一种整体性的存在,这种整体性表现在,其中的每一个价值表现都不可能单独存在,它必须在其他回路的衬托下才能表现出来,越到高层的复杂性质表现,就需要越多的回路来衬托。

把上面两段文字结合起来看,就会发现一个非常有意思的现象。当基于低层运作模式的动力模型来审视高层运作模式的动力模型时,高层模型当中的各个反馈回路当中的性质差异就消失了(即不能界定和区分了),高层的反馈回路当中的丰富性质也"坍缩"了(即从一个具有丰富分化维度的复杂性质退化为只有少数分化维度的简单性质,可参考表3-4中的维度符号表示)。这种退化表现与量子叠加态的坍缩过程有几分神似:当不进行检测时,量子系统是多态叠加的,而进行检测时,叠加态就坍缩为某种确定态。从雪花模型来看,检测就是基于确定的作用方式去界定目标系统的状态与质性表现,相当于机动过程,而量子系统的多态叠加显示了其内部演绎的高度复杂性,相当于高层运作模式,用低层模式去探究高层模式,高层模式的丰富质性必然会"坍缩"至只有低层模式可以"理解"的几种有限质性表现之中。

[①] Nicholls J G, Martin A R, Fuchs P A, et al. 神经生物学[M].杨雄里,等译.北京:科学出版社,2014:596.

从机动过程到趣时过程的动力模型,初步展示了个体心理现象(关系认知与价值表现)与物理现象(以行为为重心的反馈调节体系)之间的联系性,这两类现象之间的关系是心理学和哲学的基础所在,对这一问题的界定也必然会引发心理学或哲学研究范式的改进。在第 10 章和 16 章中会基于雪花模型来进一步展开探讨心理学或哲学领域的相关问题。

4.6 状态与对策的循环迭代

高层运作模式的动力模型中既有正反馈调控机制,也有负反馈调控机制,它们使得个体在适应环境时,一方面尽量适配环境的积极或消极影响,另一方面又尽量保障自身的价值实现。对于那些经过反复实践的场景,当个体逐步适应之后,所带来的总体价值表现基本上不再发生明显的异动,场景的状态演变对于个体来说趋向于确定化、常态化,个体的适应对策也逐步自然化、机械化。下意识反应、固守成见、不懂变通等均是"机械化"的典型体现,这些"僵化"表现经常会给人们带来一些潜在的问题,然而,它们却是个体锤炼出更复杂知行能力的必经途径。

从雪花模型的 6 个运作模式来看,趣时过程是最为复杂的,它是促进个体走向成熟的一个关键运作模式,也是个体环境适应能力的最有力代表。趣时过程的运作能力并不是个体一出生就具备,而是基础运作能力不断迭代的结果,这里的能力,与经验的多寡是高度相关的。动力模型的演进过程,也是规则的裂变过程,其中伴随着状态网络对差异性状态目标演变的重组与分化,以及对策网络对不同成效的行为方式的重组与分化,通过不对称分拣,状态网络刻录了契合场景的特征演变数据,对策网络刻录了符合自身的应对程序数据,这个刻录过程,就是经验的积累过程。下面具体说明各模式的运作经验是如何积累的。

机动过程的行为对策,很多源于个体的自然遗传。例如,婴幼儿的吸吮反射和抓握反射,这些反射是内置于身体之中的一种行为本能,最初始的配置是机体的关联部位受到刺激时本能行为就被触发,由于不同的部位都有可能因为特定刺激而触发相应反应,进而影响到机体的整体运动平衡,机动过程需要确保各关节运动时机体总体上依然维持稳定,支撑机体双脚(或臀部、背部等接触部位)的刺激信息、触发机体局部关节运动的刺激信息、场景方位和目标信息等都会参与到维系机体总体运动平衡的反馈控制回路当中,这一稳态下,作用进程的体验感受、场景的状态目标,以及维系平衡的行为方式实现了融合,它们构成最为基础的实践适应能力。

消解过程动力模型中的宏观规则(即效用规则)监测的是作用体验的实践表现与历史经验之间的反差,消解过程运作下的个体完全适应场景的标记,是基于经验的场景效用预判与实际表现基本一致,此时效用规则因为无法捕捉到体验反差而渐渐"沉寂"了,由规则引导的反馈控制回路不再对作用方式和作用目标序列进行分化调节,动力模型中起主导作用的是状态部件和对策部件构成的反馈回路,这一回路即对应机动过程的动力模型,相应的主导规则不再是消解过程的效用规则(即宏观规则),而是所习得的基层规则(即机动过程的运作规则)。从形式上来看,整个模型"退化"为机动过程的动力模型,这里的"退化"实质上是一种习惯化的经验沉淀,是基层规则依然有序运作、同时宏观规则因检测不到反差而"不管不顾"的体现。如果把动力模型的完整演绎过程视为一个探索迷宫的过程,那么动力模型的进化就是从难以找到出口逐步摸索出可以走出迷宫的完整路径的过程,而动力模型的"退化"即相当于高效、便捷地执行一种穿越迷宫方案的过程,它忽略了经验中的各种无效方案,而直接执行那种已经经过筛选了的有效方案,就像是每天上班总是很自然地走同一条路线,在没有异常的情况下基本上不会去思考其他路线。机动过程主导下的行为模式更加机械化,它就像原始条件反射一样,特定的触发条件出现,就自动激活相应的动作,形成一种自动化的下意识反应。例如,一日三餐在同样的地点吃同样的饭菜,拿碗、抽筷子、挪椅子、夹菜等每一个动作基本上都不用大脑思考,就能因为场景中的某个习惯性特征的出现而自动生成。每天出门要锁门,下车要锁车,但很多时候我们会忘记了到底有没有锁门或锁车,因为那是一个高度习惯化的自动触发动作,大脑难以觉察到明显的状态差异,没有差异就不会添加新的特异标识,于是刚刚发生的习惯性动作下的状态认知就与经验没什么分别,个体可以回想起这种习惯性场景下的一般表现,但是因为没有特异标识,个体就难以确认刚发生不久的情景是否与过往有所不同。吃饭、锁门、锁车都是后天习得的需求对策,但久而久之则逐步退化为一种条件反射式的本能。相比于先天的原始条件反射来说,这些后天习得的"反射"要复杂一些,但这并不是终点,以这些后天的习得"反射"为种子对策,再经过消解过程的规则分拣,就有可能沉淀出更为复杂的高度习惯性的对策。例如,一边吃饭一边玩手机,一边吃饭一边看电视,甚至一边吃快餐一边开车等。

  调谐过程也是类似的。调谐过程动力模型中的宏观规则(即效应规则)监测需求效用的反差,当同样的交互场景反复实践后,个体对效用的可达边界非常明确,每次基于经验的可达效用预判与实际表现非常贴近,效应分拣规则难以检测到实践效用与经验效用之间的差异,个体的适应性行为开始由基层规则(即效用规则)所主导,此时,调谐过程的动力模型就"退化"为消解过程的动力模型,于是个体习惯性的交互对策(即颉颃方式)就沉淀为一个基本的需求对策(即需求方式)。当个体对需求对策当中的体验差异也逐渐无感的时候,交互对策就进一步沉淀为一个机动过程的种子对策。例如,在各种不同的场合下吃饭,规矩是不一样的,当个体还不习惯这些场合时,平时在家里习得的习惯性动作就得掂量掂量;而当个体对某些场合下的饭局习惯化了之后,就会悠然自若;进一步习惯化了以后,则可能"视而不见,听而不闻,食而不知其味",没半天工夫就不记得吃饭所发生的事情。

  最为复杂的趣时过程也同样存在行为对策向低层沉淀的现象。趣时过程源于多样化交互倾向下的一种预判,基于这种预判下的抵兑方式可称为计划对策,在针对同一矛盾场景的多次实践过程中,个体对场景的价值走向越来越明晰,相应的计划对策越来越完善,其与实践结果愈来愈相符,效果分拣规则难以检测到较为明显的效应反差,趣时过程的动力模型就退化为调谐过程的动力模型,此时与实践表现高度相符的计划对策就沉淀为一个基本的场景交互对策(即颉颃方式)。继续前述迭代过程,计划对策最终也可以沉淀为一个基本的种子对策。例如刚上小学一年级时,小孩极不情愿大清早起床,一面看着猴急的父母及其各种关于迟到后果的说辞,一面又因温暖的被窝而唤醒在父母面前的各种任性行为,两相碰撞导致内心极为矛盾(激发趣时过程);过了一段时间后,知道无论如何抗拒父母都不会答应,轻则挨骂重则挨揍,于是在无奈中早起上学去(矛盾消除后"退化"为调谐过程);慢慢地开始习惯了大清早上学,而且发现赖床迟到后会被同学取笑、被老师批评,还影响学习成绩(重塑对早起的消极看法);最后闹铃响了就自己起床穿衣服(从适应父母的交互对策沉淀为适应铃声的需求对策),迟到了还会担惊受怕,如果闹铃坏了导致上学迟到了还会责备爸妈没有及时叫醒自己;进一步习惯化后就成为闹铃一响就自动起床的种子对策。相对于因特定状态特征而触发的种子对策,习得与时间有关的种子对策对个人来说具有重要的意义,它会进一步迁移到其他与时间限制有关的任务当中,如准时上下课、准时上下班、准时赴约、准时交差等,这种以时间为重的行为习惯是个体一生的宝贵财富(同时也是很多烦恼的起因)。积累更多的限时任务经验后,因时间冲突而滋生的矛盾会不断增加,化解这类型矛盾会让个体更为明确各种任务在不同结果走向下的特定背景关联,也促使个体慢慢有了去更有效地筹划生活或工作任务的需要,这是个体知行能力趋于成熟的一个重要标记。

从上面的分析可以看到,当既定分拣规则检测不到执行差异时,所在层次的规则部件的引导分化功能就不会启动,此时,如果低层的分拣规则依然能够检测到差异,那么该分拣规则就会主导当前的行动。当所有高层分拣规则都检测不到执行差异时,相应的状态目标与行为对策对接环路就如同一个自动化程序在有序高效地运行,形成个人的一种下意识反应。要注意的是,机动过程的执行虽然看起来"机械化",但更为底层的焦点分化规则依然实时起作用,它在引导动作指向中起到重要作用。

许多心理学研究指出,人们日常生活中的大部分行为都是无意识的,这意味着多数时候,人们的分拣规则处于沉寂状态,没有去捕捉场景中的关系或行为差异。"现在看来,无意识比最初看起来更'聪明',它可以加工复杂的语言和视觉信息,甚至预期和计划未来的事件……它不再仅仅是趋力和冲动的仓库,似乎在问题解决、假设验证和创造性方法发挥着作用[①]。"从雪花模型来看,无意识发生在需求事件、交互事件、计划事件当中并无不可,当相应的宏观规则检测不到差异时,无论所适应的场景有多么复杂,依然有可能触发个体已经高度习惯化了的执行策略,其表现近似于无意识的。

在行为对策的迭代过程中,对应的状态目标也同步刻录下来,当规则部件不再检测到反差时,行为对策和状态目标的对接环路就逐步稳固下来,形成个体的一种常态化认知和行为模式;而当规则部件发现新的反差时,行为对策和状态目标又会在调节优化当中趋向复杂化。高层的行为对策与状态目标既有可能逐步向低层沉淀,已经习得的经验对策和经验目标有可能因为新的反差而从低层向高层演进,图4-6示意了这种不断沉淀成熟经验,同时又不断学习新经验的循环迭代进程。这一循环机制给我们的启示是,人如果总是偏安一隅,不经历任何新的坎坷,是很难继续成长进步的。外部环境通常是开放的,并带有诸多的不确定性,不断沉淀下来的种子对策、需求对策、交互对策和计划对策,是个体适应更复杂环境的基础,在实践过程中,通过捕捉新场景中存在的体验差异、效用差异、效应差异,以及效果差异,就能够进一步优化行为对策和状态目标,在反复实践中又向下沉淀为更基础的行为对策,如此不断循环迭代,个体就能够一步一个台阶,逐步应对越来越复杂的场景,个体的适应能力也不断得到提升,直至达到整个主体系统的能力瓶颈。

由于对策与相应状态演变的匹配对接是规则的具体体现,因此状态与对策网络的迭代升级同样也会体现在规则网络当中。规则的向下沉淀过程,就是将高层规则所定性的价值评价代入低层规则当中,然后在低层规则的演绎架构中进行实践与迭代。例如,基于趣时过程的效果分拣规则而定性的具体评价"避乐弱化度升级",相当于避乐弱化达到一个新的水准,这个新

[①] Bornstein R F, Masling J M. (1998). Introduction: The psychoanalytic unconscious. In R. F. Bornstein & J. M. Masling (Eds.), *Empirical Perspectives on the psychoanalytic unconscious* (pp. Xiii-xxvii). Washington, DC: American Psychological Association.

水准可以作为当前避乐弱化度在后期再次升级或降级的新起点,因此可以代入效应分拣规则之中,不过该新水准的产生背景信息会被过滤,因此这种代入是有损的、失真的。类似的,效应分拣规则所定性的价值评价可以代入效用分拣规则当中,效用分拣规则的价值评价可以代入体验规则当中。每一次高层规则向低层的代入,低层规则所处理的状态关联和对策演绎就更复杂一些,然后在实践中裂变出更为复杂的高层规则表现,如此循环,规则网络就不断向更深层次进化。

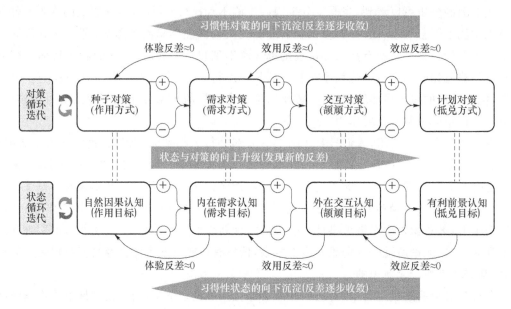

图 4-6　状态网络与对策网络的迭代升级

学术知识体系的迭代与此类似。对于那些比较成熟的学科知识体系来说,基础的知识通常得到学术共同体的一致认可,这些知识通常会被人们当作常识来处理,而较少去探究其中可能存在的不足。在成熟学科的前沿领域,问题和矛盾往往比较多,它们相当于既有知识体系的应用局限,还无法有效包容前沿领域当中的各种演绎表现。各个学者可能都有自己的想法,对问题的探究对策和知识演绎会持续存在分歧,相互之间暂时还找不到兼容之处,难以在整个学术研究群体层面达成共识。当某个局部前沿问题有所突破并得到学术共同体的认可,并且长时间没有发现实践应用上的问题,那么就会逐渐沉淀为一个新的基础性乃至常识性的知识,由此推动学术体系一点一滴不断向前发展。

还有很多领域的发展都展现了类似的演进轨迹。莫兰指出:"当人们在通向复杂性的途径上行进时,逐渐明白有两个相连的核心:一个经验的核心和一个逻辑的核心。经验的核心一方面包含着无序性和随机性,另一方面包含着错综性、层次颠倒和要素的激增。逻辑的核心一方面包含着我们必然面对的矛盾性,另一方面包含着逻辑学上内在的不可判定性[①]。"从雪花模型来看,经验的核心体现在状态网络与对策网络的匹配衔接中,因为不断吸收基层模式的稳定成熟表现,以及承接着来自高层模式的习惯性沉淀,因而包含着"错综性、层次颠倒和要素的激增",而逻辑的核心则是如何在经验基础之上面对实践当中的偏差和矛盾,这里的逻辑概念近

---

① 埃德加·莫兰.复杂思想:自觉的科学[M].陈一壮,译.北京:北京大学出版社,2001:148.

似于宏观规则,它尝试包容基层当中的矛盾对立性。无论是基层规则还是宏观规则,它不可能绝对地、完全地覆盖所有的待适应场景,因而不可避免地会存在潜在的实践偏差,这种无法杜绝的偏差使得规则总有其不可判定的情景。雪花模型中,经验是无序性和随机性基础之上的稳定势态沉淀,也是矛盾的对立统一,这种演进当中存在着一定的秩序性,如果从整套层次体系的演绎进路来看,其中的演进秩序会更加明朗,并且这种演进秩序具有适用一切主体系统的普适性,5.2节、5.6节、5.7节、15.2节中会就演进秩序问题展开进一步解析说明。

第5章 雪花模型的关系协调逻辑

上文对雪花模型各运作模式进行了机制上的解析,并诠释了规则体系不断裂变下的价值演绎逻辑,以及主要运作层次的动力演绎逻辑。雪花模型的6个基本运作层次,如果单独来看,每一个都存在不完整性,乃至机制上的缺陷,具体体现在:每一个层次都能完成特定的职能,但是没有一个层次可以高效适应所有的场景;每一个运作层次都能够解释许多现象,但是单独用任何一个层次都不能解释人的所有行为与认知表现。当把雪花模型各运作层次融合起来时,则能演绎出行为与认知发展的更多可能性。

本章将从系统层面来进一步探讨各层次之间的总体演绎逻辑和演绎规律。

5.1 层次间的协同竞争与关系演化

无论是规则网络的裂变路径(图 3-1),还是动力模型的总体演进路径(图 4-5),都预示了雪花模型当中各个运作层次之间的密切关联。从低层向高层的递进演绎过程,规则网络、状态网络和对策网络在不断更新迭代,其中每一个部件的数据更新既与当前表现及过往经历有关,也与其他两个部件的协调与牵制有关,这种部件之间的运作纠缠,以及历史与当前的数据纠缠,使得每一个运作层次所沉淀出来的逻辑关系必然不是孤立的。从表现上来看,逻辑关系的层次递进,就是3个核心网络的协同进化过程,每一个关系层次的升级,都滋生于底层逻辑关系的协同竞争。

(1) 相关关系产生于本元关系的竞争协同

每一种本元关系界定一类刺激感受,本元关系的协同代表着感受信号的同步组合(形成宏观特征),本元关系的竞争代表着感受程度的权重分化(形成知觉焦点),本元关系的竞争与协同分别映射了相关关系的两个逻辑变量。在数量庞杂的场景刺激信号集群中,可能筛选出许多高度同步的特征组合,其中感受程度越显著的越容易成为当前的注意焦点。相关关系并不是指场景中任意一组特征之间的关联性,而是指站在个体的第一视角(沉浸视角)下,在当前所有可感受性的潜在关联性中所实际聚焦的特定特征关联性,它暗含了与个体自身感知历史高度相关的一种目标指向性,历史感受与实时感受之间的竞争协同分化出了这种目标指向性,并为进一步的适应行为提供标的。

(2) 作用关系产生于相关关系的竞争协同

相关关系界定了场景中所有集群信号当中的特定特征关联性,相关关系的协同代表着一组或一系列特征之间的演绎协同,它们可能是基于严格的时间同步性(代表一种静态一致性),也可能是基于特定的时序一致性(即总是按特定的顺序依次产生,代表一种运动一致性)。相关关系的竞争代表着一组或一系列特征之间关联性的对立性,这种关联性的对立在相关关系层面是难以解释的,因为在相关关系之中,关联性是绝对的,区别仅在于关联权重的大小。关联性的对立在运动过程中可以给出合理的解释。例如,某人从广州到北京,一次乘坐飞机,一次乘坐高铁,虽然出发地和目的地都是一样的,但是联结两地的行动方式是不同的,因而相应的状态关联也是有所不同的,这种不同可以从中间衔接状态的差异而体现出来。不同特征关联性的竞争对抗,沉淀出的是那种具有更稳定运动形式支撑下的特征关联性,而运动形式不稳定的特征关联性则会被淘汰。由此,相关关系的竞争所映射出的是特定的运作形式(即作用方式),相关关系的协同所映射出的是关联性特征的有序衔接(即作用目标)。在相关关系的竞争协同过程中,因持续的交互作用而不断滋生新的刺激信号,从而引发相关关系和本元关系之间的竞争协同(相当于相关关系整体与局部的竞争协同),整个作用进程当中的显著性刺激感受序列也从中沉淀出来,它可通过作用体验这一变量来刻画。由此,作用关系就在相关关系的竞争协同过程中催生。在作用关系中,有序性是比同步性更为复杂的一种性质刻画,有序性与无序性之间的区别由作用方式来确立。

(3) 需求关系产生于作用关系的竞争协同

作用关系界定了特定作用方式支撑下的状态有序演变,以及相应的作用属性。作用关系相当于由规则网络、状态网络、对策网络三者联动而建立的一条条基础数据链,其中规则网络定义数据链中的作用体验,状态网络定义作用链中的作用目标,对策网络定义作用链中的作用方式。从功能结构上来看,主体系统是由3个部件所搭建起来的,从逻辑关系上来看,主体系统是由作用关系的协同竞争而体现出来的。作用关系的协同竞争相当于基础数据链之间的协同竞争,每一条数据链代表着主体基于环境刺激条件的行为反应与状态演变形式刻录。链条之间的竞争最终沉淀出来的是那些行为反应更为恰当的链条,它能够促进链条本身的存续和壮大,而行为反应不恰当的链条有更大概率导致链条本身的消亡或折损;链条之间的协同映射出了行为方式的有序衔接,它扩展了原有的相对单一性的反射式行为。链条的协同与竞争共同催生了一种更显智慧性的复合行为序列(即需求方式)。在作用关系的竞争协同过程中,还包括作用目标与作用体验的竞争协同,其中,作用目标的竞争协同沉淀出的是具有更稳定关联结构的复合目标演变序列(即需求目标);作用体验的竞争协同沉淀出的是作用体验数据的有序转变(即需求效用)。需求关系是对作用关系竞争协同的结果体现,也是对更具适应性的主体关联结构的刻画,这一结构的演绎逻辑具体表现在:与带有更积极体验的作用目标同步,以及与带有更消极体验的作用目标异步,并保障这种同步或异步的推进过程的有序性,那些不恰当的作用目标同步或异步性,以及行为对策的无序性都会在竞争中被淘汰。相对于作用关系来说,需求关系展现出了基于作用关系基础之上的演变秩序性,它体现了主体系统的行为主动性和价值自主性。

(4) 颉颃关系产生于需求关系的竞争协同

需求关系是主体系统的映射,需求关系界定了每个主体系统的自主意志,不同主体之间的协同竞争使得原有需求关系所维系的价值自主性受到了影响,这种额外影响如果是正面的,就会催生出新的趋近需要,而额外影响如果是负面的,就会催生新的保障或规避需要,由此,主体之间的协同竞争等同于主体内部原生需求与新催生的用于表征外部影响性的衍生需求之间的协同竞争。4.3节所给出的动力模型从机制上解析了基于经验的多种需求调节回路(对应原生需求)与基于实践的多种需求调节回路(对应衍生需求)之间的竞争协同表现,4.5节中所列举的小明偷吃荔枝案例具体说明了这种竞争的演绎走向。多组需求之间的协同竞争最终催生的是具有更稳定演绎结构的耦合需求,颉颃关系即催生于这种稳定演绎秩序之中,演绎当中明确的效用波动区间对应的即是颉颃效应,这种区间确切性就是对需求纠缠矛盾的定性与分化。与需求效用有所不同的是,颉颃效应侧重的是效用的可达水平,而不是当前的效用实现水平(这一功能由需求进程推进),颉颃效应将需求效用"永无止境"的调节倾向限定在一个特定的水平之上,该水平界定了主体与客体的某种纠缠稳态,这种稳态下的原生需求与衍生需求耦合即代表颉颃本体。效用可达水平缘于主体如何有效把握或管控外部影响,具体体现在颉颃目标和颉颃方式之中,颉颃目标反映的是多重需求目标的稳定关联,颉颃方式反映的是多重需求方式的有序衔接或稳定拮抗,需求关系的协同竞争中,环境客体的影响性质、影响策略、影响范畴得以凸显,个体对主体系统的认知也开始发生裂变,即从完全维系自身存在性的自主需求,到明晰了自主需求的界限,这一限定映衬出了个体对环境自主性的认知(对应颉颃环境变量)。颉颃关系代表的即是主体与环境客体的社会性交融,它折射出了主体价值自主性的交融与裂变、存续与分割。

(5)抵兑关系产生于颉颃关系的竞争协同

颉颃关系界定了每个主体系统的需求演绎范畴,颉颃关系一定程度上稳定了每个主体对权益、权属、权力、义务的认知,成为约束自身价值走向的社会行事准则。主体是可变的,客体是可变的,环境条件也是可变的,这种演变很容易导致经验空间中的需求纠缠表现与实践空间中的需求纠缠反馈产生偏差,从而引发行为动向上的混乱,通过搜索或引入新的影响因子,有可能化解其中的混乱。在较复杂的影响因子的加持下,会带来各种不同的效应表现(参考图3-7),每一种表现相对于经验的效应偏差均会引发调谐过程的反馈控制回路,由此导致多种颉颃反馈控制回路的同时运作,不同的反馈控制回路所能吸收的环境效应价值或是所能抵御的环境负面影响是不一样的,在它们的不断竞争与干涉下,最终沉淀出基于多重颉颃关系的稳定演绎结构,抵兑关系即滋生于这种演绎秩序当中,其中,从一种颉颃效应水平向另一种颉颃效应水平的转变即代表抵兑效果,从一种颉颃目标向另一种颉颃目标的关联度转换即代表抵兑目标,从一种颉颃方式向另一种颉颃方式的交互策略切换即代表抵兑方式,从一种权益需求向另一种权益需求的转移即代表抵兑本体,从一种交互环境向另一种交互环境的跨越即代表抵兑环境。抵兑关系打破了颉颃关系所约定的行为规范与价值边界,以驱使个体谋求进一步的价值实现,这一实现是基于不同影响因子加持下而导致的无序效应波动中,准确把握其中最为有利的效应转变区间,相当于不同的纠缠情境中甄选更优交互空间与交互策略,这一特定交互背景之上的有利前景,即代表抵兑时机。构成抵兑关系的各个逻辑变量通过颉颃关系的竞争协同而产生,它们共同界定了个体在特定因素影响下的价值可发展空间。

图5-1简要刻画了雪花模型各个关系层次的递进升级过程,所有的高层关系都来源于多个低层关系的聚合。从低层关系向高层关系的协同进化,并不是完全由关系要素的直接耦合而形成,而是经历了反复的竞争而沉淀下来的特定形式的聚合,其中存在着关系结构上的进化。关系的建构是有条件的,一方面,关系是认知逻辑的体现,关系的形成依赖于一套运作体系的演绎,而有效的运作体系必然建构在某种运作结构之上;另一方面,不是所有的结构都能够支撑更复杂关系的形成,特定的关系通常有着相应的结构性规范。关系聚变图所勾勒的每一个逻辑关系的进化发展,都依赖于基层关系的协同竞争当中所沉淀出来的宏观演绎稳定性。

在关系聚变图中,似乎越处在低层,沉淀出的关系数据越多,越到高层,沉淀出的关系数据越少,这个看法既对也不对。如果从单个逻辑关系所牵涉、所包容的样本关系数据量来看的话,则高层多低层寡,因为高层兼容低层的关系数据。如果以每个层次的逻辑关系为样板进行分类,不考虑沉淀出该样板的过往历史关系数据,只考虑符合该样板的关系数据多寡的话,那么从低层到高层,个体所实践过的关系数据量是呈指数级降低的。这是因为,越低层的逻辑关系越简单,实践的机会越多,而高层的复杂逻辑关系,是基于众多低层关系数据在低层规则的反复迭代中而沉淀出来的,每沉淀出一个高层关系数据,需要数量庞大的低层关系数据作为原材料,如此一级级迭代,要沉淀出最顶层的逻辑关系样本,需要数量极为庞大的底层关系数据。我们从个体的认知成长经历也可以看出这一点,我们感受过的各种刺激信号不计其数,我们认知过的特征关联浩如烟海(每一个物体都是一种特征关联体现),我们体验过的各种事物作用性五花八门,我们所明确的自身和社会性需求比比皆是,而我们能够懂得的复杂事物的价值流变则屈指可数。我们对当前事物的认知深度,取决于我们所经历的历史厚度。

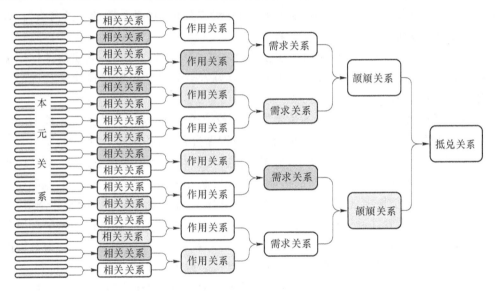

图 5-1 低层关系的竞争协同催生出了高层关系(关系聚变图)

5.2 高层与低层之间的逻辑关联

雪花模型各个运作层次之间的竞争协同,既催生出了更高层次的逻辑关系,同时也初步呈现了极为复杂的层次间关联逻辑。前面几章对 6 个层次逻辑关系的进化路径进行了简要说明,如果从整个体系来分析各层次之间的总体演绎表现,则可以划分为两个方面:一是低层对高层的建构和支撑作用,二是高层对低层的包容重塑作用。

(1) 低层对高层的建构支撑作用

建构作用,即低层运作模式不断地随机尝试,最终沉淀出高层运作规则的过程;支撑作用,即低层运作模式相互协同,共同促进了更高层运作模式的有效运转。表 5-1 汇总了低层对高层的 15 种主要的建构与支撑作用,每种作用在表格中均标注了背景颜色,颜色越浅代表关联逻辑越简单,颜色越深代表关联逻辑越复杂。

表 5-1　低层对高层的建构与支撑作用

	→感知过程	→机动过程	→消解过程	→调谐过程	→趣时过程
感受过程→	量化刺激程度	行为体验估算	机体感受矛盾	体悟互动氛围	反馈执行成效
感知过程→	—	检索关联目标	积极目标搜索	状态演绎矛盾	目标发展期望
机动过程→	—	—	习得作用经验	行为对策试探	行为对策矛盾
消解过程→	—	—	—	解决个人需要	内在需求博弈
调谐过程→	—	—	—	—	界定纠缠程度

如果用流程图来刻画，表 5-1 的 15 种建构支撑作用就是 6 个运作模式从低层指向高层的全连接关系，具体如图 5-2 所示。这一全连接关系图勾勒了个体建立环境适应性的一种逐级历练过程，其中存在着一定的演进规律，具体体现在：

① 箭头指向相邻层次时，其中低层对相邻高层的支撑作用是具体而明确的，它是高层进行环境适应的重要参照基准。这样的关系有 5 种（对应图 5-2 中最外圈的 5 条箭头）。要注意的是，感受过程和趣时过程在逻辑上不"相邻"。

② 箭头指向隔一层次时，相应的关系都存在一个摸索建构的过程，其实质性作用需要根据实际场景才能明确。这样的关系有 4 种（即"行为体验估算""积极目标搜索""行为对策试探""内在需求博弈"）。

③ 箭头指向对角层次时，相应的关系都是一种矛盾体现，这样的关系有 3 种，分别是"感受过程→消解过程（机体感受矛盾）""感知过程→调谐过程（状态演绎矛盾）""机动过程→趣时过程（行为对策矛盾）"。这三种关系中，低层既是高层分拣规则的触发条件，也是高层规则收敛与否的判定条件：感受过程所生成的机体感受矛盾激发了消解过程运作机制，当感受矛盾消失时，消解过程就趋于稳定，体现在多状态目标的有序分拣和多行为对策的有效调节；感知过程的状态演绎矛盾激发了调谐过程运作机制，这一矛盾由初始的需求目标和基于环境影响下的衍生目标所构成，当状态演绎矛盾消失时，调谐过程就趋于稳定，体现在多行为对策的有序分拣和多需求倾向的有效调节；机动过程的行为对策矛盾激发了趣时过程运作机制，这一矛盾由交互对策的相互掣肘而引起，当行为对策矛盾消失时，趣时过程就趋于稳定，体现在多需求倾向的有序分拣和多环境因子的有效调节。

④ 箭头指向隔三层次时，相应的关系显示出了一种较为深入的逻辑运算，这样的关系有 2 种，分别是"感受过程→调谐过程（体悟互动氛围）""感知过程→趣时过程（目标发展期望）"。前者与"感受过程→消解过程（机体感受矛盾）""感知过程→调谐过程（状态演绎矛盾）"这两个建构过程有关，体现出复杂的场景综合体验，它是多样化感受和多样化目标的全景交融；后者与"感知过程→调谐过程（状态演绎矛盾）""机动过程→趣时过程（行为对策矛盾）"这两个建构过程有关，演绎出复杂的目标流变预期，它是多样化目标与多样化行为的综合运算。

⑤ 箭头指向隔四层次时，相应的关系代表一种总体层面的统筹运算。这样的关系有 1 种，即"感受过程→趣时过程（反馈执行成效）"，它代表的是个体对矛盾情景的价值走向的整体筹算。

上述关系表现给我们两个重要启示：一是跨越的层级越多，关系的计算就越全面、越深入，这一成果依赖于中间层级的运作协调。在实际工作当中，我们也可以看到类似的表现。例如，一个基层员工向高层领导汇报改进意见，其递送内容通常会经过多个中间部门的审核打磨，经过的中间部门越多，对意见的各种潜在影响就考虑得越周全（隐含条件是各中间部门有着与其职能相匹配的丰富业务经验做支撑)。二是关系的加工深度与起点层次的复杂度无关,只与其跨越的层级数量有关,把这一结论推广到任意系统当中,就能够得到一个重要的判定命题:无论是微观系统,还是宏观系统,关系的演绎逻辑跟系统本身的尺度没有关系,而只跟系统演绎尺度所跨越层级数有关系。5.6节和5.7节会就这一问题做进一步的阐述。

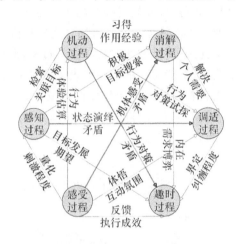

图 5-2　低层对高层的建构与支撑作用(Bottom-Up)

(2) 高层对低层的包容重塑作用

上面讲解的是低层对高层的建构和支撑作用,层次间关联逻辑的另一个方面,是高层能够包容低层的关系属性,以及重塑低层的关系性质。表5-2汇总了高层对低层的15种包容重塑作用,同表5-1类似,每种作用的背景颜色越浅代表关联逻辑越简单,颜色越深代表关联逻辑越复杂,背景颜色总共分为5个梯度,它们代表关联逻辑的5种演绎复杂度(详见下文说明)。

表 5-2　高层对低层的包容重塑作用

	→感受过程	→感知过程	→机动过程	→消解过程	→调谐过程
感知过程→	筛选刺激反差	—			
机动过程→	融合目标感受	生成有序状态	—		
消解过程→	剥离负面效用	整理有效目标	分化无效行为		
调谐过程→	扬抑交互感受	管控不利目标	把握交互对策	定义需求边界	
趣时过程→	反思价值发展	调校目标演化	抉择可靠对策	修正需求取向	协调交互权益

上表对应6个运作模式从高层指向低层的全连接关系图,具体如图5-3所示。高层对低层的重塑,就是筛选分拣低层随机运动当中的种种表现,并重新界定低层关系的运作性质,它能够覆盖低层的原有性质判定;高层对低层的包容,体现在高层是一种更复杂维度上的逻辑判定,也是更宏观尺度上的运作,它们兼容低层的关系维度和作用尺度。高层对低层的包容重塑作用,也存在跨越层次越多,关系计算越复杂的情况,具体表现在:

① 箭头指向相邻层次,代表着高层对相邻低层价值的分化,是对低层关系多性态的区隔筛选。这样的关系有5种。

② 箭头指向隔一层次,代表着高层对低层价值的分化与调节,其中不仅包括性态的筛选,也内含着过程上的指导。这样的关系有4种。

③ 箭头指向隔两层次,代表着高层对低层价值的分化与维系,这样的关系有3种,分别

是:"消解过程→感受过程(剥离负面效用)",其维系作用体现在消解过程的趋乐避苦机制上,即趋向积极、远离消极的价值意向;"调谐过程→感知过程(分拣矛盾目标)",其维系作用体现在调谐过程的趋同控异机制上,即与环境相协调的价值意向,要么管控环境,要么受制于环境,要么与环境形成动态平衡;"趣时过程→机动过程(抉择矛盾对策)",其维系作用体现在趣时过程的趋利止损机制上,即倾向于获得,以及规避损失的价值意向。

④ 箭头指向隔三层次,代表着高层对低层价值的再适应与再平衡,这样的关系有 2 种,即"调谐过程→感受过程(扬抑交互感受)""趣时过程→感知过程(调校目标演化)"。两种关系中都表现出高层对低层的局部改良,所能达到的范畴代表了可调节的边界。

⑤ 箭头指向隔四层次,代表着高层对低层价值的再发展,这样的关系只有 1 种,即"趣时过程→感受过程(反思价值发展)",它是在打破所维系价值、所平衡价值的基础上,重组出新的适应性,它相当于重塑适应空间或适应模式。

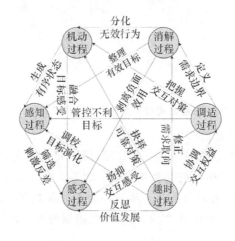

图 5-3　高层对低层的包容重塑作用(Top-Down)

图 5-2 中的建构与支撑作用相当于运作模式由下至上的探索(Bottom-Up),对应表 2-1 至表 2-3 中的探索模式;图 5-3 中的包容和重塑作用相当于运作模式由上至下的推进(Top-Down),对应表 2-1 至表 2-3 中的应用模式。从低层向高层看去,存在非常多的不确定性,因为低层的认知维度和操作尺度有限,无法处理高层的复杂问题;而从高层往低层看,凸显的是秩序的异动,这种秩序建立在高层对低层无序运动的不对称分拣所积累的一系列经验之上。这与我们的直觉是相符的。例如,当儿童探究成人世界的事物关系时,经常有问不完的"幼稚"问题,当成人看待儿童的知行表现时,总是习惯进行各种指点调教。

5.3　基础变量与序参量间的关联

图 5-2、图 5-3 中都包括 21 个元素,其中 6 个顶点代表 6 个运作层次,15 条连线代表层次之间的逻辑关系。类似的,逻辑全景图(图 2-2)也有 21 个变量,其中包括 6 个序参量和 15 个基础逻辑变量。实际上,逻辑全景图就是雪花模型图中 6 个运作模式之间关联逻辑的完全展开。逻辑全景图当中的序参量对应雪花模型图的 6 个运作层次(即模型图中的 6 个顶点),逻辑全景图当中的基础逻辑变量对应雪花模型各运作层次之间的逻辑关联(即模型图中的 15 条

连线)。基于这种一一对应性,可以把逻辑全景图还原为六边形表示法,具体如图 5-4 右侧所示,它与图 5-4 左侧的层次间关联逻辑(建构支撑作用与包容重塑作用)之间的对照性可以为 21 个逻辑变量的内在蕴意提供一个相对直观的参照。

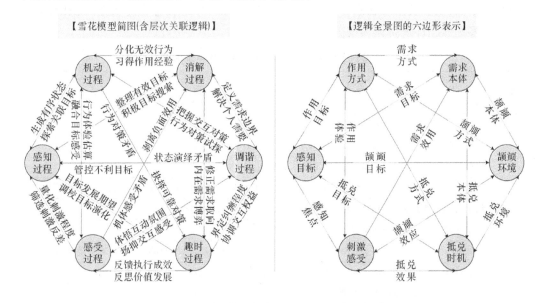

图 5-4　雪花模型图与逻辑全景图之间的对应关系

结合层次间的演进机制和层次间的关联逻辑,可以为逻辑全景图当中基础变量和序参量之间的关系提供一些新的解释:一方面,基础逻辑变量建构与支撑了序参量,另一方面,序参量又参与指导乃至重塑基础逻辑变量;逻辑全景图中的每一个基础逻辑变量都可以视为两个序参量之间的连接,界定了序参量的位置,也就界定了相应的基础逻辑变量,因此基础逻辑变量可以用序参量来间接表征。表 5-3 汇总了所有基础逻辑变量与序参量之间的对应关系,表格中第 4 列将跨层级连接做了进一步拆分,全部还原为相邻层级之间的连接关系。从中可以看到,连接关系跨越的层级越少,对应的序参量交互就越简单,其逻辑运算也越简洁;连接关系跨越的层级越多,对应的序参量交互就越复杂,其逻辑运算也越深入。例如,抵兑效果这一基础逻辑变量,涉及所有 6 个序参量,是所有基础逻辑变量当中流转路径最为复杂的一个。表 5-3 也间接印证了上一节中所提到的跨越层级越多、关系计算越全面的性质。

要注意的是,序参量交互越复杂,并不意味着对应的逻辑变量就越复杂,复杂度与分析的起点有关,如果起点与目标变量的层级越接近,关系计算就会简单,如果起点与目标变量的层级越遥远,关系计算显然会更复杂一些。表 5-3 中每个基础逻辑变量拆解后的起点是不一样的,因此还原后的交互复杂性是相对的,而不是绝对的。在所有的逻辑变量当中,规则变量属于一阶变量,状态变量属于二阶变量,对策变量属于三阶变量,主体变量属于四阶变量,环境变量属于五阶变量,时机变量属于六阶变量,如果全部以一阶为起点,那么阶数越低,计算越简单,阶数越高,计算越复杂。个体在适应新环境的过程中,会逐步获得对所适应环境的有效关系认知,这其中,最先予以明确的是与感受和情绪相关的规则变量(一阶变量),即刺激感受、感知焦点、作用体验、需求效用、颉颃效应、抵兑效果等变量。在每一次实践中,感受和情绪所给出的价值判断并不总是很确切,但是其反馈速度一般是比较快的,人们甚至在没有意识到的时候就能够表现出针对特定行为和生理变化的情绪评价[1][2]。每个运作层次中,规则变量最先获得赋值,它代表着实践与经验之间的偏差,它意味着所面临场景存在着一些新情况,这一信号会激发状态网络与对策网络的更新迭代,进而获得对场景的高阶变量认知,包括状态目标认知、行为对策认知,以及融合状态和对策的本体需求认知,界定状态和对策演绎范畴的环境性质认知,统筹主体与环境价值演变的时机认知。

表 5-3　基础逻辑变量可由序参量的交互关系来间接表征

关系层次	基础逻辑变量	对应变量交互	对应序参量交互
相关关系	感知焦点	感知目标↔刺激感受	感知目标↔刺激感受
作用关系	作用体验	作用方式↔感知焦点	作用方式↔(感知目标↔刺激感受)
	作用目标	作用方式↔感知目标	作用方式↔感知目标
需求关系	需求效用	需求本体↔作用体验	需求本体↔(作用方式↔(感知目标↔刺激感受))
	需求目标	需求本体↔作用目标	需求本体↔(作用方式↔感知目标)
	需求方式	需求本体↔作用方式	需求本体↔作用方式
颉颃关系	颉颃效应	颉颃环境↔需求效用	颉颃环境↔(需求本体↔(作用方式↔(感知目标↔刺激感受)))
	颉颃目标	颉颃环境↔需求目标	颉颃环境↔(需求本体↔(作用方式↔感知目标))
	颉颃方式	颉颃环境↔需求方式	颉颃环境↔(需求本体↔作用方式)
	颉颃本体	颉颃环境↔需求本体	颉颃环境↔需求本体
抵兑关系	抵兑效果	抵兑时机↔颉颃效应	抵兑时机↔(颉颃环境↔(需求本体↔(作用方式↔(感知目标↔刺激感受))))
	抵兑目标	抵兑时机↔颉颃目标	抵兑时机↔(颉颃环境↔(需求本体↔(作用方式↔感知目标)))
	抵兑方式	抵兑时机↔颉颃方式	抵兑时机↔(颉颃环境↔(需求本体↔作用方式))
	抵兑本体	抵兑时机↔颉颃本体	抵兑时机↔(颉颃环境↔需求本体)
	抵兑环境	抵兑时机↔颉颃环境	抵兑时机↔颉颃环境

基础逻辑变量与序参量之间的关联,映射出了雪花模型图和逻辑全景图之间的关联。雪花模型图和逻辑全景图是刻画个体行为与认知发展体系的不同侧面,雪花模型突出整体演绎框架和分拣规则,逻辑全景图侧重于层次间的逻辑关联。逻辑全景图的逻辑变量虽然归属于各个运作层次,但每个变量都与其他运作层次之间有着无法割裂的关系,并且构成一种无所不在的全连接关系,这也客观上决定了整个运作体系的系统性、整体性、复杂性,同时又兼具灵活性、多样性、可塑性的特点。

5.4　逻辑变量的横向演绎规律

逻辑全景图(图 2-2)由 21 个逻辑变量构成,每一个变量并不是具体事例的指代,而是一种一般性的演绎逻辑指代,相当于剥离了细节的等价类,这种一般性能够更好地演绎行为与认知

---

[1] Shiota M N, Kalat J W. 情绪心理学[M]. 周仁来,等译. 北京:中国轻工业出版社,2016:19.
[2] Vuilleumier P, Armony J L, Driver J, et al. Effects of attention and emotion on face processing in the human brain: An event-related fMRI study[J]. Neuron, 2001, 30:829-841.

的内在发展规律。第 2 章对模型的阐述主要是以每个运作层次为单位(即逻辑全景图的纵向)来展开的,我们也可以从逻辑全景图的横向来看各层次当中逻辑变量的发展演绎。6 个横向发展的逻辑变量系列,代表着个体 6 种能力发展向度,具体说明如下。

(1) 适应度评估能力发展

第一行代表个体的适应度评估能力,它是个体对自身所在场景局面是非优劣的初步定性。对局面的适应性评估是通过规则部件来实现的,规则部件要生成是非评价,必须要有基准参照。雪花模型的每个运作模式都涉及规则部件的运作,每个模式中规则部件的检测机制是不一样的,越是低层,机制越简单,越到高层,机制就愈复杂,检测机制的复杂性,也意味着供规则部件运作的基准参照素材的复杂性。

感受过程的规则检测基准来源于各感觉系统的激活阈值,进而对比出可感性;感知过程的规则检测基准来源于机体所习惯化的各类刺激信号,进而对比出显著性;机动过程的规则检测基准来源于感受和感知的有效融合,进而对比出确切作用性;消解过程的规则检测基准来源于机动过程所沉淀下来的带有不同体验表现的状态目标与行为对策组合,经过竞争而分化出意向性;调谐过程的规则检测基准来源于消解过程所沉淀下来的各种需求,通过相互纠缠而分化出影响性;趣时过程的规则检测基准来源于调谐过程所沉淀下来的各种权益关系,通过对抗和发展而分化出前景性。

基准参照的作用在于,它可以用来辅助判定实际的适应过程是否出现偏差,由于实践信息细节远远比经验信息要丰富得多,当检测出规则表现上的反差时,意味着基准所对应的经验数据不足以覆盖实际的情况,反差越大,经验的不足就表现得越明显,个体对场景也越觉陌生,行为应对通常也会越生涩,弥补适应偏差的动能也相对越强烈;反差越小,意味着个体对场景演变及应对策略越明确。反差往往伴随着特定的情绪激发,其强度与反差程度呈正相关。评价适应能力的是规则变量,图 5-5 示意了规则变量发展所依赖的层次关联,其中感受过程以及与感受过程相连的 5 条实线分别对应 6 个层次当中的 6 个规则变量。

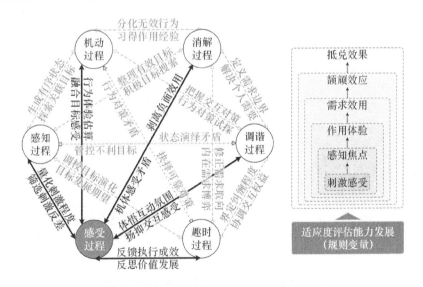

图 5-5 逻辑全景图第一行(规则变量)——适应度评估能力发展

刺激感受是最基础的规则变量,它支撑其他所有的层次,也受其他层次所包容、所重塑。其他模式当中的规则变量,每一个都与感受过程有关,它们是一系列感受性在不同关联结构、不同演绎秩序下的质性运算。6个运作模式当中的6个规则变量,代表着6种不同的实践偏差检测能力,结合基准参照和偏差指向,相应的运作模式就可以对适应表现进行定性,其中,感受过程基于感受组件的能量采集,来界定信号的刺激类型;感知过程基于不同刺激信号的程度对比,来聚焦显著的状态特征;机动过程基于与目标因子的行为实践,来评价实际的体验表现;消解过程基于与作用因子的体验反差,来计算自身的效用实现;调谐过程基于与环境因子的协同竞争,来界定双方的纠缠表现;趣时过程基于与背景因子的场景模拟,来预判后期的实践效果。运作模式越向高层发展,规则变量运作时所依赖的中间层级越多,所建构的结构与秩序越复杂,对环境适应表现的计算也越加深入。

(2) 知觉逻辑发展

第二行代表个体的知觉逻辑发展,它源于感觉系统对场景的状态关联模式抽取,它体现了个体对场景目标事物的区分与定位,以及目标状态发生演变的关联预测能力(这一能力依赖对策变量的支撑)。同类型的事物一般都有相似的特征或特征组合,对代表性特征集的抽取,代表着个体对该类型事物的一般性认知,对代表具体事物显著性标识的定位,有助于推动个体与该事物的进一步互动。除了聚焦特异标识,知觉逻辑的另一核心功能是串联起所有的高相关性,这种相关性会随着运作模式的升级而不断复杂化。

描述知觉逻辑的是状态变量,图 5-6 示意了5个状态变量发展所依赖的层次关联。起始状态变量为感知目标,它是感知过程的序参量,它界定的是集群信号当中的同步不变性及其分布权重,其他4个状态变量当中的每一个都与感知过程有关,它们是感知目标在关联结构和关联秩序上的进一步演绎。其中:感知目标筛选状态特征之间的相关性,作用目标筛选状态演变的有序结构关联性,需求目标筛选状态演变的有序结构之上的定向价值关联性,颉颃目标筛选状态演变的有序协调结构之上的价值势态关联性,抵兑目标筛选状态演变的有序协调结构不断生变之上的价值成效关联性。状态变量越向高层发展,代表着状态网络对世界的刻画越深入,个体对周边世界事物状态演变的预知能力也更全面。

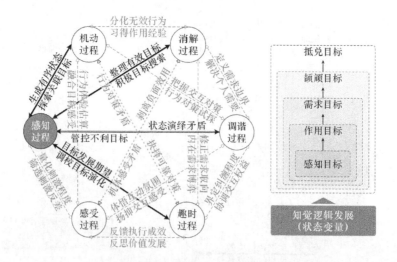

图 5-6 逻辑全景图第二行(状态变量)——知觉逻辑发展

(3) 行为逻辑发展

第三行代表个体的行为逻辑发展,它体现了个体的实践执行能力,具体体现在对场景状态演变的有序推进之上,这一推进过程依赖于状态目标的牵引。个体所习得的周边世界状态关联模式为牵引行为提供了具体的标的,如果个体对场景中的状态特征及其状态关联一无所知,就难以想象个体与场景的有序互动,更不用说针对性的适应行为了。

知觉逻辑所提取的显著标识是注意力的具体体现,也是机体与标识对象进行互动的起点。在不同显著标识之间的切换,意味着个体与不同对象的交互,或是同一对象不同局部的互动,其中暗含了个体的行动选择,个体的价值意向往往就潜藏于这种有选择的行动倾向当中。状态关联目标牵引了行为,行为推进了状态目标的演变,两者构成的回路为机体刻录针对状态目标的作用性质和表现提供了载体,也为调节分化出更具适应性的行为提供了经验素材。

描述行为逻辑的是对策变量,图5-7示意了4个对策变量发展所依赖的层次关联。起始对策变量为作用方式,它是机动过程的序参量,其他高层对策变量都与机动过程有关。对策变量的每一次演进,均源于低层行为的随机尝试和内部竞争,每一次向上层的适应性升级,既是一个弥补行为短板的过程,也是行为有序性和组织性不断提升的过程。简单来说,作用方式定义基本的行为对策,需求方式建构有更圆满效用的行为序列,颉颃方式练就有更和谐效应的行为序列,抵兑方式沉淀有更优异效果的行为序列。

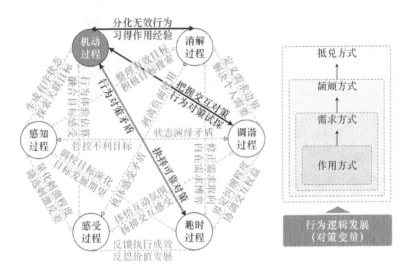

图 5-7　逻辑全景图第三行(对策变量)——行为逻辑发展

（4）自我意识发展

第四行表征的是个体的自我意识发展,它体现了个体调控需求意志的能力。需求基于主体系统,需求也是主体性的重要体现。主体系统即是在特定环境中,具有维系自身存在性的自主系统,它通过规则部件对各类适应活动的引导分化而实现,主体的行动意志就体现在对适应活动的不对称分拣之上。规则分拣的对象有两个,一个是过往经验表现,另一个是当前实践表现。不同的个体面对同一个场景,其所提取的场景特征基本相似,但是所聚焦的显著标识可能各不相同(取决于每个个体的刺激敏感度),所进行的过往交互经验也可能不同,由此带来当前适应过程中所分化出来的行动意向的不同,这种不同是造成每个个体特有的认知主观性、价值主观性的重要原因之一,也是"自我"的一种典型体现。

刻画自我意识发展的是主体变量,图5-8示意了3个主体变量发展所依赖的层次关联。起始主体变量为需求本体,它是消解过程的序参量,其他主体变量都与消解过程有关。需求本体是完全以自我为中心的,其宗旨是规避场景当中所加载的较消极体验和吸收场景当中所出现的更积极体验,场景中的体验反差成为激活自我意识的诱因;颉颃本体融合了环境的影响,其价值意向也因为环境的反复纠缠而开始有了清晰的边界,自我意识也开始套上了来自环境的枷锁或钥匙,负面环境的隔离会让自我得到释放,正面环境的加载会让自我得到升级;抵兑本体重新审视自身和环境的动态演绎,从变化的环境与习得的交互经验当中寻求更优的价值实现策略,以重塑主体的价值边界,它是自我的进一步发展。这3个本体概念与弗洛伊德的"本我、自我、超我"人格结构理论相呼应(10.1节会有进一步的讲解),三者的竞争即表现为个体意志的博弈。

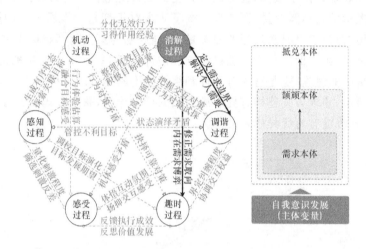

图 5-8　逻辑全景图第四行(主体变量)——自我意识发展

(5)社会意识发展

第五行表征的是个体的社会意识发展,它体现了个体洞悉环境价值的能力。社会意识的形成首先有赖于自我意识的全面发展,其次是个体对置身于社会当中的自我需求异动规律的认知。以个体的价值趋向为基点,在与社会的不断碰撞当中,通过个体价值的进退消长而反衬出社会价值的力度与范畴,并由此明确了个体价值的可达边界,以及在社会生变时的效应边界异动。

刻画社会意识的是环境变量,图5-9示意了2个环境变量发展所依赖的层次关联,起始变量是颉颃环境,它是调谐过程的序参量,另一个变量为抵兑环境,它与趣时过程和调谐过程的干涉相关。颉颃环境修正了个体的需求范畴,并从中折射出环境的价值自主性;抵兑环境重组了个体的需求边界(通过替换或转变来实现),并从中折射出了社会价值影响的异动规律。这两个逻辑变量反映了个体对社会环境的认知深度,这一认知依赖于感受过程、感知过程、机动过程、消解过程所积累的适应经验,经验与实践的错位而引发的适应调节是凝析出环境性质的动力源。个体的阅历不同,对环境的价值界定与价值筹算也会不同,个体的社会阅历越丰富,个体的需求体系就被锻造得越精细,个体就愈能从中映射出环境的价值表现、环境的价值异动,乃至环境的主体结构。

(6)跨期意识发展

第六行表征的是个体的跨期意识发展,它体现了个体把握时机的能力。时机与时间和空间概念密切相关,这两个概念都成型于趣时过程,趣时过程一方面需要界定与个体存在价值纠缠的关联场景空间,另一方面需要界定个体各种价值实现的特定时序,两者结合才能准确判定时机。这其中,承载主客体纠缠场景的背景空间因为纠缠场景的单一而沉寂(即背景空间没有变化性），因为纠缠场景的转换而显性化，趣时过程刻画的即是主客体纠缠场景的转换，空间的抽象特性也在这种转换中显现出来（可参考图 3-5 向图 3-7 的演进）；纠缠场景的转变价值由效果规则来评估，界定效果的分化维度（"升级"与"降级"）代表效用波动范围的扩张或收缩，其中既有可能存在正面效用进一步增加、负面效用进一步缩减的情况，也有可能存在正面效用进一步缩减、负面效用进一步增加的情况，在所有这些价值波动情况中准确挑选出符合主体意向的特定价值异动区段，规避其他不符合主体意向的价值异动区段，这个分化过程凸显了特定实践时点的重要性，带有不同价值关联的抽象时间概念也由此显现出来。

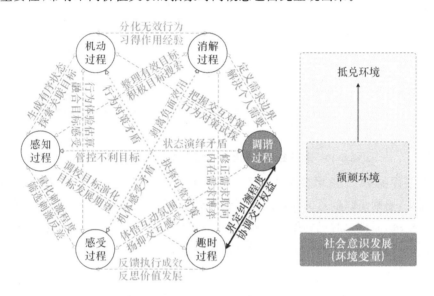

图 5-9　逻辑全景图第五行（环境变量）——社会意识发展

趣时过程的序参量是抵兑时机，这一变量也可称为时空变量，图 5-10 示意了该变量所依赖的层次关联，从中也可以看到，要获得对时机的认知，依赖于整个雪花模型演绎体系的全盘运算，这种全盘性也预示着抵兑时机变量对所有低阶逻辑变量的包容性，它是低阶变量整体演绎的综合体现。一般意义上的时空概念，是时间和空间的耦合，它可视为去掉了主观价值因素的时机变量。时机变量本身具有广泛的逻辑包容性，而剥离了价值限定标签的时空概念也具有广泛的包容性，正如爱因斯坦所言，"所有基本概念都可以归结为空间-时间的概念。空间-时间规律是完备的，没有一条自然规律不能归结为某种用空间-时间概念的语言来表述的规律[1]。"建构跨期意识背后的全盘运算体系，能够有机会映射个体所能够认知到的一切外部世界演绎信息，恰如时间-空间维度能够容纳所有的自然规律。

总体上来说，雪花模型的 6 个横向演绎向度代表了每个个体 6 个方面能力的成长与发展。"虽然不同文化背景下的儿童早期经验千差万别，但是婴儿的发展基本上都遵循同样的顺序，经过同样的发展阶段[2]。"每个个体都遵循着同样的一套体系，其架构和层次上的一致性解释了为何大多数个体有大体相似的认知成长规律、诸多相似的行为成长模式，以及相对一致的情绪反应逻辑。与此同时，21 个逻辑变量的不同赋值（包括实践赋值和经验赋值）所带来的信息敏感度差异，以及每个实时场景所激活具体运作模式和调控规则的不确定性，则反映了每个个

---

[1] 爱因斯坦. 爱因斯坦文集（第一卷）[M]. 许良英，李宝恒，赵中立，等译. 北京：商务印书馆，2010：701.
[2] Shaffer D R, Kipp K. 发展心理学[M]. 邹泓，等译. 北京：中国轻工业出版社，2016：182.

体个性化的存在。

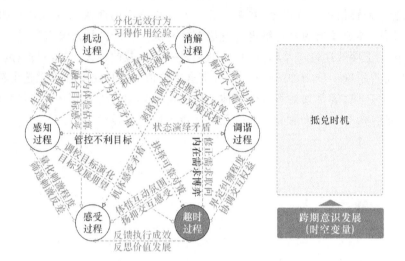

图 5-10　逻辑全景图第六行（时空变量）——跨期意识发展

逻辑全景图的 21 个逻辑变量代表了个体从懵懂到成熟所应当历练的 21 个基本能力要素。从低到高，要素组织信息的作用尺度不断升级、关系维度不断扩展，其中刺激感受的采集时间低至毫秒级，而抵兑时机的处理周期则可以经年累月。每一个能力要素都需要一定数量的样本来训练，练就越高层的能力要素所需要的学徒期也越长。

5.5　逻辑变量的整体演化路径

逻辑全景图当中的 21 个逻辑变量，既有纵向的组合演绎规律，也有横向的发展演绎规律。逻辑变量的纵向演绎产生于以同一个序参量为终点的序参量交互，它们界定了以该终点序参量为代表的特定运作模式，这一模式是由低层序参量的协同运作所支撑起来的；逻辑变量的横向演绎产生于以同一个序参量为起点的序参量交互，它们界定了该起点序参量为代表的特定发展轨迹，并表现在由其他序参量参与而引发的结构性演进之上。

逻辑全景图中，逻辑变量的发展是从规则变量开始的，规则的裂变意味着具有全新逻辑结构的新规则的生成，也意味着包含该规则变量的一组纵向逻辑变量的升级迭代。同一关系层次中，各逻辑变量的发展是与规则的裂变同步进行的，规则的裂变表现也会反映在各高阶逻辑变量演进路径当中。表 5-4、表 5-5 梳理了从作用关系到抵兑关系当中各高阶逻辑变量（不包括所在层次序参量）的演绎进路，其演绎表现是与规则裂变表现相适配的。

两个表格中蕴涵着丰富的演绎信息，具体说明如下。

（1）规则变量是一切性质判定的基础

规则部件对差异高度敏感，并能基于所习得的基准参照而定性各种新的异动情况所可能蕴涵的适应性质，不过，单独从规则变量本身来看，这种适应性质是朦胧的、模糊的，当它与所在层次的高阶变量相结合时，适应性质就会变得更为明晰。规则变量结合状态变量，能够定性出状态目标的价值关联；规则变量结合对策变量，能够定性出行为对策的价值导向；规则变量结合主体变量,能够定性出主体系统的需求意向;规则变量与环境变量相结合,能够定性出外部环境的价值影响;规则变量与时机变量相结合,能够定性出主客纠缠的发展前景。同一逻辑关系当中的各逻辑变量实际上是对同一适应进程性质的描述,只是描述的深度不一样,规则变量的描述最为粗糙,越高阶的逻辑变量描述越为全面。

在进行涉及行为意向的性质评定时,通常伴随着相应的情绪反馈,其强度与规则检测出的差异程度呈正相关。表5-4和表5-5中添加了很多情绪描述词汇,它们间接反映了各逻辑变量的性质表现,总体上分为积极评价和消极评价两大类。由于每个个体的经历不一样,沉淀出的行为对策和状态目标基准不一样,对场景的状态提取的角度不一样,对场景的适应对策的搜索深度不一样,因此规则所检测出的差异会有所不同,所对应的情绪体验也会不一样。表格当中所列举的情绪词汇只是对场景可能感受的一种示意和参考,并不绝对贴切。虽然每一种情形的情绪较难以准确把握,但可以明确的一点是,针对不同层级的逻辑变量,情绪所内含的复杂度是不一样的,从消解过程到趣时过程,情绪是呈逐步复杂化的趋势的,这种复杂化趋势是与逻辑变量本身的复杂性是相称的。

规则网络裂变出来的每一种价值表现都能够支撑其他基础逻辑变量完成价值定性,规则网络有多少种价值裂变表现,就有多少组对应的基础逻辑变量性质评定。由于不同运作层次的基础逻辑变量的数量不同,越是高层运作模式,基础逻辑变量越多,相应的性质评定也就越多。表5-4、表5-5共罗列了98种性质判定,它们从各个侧面反映了个体适应环境时在不同关系维度上的运作表现。

(2) 序参量的性质判定取决于更高层

基础逻辑变量可以由序参量交互来表示(参考表5-3),但序参量不能直接由基础逻辑变量的组合来表征。规则网络的每一次裂变,不止生成一种评判标准,单独基于其中任何一种评判标准,是无法定性和评价所在层次序参量的,原因在于,序参量是所在层次关系的组织者,是所在层次的总体反映,其规则所分化出来的每一个价值表现都属于所在运作层次的一种局部呈现,这些局部测度并不能够反应总体上的性质。我们可以用测量系统来进一步说明这个问题。一个测量系统要精确地测出待测对象的性质,首先测量系统本身要具备在其精度范围内的精密操作,能够呈现出该精度范围内的所有性状的连续或离散变化,即测量系统具有一个状态集合区间的综合表现能力。待测对象能够在测量系统中呈现出一个特定的测量值,是测量系统的冗余性状收敛于待测对象的特定质地的结果,测量系统通过检测对象而计算得出具体的数值,但是测量系统不能给出自身的具体参数值,除非用另一个可以包容该测量系统的新系统来测量,或是测量系统内嵌了可以对其局部区域进行测量的组件,这两种情况都不能作为测量系统可完全自测自身的证据。

要对序参量的性质进行定性,需要在包容该序参量的更高层运作模式当中才有可能,之所以如此,在于更高层运作模式能够在经验空间中同时操作低层的所有局部分化性质,并将其与实践空间进行纠缠比对,从而最终分化出涉及所有局部分化性质的整体质性表现(参考第4章的动力模型解析),低层序参量的性质就体现在这种整体层面的质性评价之中。换句话说,高层运作模式通过不断在实践当中检验低层运作经验,最终发现了低层运作经验在某个宏观维度上的价值差异,这意味着低层经验所代表的比较"理想"的运作稳态实际上是存在局限性的,低层本身看不到这种局限性,而高层则从实践环境当中凸显了其局限性。

表 5-4 规则裂变中的逻辑变量演绎(主观心理地图)

作用关系(机动过程)	需求关系(消解过程)	颉颃关系(调谐过程)	抵兑关系(趣时过程)
乐(μ^+) 感知目标体验积极 (积极目标)	趋乐($\uparrow\mu^+$) 积极目标同步 [开心] 得当方式对接 [快活]	趋乐强化($\uparrow\uparrow\mu^+$) 积极目标同步性叠加 [开心] 得当方式对接度巩固 [欣喜] 需求本体协调性增强 [激动]	趋乐强化度升级($\uparrow\uparrow\uparrow\mu^+$) 积极目标同步性进一步叠加 [开心] 得当方式对接度进一步巩固 [爽快] 需求本体协调性进一步增强 [成就] 颉颃环境支撑度进一步提升 [感激]
			趋乐强化度降级($\downarrow\uparrow\uparrow\mu^+$) 积极目标同步性不再叠加 [不快] 得当方式对接度不再巩固 [不爽] 需求本体协调性不再增强 [惋惜] 颉颃环境支撑度不再提升 [嫌怨]
		趋乐弱化($\downarrow\uparrow\mu^+$) 积极目标同步性减弱 [不悦] 得当方式对接度削弱 [厌恶] 需求本体协调性减退 [气恼]	趋乐弱化度升级($\uparrow\downarrow\uparrow\mu^+$) 积极目标同步性进一步减弱 [忧伤] 得当方式对接度进一步削弱 [失落] 需求本体协调性进一步减退 [郁闷] 颉颃环境限制度进一步提升 [憎恨]
			趋乐弱化度降级($\downarrow\downarrow\uparrow\mu^+$) 积极目标同步性不再减弱 [舒心] 得当方式对接度不再削弱 [可喜] 需求本体协调性不再减退 [欣慰] 颉颃环境限制度不再提升 [感念]
乐(μ^+) 感知目标体验积极 (积极目标)	避乐($\downarrow\mu^+$) 积极目标异步 [伤心] 得当方式脱节 [不快]	避乐强化($\uparrow\downarrow\mu^+$) 积极目标异步性叠加 [不悦] 得当方式脱节度巩固 [可恶] 需求本体失调性增强 [恼火]	避乐强化度升级($\uparrow\uparrow\downarrow\mu^+$) 积极目标异步性进一步叠加 [心焦] 得当方式脱节度进一步巩固 [憎恶] 需求本体失调性进一步增强 [愁闷] 颉颃环境限制度进一步提升 [抱恨]
			避乐强化度降级($\downarrow\uparrow\downarrow\mu^+$) 积极目标异步性不再叠加 [欢欣] 得当方式脱节度不再巩固 [放松] 需求本体失调性不再增强 [舒坦] 颉颃环境限制度不再提升 [安然]
		避乐弱化($\downarrow\downarrow\mu^+$) 积极目标异步性减弱 [开心] 得当方式脱节度削弱 [欢喜] 需求本体失调性减退 [欢快]	避乐弱化度升级($\uparrow\downarrow\downarrow\mu^+$) 积极目标异步性进一步减弱 [欢心] 得当方式脱节度进一步削弱 [振奋] 需求本体失调性进一步减退 [解气] 颉颃环境支撑度进一步提升 [优越]
			避乐弱化度降级($\downarrow\downarrow\downarrow\mu^+$) 积极目标异步性不再减弱 [扫兴] 得当方式脱节度不再削弱 [不爽] 需求本体失调性不再减退 [怅然] 颉颃环境支撑度不再提升 [埋怨]

表 5-5　规则裂变中的逻辑变量演绎(主观心理地图-续表)

作用关系(机动过程)	需求关系(消解过程)	颉颃关系(调谐过程)	抵兑关系(趣时过程)
苦(μ^-) 感知目标体验消极 (消极目标)	趋苦($\uparrow\mu^-$) 消极目标同步 [害怕] 不当方式对接 [紧张]	趋苦强化($\uparrow\uparrow\mu^-$) 消极目标同步性叠加 [心慌] 不当方式对接度巩固 [畏惧] 需求本体失调性增强 [压抑]	趋苦强化度升级($\uparrow\uparrow\uparrow\mu^-$) 消极目标同步性进一步叠加 [痛心] 不当方式对接度进一步巩固 [激化] 需求本体失调性进一步增强 [憋闷] 颉颃环境限制度进一步提升 [愤恨]
			趋苦强化度降级($\downarrow\uparrow\uparrow\mu^-$) 消极目标同步性不再叠加 [宽心] 不当方式对接度不再巩固 [缓解] 需求本体失调性不再增强 [欣慰] 颉颃环境限制度不再提升 [宽解]
		趋苦弱化($\downarrow\uparrow\mu^-$) 消极目标同步性减弱 [安心] 不当方式对接度削弱 [舒缓] 需求本体失调性减退 [坦然]	趋苦弱化度升级($\uparrow\downarrow\uparrow\mu^-$) 消极目标同步性进一步减弱 [痛快] 不当方式对接度进一步削弱 [松懈] 需求本体失调性进一步减退 [舒畅] 颉颃环境支撑度进一步提升 [得意]
			趋苦弱化度降级($\downarrow\downarrow\uparrow\mu^-$) 消极目标同步性不再减弱 [揪心] 不当方式对接度不再削弱 [难熬] 需求本体失调性不再减退 [焦灼] 颉颃环境支撑度不再提升 [恐慌]
	避苦($\downarrow\mu^-$) 消极目标异步 [安心] 不当方式脱节 [放松]	避苦强化($\uparrow\downarrow\mu^-$) 消极目标异步性叠加 [安心] 不当方式脱节度巩固 [舒坦] 需求本体协调性增强 [怡然]	避苦强化度升级($\uparrow\uparrow\downarrow\mu^-$) 消极目标异步性进一步叠加 [安心] 不当方式脱节度进一步巩固 [镇定] 需求本体协调性进一步增强 [安详] 颉颃环境支撑度进一步提升 [诚服]
			避苦强化度降级($\downarrow\uparrow\downarrow\mu^-$) 消极目标异步性不再叠加 [焦心] 不当方式脱节度不再巩固 [急躁] 需求本体协调性不再增强 [焦虑] 颉颃环境支撑度不再提升 [惶恐]
		避苦弱化($\downarrow\downarrow\mu^-$) 消极目标异步性减弱 [烦心] 不当方式脱节度削弱 [厌烦] 需求本体协调性减退 [愁闷]	避苦弱化度升级($\uparrow\downarrow\downarrow\mu^-$) 消极目标异步性进一步减弱 [灰心] 不当方式脱节度进一步削弱 [颓丧] 需求本体协调性进一步减退 [懊恼] 颉颃环境限制度进一步提升 [悔怨]
			避苦弱化度降级($\downarrow\downarrow\downarrow\mu^-$) 消极目标异步性不再减弱 [庆幸] 不当方式脱节度不再削弱 [和缓] 需求本体协调性不再减退 [安宁] 颉颃环境限制度不再提升 [从容]

表 5-6 梳理了从机动过程到趣时过程当中,各层次基础逻辑变量在实践当中的整体表现异化而烘托出的序参量质性表现,这一定性都是在更高一层运作模式当中完成的。具体有:消解过程分化出了机动过程序参量(即作用方式)的得当与不当;调谐过程分化出了消解过程序参量(即需求本体)的协调性与失调性;趣时过程分化出了调谐过程序参量(即颉颃环境)的支撑度与限制度。对于趣时过程的序参量抵兑时机,则可以通过比个人更复杂的社会性主体系统来进行界定,例如家庭、企业、机构、学术团体,以及来自于历史积淀的参考意见,这类意见通常比个人自身所笃信的时机认知更为全面、更为深入,也更有可能重塑个人的旧有认知,进而实现了对抵兑时机这一变量的质性分化,即实现度和落空度。个人的有效知识储备相对于整个社会来说是有巨大的局限性的,这也预示着个体在适应社会时有很大概率接受到各种教训,而社会当中存在着无数的个人教训,也潜藏着规避教训的经验参考,这使得每个个体都有向社会进行学习的动机,这一动机正是趣时过程所建构的。从表 5-6 的最右栏中可以看到,所有较高层序参量的质性评价都内含全部低层的质性评价,进一步说明了高层变量对低层变量性质的包容性,以及对原有低层性质表现的再演绎。

个体的认知能力和行为能力表现,可以通过逻辑全景图当中的 21 个逻辑变量的赋值来体现。逻辑全景图中,逻辑变量的持续演化是从规则变量开始的。不同层次的规则是可以并存的,因此有可能存在低层规则检测到差异,但高层规则没有检测到差异,或者高层规则检测到差异,但低层规则没有检测到差异的情况,这种规则运行组合的多样性,也预示着个体的状态关联认知与行为反应调节的复杂性。

越到高层,基础逻辑变量和序参量均愈加复杂化。对于指定运作层次来说,序参量是基础逻辑变量的组织者,而到更高一层次,原有的序参量又演变成高层的基础逻辑变量,并参与和支撑高层的运作体系。越高层的逻辑变量,对事物的关系演绎就越深入、越宏观;越高层的逻辑变量,能够兼容更多的低层矛盾性,从而助力个体在实践之前进行更为全面的价值推演。在逻辑变量复杂性逐级递进的过程中,个体的认知能力和行为能力也在同步增长,并反映在逻辑变量赋值范畴的不断积累和扩展之中。

表 5-6 序参量的价值定性

运作模式	表现之一	表现之二	序参量评价(由高层定性)	
机动过程	刺激感受[适宜度] 感知目标[同步度]	刺激感受[不宜度] 感知目标[异步度]	作用方式:得当 μ^+	作用方式:不当 μ^-
消解过程	刺激感受[适宜度] 感知目标[同步度] 作用方式[得当度]	刺激感受[不宜度] 感知目标[异步度] 作用方式[不当度]	需求本体:协调 $\uparrow\mu^+$、$\downarrow\mu^-$	需求本体:失调 $\downarrow\mu^+$、$\uparrow\mu^-$
调谐过程	刺激感受[适宜度] 感知目标[同步度] 作用方式[得当度] 需求本体[协调度]	刺激感受[不宜度] 感知目标[异步度] 作用方式[不当度] 需求本体[失调度]	颉颃环境:支撑 $\uparrow\uparrow\mu^+$、$\downarrow\uparrow\mu^-$ $\downarrow\downarrow\mu^+$、$\uparrow\downarrow\mu^-$	颉颃环境:限制 $\downarrow\uparrow\mu^+$、$\uparrow\uparrow\mu^-$ $\uparrow\downarrow\mu^+$、$\downarrow\downarrow\mu^-$
趣时过程	刺激感受[适宜度] 感知目标[同步度] 作用方式[得当度] 需求本体[协调度] 颉颃环境[支撑度]	刺激感受[不宜度] 感知目标[异步度] 作用方式[不当度] 需求本体[失调度] 颉颃环境[限制度]	抵兑时机:实现 $\uparrow\uparrow\uparrow\mu^+$、$\downarrow\downarrow\uparrow\mu^+$ $\downarrow\uparrow\downarrow\mu^+$、$\uparrow\downarrow\downarrow\mu^+$ $\downarrow\uparrow\uparrow\mu^-$、$\uparrow\downarrow\uparrow\mu^-$ $\uparrow\uparrow\downarrow\mu^-$、$\downarrow\downarrow\downarrow\mu^-$	抵兑时机:落空 $\downarrow\uparrow\uparrow\mu^+$、$\uparrow\downarrow\uparrow\mu^+$ $\uparrow\uparrow\downarrow\mu^+$、$\downarrow\downarrow\downarrow\mu^+$ $\uparrow\uparrow\uparrow\mu^-$、$\downarrow\downarrow\uparrow\mu^-$ $\downarrow\uparrow\downarrow\mu^-$、$\uparrow\downarrow\downarrow\mu^-$

5.6 关系层次的总体建构规律

人的行为与认知的发展,是通过个人与环境之间的不断交互而逐步锤炼出来的,在交互与适应当中,个体的感觉系统汇入了越来越庞杂的数据,个体的行为调节系统得到了越来越细致的打磨,个体所印刻的周边世界演绎规则也就越深入和全面。个体的知行成长进路存在一个逐级递进的过程,它们可由逻辑全景图中 6 个关系层次的跨越过程来描述,总体上可分为 5 个阶梯,分别是相关性建构、作用性建构、主体性建构、社会性建构、发展性建构,这 5 个建构阶梯统称为**层次建构论**,具体如图 5-11 所示。

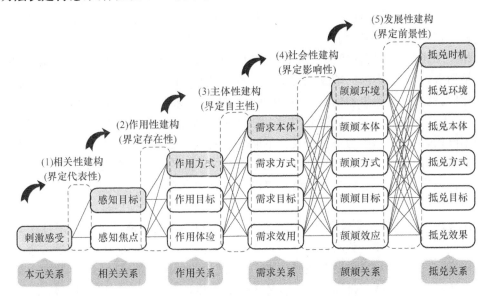

图 5-11 关系层次的总体建构路径(层次建构论)

每个建构过程说明如下。
(1) 相关性建构

建构一词预示着相关性不是凭空产生的,也不是瞬间就有的,而是存在一个基于时间同步要求的信息加工处理过程。相关关系产生于相关性建构,建构时需要排除无关要素,并集中对有关要素进行分类或组合处理。通过相关性建构,可以初步界定待交互的对象,虽然其作用性质还不明朗,但是明确了交互的标的,这个标的是否完整、是否合适都是不确定的,它只是认知的起点,是待交互对象的代表。相关性建构之所以界定的是代表性,这是因为现实中的任何一种事物所内含的信息量都是无穷无尽的(可以无限深挖,也可以无限外拓),相关性不可能实现对现实事物无一遗漏的完全映射,它只是提取事物最具代表性的特征集来表征。

用于表征目标事物的特征若过于简单,虽然计算较为便捷,但难以准确区分其他包含类似特征的不同事物;用于表征目标事物的特征若过于复杂,虽然能够准确区分与之有细微差异的事物,但计算匹配过程可能较为烦琐,并且如果对特征界定过于死板,那么目标事物稍有一点变动就有可能被系统认定为非目标事物。如何使得对目标事物的代表性能够恰当合理(既能够保障可区分性,同时又能够兼容事物一定程度变化的灵活性),是一个技术性难题。与我们通常在描述事物时用特定的符号串来指代事物不同,感知系统在映射目标事物时不仅仅是提取事物的特征集,同时还对每一个典型特征赋予了相关度权重,感知系统当中对目标事物的表征实际上是一个带有相关度分布权重的特征集,其中最高权重特征界定了感知焦点,焦点特征以及一般权重特征分布界定了感知目标。对于由同一批特征集所构成的状态目标,即使它们的空间组合排列完全一致,而相关度分布权重不一致,那么它们仍有可能是两个不同的事物。(14.1节、16.1节对目标对象认知问题有进一步的讲解)

(2) 作用性建构

作用性建构的核心在于作用性,作用性意味着事物的不断演变。例如,在特定的温度条件下,冰、液态水、水汽可以相互转换,这种转换就是一种作用性的体现。作用性建构以相关性建构为基础,是相关性建构的进一步演绎,因而表现出了与相关性建构不同的性质,主要体现在:作用性涉及一种运动性和持续性,而相关性建构不考虑事物是运动的还是静止的,只重点考虑状态特征之间的统计关联性;作用性当中涉及状态的定向演变,而相关性建构不区分状态的前后演绎秩序,只关注其关联度。

从相关性建构向作用性建构的嬗变,关键在于行为方式的介入,行为方式是状态演变的组织者和推动者,是事物不断向前发展的动因。基于明确的行为组织方式,以及确切的状态演变和质性体验,就可以界定事物的存在性,存在性意味着目标事物的可作用性(行为)、可跟踪性(状态)、可体验性(感受),这三者刚好与作用关系的3个逻辑变量相对应。触发刺激信号的特定感受不能代表存在性,因为单凭感受性不能界定刺激源是谁。形成目标对象的有形感知不能代表存在性,因为所感知的形态很有可能只是目标对象的一种形象刻画。例如,一张汽车的照片可以代表汽车的样貌,但是不能够代表汽车本身的存在性。只有基于目标对象的实际作用进程才能合成存在性。

作用性建构依赖于感受性和相关性的辅助,其中相关性建构能够采集作用过程中的状态有序变化(即状态集的前后关联性),感受性能够采集作用过程中的实质体会,这些融合在作用实践当中,形成了我们对事物的存在性认知。当我们抛弃实践,只通过相关性建构来采集环境代表性信息时,是不可能获得环境当中各种事物的实质性认知的;当我们剥离相关性建构,只通过感受性也是不能获得环境事物的实质性认知,因为我们不知道这种感受性的源头所在。从这里也可以看到,在认识论意义上,存在本身并不是事物的本质,也不是事物的起源,界定存在是有额外条件的,这与当前哲学范畴中的存在概念解析有一定出入,关于这一问题将在16.2节、16.3节中展开说明。

(3) 主体性建构

作用性建构依托于特定的作用结构,该结构实现了作用实施、作用标的、作用质性的融合,这一功能结构也是主体系统的根基所在。对主体系统内在性质的认定,首先体现在对自身作用结构的认定之上。不能界定作用冲突并处理冲突,意味着失去自主性,要么随波逐流,要么支离破碎,要么烟消云散……这些情形中,系统无法保障自身基于一定环境的结构稳定性,无法构成一个可以自持并适应环境的自主系统。能够界定作用关系矛盾,代表系统具有映射多套作用关系相互交涉并定性交涉性质的职能,其中存在作用性建构的双路或多路并行;能够分化作用矛盾,代表系统具备选择或调节多套作用性建构,从而遴选出能够适应环境的更稳固作用结构。系统的主体性,正是在作用关系的矛盾交涉和分化调节中体现出来的。

主体性意味着能够适应一定环境的稳固作用系统,能够保障作用结构从局部到整体的协调性,这种协调性可通过代表主体系统的3个核心部件的协同运作而体现出来,其中状态部件用于牵引对策实施,对策部件用于组织状态演变,规则部件用于监控差异并引导状态网络和对策网络的更新以收敛差异,使得整个系统在场景的异变中能够平稳有序。主体性建构即是建构主体性的运作过程,它显性化于消解过程运作模式当中,消解过程能够分拣出实践作用进程与经验作用表现当中的体验优劣差异,进而通过实时地调节优化来保障具有更优体验表现的作用结构的存续。

作用性建构当中的状态演变通常局限于特定的作用场景之中,而主体性建构当中的状态演变则不完全局限于特定的作用场景。例如,一支笔有时候放在桌子上,有时候放在书包里,有时候在地上,纸张可能来源于不同地方,但学生总是能够将笔和纸联系起来,促成这种联系性的就是经过分化了的特定作用方式,不管笔和纸分布在什么地方,这种联系性总是存在。这是一种可串联同一局域空间或不同局域空间当中多个对象的特定联系性,它既不同于相关性建构当中的同步关联性(同时性),也不同于作用性建构当中的特定局域空间内的状态定向演变(有序性),而是一种由主体所维系的能够打破同时性和有序性的特定关联性。同时性的打破即体现在作用性当中,有序性的打破体现在主体会不断地去搜索匹配引发体验缺失的目标对象,匹配过程存在无序性,而从需求触发到需求实现这一包含了匹配过程的整个需求进程依然体现了一种有序性,不过这是建立在无序性搜索之上的一种宏观演变有序性。

主体性建构当中存在不依赖于特定局域空间的作用性质关联性,而给定的环境一般是定域的,这种超脱于环境范畴的作用指向暗示了主体基于环境的价值自持性。同作用性建构一样,主体性不是凭空产生的,任意一个超过三个层级的复杂交互系统之中,都有可能催生出新的主体性,这与老子的"三生万物"的寓意有吻合之处(17.2节有进一步的讲解)。生态系统是一个多层次的复杂交互系统,在生态系统的演化当中,不断有新的物种产生。社会系统同样也是一个多层次的复杂交互系统,在社会系统的演化当中,同样会不断产生出新的主体系统(团体、行会、企业、国家等),社会越复杂,互动越频密,从中裂变出来的新型主体形态就越多(通常表现在有一定生命力的新事物、新领域之中)。

了解主体性的一般建构逻辑,有助于我们更好地理解各种复杂巨系统当中不断滋生出来的主体性,也能够理解为什么构成要素极其复杂的社会系统有时候看起来似乎也是简单的,因为主体性建构收敛了无数作用性建构而引发的无序性,在复杂系统中,主体性建构所形成的价值自持性使其性质和功能变得明朗起来。熊彼特在谈到经济职能的演化问题时指出:"有人相信,越'原始'的东西越'纯粹'、越'本原',因为越往后,本质上覆盖的东西越多,原来简单的本质也就变得越复杂,这就更荒唐了。大多数时候,情况刚好相反,因为原始状态下,其职能和特性相互混杂、难以分辨,但随着专业化程度的不断提高,这些职能和特性才逐渐显现出来。企业家职能也是这样[①]。"这一见解与主体性建构逻辑存在吻合之处。

(4) 社会性建构

主体性建构界定了系统维系存在的内因,它通过作用关系的组合与分化而体现出来,能够实现这种运作的不仅仅是主体自身,也包括其他具有持存性的客体,当两者发生纠缠时(即存在共性作用因子时),由于客体的自主性,它对主体的影响将不会完全停留在一种固定的信号刺激,也不会完全停留在一种常态化的作用关联,而是对主体作用关系调节分化进程的动态影响。主体与客体之间的动态纠缠代表一种社会性,纠缠程度可通过一方或双方的自主价值异动态势来判定,异动的总体幅度反映了纠缠双方的影响深度。主体对需求纠缠的调节情况,反

---

① 约瑟夫·熊彼特. 经济发展理论[M]. 郭武军,吕阳,译. 北京:华夏出版社,2015:65.

映了主体对社会影响性的把控程度,以及双方在纠缠中所处的关系与角色。需求纠缠是引发不同自主系统不断更新迭代的动力源,也是推动社会群体关系走向的能量源头。在社会中,主体的自主性会被不断修正,不断打磨,大多数情况下,主体的自主性会收敛于社会性。

社会性建构建立于两个或多个自主性系统之间的竞争博弈或协同进取,面对单调的环境变化时,前四个运作模式能够逐步适应,而面对有针对性的客体反应时,前四个运作模式难以有效适应,因为客体的价值自主性引发主体效用表现的进退消长,打破了主体性建构所建立的需求有序性。主体性建构的成果体现在作用关系不断碰撞当中所涌现出来的结构稳定性,社会性建构的成果体现在需求关系不断碰撞当中所涌现出来的结构稳定性,相对于主体性建构,社会性建构当中的稳定结构融入了与主体相纠缠的客体因素,这是一种更为宏观的有序结构。

社会性建构关注主客体之间的交互关系(即颉颃关系),以及主客体对需求价值的分割或融合。社会性建构所沉淀下来的经验一定程度上稳定了每个个体对权益、权属、权力、义务的认知,成为约束自身需求走向的行事准则,这种准则正是建构社会秩序的基础,也是推动社会网络进一步发展的基石。

(5)发展性建构

社会性建构所界定的价值边界依托于一系列需求纠缠场景的锤炼,某种意义上来说,这种认知经验是一种不断纠缠试探下的整体统计表现,因此具有一定的代表性,这也是这一经验为什么能够在社会事物方面指导或约束个体行动的原因所在。环境的不断变化使得过往所建立的约束准则并不能有效覆盖场景当中所出现的一些新情况,这些新情况有可能激发主体额外的价值意向,它与原有的准则可能是相容的,也可能是存在冲突的,因此,环境的异动可能引发多种价值倾向的协同或碰撞。

发展性建构建立于多个纠缠形态(颉颃关系)之间的碰撞,发展性建构是在一个更加复杂、带有更多不确定性的多个纠缠空间当中的价值演绎,价值实现是要落脚于具体纠缠空间的,因此发展性建构意味着多种实践路径的选择,对路径的分化依赖于关键性的背景影响因子,它凸显了冲突当中的效应转变差异,并成为估测价值可发展程度的素材。对发展程度的评估受制于主体基于纠缠矛盾的价值预期,符合现实的价值转变预期,意味着发展性的可施可及,不切实际的价值转变预期,意味着发展性的永无止境。发展性建构通过不断实践而明确了合理的价值转变预期,以及实现这种价值转变的执行策略与演变目标。

发展性建构的成果体现在颉颃关系不断碰撞而涌现出来的结构稳定性,背景影响因子成为这一建构过程所要融入的新要素。发展性建构所关注的不是当前的价值实现,而是跨期的价值实现,这一实现是存在条件的,一方面是社会的支撑(体现在影响因子和过往纠缠经验之上),另一方面是主体自身的努力(体现在执行策略上),两者协同才能推进更优的实践效应,任何偏离都会受到趣时过程的再调校。跨期价值实现的一般形式可归结为两种:一种是被动式的顺势而为,在既定的平台或系统中搜索各种演变路径,并择径而行;另一种是主动式的牵线搭桥,梳理关系发展的新背景,营造关系建构的新平台,并从中索取所求。背景可浅可深,浅者基于相关性即可唤醒,深者基于发展性也未必可解;平台可小可大,小至一个中介物,大至一个复杂生态系统;相应的发展性建构亦可简单可复杂,简单者顷刻而成,复杂者世代难为。

发展的核心,在于一"机"字,"机"凸显于主体内在能量与外在条件的契合,"机"消散于主体内在能量与外在条件的错位或背离,两者皆运演于阶段性的连续时空演变之中。"机"相当于运演相空间中具有更优成效的吸引域,个体的不断试错有助于勾勒出"机"的大概中心,而整个社会群体的试错则显性化了"机"的完整轮廓。

5.7 层次建构论中的演绎规律

基于雪花模型的5个建构阶梯,是对雪花模型结构性演绎规律的一般性概括,5个阶梯所界定的代表性、存在性、自主性、影响性和前景性,不仅仅是人的行为与认知体系演绎进路的反映,也是对一般主体系统演进规律的刻画(15.2节有进一步说明)。上文关于5个建构阶梯的分析皆是从感受过程开始的,实际上,以雪花模型当中的任何一个层次为起点,都满足5个阶梯的演绎规律,每个阶梯逻辑的生成与起点层次无关,与起点的关系维度和作用尺度无关,只与跨层级的数量有关。具体说明如下。

(1) 相关性建构产生于任意2个相邻层级之间

相关关系相对于本元关系,是一种相关性建构,用于提炼出相关性的单位要素是本元关系中的各类刺激信号。相关性通常是基于严格的时间同步性而凝练出来的,要注意的是,这种时间同步性并不是绝对的,而是相对的。例如,一个神经元比另一个神经元延迟0.1毫秒激发,两者通常会被视为是严格同步的。严格与否,是依参照基准而定的,以一整天为参照,那么前后相隔1分钟的两个事件,也可视为是严格同步的。此外,在筛选出相关性之前,待识别的数据存在一种无序激发的情况。基于这两点,可以给相关性建构一个更为普适的定义,即从无序数据集群之中筛选出某种确切关联性。实际上,雪花模型的其他相邻层次之间,也是一种相关性建构。

以相关关系为基准,那么作用关系之于相关关系就是一种相关性建构,其中用于筛选相关性的单位要素是状态目标。不同的状态目标之间是否有确切的演变关联性,是存在不确定性的,理论上来说,任意一种状态目标都有可能与其他目标存在着潜在的关联性,任意两种状态目标之间可能存在的中间演变样式可以是无穷无尽的,演变线路和样式的集合体就是一个毫无秩序的集合体,这种无序性类似于本元关系中,各种感受器随机采集到的环境刺激信号集合。作用关系之于相关关系,就是在状态目标演变的各种无序呈现中,筛选出某种存在确切(作用)关联性的状态目标演变系列,就如同已经杀青的电影胶片(在杀青之前每个画面表现形式以及画面如何衔接存在不确定性),因此,作用关系相对于相关关系,就是一种相关性建构。

以作用关系为基准,那么需求关系就是一种相关性建构。个体初生时,先天预置了许多种子对策,每一种对策都能基于特定的刺激条件而触发,并在实践过程中获得特定的体验。不同的种子对策是可以有序组合的,但初生的婴幼儿并不知道怎样的组合对策是更为有效的适应性对策。在适应环境的过程中,种子对策的各种排列组合都有可能随机出现,其中存在着各种无序性,需求关系之于作用关系,就是在各种无序性的对策组合当中,沉淀出能够消解体验缺失的特定对策组合,因此,需求关系相对于作用关系,也是一种相关性建构。

以需求关系为基准,那么颉颃关系就是一种相关性建构。个体(主体)在实践自身需求的过程中,可能与客体发生各种纠缠,并激发出各类衍生需求,它是客体因其效用波动而采取的针对性措施反向施加至主体身上而产生的,在缺乏经验的情况下,主体难以预知客体的反向影响,也难以明确原生需求与衍生需求的碰撞结果。颉颃关系之于需求关系,就是在需求纠缠的不确定性当中,沉淀出有着稳定纠缠形态和效用波动范畴的原生需求与衍生需求的运演组合,因此,颉颃关系之于需求关系也是一种相关性建构。

以颉颃关系为基准,那么抵兑关系就是一种相关性建构。当个体建立了各种需求的可达边界认知后,它会成为制约个体行为的一种默会准则。以该准则来适应新场景时,场景中可能滋生新的价值趋向,从而与原有的行为准则产生相干性,相当于多种行动倾向的同时触发。在缺乏经验的情况下,多种行动倾向并行情况下的下一步价值走向存在着不确定性,其结果表现会因为处置无方而出现各种可能性。每一种行动倾向都可以在特定的影响因子加持下而表现出确切的效应价值,多种行动倾向在特定影响因子加持下而表现出不同的效应价值,抵兑关系之于颉颃关系,就是要找出能够显著分化各行动趋向的效应转变差异的关键性影响因子,等同于找出有确切效果对立性的颉颃关系组合,这一确切关联性组合的背后,存在着无数种效果不明确的颉颃关系组合(有许多影响因子不能有效分化效应反差),因此,抵兑关系基于颉颃关系也是一种相关性建构。

(2)作用性建构产生于任意3个相邻层级之间

作用关系相对于本元关系,是一种作用性建构。相关关系是对各种随机刺激信号之间的相关性建构的反映,作用关系是对各种无序状态目标之间的相关性建构的反映。从本元关系到作用关系,是相关性建构的再相关,这种再相关的要素尺度与基层相关性的要素尺度是有区别的,它相当于在一个包容原有尺度的更宽尺度上建立同步性,这种跨尺度就不能再用相关性来描述了,因为其中存在着关联结构的演绎升级,相关性建构无法有效描述这种结构上的演绎。作用性建构表现为一组本元关系的同步集群与另一组本元关系的同步集群之间的定向演变,这种定向对应一种有序性和秩序性,它源于两个不同尺度上的相关性的相互衬托,因为每种尺度上的相关性对应的是特定时间精度内的同步关联性,不同尺度上的相关性就将两者的时间精度差异区分开来了,从而对比出了时序性。基于特定行为组织方式上的状态定向演变,代表一种因果关联性。因果性能够包容相关性,相比于相关性来说,因果性是一种更为复杂的逻辑关联,也是一种形式化程度更强的逻辑关联,在对事物进行解释时,基于因果性(演绎性描述)比基于相关性(统计性描述)通常给人一种更明朗的感觉。

需求关系相对于相关关系,也是一种作用性建构。作用关系是对各种随机状态目标之间的相关性建构的反映,需求关系是对各种随机对策组合之间的相关性建构的反映。从相关关系到需求关系,是基于状态目标相关性基础之上的再相关,是从一种状态关联组合向另一种状态关联组合的有序收敛,其中内含着状态关联组合的定向演变,因此属于一种作用性建构,这一建构厘定的是状态目标的定向演变对主体系统可存续性的特定因果作用。

颉颃关系相对于作用关系,也是一种作用性建构。从作用关系到需求关系,是随机组织对策之间的相关性建构,从需求关系到颉颃关系,是各种需求纠缠组合之间的相关性建构,对策的组合相关性界定了自主需求,需求的再相关界定了需求的边界,两重相关性所筛选出来的是一组满足特定效用的对策组合,对另一组满足特定效用的对策组合进行定向调校以收敛至特定稳态的演绎过程,其中存在着对策层面的定向演变,因此属于一种作用性建构,这一建构厘定的是特定作用方式序列在主客体交互当中的因果作用。

抵兑关系相对于需求关系,也是一种作用性建构。颉颃关系反映的是主体与客体这两个主体系统之间的相关性,抵兑关系反映的是主客体纠缠与潜在背景系统之间的相关性,从需求关系到抵兑关系,是主体相关性基础之上的再相关,两重相关性筛选出来的是一种特定水平上的主客体协同,向另一种水平上的主客体协同的发展演变,其中存在着演变的有序性,因此属于一种作用性建构,这一建构厘定的是特定的背景因子在主客体协同水平转变当中的因果作用。

(3) 主体性建构产生于任意4个相邻层级之间

需求关系相对于本元关系，是一种主体性建构。以本元关系为起点，主体性建构需要依次完成要素同步筛选、状态生成演变、作用调节分化等步骤，其中存在三重相关性建构，它并不是相关性的简单叠加，而是每一步都存在关系维度和作用尺度的升级，使得整个演进过程最终呈现出质的飞跃，即主体性的诞生。主体性意味着行为的自主性、意向性，这一特性依赖于由规则部件、状态部件、对策部件相互联动而构成的自适应反馈调节系统，它能够刻录过往作用表现，并实时监测经验表现与实践表现之间的反差，进而通过分化引导来保障较优作用表现。从机制上来看，主体性即体现在对因果关联（作用性建构）的不对称分拣之上，以推进较优因果转换结构的存续，并且，主体性所维系的特定作用关联不局限于原作用实践所在的局域之中（参考5.6节说明）。

颉颃关系相对于相关关系，是一种三重相关性建构，建构的起点是存在某种确切统计显著性或时间同步性的状态关联。从相关关系到需求关系是一种作用性建构，它意味着从一种状态关联组合向另一种状态关联组合的有序收敛，它厘定的是状态关联组合的定向演变对主体系统可存续性的特定因果作用（详见上文解析），这种因果导向在解决主体自身的需求方面是有效的，但是在解决面对客体影响下的需求问题时则存在着不确定性，针对这种需求纠缠表现不确定基础上的相关性建构（即"需求关系→颉颃关系"），相当于在应对客体影响下的价值无序性当中筛选出某种确定性、稳定性，它代表着主体与客体之间的协调性。以主体与客体的组合为单位，那么这一组合单位相对于相关关系来说就是一种主体性建构，其中存在着针对作用进程（"相关关系→需求关系"这一作用性建构）的不对称分拣，以维系和保障主客体组合单元的稳定性，那些不能够带来主客体纠缠稳定性的作用交互，会被分拣机制所淘汰。相对于从本元关系到需求关系的主体性建构来说，从相关关系到颉颃关系的主体性建构当中的主体范畴更为复杂一些，它是原生需求和因客体影响而催生的衍生需求的组合体，它是社会性的结构性体现。

抵兑关系相对于作用关系，是一种三重相关性建构。从作用关系到需求关系是一种相关性建构，它从各种随机对策组合之中筛选出了能够化解体验缺失的特定对策组合。从作用关系到颉颃关系是相关性建构的再相关，它反映的是一组满足特定效用的对策组合，对另一组满足特定效用的对策组合进行定向调校以收敛至特定稳态的演绎过程，它厘定的是一种涉及自身的作用相关性到另一种涉及环境的作用相关性的因果转变，这种转变促成了自身与环境之间（即主客体间）的纠缠稳态。在各种潜在影响因子的加持下，稳态背后的纠缠要素会发生进一步的变化，其性质表现也因影响因子的不确定性而带有随机性。针对这种不确定性的相关性建构（即"颉颃关系→抵兑关系"），相当于在各种叠加了影响因子的主客体纠缠的进一步转换表现中，筛选出具有更稳定转换表现的纠缠形态演进。这种演进当中，基于本元关系基础上建立起来的主体性，以及基于相关关系基础之上建立起来的主体性，会成为影响演进路线的内在势能，那些导致个体效用变差的、那些导致交互效应变糟的演进路线会受到抵制，由此，"颉颃关系→抵兑关系"的相关性建构所筛选出来的稳定转换表现，会偏向于符合原生主体（即自身）和社会性主体的演进路线，这种兼容为内在势能的演进会在随机试错中更具稳定性。以作用关系为起点，那么这种演进就表现为针对主客体纠缠形态转换的不对称分拣，因此，从作用关系到抵兑关系也是一种主体性建构，其中的主体性范畴进一步扩展为主体、环境（客体）及其与之适配的特定影响因子，这是一种带有内在演绎基因的发展性主体。

雪花模型当中存在着3个层面的主体性建构，基于"本元关系→需求关系"的主体性建构建立的是自我的协调性，基于"相关关系→颉颃关系"的主体性建构建立的是社会的协调性，基于"作用关系→抵兑关系"的主体性建构建立的是跨期的协调性。这3个主体性建构当中,后者都包容前者,前者都支撑后者。这种三重的主体性建构预示着雪花模型所描述的对象——个人的极度复杂性:每个个人不是一个单纯的个体,而是一个不断维系自身的个体、不断融入社会的个体、不断适应发展的个体。

(4) 社会性建构产生于任意5个相邻层级之间

从本元关系到颉颃关系,是一种四重相关性建构,也是一种社会性建构。其中前三重相关性建构("本元关系→需求关系")厘定的是基于自我的主体性,后一重相关性建构意味着多个主体之间的相互纠缠,社会性即体现在这种基于主体的纠缠之中,并显性化于主体之间的各种纠缠稳态,它是主体之间纠缠震荡当中的某种确切关联性。主体性代表了一种内含特定意向的需求性,基于主体的相关性建构(即社会性建构)促成了需求的互补或掣肘,由此形成的稳态界定了需求的可达边界,也厘定了主体与主体之间的一般交互形式。

从相关关系到抵兑关系,是一种四重相关性建构。其中,前三重相关性建构("相关关系→颉颃关系")厘定的是耦合需求(即原生需求与衍生需求组合)的价值自主性,后一重相关性建构("颉颃关系→抵兑关系")完成的是多组耦合需求之间的进一步纠缠异动的统计筛选,这种纠缠不是发生在主体与客体相交汇的给定空间或场景中,而是发生在一种主客体交汇空间与另一种主客体交汇空间之间,不同交汇空间中的价值演变受制于各种潜在影响因子,能左右既定主客体组合形态的影响因子有多少,这种平行纠缠空间就有多少。从相关关系到抵兑关系,体现的是从感受要素纠缠演变至耦合需求的再纠缠,它呈现的是纠缠之上的社会性,它厘定的是主客体纠缠能够进行进一步的权益调节优化的限度或区间。

(5) 发展性建构产生于任意6个相邻层级之间

对于雪花模型来说,这种6个层级间的交互逻辑只有一种,即从本元关系到抵兑关系,其演进代表的是发展性建构,前文已经解析了发展性建构的逻辑(5.6节第(5)点),此处不再重复。

综上,雪花模型的关系演绎存在较为奇异的性质,层级间的逻辑交互规律同维度多寡无关,同尺度宽窄无关,只与相对层级跨度有关。把雪花模型6个关系所涉及的各类具体要素进行归一,只勾勒关系建构的逻辑关联特点,可以得到层次建构论交互逻辑的抽象表征,具体如图5-12所示(其中颉颃关系及抵兑关系中由双圆圈节点构成的V字结构代表需求关系,它是对两组单圆圈V字耦合结构的简化表示)。其中,每个高层相对于相邻低一层来说都是一种镜像结构,镜像即代表一种相关性建构;每隔一个层次,都是从一种简单相关性,向一种包容该简单相关性的复杂相关性的演化,其抽象表征是从原子图案向V字图案的转换,它们都代表一种作用性建构。类似的,还可以从图中找到主体性建构、社会性建构、发展性建构的抽象表征。

要补充说明的是,描述个体行为与认知体系发展的6个基本层次,并不是个人的全部。本元关系中的刺激感受,可以进一步分解为神经元乃至细胞、分子或离子层面的作用机制,相对而言,沉淀本元关系的感受过程就是一种较为复杂的体系,其中潜藏着更为微观的逻辑层次;抵兑关系中的时机变量,对于个人来说是较难以捉摸的,但如果放到整个社会经济体系当中,就能够较为清晰地映衬出其中的各种运演时机,也能够界定个人经验当中的时机认知的成色,从个人到整个社会体系,其中潜藏着更为宏观的逻辑层次。因此,上文所讲到的各类建构基于任意N个相邻层级之间,是有其特别意义的。如果层次建构论的演绎规律能够进一步覆盖更微观逻辑层次或更宏观逻辑层次,那么就初步验证了这套范式的普适性。实际上,在许多主体系统当中,层次建构论的演绎规律都是适用的,其中不仅仅包含以人为核心的社会系统,还包含一般的自然系统,这意味着层次建构论的关系演绎无绝对起始,也无绝对终点。后续章节会进一步剖析这套逻辑范式在不同学术领域当中的应用。

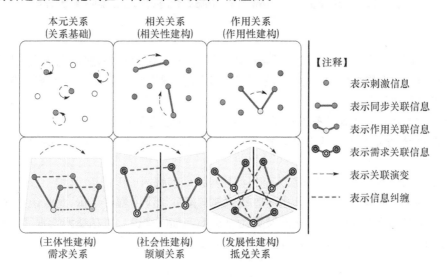

图 5-12 层次建构论的抽象表征

第三部分 雪花模型的逻辑内涵

前文系统阐述了雪花模型的演绎框架和演绎原理,从本部分开始,将借助于雪花模型的演绎体系来探究既有知识体系当中的逻辑与结构共性,以及推理演绎偏差,从相互对照中发现问题,思考问题并尝试解决问题。

人的认知与实践活动既是塑造思维的推手,也是丰富思维的源泉。逻辑学是研究个人思维的逻辑形式的科学,逻辑学所提炼出来的诸多形式化规律,也必然与人的认知与实践活动有着密切的关联。

雪花模型初步给出了一套可承载人的各种思维演绎的底层运作框架,其中不仅可以找到能够兼容形式逻辑演绎规范的功能结构,也可以找到兼容辩证思维的演绎结构,同时还能够对许多逻辑悖论的产生缘由给出解析,尤其是涉及语用或语境方面的悖论。雪花模型为探究逻辑系统、逻辑真理与人的逻辑思维之间的关系提供了新的分析途径。

第6章 雪花模型与形式逻辑

关于形式逻辑的概念运用和逻辑范畴问题,在学界依然存在着一些分歧。苏珊·哈克在《逻辑哲学》中梳理了形式逻辑的分类,主要包括传统逻辑、经典逻辑、扩展逻辑、异常逻辑(变异逻辑)、归纳逻辑等[1],本书的相关讨论也基本是以这一划分为基点来展开的。

形式逻辑有着基本的演绎规范,它们约定了逻辑系统所应遵循的准则,相对而言,人的思维逻辑体系则是复杂而多变的,各种形式化的逻辑系统都可以在人的思维体系当中找到影子,它们可视为人的思维逻辑体系在某个层面的一种简化。规范化了的逻辑系统极大地减少了不同个体之间的交流分歧,虽然它们并不能够展示思维的全貌,但是它们凸显了逻辑本身,让逻辑成为被研究的对象,并在这种不断地探究中推动着逻辑系统的发展,其终极目标就是完整映射人的思维演绎体系。

雪花模型勾勒了人的行为与认知发展的一般演绎路径,其中包括许多形式化较强的演绎规律,它们与形式逻辑的诸多演绎规范存在着许多相近之处,同时也有诸多不同之处,这些对照可以进一步加深我们对形式逻辑体系的理解。

---

[1] 苏珊·哈克. 逻辑哲学[M]. 罗毅,译. 北京:商务印书馆,2003:12.

6.1 关于思维形式的基本结构

人的思维形式、思维结构及其方法和规律是逻辑学的核心研究对象,在逻辑学体系中,关于思维形式的基本构成主要包括三个方面:一是概念(也称词项),即抽象概括出对象的特有属性,它是思维的最小单位;二是判断(即命题),即基于既有概念来对对象的属性进行断定;三是推理,即由已知判断推出新的判断。

在雪花模型当中,思维形式的这三个方面的组成结构可以用三个基础层次的逻辑关系来解释。

概念可视为本元关系,本元关系是思维逻辑的起点,本元关系定义了基本的感觉要素,它们是个体进一步认知世界的基础。在本元关系中,要素没有自身的结构,也不存在丰富的内涵与外延,要素与要素之间是否存在勾连、是否各自独立等性质并不能够予以明确,只有对本元关系要素集的进一步加工处理后,要素的性质才能够在这种上下关联之中呈现出来。本元关系中的要素是与本元关系同一的,要素即代表本元关系自身,这里的要素即相当于逻辑系统中的基本概念或基本概念所构成的单一性描述。

命题可视为相关关系,进行相关性演绎的标的是个体所关注的即时世界,相关关系所反映的就是对即时世界的映射编码,它不是对即时世界的完全复现,而是对即时世界的高概括性且高相关性的描述(勾勒)。高概括性体现在所使用的描述要素都是对即时世界关键特征、关键形态、关键性质的刻画,高相关性体现在描述的高度代表性,包括特征与形态要素的正确组合与正确分布,体现在语言中就是遵循约定俗成的语言习惯,它是人与人之间交流的各类型语句的最大公约数,是各种最普适性的符号或语言组合形式。命题存在真假之分,相关关系对即时世界的映射表征存在代表程度之分,这是一种比真假二分法更为细腻的逻辑判定。

推理可视为作用关系,它是对即时世界当中一个状态向另一个状态演变过程的组织与推进。一个命题即对应一个即时世界状态关联表征,即时世界当中的状态演变,即相当于从一个命题到另一个命题的转换,两者之间的衔接体现出了某种因果关联性。推理存在一种组织性和演绎性,作用关系亦存在组织性和演绎性,作用关系是对即时世界有序演变的一种映射。推理存在有效与无效之分,作用关系亦存在有效与无效之分,作用关系的有效代表从一个状态向另一个状态演变的可跟踪性、可体会性,作用关系的无效代表从一个状态向另一个状态演变的难以跟踪、难以体会,这一表现同推理的有效与无效是类似的。

概念是逻辑系统的基本单元,是构成命题的基础;命题是推理的基本单元,是推理得以进行的基础。从概念到命题再到推理,其逻辑复杂性逐步提升,反过来看,推理包容命题,命题包容概念。从本元关系,到相关关系,再到作用关系,存在着类似的规律:三个逻辑关系逐步趋向复杂化,且高层的关系包容低层的关系。

由于本元关系对应着演绎的起始,相关关系对应着相关性建构,作用关系对应着作用性建构,当以不同的逻辑层次为演绎的起点时,其相邻的三个层次之间依然存在相关性建构与作用性建构,因此,概念、命题、推理的演绎关系可以用雪花模型的任意相邻的三个逻辑层次来映射。概念可简单可复杂,命题可简明可烦琐,推理可直接可曲折,这种多样性表现与逻辑层次的复杂性是类似的。

不过,当涉及的逻辑层次超过三个时,概念、命题、推理框架就暴露出了其局限性。当以本元关系为演绎起点,进入到需求关系时,其中存在多个作用关系的协同演绎,其中既有对部分作用关系的肯定,也有对部分作用关系的否定(参考图4-2),相当于对一些推理步骤的认同(有效推理),对另一些推理步骤的不认同(无效推理),被否定的作用关系并没有被排除出系统,而是依然作为系统主要成分,并与被肯定的作用关系一起耦合出了一个具有意向性和价值自持性的主体系统,它是对立性的统一。然而,这种存在内在矛盾的耦合范式在形式逻辑看来是相当出格的,它与当前逻辑学当中所经常提到的"思维基本规律"也是有冲突的,这一冲突并不是需求关系内在演绎逻辑的问题,而是"思维基本规律"在运用范畴上的固有局限(详见6.2节解析)。

从上述分析中可以看到,概念、命题和推理能够反映人的思维体系的一些典型特点,但是并不能够反映人的思维形式的全部。仅仅基于概念、命题和推理的形式框架还不足以映射思维体系的内在复杂性,与其说这三者是关于人的思维形式的基本结构,不如说它们是形式逻辑体系的基本结构,现有的形式逻辑体系还难以刻画具有主观性和意向性的主体性思维,更遑论社会性思维与发展性思维了。对人的思维形式的解构,需要更为合适的逻辑框架。

维戈指出了一种曾被多数学者所认可的思维模式框架:由知识结构、思维方法和价值尺度三个要素构成的模型①,这三个要素与雪花模型的自适应调控内核的三个核心部件是存在一定对应性的,其中知识结构对应状态网络,思维方法对应对策网络,价值尺度对应规则网络。自适应调控内核可用于解析雪花模型的三个高层运作模式,因此维戈所指出的思维模式三要素比概念、命题、推理三要素更适合演绎主体性思维、社会性思维与发展性思维,局限在于思维模式三要素的难以形式化。第9章给出了一套细化了价值尺度的逻辑判定体系,可以作为兼容思维复杂性与推理形式化的一种尝试。

6.2 关于形式逻辑的基本规律及其客观基础

提起形式逻辑体系,是无法绕开同一律、不矛盾律、排中律、充足理由律这四个基本规律的,关于这些规律(下称逻辑四律)在逻辑学体系当中所处的角色或功能,一直有着不同的说法。李小虎教授在对一些典型观点进行辨析后,提出了自己的见解:"逻辑四律不是形式逻辑的公理,也不是逻辑思维的基本规律,更不是形式逻辑的元规则,而是形式逻辑建构形式系统时作为出发点的基本原则和要求②。"对逻辑四律的准确定性是十分有必要的,因为它涉及形式逻辑体系建构的客观基础问题,只有充分了解了问题的起点和背景,才能够更为准确地透视形式逻辑体系的后续发展,以及探析其中的长处与不足。

一般来说,逻辑四律在逻辑学中通常被视为是针对同一思维过程的运作规范要求,其中同一律是指在思维当中,一切思想(包括概念和命题)都必须与自身保持同一,即概念(或对象)的同一、命题(或判断)的同一;不矛盾律是指在思维的表述中,命题与其否命题不能同时都真,二者之中必有一假;排中律是指在思维当中,对于同一思想要么肯定,要么否定,不存在第三种可能;充足理由律是指一个思想被确定为真,要有充足的理由。这些规律都可以在雪花模型的演绎体系当中找到"出处"。

---

① 维戈.思维模式研究的现状和进展[J].求索,1987(1):35-38.
② 李小虎.消解形式逻辑四律[J].东岳论丛,2001(5):64-67.

从机动过程开始,个体所习得的每一个规则都涉及状态目标与行为对策的匹配对接,状态网络刻录相关性,可由命题表述,对策网络刻录作用性,可由推理映射,因此思维的基本结构可通过涉及状态与对策匹配关系的规则来反映。当习得规则高度成熟、高度可靠时,通常有着特定的运作表现,而这些表现与逻辑四律有着密切的关联,具体说明如下:

一是状态目标是清晰而明确的,即目标的要素构成、要素关联结构、要素权重分布的明确性,其中的要素相当于概念,要素关联结构与要素权重分布相当于刻画即时世界的命题表述,两者的明确性意味着概念和命题的确切性,这是保障思维同一性的基础。同一性并不是指目标刻画的准确性和唯一性(非歧义性),而是指目标运用方面的无差异性,即经验当中的状态目标范畴与实践当中的状态目标范畴是一致的,所谓同一,其比对的背景是经验空间与实践空间。宋祖良在分析黑格尔对同一律的批判时指出:"抽象的、完全等同的同一律是不存在的,同一律必须在判断中才有意义①。"判断一般是由规则变量做出的,它检验的是经验与实践之间是否存在偏差,这一检测过程即是同一律的判断基础,换句话说,同一律可定性为经验空间中的认知判断与实践空间中的认知判断的一致性、同一性。描述同一律的一般公式为"$X=X$",其中的两个 X 都涉及状态目标描述,但两个 X 的实质含义是不同的。例如,经验中的命题描述"北斗三号全球卫星导航系统建成并商用",如果与实际情况进行对比,那么在 2020 年 7 月 31 日之前,这句话的经验表述与实际表述不是同一的,而在这一天之后的有效运行期内,两者则是同一的。要注意的是,两个 X 对应的不是同一个命题语句中的不同词项,而是整个命题描述,只是其背景空间不同。例如,命题"北京是首都",不能将同一律公式中的前一个 X 理解为"北京",后一个 X 理解为"首都",实际上两个 X 对应的都是"北京是首都"这个命题,只是一个基于经验空间,一个基于实践空间。因此,完整的同一律公式应当是:$\text{Space}_{经验}(X) = \text{Space}_{实践}(X)$,这一公式指明了命题的来源,不过还未明确命题的判断基准,16.1 节会就这一问题做进一步的阐述。

二是实践表现与习得经验是吻合的,实践过程中没有检测到状态演变方面的差异,也没有对策执行表现方面的差异,两方面的相符意味着规则部件没有检测到实践表现与经验规则之间的偏差,也就不存在实践表现与经验认知之间的矛盾性,不矛盾律所描述的异常情况就不会出现。不矛盾律的基本公式为 $\neg(A \wedge \neg A)$,与同一律类似,这一公式本质上也是对经验空间与实践空间的比对:命题与否命题分别出现于经验空间与实践空间,这种情况是不存在的。因此,不矛盾律实质上所要表达的就是经验与实践之间的相符,而矛盾则意味着经验与实践之间存在偏差(8.1 节对逻辑矛盾问题有进一步的说明)。刻画不矛盾律的完整公式应当是:$(\text{Space}_{经验}(A) \wedge \text{Space}_{实践}(\neg A)) \vee (\text{Space}_{经验}(\neg A) \wedge \text{Space}_{实践}(A)) = \varnothing$。

三是高度成熟的基层规则主导当前的适应行为,宏观规则由于检测不到反差而保持沉寂,即宏观规则不对当前适应性行为进行进一步的调节分化,而主要由基层规则来进行调节,这种情况下,基层规则作为成熟经验,能够准确预估场景适应过程的状态演变,也能有效判定适应过程的行为表现,并且这一判定不会被宏观规则所重塑。换句话说,基层规则可以在局部范畴内判明实践表现与经验的相符与不符程度,这种判定在宏观规则看来可能是另外一些情况,例如完全相符、完全不符、部分相符部分又不相符,甚至存在相符与否无法在总体层面进行断定的情况,这里就出现了既不同于肯定、又不同于否定的第三种可能,不过这种可能性在基层规则高度成熟且宏观规则不做进一步调节的情况下可以避免。因此,排中律实质上针对的是由

---

① 宋祖良.同一律作用探讨[J].青海社会科学,1984(2):49-51,12.

单一层面规则主导的逻辑系统,而非多层次规则并行并产生相干的逻辑系统,后者在现实当中的具体表现就是开放环境下的局部分析与整体分析的并行,这是一种非常常见的演绎形态,但排中律将这一形态从形式逻辑体系当中排除了。现有的许多逻辑学教材将排中律解释为不存在"两不可"的情况,即相互矛盾的命题不能同假,其中必有一真,这一解释实际上是对排中律原意的简化,忽视掉了"两不可"问题产生的背景,而仅停留于"两不可"本身的演绎形式之上。

四是成熟规则的习得不是一次实践就得到的,而是经过反复实践试错,并在此基础上不断调节优化,最终完全把握了场景当中的状态演变,以及符合自身的适应策略,规则难以检测经验预估与实践表现之间的偏差。从整个学习进程来看,习得规则对类似场景的刻画是充足且有效的,充足体现在反复的迭代优化,有效体现在后续针对类似场景的每一次实践表现基本都不超出所习得的经验认知范畴。因此,充足理由律针对的是既定领域中的成熟经验,而非高度异变的或比较陌生的领域中的不可靠经验。

从上述分析中可以看出,个人适应环境的规则成熟与否,可以由逻辑四律来界定,反过来说,成熟规则的无偏差运用暗含了逻辑四律,具体表现在:个体的经验认知是充分而明确的,能够覆盖实践当中可能出现的各种情况,且基于经验的推演与实际是完全相符的。逻辑四律为形式系统架设了一个"理想"的演绎环境,从不同侧面来确保经验空间的要素与实践空间当中的要素之间的一致性,其中同一律相当于确保状态变量的一致性,不矛盾律相当于确保对策演绎的一致性,排中律相当于确保规则变量的唯一性,充足理由律相当于确保主体变量及其演绎环境的确切性。这些条件印证了李小虎教授关于逻辑四律的观点。

一般情况下,实践空间当中的信息量要远大于经验空间中的信息量,因此实践空间应当是经验空间的标杆和学习对象,然而如果过于强调逻辑四律,就等同于从各个路径上封死了经验空间向实践空间的对标学习,基于逻辑四律的逻辑系统只能在既有的成熟知识体系之内循环演绎,就像是一届又一届的基础教育灌输。逻辑四律在推进知识的标准化方面有其突出的作用,但在创新方面则存在着缺陷,通过与雪花模型的演绎机制的对比可以更清晰地发现这一点。三个高层运作模式中,规则网络的迭代存在两个典型的阶段,一是现有规则失效下的模式探索阶段,二是现有规则有效下的模式应用阶段。当规则失效时,通常存在状态目标间的冲突,或多个行为对策的不兼容,反映在逻辑系统中,则意味着相应的命题判断不能保障无矛盾性,相应的逻辑推理也不能保障可靠性。因此,逻辑四律实际上对应的是成熟规则下的模式应用阶段,而不是失效规则下的模式探索阶段。在模式探索阶段中,个体对场景的状态演变的映射是不充分的,难以有效覆盖场景中所出现的一些新情况,个体基于经验的适应对策所引发的状态演变时常超出经验预期,使得实践表现与经验表现之间经常出现偏差,这种偏差意味着经验空间与实践空间的不相符,也预示着逻辑四律的全部失效,换句话说,逻辑四律是不适用于模式探索阶段的,而创新通常就产生于模式探索阶段。

兼容逻辑四律的模式应用阶段,可归结为针对既定规则的运用与迁移,而非多层次规则的并行演绎。应用阶段的显著特点是规则的非变易性,即依托于经验规则来引导实践;而探索阶段的显著特点则是规则的可变易性,即基于实践来迭代规则乃至发现新规则。从这个意义上来说,以逻辑四律为原则的形式逻辑体系的典型标志就是规则的不可变易性,与之相对的,辩证逻辑的典型标志则是规则的可变易性。

形式逻辑体系本身并不是一成不变的,各种扩展逻辑、变异逻辑的出现意味着形式逻辑体系的不断深入,这其中,有许多新的素材、新的知识点被吸收进来,这种延展预示着形式逻辑体系在演绎内容、演绎形式、演绎范畴上的各种变化性,这种变化是在人的实践经验调教下完成的,而不是形式逻辑的自主迭代。新的演绎会不可避免地出现许多新的规则,新规则与旧规则的判定基准和判定结果往往是存在出入的,当形式逻辑体系依然坚持逻辑四律的原则要求时,就面临着新规则的接受性问题,由此引发了形式逻辑体系所特有的副产品——逻辑悖论,这类问题会在第 7 章展开讲解。

逻辑四律能够一定程度上确保严谨性(一般局限于确定范畴中),但是不能否认的是,那些不断试错的归纳过程,恰恰是促进严谨性的必要学习过程,没有这个试错阶段,很难保障后期应用阶段的严谨性。我们不能因为试错过程的实践表现经常与经验认知存在偏差,就完全否定了试错过程的效能,甚至完全排除它的作用,这是一方面。另一方面,基于经验规则的实践试错,从经验规则自身来看是给不出对与错的界定的,所谓的"错"是相对于宏观规则而言的,这一规则所应对的是经验空间与实践空间这一更为宽广的演绎范畴,试错是嫁接经验规则与宏观规则的必要途径。从这个意义上来说,实践试错并不是一种完全意义上的"错",而只是一步步从针对新情景的低相关度刻画(即初始出错率较高),逐步迭代至针对新情景的高相关度刻画(即后期出错率得到收敛),每一步试错都是有价值的,每一步试错都是向全局正确性的一次迈进。基于类似的道理,一些变异逻辑将对错(或真假)的二分原则调整为多值原则,用一种间接的方式来实现多规则的兼容,这些都是值得尝试的。

6.3 关于逻辑系统的形式化方法及其缺陷

对逻辑系统进行形式化,是对相关领域进行逻辑演绎的标准化、抽象化(剥离内容,便于迁移)的关键举措,也是建构各类形式系统的主要方法。形式化过程一般有四个基本步骤,即给出初始符号、形成规范、公理和变形规范[①],这些步骤可视为自适应调控机制(2.4 节)的一种简化,具体说明如下:

(1) 初始符号对应的是状态网络,用以标记并存储所出现的任何单位要素。较为复杂的对象可以通过单位要素的特定组合形式来标记。

(2) 形成规范对应的是对策网络,用以界定并存储要素符号之间的有效演绎(组合、转换、变形等等)方式。那些不符合系统要求的符号演绎方式将被排除。

(3) 公理对应的是规则网络,用以明确系统进行演绎的基础规范。规则由状态变量与对策变量的匹配来体现,公理由符号和形成规范的匹配来体现,两者逻辑结构是相近的。

(4) 变形规范对应的是基于公理(规则)的应用或迁移成果(相当于证明过程),这些成果是对原有预设公理(规则)的扩充。

相对于自适应调控机制来说,逻辑系统的形式化方法缺少了一个极为关键的功能,即基于规则的应用迁移过程当中的偏差监测与调节优化,这一功能起作用的前提是经验空间与实践空间之间存在着偏差,体现在形式系统中就是变形规范中的应用成果与实际不符,而逻辑四律的原则性要求直接摒弃了这种情况(见 6.2 节解析),因此,上述形式化方法所建构的是一套相互兼容的公理(规则)体系,它抹杀了规则冲突或相干而带来的系统演变,由这一方法所生成的形式系统也自然地继承了形式逻辑的优点与局限。

[①] 陈波.逻辑学十五讲[M].北京:北京大学出版社,2008:220-221.[注:本处引用将原文中的规则改为规范,因为规则概念在本书中有特别的意义。]

陈波指出，"一个形式化的逻辑系统至少包括两个部分：形式语言和演绎结构，缺一不可[①]。"从雪花模型来看，形式语言相当于状态网络，用基本符号的组合来表征对象或事件信息，这里的符号组合包括直接的关联组合，以及经过了一定转换、变形后的组合，后者属于融合了行为对策的高层状态变量；演绎结构相当于对策网络，用形式语言的特定组织形式来呈现演绎形态，它侧重的不是符号，而是符号串的映射、转换等各种演绎方式。不同的逻辑系统通常有着不同的演绎结构和演绎形式。关于逻辑系统的构成，陈波提到了"至少"二字，暗示了逻辑系统应当还有其他的构成部分，从自适应调控机制中可以看到，一个能够不断付诸实践应用，并在应用当中不断汲取经验的逻辑系统，还应当增加一个关键的构成部分——不断收敛应用偏差的调控规则。在逻辑系统的不断演进中，充当调控规则功能的不是逻辑系统自身，而是不断对逻辑系统进行扩展或改良的广大研究学者，经逻辑四律过滤下的形式系统即宣告了它不可能具有改良自身的能力。形式逻辑体系中并不是不涉及规则，而是把规则体系视为既定的，视为不可变易的规范和约束，它们成为判定推理程序是否有效的基准参照；如果规则是可变易的，则意味着推理演绎当中存在着不确定性和多样性，变易前的规则与变易后的规则会给出不一样的效度判定，这将给逻辑系统带来极大的混乱。在形式逻辑体系的形式化方法中，没有考虑规则的可变易性，也没有关于可变易规则的引导和处置方式，对于形式逻辑体系来说，出现变易性的规则就是一种灾难，并且这种灾难经常会不期而遇（即出现悖论），这一信号也意味着相应的形式化系统到了该改变的时候。

6.4 经典逻辑与变异逻辑的预设原则

在建构形式逻辑的各种形式化方法中，通常有一些一般性原则，如外延原则、二值原则等，对这些原则做不同的限定和解释，催生出了不同的形式系统，一般可分为经典逻辑和变异逻辑，其区别如表 6-1 所示[②]。这里的变异不同于前文讲到的变易，变易是指规则的随时可变，且变化形式不定，而变异是指规则改变之后就固定下来，不再做调整。相对来说，规则的变易比规则的变异要更加复杂，以及存在更大的不确定性。

表 6-1　经典逻辑与变异逻辑的预设原则差异

经典逻辑	变异逻辑	
二值原则	多值原则	（多值逻辑）
实质蕴涵	相干蕴涵	（相干逻辑）
实无穷	潜无穷	（直觉主义逻辑）
存在可基于空集	存在需基于构造	（直觉主义逻辑）
不协调则不足道	不协调且足道	（次协调逻辑）

无论是经典逻辑，还是变异逻辑，其所界定的基本原则在雪花模型当中都有所体现，具体说明如下：

[①] 陈波.逻辑学十五讲[M].北京：北京大学出版社，2008：221.
[②] 陈波.逻辑学十五讲[M].北京：北京大学出版社，2008：240-242.

(1) 雪花模型既有二值原则,也有多值原则

对于经典逻辑,命题只有真假之分,不会出现其他情况。变异逻辑修正了这一原则,除了真假之外,还可以取其他的值,例如,是真是假不确定,或是 0 和 1 之间的任意一个概率值。形式逻辑当中的真与假实质上是对经验空间判断与实践空间判断的一致性比较,相符为真,不相符为假。

雪花模型中,基于经验空间的判断可由基层规则给出,基于实践空间的判断不能直接给出,而是通过经验空间与实践空间的纠缠比较而间接给出,这一间接判定过程所对应的就是宏观规则。因此,经验空间判断与实践空间判断的一致性问题,可由基层规则与宏观规则的协同运作表现来间接给出,由于宏观规则相当于高一层次当中的基层规则(见 4.5 节说明),基层规则与宏观规则的协同运作可视为两个相邻层次基层规则(即经验规则)之间的演绎,这一演绎属于相关性建构范畴。相关性建构界定的是代表性,它有程度高低之分,当经验空间与实践空间的偏差越小,代表程度就越高,反之则越低,这种程度高低可用 0 与 1 之间的概率值来表示。

另一方面,从规则变量本身的质性评价来看,其表现是较为丰富的。如果单从适应表现的极性来看,那么从作用体验到抵兑效果,它们都属于二值逻辑,即只有积极(正面)和消极(负面)之分;如果从具体的质性表现来看,从作用体验开始,每个规则变量所能给出的评价数量是逐级倍增的,其中抵兑效果的评价有 16 种之多,从这个意义上来说,整个规则网络遵循的是多值原则,更确切地说,是一套多层级的多值原则体系。

(2) 雪花模型既存在实质蕴涵,又存在相干蕴涵

实质蕴涵,即把条件语句的真假看作其各个构成句的真值函项[①]。经典逻辑对实质蕴涵的界定会引发出"实质蕴涵怪论"问题,即真命题被任何命题蕴涵,假命题蕴涵任何命题。如果用成熟规则下的认知体系来看待这两种蕴涵关系,自然是较为怪诞的,然而,如果是基于规则失效情况下的认知体系(即认知仍处于不断地学习摸索状态)来看待这两种蕴涵关系,就会有特别的发现。以习得规则还不太成熟的幼儿为例,在建构一个真命题认知之前,有可能起源于任何一个条件命题(认知),即幼儿有可能从任意一个条件命题所引发的实践交互当中,最终发现某个特定的真命题,换句话说,真命题被任何命题所蕴涵,这一表现在规则失效下的模式探索阶段中是比较正常的,即真命题有可能从任何基准条件下逐步迭代出来。幼儿在面对假命题时,存在一种求真的本能,在进行去假存真的探索过程中,有可能与任何一个命题(真假皆有可能)发生关联。无论是随机求真,还是去假存真,幼儿的每一次探索,都应当值得肯定,由此才可能引导幼儿最终沉淀出真命题、真认知。如果把假视为消极,把真视为积极,随机求真和去假存真对应的就是需求效用这一分拣规则下的行为表现,即不断趋近积极以及不断规避消极的摸索尝试过程,这两者都会受到效用规则的正面激励。因此,"实质蕴涵怪论"相当于对求知过程不断试错的肯定,它是有重要现实意义的。在求知过程中,需要不断对命题(认知)进行调节,如果停止探索,并中断对命题(认知)的调节,那么个体有可能停留在某个特定的条件命题认知之上,它既有可能是一种符合现实的有效认知,也有可能是一种极其荒诞的迷信认知。

与实质蕴涵相对的,是相干蕴涵,即两个相干语句之间必存在共同的命题变元。相干蕴涵要求命题的推理过程中合理运用前提,而不是毫无关联的跳跃。例如,"如果 1+2=3,那么太阳从东方升起"就是一个在内容上不存在明显相干性的推理过程。在雪花模型的三个高级运作层次的动力模型当中,基层规则用于预估当前适应过程的基本状况,相当于界定前提条件,

---

[①] 陈波.逻辑学十五讲[M].北京:北京大学出版社,2008:241.

宏观规则用于监控实践表现,并引导状态网络与对策网络进行针对性的调节和优化,从而生成符合实际的结果,结果的生成与宏观规则基于前提条件的对比运算密切相关,没有前提条件,就不能界定实践偏差,进而就无法进行优化调节,也就不会生成符合实际的结果。从中可以看到,雪花模型运作机制保障了实践认知与经验认知之间的相干性。上文提到的随机求真与去假存真的学习过程,不是针对单次运作过程而言的,而是针对一系列试错过程而言的,其中的相干性可能因为反复试错而逐步"淡化",也有可能在一些情形中不断加强。从这里可以看到,实质蕴涵与相干蕴涵的演绎背景和演绎范畴是存在不同的。

  每一个运作模式并不只是适应同一个场景,而是能够适应无数不同的场景,这些不同的场景中,状态演变与行为对策各异,相应的基层规则与宏观规则也不同,只是存在运作机制上的一致性。由此,当个体在不同的场景之间切换时,前后的状态演变从总体上来看,其相干性不会太明显。对于消解过程,从一类感受转向另一类性质不同的感受(例如,从悦耳的音觉转向苦涩的味觉),就会引发需求意向的切换;对于调谐过程,从一类对象感知转向另一类性质不同的对象感知(例如,从聚焦妈妈转向聚焦爸爸),就会引发交互情境的切换;对于趣时过程,从一类对策转向另一类性质不同的对策(例如,从游泳转向打球),就会引发时空背景的切换。这三类场景的切换都涉及状态的显著改变,切换后的场景并不一定是以切换前的场景为前提条件,而更可能是以切换后的场景的经验记忆为前提条件,因此给人一种相干性不强的印象。而如果从感受异动反差引发的注意焦点转移来看,场景的切换依然是有一定相干性的,不过这是涉及微观层面的相干性,而不是宏观层面的相干性。

  雪花模型的演绎体系中,实质蕴涵与相干蕴涵都存在。如果只看单次的实践学习过程,那么会更多地体现出相干蕴涵原则;如果把适应学习的周期拉长、范畴拉宽,那么就有可能呈现出更多的"实质蕴涵怪论"。此外,当基准条件不明朗,或是演绎规则不明晰时,相干蕴涵有可能被视为实质蕴涵。例如,常洗手和不洗手这两种行为,都可能导致生病和不生病两种结果,如果水有问题,那么洗手就可能引发生病,如果手有问题,那么洗手就很可能不生病,在这个案例的因果链条中,存在一个未指明的状态条件——微生物,了解微生物知识之前,与了解微生物知识之后,人们对洗手与生病之间的相干性理解是不同的。

  余俊伟指出:"经典逻辑与相干逻辑的区别不是关于真的形而上学观念不同造成的,而是对符号表达的含义(思想)在推理中所扮演角色的理解不同造成的[①]。"这一表述在雪花模型演绎体系当中会体现得更为明显。

  逻辑全景图当中,逻辑变量的相干性是普遍存在的,其中的每一个逻辑变量都与相邻变量存在着干系,同时也与所有其他变量存在着直接或间接的联系,这种广泛相干性为相干逻辑的发展提供了新的参照素材。

  (3)雪花模型既有实无穷,也有潜无穷

  实无穷是指一种已经构造完成了的可进行定性描述的实在结果,潜无穷是一种无休止的延展或变化过程。经典逻辑只承认实无穷,而直觉主义逻辑否认实无穷,只承认潜无穷。

  雪花模型中,从基层规则的不断更新迭代而沉淀出宏观规则的进化过程,其中蕴涵着无穷性,因为基层规则与宏观规则属于质性不同的两个范畴,是无穷的量变基础上所引发的质变。从高层运作模式来看整个规则的进化过程,所沉淀出来的宏观规则就是一种实无穷的体现,而从低层运作模式来看基层规则的后续迭代过程,能否进化出更具适应性的宏观规则是存在不

[①] 余俊伟.不同层次的逻辑多元论[J].逻辑学研究,2019,12(2):1-12.

确定性的,同时基于基层规则的逻辑结构是无法完全理解可能沉淀出来的宏观规则,它只能理解基于基层规则本身的不断摇摆(即局部数据反差),因此这一过程是潜无穷的。总体而言,雪花模型当中既有实无穷,也有潜无穷。

(4) 雪花模型既有可基于空集的存在假定,也有基于构造的存在原则

经典逻辑中,存在可基于空集,即基于某个不存在的事实也可以给出命题判断。例如,"五米高的人比我高",从经典逻辑来看,这是一个真命题,虽然五米高的人不存在,但逻辑上是可以说得过去的。直觉主义逻辑强调存在基于构造,即具体给出所演绎的对象,或者通过论证能够推演出对象,它是对存在性的进一步要求,从这一原则出发,"五米高的人比我高"是不成立的,因为其中有实际不存在的对象(即"五米高的人")。

基于构造的存在原则,与层次建构论的存在性界定是基本一致的(5.6节、16.2节有进一步解析),它不仅关注状态的演变,同时强调组织和支撑这种状态演变的作用性。在层次建构论中,基于对象的集合或集合关系演绎与相关性建构相对应,基于构造的存在原则与作用性建构相对应,作用性建构是比相关性建构更为复杂、更为宏观的建构逻辑,其对关系的运算也更为全面一些。当基于相关性建构来表征事物时,可以通过关键特征而非全局特征来实现,由此,那些整体特性在现实当中不存在而局部显著特征在现实中存在的对象,依然可以通过相关性建构来界定,于是,相关性建构有可能引入基于空集的存在假定。例如,"五米高的人"在相关性建构中会重点关注"五米"这个关键特征,进而忽略了整体层面的存在性。当基于作用性来演绎事物时,存在三个维度的综合界定,包括可作用性(行为)、可跟踪性(状态)、可体验性(感受),"五米高的人"在这一建构当中显然是无法进行下去的。因此,基于空集的存在假定,和基于构造的存在原则在雪花模型当中均有逻辑对应性。

关于经典逻辑与直觉主义逻辑之间的差别,余俊伟也做了点评:"两者的差别不是后承关系的区别,而是对'真'概念的理解有区别,是对哪些事物为真有分歧,是用'真'概念去划分事物界限在何处有分歧[①]。"上述分析间接印证了这一点,对于同一命题,基于不同的校验框架,其真假的界定也是不同的,9.2节、16.1节会就这一问题做进一步的解析。

(5) 雪花模型既存在不协调则不足道的情况,也存在不协调且足道的情况

经典逻辑不允许出现矛盾,而次协调逻辑则允许出现矛盾。经典逻辑中基于矛盾命题可以推出一切公式,因而是不足道的。次协调逻辑中不允许矛盾推出任意公式,即否定"由假得全原则"。雪花模型中,这两种情形都存在。

不协调则不足道的情形存在于规则失效时的模式探索阶段,其中不协调体现在基层规则在实践执行时总是存在难以预估的偏差,这种偏差意味着基于基层规则的矛盾性;不足道体现在没有沉淀出可以定性或收敛实践偏差的宏观规则,个体无法对待适应场景进行充分且可信的演绎与评估。

不协调且足道的情形存在于已成熟的宏观规则的模式应用阶段,同时基层规则依然发挥其职能的情景中,具体表现在:宏观规则延生于基层规则的矛盾对立(不协调),由矛盾催生出的宏观规则并不具有任意性,而是由矛盾体系的系综表现所决定,它是基层规则的反复迭代而逐步呈现出来的,因此是足道的。例如,基于体验规则来适应环境时,一会儿给出消极的评价,一会儿给出积极的评价,但在较宏观的效用规则看来,其演变趋向总是朝向更为积极的一面,从而给出了不矛盾的整体正面评价。

---

① 余俊伟.不同层次的逻辑多元论[J].逻辑学研究,2019,12(2):1-12.

总体来看,上述变异逻辑大多触及到了形式逻辑的建构基础问题——逻辑四律的原则性要求(见 6.2 节解析),这其中,多值逻辑中,同一律不普遍有效;直觉主义逻辑中,排中律不普遍有效;次协调逻辑中,矛盾律失效,充足律不普遍有效。这些变异逻辑是形式逻辑体系不断改良自身的体现,这些改良是局部的(即针对某个单一规范的改良),要实现更为全面的改进,关键在于如何实现主体变量的逻辑演绎,传统逻辑学的研究方法难以支撑这一问题的进一步深究,引入新的框架、新的技术成为一种潮流,我们从当代逻辑学不断向经济学、社会学、计算机科学、人工智能、认知科学等领域的转向中也可以感受这一演进趋势。不过,当发现人的思维逻辑的极具复杂性之后,形式逻辑的缺陷反而成为一种优点,因为它让交流变得更简单、更可行。这当中依然存在着一种演进的循环与轮回。

第7章 逻辑悖论的产生与化解

许多逻辑系统中均存在着悖论,悖论凸显了逻辑系统的短板,也凸显了形式化思维的困境。悖论的出现意味着逻辑系统存在不完备性,逻辑系统的应用潜力也由此蒙上了阴影。探究逻辑悖论的深层原因,明确悖论产生的条件,以及规避或化解悖论所引发的问题,对于逻辑学来说有着重大的意义。本章将基于雪花模型的演绎体系,来尝试解读这些悖论方面的基本问题。

7.1 哥德尔定理的启示

20世纪初,罗素在康托尔的素朴集合论当中所发现的集合悖论引发了第三次数学危机,由此掀起了一股逻辑悖论的研究热潮,哥德尔定理是这次热潮所取得的最大成就[①]。哥德尔定理可简述如下:

> 任何无矛盾的形式系统,只要包含初等算术(一阶谓词逻辑与初等数论)的陈述,则必定存在一个不可判定命题,在该形式系统内不能判定其真假;当该系统无矛盾时,它的无矛盾性不能在该系统内部证明。

这一定理也称为不完全性定理,它界定了形式算术系统的三个重要性质:系统中总是存在不可判定的命题;系统的"无矛盾性"和"完备性"不能够同时满足;系统的无矛盾性不能在本系统内证明,但是可以在形式更强的系统中证明。

莫兰指出:"哥德尔定理表面上局限于数学逻辑学,实际上对于任何的理论系统都有效[②]。"从雪花模型当中,我们也可以看到这三个性质的身影,具体说明如下:

(1)所在层次的基层规则不能完全定性与规则经验相关的实际场景。当个体基于基层规则来适应新的场景时,场景当中的状态特征可能与经验是相符的,但是状态演变并不能保障与经验完全相符,其中可能存在新的状态组织方式或特征相干形式,从而产生实践表现与经验之间的偏差,当基于基层规则的调节优化并不能有效收敛偏差时,在基层规则看来,这种无法解决的偏差就是一种逻辑矛盾。界定矛盾的前提,在于给定一套演绎规则,缺乏规则作为参照,是无法界定矛盾的。《韩非子·难一》中给出了矛盾这一典故的两个参考规则,其一是"吾盾之坚,物莫能陷也",其二是"吾矛之利,于物无不陷也",这两个规则都体现在基于特定行为对策之上的状态演变(即状态变量与对策变量的匹配对接),以任一规则为基准,就可以用来检验其在实践当中是否存在偏差,当既定规则无法消解偏差时,就形成了矛盾。矛盾的本质即是基于

---

① 张建军.逻辑悖论研究引论[M].修订本.北京:人民出版社,2014:70.
② 埃德加·莫兰.复杂思想:自觉的科学[M].陈一壮,译.北京:北京大学出版社,2001:43.

既定规则的执行偏差,这一解析间接暗示了系统的无矛盾性无法在系统本身层面解决,因为偏差往往产生于系统与环境的交互当中。

（2）每个层次的"无矛盾性"和"完备性"不可兼得。从消解过程到趣时过程,可以直观地看到"无矛盾性"和"完备性"之间的冲突;每个层次中的规则变量裂变出了两组或以上的对立性价值表现,每一种表现都是所在层次的质性体现,要确保完备性,就得兼顾规则变量所裂变出来的所有价值表现,此时就不可避免地囊括了矛盾性;如果只探究其中的一种价值表现,虽然隔离了矛盾,但是无法兼顾其他价值表现,此时就不能保障完备性。

（3）低层次的总体质性分化只能在高层次中完成。一方面,基于基层规则的实践偏差（逻辑矛盾）不能由基层规则所化解,但是可以由宏观规则所化解（参考第4章）。另一方面,逻辑关系中序参量的矛盾性不能在所在层次当中界定,但是可以在更高层次当中定性。例如,代表作用关系的作用方式这一序参量,它是状态演变的组织者和推进者,也是个体认知状态目标演变的解码者,作用关系能够界定从条件状态到结果状态的转变,但是不能界定一种作用方式是否与另一种作用方式相矛盾,因为催生作用关系的机动过程不具备对比检验多种作用方式的运行机制。作用方式的矛盾在需求关系中能够予以明确,因为沉淀需求关系的消解过程能够同时比对多套作用关系表现（参考图4-2）。类似的,需求本体的矛盾性不能在需求关系中判定,但可以在颉颃关系中予以明确;颉颃环境的矛盾性不能在颉颃关系中判定,但可以在抵兑关系中予以明确。稍显特别的是抵兑时机这一序参量,其矛盾性可通过两种方式界定,一是在既有认知的基础上,通过引入更复杂的影响因子,来对原有的经验进行更为深入、更为全面的筹算,从而定性原有时机经验的矛盾;二是基于社会层面的综合反馈来定性个人在时机认知上的矛盾性。这两类界定方式都是在融入更多的环境参考信息而实现的,融入后的体系相对于原有经验体系来说就是一种形式更强的系统。

对于任何形式系统（主体系统）,一定存在被其他形式体系（客体系统）影响的可能,该主体系统可以定性既定场景中的运作表现,但是难以定性具有高度适应性和可变性的客体系统叠加下的整体运作表现,这一总体表现需要在能够映射或包容主客体结构的更强形式系统中才能给出判定。换句话说,将某一独立系统置入开放环境之中,该独立系统无法主导整个体系的发展,而是由独立系统和环境这一叠加系统共同决定。如果仅以独立系统的视角来看待叠加体系的表现,那么就存在不完备性,而以独立系统和环境所构成的叠加系统为基准来观察的话,那么就拥有了完备性,但与此同时又内嵌了矛盾性。

任何形式系统所映射的演绎体系都不能保障绝对孤立的存在,不能避免其他体系的影响。孤立的系统是不可能被觉察的,能觉察和检测的一定是非孤立系统,非孤立系统除了被觉察和检测,还能被环境因子所影响,这种影响必导致原有运作性质的改变,相当于原有运行规则的执行偏差,因此,矛盾性是非孤立体系的必备性质,正是矛盾的存在,推动着系统不断演变,使得在宏观层面上较为稳定的演绎结构有可能从中发展出来,原有的矛盾在该演绎体系中得以兼容,同时,新的演绎体系也能够对原有演绎体系的整体关系性质进行评判。

哥德尔定理深刻揭示了形式系统必有其不可能解决的问题,而借助于形式更强的高层系统才有可能解决问题。哥德尔定理是现代逻辑中的一场革命,从数学和哲学上大大提升了现代逻辑的意义[1]。关于哥德尔定理所蕴涵的层次哲学,许多学者给出了点评。侯世达指出:"一个系统的高层观点可能会包含某种在低层上完全不具有的解释能力。无论一个低层陈述

---

[1] 王浩.逻辑之旅:从哥德尔到哲学[M].杭州:浙江大学出版社,2009:2,5.

被搞得多长、多复杂,它也无法对问题中涉及的现象加以解释,但在高层可以很容易地得到解释。在一个描述层次上的事件能以各种方式'导致'其他层次上的事件的发生①。"张建军指出:"哥德尔揭示了不同层次之间的相互渗透和相互作用,揭示了每一层次不仅把较低的层次包容于自身,而且可以通过与更高层次的某种关系进行自我认知。哥德尔的证明还揭示了层次理解的相对性,即对于同一类对象可以从不同层次来理解。这种理解层次的相对性,是人类思维的一种普遍现象。实际上,人类智能的进步便在于不断地从更高的层次上去理解对象②。"这些点评不仅适用于哥德尔定理,同样也适用于雪花模型。在侯世达眼中,哥德尔定理甚至成为理解人类心智与意识的一把钥匙,缠结分层、复杂同构、自我反映等特性被视为意识的关键所在。侯世达确信,基于大脑的想法、希望、表象、类比以至意识和自由意志等现象的解释都基于一种层次相互作用,其中顶层下到底层并对之产生影响,而与此同时它自身又被底层所确定③。雪花模型所展现的正是这种高层包容重塑低层、低层建构支撑高层的协同演绎体系,想法、期望、意向、比较等诸多"现象"均可通过这套演绎体系当中的逻辑变量来解释。

雪花模型的每一个逻辑关系层次都可视为一个逻辑系统,每个逻辑关系相对于低一层关系来说都是形式化更强的逻辑系统。形式系统的无矛盾性可以在更强系统中得到证明,也意味着逻辑悖论之中的矛盾性可以在更强系统中得到化解。由于雪花模型既符合哥德尔定理所内含的三个基本性质,也符合哥德尔定理所蕴涵的层次哲学,同时又兼容形式逻辑的基本规律和形式化方法,使得雪花模型的演绎体系为化解逻辑悖论提供了新的可能。

7.2 悖论的产生缘由探析

逻辑学认为,悖论产生的标志是能够合乎逻辑地建立两个矛盾命题(语句)相互推出的矛盾等价式,即从命题 p 可以推出 $\neg p$,同时从 $\neg p$ 能够推出 p。这是从高度形式化了的逻辑系统的角度来界定悖论的,如果从人的认知角度来界定悖论,其机理定不会如此简单。

界定任何事物的好坏对错是非真假,必然要有参照基准,没有参照进行比对,就无法对事物进行定性。个体在适应环境的过程中,需要随时定性周边世界,以便为自身的适应活动提供依据,这个定性周边世界性质的关键功能部件就是规则部件。在自适应内核(图 2-3)当中,规则部件是无法单独运作的,它必须依赖于状态部件和对策部件的辅助,其中状态部件用于编码和记忆个体所处的周边世界,对策部件用于组织和推进所编码的状态信息的演变,规则部件则基于这两个部件协同运作的历史表现和当前表现来做出判定,并将异动情况反馈至两个部件,以作进一步地优化调节。这三个部件构成主体系统的基本内核,是支持个体定性与适应周边世界的关键系统。

一个推理过程是否包含悖论,同样应当由规则部件来判定。要明确规则部件具体是如何定性悖论的,就应当明确推理过程当中基于经验空间的状态变量和对策变量的匹配关系,以及基于实践空间的状态目标和行为对策之间的匹配表现。对于各类逻辑系统来说,其最大的问题在于对系统进行形式化的过程中,大量的内容被剥离了,组织方式被限定在有限的几种形成

---

① 侯世达.哥德尔、艾舍尔、巴赫——集异璧之大成[M].本书翻译组,译.北京:商务印书馆,1996:36,37,38.
② 张建军.逻辑悖论研究引论[M].修订本.北京:人民出版社,2014:241.
③ 侯世达.哥德尔、艾舍尔、巴赫——集异璧之大成[M].本书翻译组,译.北京:商务印书馆,1996:937-938.

规范之中,进而使得逻辑系统中状态变量与对策变量的还原变得较为困难,更不用说其对接关系啦。换句话说,形式系统中的规则变量是不凸显的,界定偏差的功能被阉割了。

哥德尔指出:"罗素把康托尔集合论中的悖论剥去了一切数学上的技术性细节,而让大家看到我们的许多逻辑直觉(如关于公理、类概念、存在、集合等直觉),其实都是自相矛盾的[①]。"哥德尔实质上已经部分指明了逻辑系统中悖论产生的缘由,即技术性细节的剥离,这种剥离可能导致多种结果:一是没有区分各类对策变量的作用差异而将其归一,引发与之匹配的相应状态变量间的混淆,产生状态认知上的矛盾;二是没有区分各类状态变量的结构差异而将其归一,引发与之匹配的相应对策变量之间的混淆,产生推理演绎上的矛盾。这两类矛盾都与状态变量与对策变量的衔接混乱有关,通过引入规则变量,可以减少其中的混乱性。在技术性细节不明朗的情况下,规则的分离会存在一定困难。

下面以运动员击靶案例来具体说明剥离细节所带来的问题。一位运动员射击10米远的靶标,由于距离非常近,在开枪的一瞬间,黑色弹痕就出现在靶心,现场的观众没法看清子弹的飞行过程,而主要通过枪响和靶心出现弹痕这两种状态特征的高度同步性,而断定出该运动员击中了靶心。一般情况下,这些状态特征(枪+声音+击中点)能够代表运动员的射击过程,它与人们的经验相符,是具有一定可信度的。射击过程本质上涉及一种作用性,人们通过相关性建构就能够间接认知这一过程(即通过一系列特征组合来编码枪击过程)。然而,这种基于相关性的经验认知并不是绝对可靠的,因为枪响和靶心出现黑点的这一同步组合表现,背后可能对应着无数种作用方式,每一种方式可能引发不同的子弹飞行轨迹(参考图7-1),例如直线前进、抛物线前进、弧线前进、折线前进、匀速前进、减速前进、加速前进、断续前进……这里的每一种前进方式都对应着一种不同的物理世界观,只要速度够快,它们全部都可以与同一种相关性(枪响+靶心黑色坑点的同步相关)相对应。对于这些情形,如果充分考虑作用性,深入考察推动子弹前进的运动条件和运动过程,那么就可以排除掉上述各种情形当中的大多数,进而给出更为可靠的判断,这一判断区别于单纯基于相关性的判断。在考虑作用性时一定要结合状态,单纯考虑作用性而忽视关联状态,依然有可能得出错误判断,例如在运动员击发的同一瞬间,运动员脱靶了,但与此同时,另一位运动员的子弹打在了该运动员所在靶位的靶心上,虽然子弹从枪口到靶心的飞行路径充分证明了靶标被击中,但跟各自的目标无关,据此应当给出未击中的判断。

从击靶案例中可以看到,在判断事实时单纯基于状态变量难以给出正确结论(相关性建构就是基于状态变量的判断),单独基于对策变量不能给出有效结论,同时结合状态变量与对策变量时则能够更为准确地界定事实,而状态变量与对策变量的结合代表的正是规则,因此事实会体现为一种规则,习得规则又能够成为后续实践的经验参照。一种状态目标分别与两种行为对策形成对接且两种对策相互不兼容时,或是一种行为对策分别与两个状态目标相对接且两个目标不兼容时,它们都属于两个存在相干性的规则,它们代表两种不同视角下的事实,而形式逻辑体系中并没有建立基于规则的辅助定性机制,因此容易将存在相干性的规则弄混淆,进而引发矛盾。

从形式逻辑系统自身来看,当基于公理的推导证明中发现了矛盾时,逻辑系统不具备调节与收敛矛盾的能力,这是由于逻辑四律的限定所导致的(参考6.3节说明),这种无法收敛的矛盾在逻辑系统中即体现为逻辑悖论。形式逻辑系统的长处在于,可以充分运用经验框架来进

[①] 何新.新逻辑主义哲学[M].北京:同心出版社,2014:122.

行推导演绎,这些推导结果可用于指导实践,然而,由于逻辑四律拒绝经验空间与实践空间当中的偏差,凸显经验空间与实践空间的同一性,当长期局限于这种受限范畴之中,并且忽视了这一范畴的建构背景和客观基础时,就逐步将形式逻辑系统推向了一个极端:总是基于经验空间来演算一切,将逻辑四律以及基于经验的形式化演绎体系神圣化了,而漠视了或者说根本就没有注意到经验空间与实践空间在认识过程中的本质区别,以及两者之间偏差的实质含义。不正视这一问题,形式逻辑体系的悖论将不可能根除。

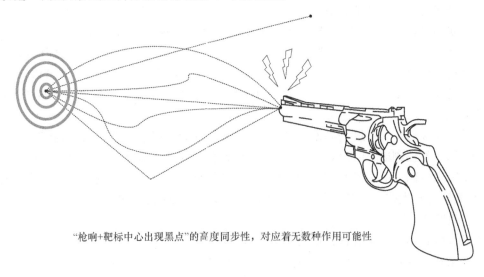

"枪响+靶标中心出现黑点"的高度同步性,对应着无数种作用可能性

图 7-1 同一状态相关性背后的无数可能性

从认识论角度来看,一切的演绎空间可以简单划分为经验空间和实践空间。经验空间代表着历史,实践空间代表着当前与未来,所有生命体都在试图适应未来,实现这一目标是基于一个简单而笨拙的方法,即不断地匹配历史与当前,换句话说,生命体总是在尝试用经验来解释当前的现实,并在不断地受挫中更新经验。当现实中的世界不断在发生着变化,当经验中的要素存在着再组织、再相干时,经验对现实的刻画就容易出现偏差,当总是固守经验的正确性,并缺乏吸收实践偏差的机制时,生命体就失去了进一步适应现实的能力。悖论往往就出现于经验与实践的偏差之中,要尝试弄清悖论的形成原因,乃至消除既有悖论,应当重新审视实践空间,及其与经验空间的逻辑关联。

7.3 忽略对策变量的典型悖论解析

基于雪花模型的演绎体系可以还原逻辑悖论的生成背景,并复现逻辑悖论的形成过程,进而为化解悖论提供可能。下面将结合一些典型悖论问题来进行说明。

(1) 飞矢不动

"飞矢不动"属于芝诺悖论中的一种,具体内容如下:

> 任何事物,当它是在一个和自己大小相同的空间里时(没有越出它),它是静止着,如果位移的事物总是在"现在"里占有这样一个空间,那么飞着的箭是不动的。

在分析芝诺问题时,列宁特别指出:问题不在于有没有运动,而在于如何在概念的逻辑中表达它①。从雪花模型来看,"飞矢不动"悖论的症结在于,它只考虑了状态变量(指定空间中代表箭矢的一组静态同步组合特征),而没有考虑对策变量(特定作用支撑下的飞行过程)。上一节强调过,对事实的判定一定是基于规则的,而规则一般会涉及状态和对策。"飞矢不动"悖论中,"人为"地剥离了支撑状态演变的行为对策,完全基于状态变量只能获得每一次观察的静态同步组合特征,而不能有效反映行为或运动进程。运动过程中,一定涉及状态的持续演变,状态变量可以界定其中的每一种即时状态,但是不能定性从一种状态向另一种状态的转变,后者必须借助于对策变量才能完成。

只有状态描述,而没有对策转换,无法完成涉及推理过程的逻辑判断,因为推理过程一定包括多个命题,每个命题都涉及状态描述,多个命题的前后衔接即意味着状态的前后演绎,要准确定性衔接的有效性,就需要界定支撑这种衔接背后的对策变量。不同的对策组织下,会呈现出不同的状态演变,界定对策变量,就是明确与之相匹配的特定状态衔接或状态演变的组织或支撑方式。

芝诺对飞矢给出"不动"的判断,等同于漠视所有可能的行为对策,这种情况下,不仅可以得出"不动"的错误判断,还可以得出飞矢"时空穿越"的判断,其效果非常类似于运动盲视症(Motion-Induced blindness)患者眼中的世界,即飞矢突然从一个地点跳跃到另一个地点。当然,还可能演绎出类似上一节击靶案例当中的许多天马行空的运动轨迹。

(2)理发师悖论

理发师悖论是罗素集合悖论的通俗版,其内容如下:

> 某理发师规定:给且只给村子里任何不给自己刮胡子的村民刮胡子。有村民问理发师自己的胡子该由谁来刮?理发师难以回答。如果理发师给自己刮胡子,那么按承诺就不应当给自己刮;如果理发师不给自己刮胡子,那么按承诺就应当给自己刮,由此造成矛盾。

在进行解析之前,首先要明确否定目标对象与否定行为对策的不同。能够做出否定,意味着存在某种基准或参照,否则不可能给出否定判断,这是其一;其二,对特定系统的否定,一定是在包容该系统的更强形式系统(宏观系统)中才能判断。目标对象可用感知目标这一变量来刻画,它是感知过程的序参量,对感知目标的否定需要在机动过程中完成,机动过程能够区分有不同作用性质的各类目标对象。行为对策可用作用方式这一变量来刻画,它是机动过程的序参量,对行为对策的否定需要在消解过程中完成,消解过程能够区分行为对策组织形式上的不同(通过与之匹配的状态目标演变的差异来体现),及其组织表现上的不同(通过效用规则评价上的差异来体现)。从这里可以看到,同样是否定,但针对目标对象的否定,与针对行为对策的否定是有逻辑上的差异的,对目标对象的否定相当于否定其类别归属,而对行为对策的否定既涉及行为方式,又涉及与之相匹配的状态目标,缺乏关联演绎目标,单纯否定行为方式是没有意义的,7.2节的击靶案例也间接说明了这一点。

任何行为对策的执行推进必然涉及状态条件,对行为对策的否定也同时意味着对状态条件的否定,但理发师悖论的推理中忽略了这一点,只否定对策却不否定状态条件,问题也由此引发。理发师悖论中,关于刮胡子,所有村民只有两种对策可选,一个是自己给自己刮胡子,一个是自己给他人刮胡子或他人给自己刮胡子。设前者为$P(x)$(其中x代表村民,P代表自刮胡子的行为),后者为$Q(x,y)$(Q代表一人给另一人刮胡子,x、y代表村民,且$x\neq y$)。$P(x)$

---

① 列宁.哲学笔记[M].中共中央马列著作编译局译.北京:人民出版社,1956:281.

是一元关系,$Q(x,y)$为二元关系。"不给自己刮胡子的村民",这一约定表面看起来是否定村民,实际上是否定 $P(x)$,由于只有两种对策,对 $P(x)$ 的否定意味着理发师的承诺只针对 $Q(x,y)$,这种情况下,$P(x)$ 与 $Q(x,y)$ 是对立的(不兼容的)。换句话说,理发师的承诺"不给自己刮胡子的村民刮胡子"实际上间接排除了自己给自己刮胡子这一选项,而理发师悖论中的推理过程将理发师自己又拉回到已经否定了的 $P(x)$ 中,没有区分 $P(x)$ 与 $Q(x,y)$ 在演绎上的不兼容,由此带来矛盾。

(3) 突然演习问题

突然演习问题由英国学者奥康诺于 1948 年提出,其问题表述如下:

> 下周内将举行一次防空演习,为验证备战是否充分,事先将没有任何人知道这次演习的具体日子,因此,这是一次突然演习。

瑞典数学家爱克玻姆认为符合条件的突然演习是不可能发生的,其给出的理由如下:按给出条件,演习不能在下周日举行,因为那样演习就会被事先知道在周日发生,从而不是突然的,因此,周日被排除;同理,周六也可以排除,既然演习已确定不能在周日举行,那么在余下的六天中,若在周六举行将依然不具有突然性。以此类推,可逐次排除周五、周四直至周一。然而在下周某天的凌晨,空袭警报响起且演习"突然"举行,打破了爱克玻姆的推理[①]。

仔细推敲爱克玻姆的分析过程,会发现其推理过程并不严谨。当下周的前六天都没有举行演习时,则可以推出周日会发生演习,这一推理是没有什么问题的。不过,以此推理为基础,推出下周的其他日子也不会举行演习就有问题了。为了明示问题所在,我们把推出周日发生演习作为第一次推理,推出周六发生演习作为第二次推理,依此类推,全部推理过程如表 7-1 所示。第二次推理过程的问题在于,其前提是第一次所推导的周日不可能举行演习,这一前提的结论是基于市民已经经历了周一至周六均没有发生演习这一假设条件而得出的,而第二次推理周六是否会发生演习时,其假设条件是周一至周五已经经历过(没有发生演习),但周六还没有实际经历过(否则就没有推导的必要),于是第二次推导的假设与其前提条件的假设相冲突,因此论证是无效的。仅仅以第二次推理的假设条件回过头来推理周日是否会发生演习,此时是得不出周日必然发生演习这一结论的,因为存在周六和周日两种选择,此时再强行将第一次推理的结论作为证据进行排除就说不过去了。类似的,推出其他日子不会发生演习所犯的错误与之类似。在第一次推理时就已经假定了周一至周六不会发生演习,而后面的推理又以这一假定为前提,那么依次推导出周六、周五乃至周一不会发生演习就不会令人奇怪了。

从雪花模型来看,爱克玻姆的分析过程中,每一次推理都涉及对策变量(即组织演习和不组织演习两种对策)和状态变量(即有演习或无演习两种表现),但问题出在类比不同的推理过程时,又把对策变量抛之一边。对策变量的核心职能是界定存在性,而存在性来源于实践交互,因此在引用对策变量时,不能够完全抛弃实践进程而仅在经验世界当中模拟对策的职能,更不应当在模拟的同时,又忽视了不同对策之间的质性差异。表 7-1 中的每一次推理都对应一系列对策和若干状态,每一套对策的执行条件和执行表现是不一样的,相互之间不能串用。突然演习问题与理发师悖论看起来好像不相干,但实际上违反的都是同一种问题,即剥离了对策变量与状态变量之间的特定联系性,这种剥离让状态变量不受牵制的随意组合关联,进而引发各种与事实不相符的预判。

---

① 张建军.逻辑悖论研究引论[M].修订本.北京:人民出版社,2014:163.

表 7-1　突然演习问题的推理过程

	周一	周二	周三	周四	周五	周六	周日
第一次推理	无演习	无演习	无演习	无演习	无演习	无演习	必演习
第二次推理	无演习	无演习	无演习	无演习	无演习	?	?
第三次推理	无演习	无演习	无演习	无演习	?	?	?
第四次推理	无演习	无演习	无演习	?	?	?	?
第五次推理	无演习	无演习	?	?	?	?	?
第六次推理	无演习	?	?	?	?	?	?
第七次推理	?	?	?	?	?	?	?

注：浅灰色背景表示每次推理的前提条件（每一次推理的前提条件是各不相同的）；
"无演习"表示假设实际经历过，且没有发生演习；
"必演习"表示基于已有假设推导出当天会发生演习；
"?"表示假设未实际经历，是否发生演习待论证。

（4）小结

从上文几个典型逻辑问题的解析中，可以看出忽视对策变量而导致的各种逻辑混乱。在众多形式各异的逻辑系统中，有两类逻辑凸显了对策变量，一是直觉主义逻辑，二是谓词逻辑。这两类逻辑都显现了其实用性的一面，具体说明如下：

直觉主义逻辑不承认实无穷，只承认潜无穷，否认排中律的普遍有效性，以及强调存在等于被构造，对象的存在以可构造出该对象为前提，换句话说，只有使用构造性的有限性方法的证明才具有绝对的可靠性[①]。直觉主义的这些预设原则与围绕对策变量的作用性建构存在逻辑一致性，更为特别的是，直觉主义逻辑几乎是唯一被一部分数学家所使用并导致实际的数学成果的一种变异逻辑[②]，这实际上间接印证了对策变量在知识演绎当中的突出作用。

谓词逻辑由个体词、谓词、量词和逻辑连结词所构成，其中谓词即相当于对策变量，它作用于对象（个体词），以刻画对象的某种性质、关系或身份。谓词作为一种模式或框架，本身没有真假可言，只有对作用于具体对象（个体词）的公式进行解释时，才有确定的真值。对策变量作为一种转换逻辑，本身没有是非好坏之分，只有当其在具体的场景中生效（推动特定状态演变），并被主体系统所分拣时，才有对错或是非之分。命题通常对应既定的情况，而谓词可以映射变化着的情况，对策变量针对的也是变化着的情况。从这里可以看到谓词与对策变量的诸多共性。漠视对策变量的命题逻辑有着诸多缺陷，如难以处理直言推理、关系推理等，而凸显对策变量的谓词逻辑则能够应对这些问题。谓词逻辑具有重要的实用价值，在计算机技术以及人工智能等领域均有重要的应用。谓词演算是数理逻辑中最为基本的形式系统，哥德尔不完全性定理即是针对谓词演算的元逻辑研究成果。

从雪花模型来看，忽视了对策变量，等同于模糊了规则，进而难以跟踪和定性各种状态关联，当不兼容的关联状态出现时，就会引发矛盾，通过梳理各种状态演变背后的确切行为对策，就有机会化解可能出现的演绎矛盾。这里没有说一定能够化解，是因为还有更为复杂的情况。

---

① 张建军. 逻辑悖论研究引论[M]. 修订本. 北京：人民出版社，2014：73.
② 陈波. 逻辑学十五讲[M]. 北京：北京大学出版社，2008：256.

7.4 涉及对策多样性的悖论解析

上文列举的案例主要问题出在对策变量的缺位上,使得实际上基于不同对策变量支撑下的多种状态演变因为没有区隔而发生混淆,从而形成悖论。对策即行为方式,它与实践相对应,关注对策变量即相当于关注实践异动,关注现实运动,引入对策变量能够更有效地刻画现实,不过,当对策变量过多时,又会导致新的问题。本节我们重点探讨的是多样性对策下的认知或行为矛盾问题。

(1) 纽科姆疑难

诺齐克教授在其论文中提到了由实验物理学家纽科姆所指出的一个两难选择问题,其大意如下:

假定你和一个拥有预言能力的超级生物玩一个博弈游戏。在你面前有两个盒子A和B,A盒子是透明的,里面装着1 000元钱,B盒子是盖住的且不透明的。你可以拿走其中一个盒子,或是两个盒子都拿走。当超级生物预测到你只拿B盒子时,会在里面放入1 000 000元钱;而预测到你两个盒子都拿时,就不会在B盒子中放任何东西。你的选择是?

作为游戏者来说,最优的选择是只拿B盒子,然而A盒子中的1 000元钱就暴露在眼前,并且拥有拿走的自由,游戏者不一定会意识到放弃A盒子是最佳选择,于是可能在继续拿走A盒子与不拿走A盒子之间游离,这一难题就是著名的纽科姆疑难问题。

这个"超现实假设"的思想实验实际上在现实当中是可以模拟的,下面的情景与纽科姆疑难是等价的:

一位富豪拿出了两个盒子A(透明的)和B(不透明的),让儿子从两个盒子中挑选,并且要求儿子一次性决定是拿走一个盒子还是同时拿走两个盒子。其中A盒子放了1 000元支票,B盒子放了1 000 000元支票。只有仅拿B盒子的时候,B盒子里的支票依然存在,只要拿了A盒子,那么就自动触发B盒子的特别程序,将放入其中的支票焚毁或撤走。富豪的儿子知道B盒子中可能有超大额支票,但并不知道有这个自动触发机关。

对纽科姆疑难的情景进行转化,是为了说明这样一个道理:任何反复实践时总是存在的某种确切状态关联,其背后大概率存在着某种因果联系,一些因果联系是我们能够直接觉察的,一些因果联系可能并不能够被我们完全察觉。人的认知体系的不断成长,就是一个不断沉淀因果联系性的过程。

纽科姆疑难折射出了关于行动的悖论问题,这一问题实质上就是雪花模型的趣时过程所面对的问题,趣时过程存在一套机制来化解有多种行为趋向的矛盾场景。对于纽科姆疑难来说,问题不在于初次试错,而在于后续如何"理性"选择,偶尔的尝试会让游戏者发现B盒子很可能有超大面额金钱,这一结果会使得游戏者有强烈的动机选择B盒子,而A盒子则一直是现成的1 000元钱。由此,游戏者后续的选择大概率会先拿走B盒子,然后接着拿走A盒子,游戏者的预期是获得1 001 000元钱,但实际却只拿到1 000元钱。在趣时过程的效果规则分拣下,由于实践效应远小于预期效应,这是趋乐程度降级的表现,是一种负面效果。当游戏者多次尝试之后,就会发现拿走A盒子与这种负面效果存在高度相关性,因此对于效果分拣规则来说,拿走 A 盒子对于最终结果是不利的,这时游戏者就会选择只拿走 B 盒子这一最优选择。在后续实验中,透明的 A 盒子依然会吸引游戏者的注意,并激发消解过程的效用分拣机制,这一机制计算的是当前的效用缺失,A 盒子能够部分弥补这种缺失,故而有拿走 A 盒子的倾向;而趣时过程的效果分拣机制计算的是当前效应的进一步转变,这其中,拿走 A 盒子引发的效应转变是趋向负面的,故而会抑制拿 A 盒子的倾向。由于效果分拣机制处于更高的层次,它具有重塑低层运作机制的功能,因而能够主导当前的行为趋向,最终的决策是只拿 B 盒子而不拿 A 盒子。当然,对于心智还不成熟的幼儿来说,由于经验的缺乏,不能有效支撑起趣时过程的运作,因而幼儿的每次行动可能大概率是拿 A 盒子,或者两个盒子都拿,较少会出现不拿 A 盒子而只拿 B 盒子的情况。

从上述分析来看,纽科姆疑难的消除依赖于个体的最高运作层次——趣时过程,它并不是以眼前可见的价值来引导自身的行为,而是以自己行动后可能带来的正面价值增长空间(或负面价值缩减空间)的大小为信标,幅度越大,动机就越强。这一价值(即抵兑效果)是依附于自己所可能采取的特定行为对策之上,而不是依附于场景当中的特定状态目标之上,对行为对策可能关联价值的计算,比对固定状态目标关联价值的计算一般要更为复杂,因为它涉及一系列的状态演变当中的价值异动,其中存在着价值的各向波动,只有有限的特定波动区间才是最为有利的。

纽科姆疑难揭示了多样性价值趋向引发的行动悖论问题,在雪花模型演绎框架下,类似悖论都可以找到原理性解释。在第 12 章的行为经济学专题中,会有更多的关于行为动机方面问题的案例解析。在现有的形式逻辑系统中,行动悖论问题很难给予解释,其中的难点在于,现有逻辑系统很难描述两个运作尺度不同,同时又存在相干性的判定规则(纽科姆疑难中是效果规则与效用规则的冲突),针对类似问题,需要有新的逻辑系统来处理(第 9 章给出了一个初步的原则性分析框架)。

(2) 盖梯尔问题

盖梯尔在其论文"得到辩护的真信念就是知识么?"中提到了知道某种知识的传统定义问题,其内容如下:

(Ⅰ) 事情 P 是真的;

(Ⅱ) 认知主体相信 P;

(Ⅲ) 认知主体有理由相信 P。

基于这三个条件,认知主体知道 P[①]。盖梯尔举了两个例子来反驳这一传统定义,其中之一是关于工作应聘的案例,内容大体如下:

假设史密斯和琼斯申请了一份工作。假设史密斯对下列命题有充足的证据:

(d) 琼斯会得到这份工作,且琼斯口袋里有十枚硬币。

史密斯的证据可能是此前好几个应聘的人揣了十枚硬币后就被选中了,而且史密斯十分钟前已经数过琼斯口袋里的硬币。命题(d)涉及命题:

(e) 要得到这份工作的人口袋里有十枚硬币。

假设史密斯看到了从(d)到(e)的必然性,并以(d)为理由接受(e),对此他有有力的证据(例如,史密斯发现有揣硬币的中选了而没揣硬币的落选了)。这种情况下,史密斯显然有理由相信(e)是真的。然而,史密斯又想到自己的专业能力与琼斯相比有

---

① Gettier E. Is Justified True Belief Knowledge? [J]. Analysis, 1963, 23:121-123.

较大差距,因此对自己能否得到这份工作没有信心,即使史密斯自己口袋里也装了十枚硬币。

当史密斯作为旁观者来看待琼斯的应聘过程时,下面三条都是正确的:

(Ⅳ)(e)是真的;

(Ⅴ)史密斯相信(e)是真的;

(Ⅵ)史密斯有理由相信(e)是真的。

而当史密斯作为应聘者来看待自己时,上面三条(Ⅳ-Ⅵ)可能都是不成立的。

在逻辑学当中,盖梯尔问题主要用于阐述认知信念的界定问题,在雪花模型当中,认知信念可归结为习得的基层经验,它的可靠性不仅与过往的经历有关,也与后期的实践应用有关。案例中史密斯根据过往的丰富经验而建立了一个基本的信念:"要得到这份工作的人口袋里有十枚硬币"。初看起来,这一信念背后的因果关联似乎有些牵强,实际上,个体在适应环境的过程中,任意两种状态条件之间都有可能因某种原因而建立关联。例如,我们识别一个人时,很少会将他与空调联系在一起,但是每次抱着空调上门安装的师傅总是同一个人,这时我们就会将空调作为识别该师傅的关键特征。盖梯尔案例与此类似,对于史密斯来说,开始并没有认识到口袋里有十枚硬币与应聘者被选中之间的关系,但是这件事情如果总是发生,那么史密斯就建立了两者之间的相关性,并了解到某种社会潜规则。空调安装师傅与招聘事件中所建立的相关性,实际上都是在多次的实践经历之下获得的,这种相关性依赖于一种特定的作用方式来支撑,它代表了一种状态演变的特定秩序性。如果史密斯完全知晓整个应聘的面试和录取过程,那么就有可能建立硬币与被选聘之间的确切作用关联,例如有应聘者拿硬币表演了一个精彩的魔术,有应聘者用硬币做了一个精美的艺术品,有应聘者用它讲了一个拥有久远历史的精妙故事,当然也有其他的可能性,这里的每一种都可能成为打动面试者的关键原因。

当我们既明确了状态相关性,又明确了组织这种相关性的实施对策时,那么我们就能够界定事物的存在性,以及其中的特定因果关联性。从雪花模型来看,由于这种因果关联性建立在两个主体(应聘者和招聘机构)之间,因此可用调谐过程运作机制来解释,所形成的信念代表的是两个主体之间交互的某种稳态。在新的情景中(与琼斯同时应聘时),史密斯给出了与原有信念完全相反的判断,这一表现可以用趣时过程的运作机理来解释:琼斯更强的专业能力削弱了招聘者对史密斯的选聘趋向,史密斯给出了效应降级的负面评价,这一评价并不是对(Ⅳ-Ⅵ)的直接否认,而是对叠加了影响因子(即琼斯)下的效应异动趋向的否定,这是一种更为宏观的规则判定。换句话说,史密斯对(Ⅳ-Ⅵ)所给出的肯定与否定信念,实际上是基于两个关系层级不同的规则变量(效应规则和效果规则)而给出的,其中效应规则给出直观的、局部的判定,效果规则进行的是系综的、整体的判定。趣时过程的调节倾向是趋利止损,对应聘可能结果的负面评价会使得史密斯有改变不利局面的倾向,基本操作流程就是引入新的影响因子,从中发现可控制不利局面的机会,乃至转换至有利局面的策略,实际表现如何依然存在不确定性。

盖梯尔案例给我们的启示是,当个体出现与原有的认知相矛盾的新认知时,并不意味着原有的认知不构成知识,也不意味着之前的知识不再成立,原来的知识在一个相对狭窄的范畴内依然有成立的可能性,只是在新的叠加因子影响下,或是在更宽广范畴的演绎中,原有的知识有了新的关联表现。科学的发展历程也充分地印证了这一点。例如,相对论否定了牛顿经典力学,但依然不妨碍经典力学作为物理学的基础。进一步的,盖梯尔案例也揭示了我们的知识体系不可能是封闭的,原有的知识对于每一个个体是成立的,但是叠加了新的影响因子之后,原有的知识可能就不成立了,原有知识与影响因子之间的作用纠缠改变了原有的知识结构(16.1节给出了具体的案例来说明知识结构不断升级所带来的一系列认知差异)。不同层面的知识纠缠在一起,如果忽略其中的牵引条件、交融对策,就容易引发思维的混乱,逻辑学中的许多悖论就处在这种混乱之中。

7.5 基于对角线方法的悖论构造

哥德尔在证明不完全性定理的过程中,进行了一系列复杂精妙的逻辑推演,其中的关键是通过对角线方法构造出了存在悖论的矛盾等价式。对角线方法在许多逻辑系统的论证中得到了应用,例如实数集不可数的证明,康托尔幂集定理的证明等。我国学者蒋星耀也提出了一种与对角线方法有关的"悖论的统一模式定理",其内容如下:

设 F 是从集合 A 到 B 的双射,记 $M=\{a \in A \mid a \notin F(a)\}$,如果把双射 F 下的反对角线集合 M 错误地认为是 B 的元素,即 $M \in B$,则会产生悖论[①]。

这一定理的大意是:有两个存在一一映射关系的集合 A、B,其中 F 是 A、B 间的映射函数。现在引入一种新操作(设为 F'),其任务是拆散 A、B 两个集合元素之间的映射关系,凡是属于集合 A 中的元素,其映项不再属于集合 B,由此形成一个新集合 M。当混淆集合 M 与原集合 B 时,就会引发悖论。

统一模式定理可作为反对角线方法的一种一般性描述,引发悖论的关键步骤在于构造具有"反对角线性质"的新元素(集合),使之不在原有的映射关系矩阵之中,由此使得同一个元素同时关联了两种不同的映射,悖论就滋生于这种多样性关联之中。

上述解释依然是基于传统逻辑的语境,如果借用雪花模型的演绎框架,就能够更为清晰地定位悖论的产生过程。统一模式定理中,实际上有两种操作,一种操作是将集合 A 转变为集合 B(该操作对应映射函数 F),另一种操作是将集合 A 转变为集合 M(相应映射函数为 F')。函数 F' 的操作逻辑是与函数 F 相冲突的,它们属于两种不同的转换逻辑,此时,如果不考虑 F 与 F' 的不同,而直接类比集合 B 和集合 M 时,就会引发混乱,因为两个集合都与集合 A 有着密切的关联。以集合 A 为起点,既可以导向集合 B,又可以导向异于集合 B 的集合 M,当忽略引发这种导向的转换操作(映射函数)时,就形成"差异化的结果"相互生成的假象,悖论由此形成。从这里可以看到,基于对角线方法的悖论构造,相当于在原有的状态关联性之上叠加了新的对策转换,转换结果与原有的状态演绎存在偏差,当忽略对策转换的不同时就会将两种状态演变混淆,从而形成悖论。从雪花模型来看,这一悖论实际上是在同一起始状态条件下的不同对策转换而引发的不同状态演绎问题,可归结为经验空间与实践空间之间的偏差,在能够兼容多种对策演绎的高层规则来看,是能够清晰地界定其中的演绎偏差,但是从不能处理多套对策演绎的基层规则来看,则充满着不确定性,其在形式逻辑中的表现就是矛盾性。

忽略对策变量下的状态演绎,等同于局限于相关性建构的代表性逻辑之中,而正视不同对策变量下的状态演绎,等同于正面考察不同作用性建构当中的质性差异。为了更形象地说明因忽视不同对策转换而引发的状态演绎矛盾问题,仍以 7.2 节提到的击靶案例为例来进行解析。如果运动员 A 发枪后脱靶,但与此同时,一个不在观众视线内的另一运动员 B 也脱靶了,

---

[①] 蒋星耀.关于悖论的统一模式——纪念罗素悖论发现100周年[J].北京工业大学学报,2002(1):87-90.

但子弹正中运动员 A 的目标靶的靶心,那么在观众看来,运动员 A 中靶了,虽然结论是一种作用性判断,但观众难以考察实际作用进程,所给出的判断主要由相关性特征来支撑,这实际上是忽略具体作用形式(即对策变量)的判断。与此同时,裁判员则认为运动员 A 脱靶了(裁判发现子弹飞行路线与正确路线存在区别),这是正视不同作用形式(即不同对策变量)下的判断。综合上述两种判断,观众会同时获得运动员 A 既中靶又脱靶的信息,当忽略支撑两种判断的对策变量时,就会形成悖论。这个案例中,在判定中靶与否时,关键在于确定实际表现是否与经验表现存在不同(这一判定是基于规则变量的),观众的经验是基于相关性的,与实践进行比对时仅考虑是否存在相关性的不同,而裁判的经验是基于作用性的,与实践进行比对时重点考虑作用形式的不同。相对于观众来说,裁判的判定所依据的是更为宏观的规则,因此可信度更高。

再考虑击靶案例的另一种情形。如果运动员不是击中靶标,而击中的是靶标旁边的一块特制深色木板,当木板受到撞击时,自动触发靶标开关,使得靶心处留下一个形似弹坑的黑点。对于观察者来说,如果不去检视射击过程的细节的话,大概率会认为运动员有效地击中了靶心,而完整检视整个射击过程时,则既有可能得出运动员完美击中靶心的结论(未发现作弊手段时,例如某个观察视角下作弊路线与唯一正确飞行路线正好重叠),也有可能得出射击手没有击中靶心的结论(发现作弊路线与正确飞行路线之间的区别)。这一情形中,在判定运动员是否作弊时,即使考虑作用形式也不一定能够给出正确判断,需要综合考虑多种作用形式及其作用状态的差异。任何作用状态都是由特定的作用形式所组织或支撑起来的,对作用形式的综合考察,实际上就是对状态演变的多样性、秩序性、完整性的考察,这种机制下,那些较为片面的考察结论更有可能从中排除。

在高度形式化的逻辑系统中,对角线方法给出了一种重构作用性并分化相关性的独特方法,使得作用性与相关性之间的逻辑差异性借助于悖论而凸显了出来。从算术的角度来看,相关性相当于一种集合关系,作用性相当于一种函数(映射)关系。相关性关注要素的特征相似度、关联度,相关性代表着一种静态性、离散性、统计性;而作用性关注要素或集合在时空上的连续演变性,作用性代表了一种动态性、持续性,以及基于过程的秩序性和因果性。作用性当中蕴涵着丰富的作用细节,而相关性则呈现的是有限的状态表征,许多问题如果不付诸作用实践,如果不深入过程演变,如果不检验细节变异,是较难以分化对立性状态表现之间的质性差异的,也就难以达到化解矛盾或冲突的目的。对作用过程或作用细节的忽视,其实质就是用经验来代替实践,用间断来代替持续,这是不可取的。

在对角线方法基础上,汤姆逊进一步提出了更具普适性的对角线引理,其一般描述如下:

令 S 是任一集合,R 是任一至少在 S 上有定义的二元关系。结论:S 中没有这样的元素,它与而且仅与 S 中所有那些同自身不具有 R 关系的元素具有 R 关系[①]。

同反对角线方法类似,对角线引理凸显的是不同逻辑层次之间的结构矛盾性(例如相关性与作用性的演绎矛盾),对角线引理将这种矛盾作为一种公理性存在,并指出了两者相容的条件。从低层逻辑迈向高层逻辑,是存在建构过程的,所凝析出来的高层逻辑是进化的结果,其在建构过程中必有所取有所舍、有所管有所放,管意味着精确的状态控制,放意味着多样化或可冗余的状态演变,前者对应一种静态性,后者对应一种动态性。雪花模型中,这种有所取舍、有所管放的逻辑结构就是规则!基于主体系统的规则体现在一定对策之上的状态演变之中,

---

① 张建军.逻辑悖论研究引论[M].修订本.北京:人民出版社,2014:221.

其中对策表现出"静",状态演变表现出"动"(注意这是逻辑上的动与静,它是辩证性的),"静"代表一种宏观势态上的稳定性,"动"代表微观演绎上的持续性,这种"动"在宏观势态的主导与衬托下而表现出了秩序性、因果性。微观演绎存在着多样性和灵活性,它成为规则进行取舍或管放的原始素材,秩序性和因果性就是取舍或管放的结果体现,也是规则的主旨所在。规则滋生于跨层次演绎逻辑,规则是各种跨层次演绎逻辑的规范性描述,其中不仅包括相关性与作用性之间的约定,还包括其他相邻或不相邻逻辑层次之间的约定。

雪花模型的6个运作模式所沉淀出来的所有21个逻辑变量,都可以视为规则变量的衍生品,规则变量是雪花模型的灵魂所在,因此,揭示规则的存在具有重大的学术意义。张建军教授对对角线引理的学术价值做出了高度评价:"对角线引理是与哥德尔自指定理具有同等重要地位的基础性成果,其价值尚远未得到充分发掘。对角线引理从形式上澄清了自芝诺悖论以来,有关连续性与间断性的哲学困惑的结构机制,同时也表明了将以往的辩证哲学思辨的某些层面予以科学化、精密化刻画的可能性[①]。"这些评价与规则的演绎内涵是吻合的,在规则之中,状态变量与对策变量不是孤立的关系,而是相辅相成的耦合关系,状态变量的特定转变映衬了对策变量的作用性质,对策变量的组织功能通过状态变量的连续演变而间接呈现出来!状态部件能够界说何为静态(间断),对策部件能够界说何为动态(连续),而固定的组织对策又体现为一种静,既定对策之上的状态演变又表现为一种动,状态与对策的这种静态与动态联结在规则中完成了统一。

规则是状态变量与对策变量的容器,规则同放置其中的内容之间的逻辑关联是不可简单分割的。法国哲学家布伦什维格也有类似的评论:"康德哲学把作为容器的空间和时间,同作为内容的物质和力分割开来,结果引起了二律背反;而爱因斯坦的概念则以容器同内容的不可分割性作为特征,这就使我们摆脱了二律背反[②]。"形式逻辑系统的重大缺陷正是源于对规则演绎的忽视(参考6.2节说明),而正视规则的作用,就能进一步跟踪规则的变易,而哲学思辨所探讨的重点对象恰恰就是规则不断变易的系统。

黑格尔指出了逻辑思想都是三个方面所构成的有机整体:一是抽象的或知性的方面,二是辩证的或否定的理性的方面,三是思辨的或肯定理性的方面[③]。作为运动起始的知性是基础的规定性,作为运动实践的辩证的理性则是对基础规定的否定和异化,而作为思辨的理性则是对异化的扬弃和再规定(即整体上的否定),使之回到自身,从而获得认识对主观和客观的统一,这其中内含着否定之否定的运动过程。对角线引理所描述的是相邻逻辑层次间的某种统一性,它否定了低层关系的逻辑演绎性(即引理结论中的前半句"S中没有这样的元素"),同时在具有全局性的高层关系逻辑中建立了一致性(一种宏观演绎确切性,即整个引理结论描述),这种一致性背后对应着整体层面的否定性(即对总体演绎偏差的再否定,这种偏差由局部层面的元素所引起),因此对角线引理本身即蕴涵着否定之否定,它可视为思辨的理性的一种形式化反映,也是对结构性矛盾的一种"精密化"描述。

---

① 张建军.逻辑悖论研究引论[M].修订本.北京:人民出版社,2014:231.
② 爱因斯坦.爱因斯坦文集(第一卷)[M].许良英,李宝恒,赵中立,等译.北京:商务印书馆,2010:253.
③ 黑格尔.小逻辑[M].2版.贺麟,译.北京:商务印书馆,1980:172.

7.6 逻辑悖论的一般演绎表现

在前文列举的诸多案例中,有忽略对策变量而引发逻辑悖论的,有对策过多而引发认知或行动悖论的,悖论意味着存在两种对立性的判断,它代表一种逻辑上的矛盾或冲突。"飞矢不动"是箭矢静止与运动这两种判定的冲突,理发师悖论是该给自己刮胡子与不该给自己刮胡子之间的冲突,突然演习问题是经验推演与实践表现之间的冲突,纽科姆疑难是效用驱动与效果驱动之间的冲突,盖梯尔问题是效应价值与效果预期之间的冲突。从雪花模型来看,这些案例当中都内含着存在相干性的并行规则,并且两个规则往往分属于不同的运作层次,所给出的性质判定存在某种对立性,从中可以看到,形式逻辑的悖论问题与雪花模型的多层次规则判定问题存在高度相关性。

逻辑的一个中心问题是分清有效的论证和无效的论证[①]。一种观点认为,如果一个给定论证的特征形式有任意一个其前提为真且结论为假的代入例,那么该论证就是无效的[②]。按照此约定,在规则网络的价值判断体系(参考图3-1)中,当把其中一种判定(无论是积极、消极、还是正面、负面)视作为真前提时,如果高一层的规则变量给出了相同极性的价值评价时,就是一种"有效"判定,例如消解过程的效用判定为趋乐(正面),调谐过程的效应判定为趋乐强化(正面);如果高一层的规则给出了对立性的评价时,就是一种"无效"判定,例如调谐过程的效应判定为避苦弱化(负面),趣时过程的效果判定为避苦弱化度降级(正面)。从形式逻辑来看,规则网络的每一次裂变,都会产生一个"无效"判定,和一个"有效"判定,这两种判定在日常生活中是极为常见的,下面以具体的案例来进行说明:

（Ⅰ）个体所经历的所有趋向积极的事件都是好事情;

（Ⅱ）个体现在正在经历一件事情S,每个即时表现都是趋向积极的,但是因为某种原因,总体趋向积极的程度远没有上一次那么高;

（Ⅲ）结论:个体认为事情S是一件坏事情。

这是一个源于日常生活的三段论式推演案例,前提(Ⅰ)与结论(Ⅲ)发生矛盾,从形式逻辑来看,这一推论是无效的,但却是现实生活中真真实实存在的,其根源就在于前提和结论的判定规则不同。前提(Ⅰ)是根据效用分拣规则来判定的,是趋乐表现(正面);结论(Ⅲ)是根据效应分拣规则来判定的,是趋乐弱化表现(负面),其判定的价值极性与前提相冲突;中间命题(Ⅱ)描述了这两个不同规则所对应情景之间的关联,其中既有局部层面的描述("每个即时表现都是趋向积极的"),也有整体层面的描述("总体趋向积极的程度远没有上一次那么高")。

同一情境中出现两种对立性判定的情形有很多。例如,被落石砸伤是一种消极的体验,而成功躲避落石则是一种正面的效用,在这个情境中,落石是消极体验因素,躲避落石是正面效用表现,两种对立性的质性判定同时与落石发生关联。再比如,饿肚子时吃饱饭是一种正面效用,去到一家快餐店吃饭,点完单后发现没有空位子,虽然吃饱了但是有些不爽,这个情境中,既有正面的需求效用评价,又有负面的颌颊效应评价。这些案例当中都存在针对同一对象(部

[①] 苏珊·哈克. 逻辑哲学[M]. 罗毅,译. 北京:商务印书馆,2003:8.
[②] Irving M C, Carl C. 逻辑学导论[M]. 张建军,潘天群,顿新国,等译. 北京:中国人民大学出版社,2014:368.

分或整体)的两种对立性质性或价值判定,从形式逻辑来看,它们都隐含着悖论性于其中,而从人的规则判定体系来看,这些表现都是非常正常的。这也意味着,形式逻辑对人的思维逻辑的刻画是不够全面的。

一般认为,悖论的产生与自我指称、否定性概念,以及总体和无限这三个因素相关[①]。逻辑悖论在雪花模型当中通常体现为相干性规则的混淆,雪花模型中两个相邻层级的规则之间一般是存在相干性的,因为低层规则支撑和建构高层规则,高层规则包容或重塑低层规则,相干性即体现在这种逻辑关联之中。进一步分析会发现,雪花模型的相邻层次规则之间也存在着悖论的三个关联因素,具体体现在:高层规则对相邻低层规则的包容性即体现了"自我指称";高层规则对相邻低层规则的重塑即体现了"否定性";从低层规则到相邻高层规则,涉及从微观向宏观、从局部向系综层面的转变,这个转变过程即内含着无限性(无限逼近于一个新的节点或结构),而沉淀出来的高层规则即预示着一种总体性。

除上述共性因素外,悖论与规则演绎体系还有一些其他共同点。悖论中的自我指称通常意味着某种循环,在循环判定中,如果假的出现次数是奇数,则为恶性循环;如果假的出现次数为偶数,则为良性循环[②]。规则演绎体系中也有类似的表现,以规则判定的符号表示法(参考表3-1至表3-3)为例,如果积极体验(μ^+)或消极体验(μ^-)头部叠加的下箭头的数量是奇数,那么价值判定的极性(即正面或负面)就会改变,如果积极或消极体验头部叠加的下箭头数量是偶数,那么价值判定的极性就不会改变,这里的下箭头内含着质性判定上的否定或反转之意。例如,"积极体验(μ^+)"叠加三个头部下箭头(相当于经过三次价值反转)得到的"避乐弱化度降级($\downarrow\downarrow\downarrow\mu^+$)"是一种负面效果,与原有规则评价的极性是对立的,当混淆这些判定规则时,就形成矛盾,因此相当于逻辑系统中的恶性循环;"消极体验(μ^-)"叠加两个头部下箭头(相当于经过两次价值反转)后得到的"避苦弱化($\downarrow\downarrow\mu^-$)"是一种负面效应,与原有规则评价的极性是一致的,即使混淆这些判定规则,其性质依然是兼容的,因此相当于逻辑系统中的良性循环。

综合上述分析,雪花模型的规则体系的演绎表现与逻辑悖论的典型特点是高度相似的,基于雪花模型不仅能够界定悖论的症结所在,也能够分析悖论的成因,雪花模型有潜力成为研究逻辑悖论的重要参考理论。

在形式逻辑看来,悖论是不可接受的,它违反了不矛盾律,但从雪花模型来看,悖论所对应的情景是现实存在的,也是可理解的。规则网络中,高层规则能够包容低层规则,所以它们在许多场景中能够共存,低层规则处理场景中的细节局部问题,高层规则处理场景中的整体或全局问题,高层规则与低层规则之间相互协调,保障主体系统的有序运行。换句话说,一个系统中存在着不同规则的并行,是"各司其职"的体现,各个规则在履行"职责"时,可能会发生冲突,高层规则可能通过更宏观视角来重塑低层规则的"本职职责",低层规则也有可能因产生巨大的反差而"震动"了高层规则。规则冲突引发系统调节,直至达成新的和谐状态,此时高层规则与低层规则重新回归兼容状态。无论是兼容状态,还是不兼容状态,它们都是个体适应环境的正常态。

基于逻辑四律而构建的形式逻辑体系意味着所有的演绎推理过程都是基于既成的经验空

---

① 陈波.逻辑学十五讲[M].北京:北京大学出版社,2008:374.
② 陈波.逻辑学十五讲[M].北京:北京大学出版社,2008:375.

间而展开的,这种约定决定了形式逻辑系统难以理解在推理过程当中出现的矛盾(实质是经验空间与实践空间的偏差),也难以自行从矛盾中调节优化既有的逻辑系统。形式逻辑对技术性细节的剥离使得状态演变与行为对策之间的匹配关系模糊化了,进而模糊化了逻辑系统当中可能潜藏的各种并行规则,由此使得不同层次或不同侧面的对立性规则评价看起来就像是同一层面的逻辑对立,逻辑悖论就滋生于这种对立之中。

形式逻辑系统本身并没有一套界定规则的层次性范畴体系,用于构造形式系统的公理体系中,各个公理(定理)都是基于同一套判定原则下的逻辑演绎,在既定范畴内不断引入新的元素或变量,不断推导出新的演绎形式时,就不可避免地卷入了新的规则,它能否与既有系统兼容还存在未知数,除非形式系统能够在既有的封闭范畴内保持全知全能,否则是无法杜绝悖论的。

7.7 逻辑悖论的化解思路探析

"公认正确的背景知识""严密无误的逻辑推导""可以建立矛盾等价式"这三个条件被称为构成严格意义逻辑悖论必不可少的三要素[①]。从雪花模型来看,"正确的背景知识"相当于动力模型当中的经过无数次实践而沉淀下来的具有较高可靠性的基层经验,"严密的逻辑推导"相当于严格基于基层经验来推进与运筹当前的场景演变,"可以建立矛盾等价式"相当于经验与实践表现之间长期无法调和的偏差。基层规则代表过往的习得经验,其状态目标在经验对策的组织下而演变至特定形态,而在实践当中,状态目标可能因为执行的偏差而演变出了新的形态,于是在基层规则看来,同一个状态条件同时关联了两个不同的演变形态,此时,基层规则既符合这个演变形态(基于经验对策),又不符合这个演变形态(基于实践对策)。当把对策变量剥离时,上面这句话就成为悖论式的断言:即同一状态条件既契合于某规则,同时又不契合于该规则。

逻辑悖论起源于实践与经验之间的偏差,这一偏差在基层规则层面难以处理,但是在宏观规则层面可以处理,这给逻辑悖论的化解提供了参考思路。在消解偏差的过程中,有两个基本步骤是绕不开的,一是分离出基于经验的状态演变与支撑对策,以及基于实践的状态演变与支撑对策,这两者属于两个存在相干性与性质对立性的不同规则(即规则冲突);二是对对立性质进行调整优化,以实现整体上的兼容。

存在冲突的规则既有可能来自同一运作层次,也有可能来自于不同运作层次。同一层次的规则冲突代表着同一范畴内的多个关系的对立,对于个体来说,这意味着当前规则的失效,当前规则不能有效分化同一个范畴内的多套关系样本,不能从中分化出孰真孰假,孰对孰错,孰优孰劣,个体对该情景的适应性依然存在局限。不同层次的规则冲突代表着局部与整体的对立、微观与宏观的对抗,对于个体来说,这意味着低层规则部分突破了高层规则所能界定的适应范畴,或是高层规则还未建立针对低层规则新组建关系的分化策略。规则冲突无论是否来自于同一层次,它们都有可能在更高层运作模式当中得到处理。

当存在冲突的规则能够分别得到定性时,就为规则的调节优化奠定了基础。一般来说,冲

[①] 张建军.逻辑悖论研究引论[M].修订本.北京:人民出版社,2014:7.

突规则的应对处理可以有四种办法，它们能够为悖论的消除提供一些借鉴，具体说明如下：

（1）第一种是以其中的一个规则为主导，忽视另一冲突规则所带来的影响。例如准备外出收快递时下起了雨，收快递（趋乐）与淋雨（趋苦）是两种对立的规则表现，如何选择成为一个问题。如果下的是毛毛雨，那么可以直接冲出去拿快递，这种处理方式就是凸显拿快递的"趋乐"规则，而淡化淋雨的"趋苦"规则；如果下的雨特别大，"趋苦"引发的规避趋向占据主导，因而暂时不出去拿快递了。当然，这个案例可能有其他的表现，例如不管雨下得多大，都冲出去拿快递。每个人对价值的敏感度是有所不同的，一些价值影响的忍耐度可能比较高，一些价值影响的忍耐度可能非常有限，这就使得每个人面对同样的价值影响时，采取的行为可能大不相同。对于逻辑悖论来说，凸显一种规则漠视另一种规则的应对手段可以通过细化推理的状态条件来实现，人为添加能够区隔两种规则的细节特征作为演绎条件，从而排除矛盾。

（2）第二种是对其中的一个规则进行调整，使得两个规则之间的冲突能够缓解乃至消除。仍以下雨拿快递为例，通过一把雨伞，就能够使下雨引发的"趋苦"转化为"避苦"，从而与收快递的"趋乐"相协调（两者都是正面效用），于是冲突得以化解。这个案例中，没有对拿快递的"趋乐"规则进行调整，而仅对淋雨的"趋苦"规则进行调整，其中既有状态的局部调节，也有对策的局部调节，对策调节体现在人的行走过程中额外增加了撑伞行为，状态调节体现在叠加因子（雨伞）改变了下雨所引发的局部场景状态演变，但不影响整体的下雨局面，这两种局部调节使得规则的表现发生了转变。在逻辑悖论中，通过增加新的局部限定条件，也是有可能化解悖论的。例如，说谎者悖论（这句话是假的）中，约定"这句话"的范畴不作用于当前的语句即可规避矛盾；理发师悖论中，将理发师自己排除在"只给那些不给自己刮胡子的人刮胡子"之外即可避免矛盾。下雨拿快递案例也是类似的，让下雨和拿快递的行为都继续，只要排除掉下雨下到自己头上这一特殊情况即可。

（3）第三种是对两个规则都进行调整。下雨时收到快递到达通知，可以通知家人代拿，或是要求快递公司送货上门。相比前面两种应对方式，这一处理涉及两个规则的同时调整，自己拿快递调整为他人代送，淋雨或撑伞避雨调整为在家等候，引发这一应对方式的背后原因可能有很多。例如，腿脚不便，或是抽不开身，或是其他原因。对两个规则都进行调整，通常涉及能够影响两个规则的共同影响因子，本案例中这一关键影响因子就是代送快递的人，它改变了行为对策和状态演变过程，但是结果依然一致，相比撑伞这一解决方案来说，其调整更为深入。在化解逻辑悖论长期未见起色时，可以尝试从其他存在相干性的知识体系中寻找灵感，通过引入一种能够同时影响既有规则演绎的因子，有可能达到一种曲线化解原有悖论的目的。

（4）第四种是采纳不同于两个冲突规则的全新规则。例如，从新闻了解到自己买的产品有质量问题，或是发现某家公司推出了更高性价比的优质产品，或是突然出事要压缩开支，于是对该快递申请退货处理，此时收快递和避雨这两种规则都没有执行。在各种逻辑悖论当中，有些悖论因为有了其他相关领域的新成果出现，及时进行研究转向是有必要的。

当找出了逻辑悖论当中的并行规则时，就可以尝试上述办法来化解悖论。第一种方法涉及状态变量的变更，第二种涉及状态变量与对策变量的局部变更，第三种方法涉及规则的变更，第四种方法涉及规则与环境的变更。

对于逻辑悖论来说，如果给悖论的各个推理过程添加新的状态条件，引入新的演绎方式，叠加新的支撑或限制条件，融合新的开发环境，那么就有可能消除原有的悖论。数学的历次危机,都与某种逻辑悖论有关,而数学的向前发展,都涉及悖论的消解,从危机到发展,并不是简单的肯定矛盾当中的一个并否定另一个,而是一种结构体系上的进步,这种进步与低层规则向高层规则的结构性进化是类似的。

  化解悖论没有绝对万能的处理方法,没有绝对统一的量化标准。悖论在形式系统中是难以根绝的,解悖的探索过程也是无止境的。没有悖论做参照,我们就不知道何为正确的演绎,只要知识体系还在不断向前发展,其途中必然有着相应的悖论作为铺垫。

第 8 章 雪花模型与辩证逻辑

辩证逻辑主要是针对规则可变易的逻辑系统,在这样的逻辑系统中,规则是随时可变的,用于刻画系统的形式语言和演绎结构也是高度可变的。这样的系统是不稳定的,难以捉摸的,要提炼出其中的一般性演绎形式或演绎规律是非常困难的。辩证逻辑所刻画的不是具体的事物,也不是具体的逻辑系统,而是事物在不断发展、不断演变当中的某些规律和特点,相对于形式逻辑来说,辩证逻辑更加朦胧、更加抽象。

柯普宁指出:"不集中精力研究人类认识发展的进程,不分析科学知识,也就无法把辩证逻辑作为现代科学理论思维方法和认识论来深入研究[①]。"黑格尔的《精神现象学》是其思辨哲学体系的导言,该书旨在揭示现象与本质的统一性,并以此为基础来探究迈向绝对知识的认识(意识)发展进路。《精神现象学》是研究自我意识的异化的现象的科学[②],雪花模型所刻画的是关于人类行为与认知的发展演绎进路,两者都是对人类认识发展进程的探究,辩证思想往往就寄生于这种序列化的演进体系当中。

形式逻辑的演绎体系可以在雪花模型当中找到对应性,辩证逻辑的规律特点也同样能够在雪花模型当中找到对应性,基于人的认知和行为演绎体系,可以更好地透视形式逻辑和辩证逻辑系统。

8.1 从逻辑矛盾到辩证矛盾

从雪花模型来看,逻辑悖论产生于规则混淆导致的推理错乱,这一表现相当于行动或认知在经验空间与实践空间当中的不一致,这里的实践空间对应的是有更多要素关联性、有更多因素相干性的实时经验空间[③],由此,悖论可以引申为经验与实践的无法调和。基于经验规则可以界定实践表现,但不一定能够有效分化调节实践表现,尤其是实践当中存在较多的额外关联要素与相干要素的情景中,当经验不能有效刻画或反映事实时,经验规则在实践当中的表现往往是飘忽不定的,它是经验与实践无法调和的具体体现,这一问题需借助于宏观规则来处理。

---

① 柯普宁.作为认识论和逻辑的辩证法[M].赵修义,王天厚,冀刚,等译.上海:华东师范大学出版社,1984:18.
② 黑格尔.精神现象学[M].贺麟,王玖兴,译.上海:上海人民出版社,2013:30.
③ 把实践空间定义为一种特别的经验空间,这似乎回到了一种唯心主义的框架之中,即实践似乎是基于经验的、基于精神的,这一解读是不妥当的。认识是有一个渐进过程的,认识不是天生就具备的,也不可能在后天趋于绝对完美,此处关于实践空间的定义就是一种渐进式的认识过程,其中存在新的相干性,属于一种相关性建构,这一建构是推动认知升级的第一步。爱因斯坦指出:"在原则上,试图单靠可观察量来建立理论,那是完全错误的。实际上恰恰相反,是理论决定我们能够观察到的东西。"(《爱因斯坦文集(第一卷)》,北京:商务印书馆,2010:314),这里的理论即是基于过往实践经历的认知结构、过往沉淀的经验知识,它不代表绝对真理,它只是阶段性的经验共识。因此,问题的关键不在于唯心与唯物之分,而在于经验的锤炼是否充分与全面。经验不是唯心的,而是精神与物质的融合、现象与本质的统一。

宏观规则的产生始于经验与实践之间的偏差,终于无数偏差所衬托出来的系综稳态(相当于一种大样本下的统计不变性)。宏观规则不是简单地去否定或分化经验表现与实践表现,而是将所有相关的经验表现和实践表现序列统合为一个整体范畴(空间),以此范畴(空间)为标杆,来检验实践表现相对于经验表现的异动趋势,并从这种趋势中分化出一组或多组对偶性的价值表现,从宏观规则来看,每一组表现中的两种价值是相互对立的,这种对立不同于经验规则的执行偏差,它是一种已经分化了的、定性了的价值呈现,而执行偏差在经验规则看来则是混乱的、无序的。由宏观规则所分化出来的价值对立性,是一种相反相成、互为表里、相互对照的矛盾对立性,从逻辑学的角度来看,它就是辩证矛盾的体现。

雪花模型的三个高层运作模式代表着基于主体的系统演绎,这些模式的动力模型蕴涵了从逻辑矛盾向辩证矛盾的演化进路,逻辑矛盾对应基层规则下的实践表现偏差,是一种认识不足的表现;辩证矛盾对应宏观规则下的整体价值分化,是一种融合了实践与经验的总体认知表现。因此,辩证矛盾是逻辑矛盾的更高级表现形式。

张建军指出:"逻辑悖论的消解过程均可'辩证重建',任何比较成功的解悖方案均可解释为对某种辩证矛盾的把握过程。任何一个冲击'公认正确的背景知识'的严格悖论的出现,都表明存在某种或某些未知的客观矛盾等待认知主体去探求、去把握。通过认识客观矛盾、形成辩证矛盾思想而消除悖论,往往意味着旧认知框架中的某些基本原理和基本概念的突破……悖论的产生说明人们对它的应用突破了其适用范围,而悖论的解决既界定了其适用范围,又产生了更高层次上的新的自洽理论[1]。"这些表述清晰地指明了辩证矛盾是逻辑悖论的进一步发展,而其中的发展逻辑又与动力模型当中的规则演进是高度吻合的。从基层规则(代表低一运作层次)到宏观规则(代表所在运作层次),涉及运作机制的进化、逻辑关系的进化、主体系统的进化,等同于产生了更高层次上的自洽理论,宏观规则不仅界定了基层规则的适用范畴,其所代表运作层次的逻辑变量也实现了升级,从逻辑全景图(图2-2)当中可以直观地看到各个层次逻辑关系及其相应变量的演进与发展。

逻辑悖论是形式逻辑向辩证逻辑切换的起点。形式逻辑针对的是既定规则下的逻辑演绎,而辩证逻辑是针对规则变易下的逻辑演绎。形式化视角下,基于既定经验规则在新的范畴下进行演绎时,其中总会不可避免地出现各种新情况,当经验规则无法处置偏差时,逻辑悖论就从中滋生,此时经验规则不能完全解释新范畴下的状态与对策演绎,这就需要对既定规则进行相应的调整更新,于是进入辩证逻辑的范畴。规则变易除了包括既定规则的调整,还包括多重规则的协同运行,协同过程中,可能是其中某个规则起主导作用,也可能是另一个规则起主导作用,也可能是依序发挥作用,也可能是分别起整体作用和局部作用……这种协同使得总体的运作表现不能简单用各规则的累加来体现,而必须考虑规则与规则之间的相互影响(相干性),由此使得各规则的实际表现存在较大的不确定性。规则的变易推动着系统不断地演进,最终有可能在整体层面呈现出某种势态明确性,这种明确性从关系演绎上来看,属于经验与实践的稳定耦合,从动力模型上来看,则属于反馈控制回路的偏差收敛,它是矛盾对立性在宏观层面的统一,它也是矛盾从形式化升级到辩证性的标记。辩证视角下,更容易看清基层的经验规则是否与实践相符,以及与实践之间的具体偏差位置,这种能力的形成,正是源于辩证视角汲取了经验规则在连续变易之上的演绎规律。

如果把视线从雪花模型的单个动力模型转向整个演绎层次体系,那么"辩证矛盾是逻辑矛

---

[1] 张建军.逻辑悖论研究引论[M].修订本.北京:人民出版社,2014:271,296-297.

盾的高级表现形式"这句话就得辩证地去看了。动力模型当中的基层规则就是低一层次的宏观规则,它是低一层运作模式的代表,动力模型当中的宏观规则是所在层次运作模式的代表,它同时也是更高一层运作模式的基层规则(见4.5节说明),因此,宏观规则所界定的"辩证矛盾"在更高一层运作模式看来,它成为一种经验参照,一种界定实践是否出现偏差与混乱的参照,当实践不同于经验时,新的逻辑矛盾就从中滋生。由此,逻辑矛盾就在辩证矛盾的基础上形成了。于是,同一个规则会既涉及逻辑矛盾又涉及辩证矛盾,该规则相对低层运作规则时体现出一种辩证性,该规则相对于高层运作规则时体现出一种基于实践偏差的矛盾性,这种区别也对照出了逻辑矛盾与辩证矛盾的范畴差异:逻辑矛盾是基于基层规则去看还没被掌握的更高层复杂演绎范畴,辩证矛盾是基于基层规则去看已经掌握了的更低层次演绎范畴。从低层到高层,存在着从逻辑矛盾(前看),到辩证矛盾(回看),再到逻辑矛盾(再向前看)的不断循环演进。个体在运作层次的模式探索阶段,是一个不断发现逻辑矛盾的过程,而在模式应用阶段,则是一个辩证地运用基层规则的过程。

形式逻辑是排斥规则变易的,然而,在研究形式逻辑、发展形式逻辑的过程中,最最需要的思维逻辑恰恰是辩证逻辑,没有辩证逻辑的运用,很难想象形式逻辑体系的不断发展。

8.2 雪花模型中的辩证法

恩格斯在其未完稿的《自然辩证法》手稿中,提炼出了起源于黑格尔逻辑的三大辩证规律:量转化为质和质转化为量的规律;对立的相互渗透的规律;否定的否定的规律。这三个规律是自然史和人类社会史演绎规律的高度抽象[①]。

在雪花模型当中,三大辩证规律均有着较为充分的体现,具体说明如下。

(1) 量变与质变规律

对于一个自然系统来说,量可视为系统在既定范畴内的测度,它界定了系统的局部表现,质可视为系统在整体层面的根本性测度,它界定了系统的内核或框架。量变通常不会导致系统总体结构或运行体系的显著性改变,但质变通常意味着系统的深度转变。

对于雪花模型来说,每一个运作模式代表为一个系统,其中序参量可视为运作模式的质的反映,而基础逻辑变量可视为运作模式的量的反映。个体基于既定规则来适应外部环境时,如果环境是熟悉的、明确的,那么在实践时,各逻辑变量相对于经验空间来说不会有太明显的量上的变化。如果环境是不熟悉且较为复杂的,那么在实践时,规则会不断检测出差异,逻辑变量的表现相对于过往经验来说会存在量上的明显转变,进而引发系统的优化调节。在不断地迁移学习过程中,状态网络、对策网络、规则网络的数据不断更新迭代,各逻辑变量也在同步更新。同一层次中各逻辑变量的复杂度不同(可通过逻辑变量的阶数来区分),其更新迭代的效率是有差异的,复杂度越低,更新效率越高,复杂度越高,更新效率越低。低阶的基础逻辑变量的不断量变,逐步引发更高阶基础逻辑变量的量变,最终带动所在层次序参量的量变,序参量的显著改变即代表所在运作模式的质变。

序参量的质变当中内含着量变,质变可视为一种结构化的、体系化的量变,它不是单个要素的量变,而是所在运作层次当中所有基础逻辑变量的相互影响又相互协同的整体联动性的

[①] 恩格斯.自然辩证法[M].中共中央马列著作编译局译.北京:人民出版社,2018:75.

量变。每一个逻辑变量都与所在层次或其他层次的逻辑变量存在着关联,逻辑变量的量变不会是孤立的,其变化过程会引发其他关联逻辑变量的异动,进而引发更大范围的异动,乃至整个运作模式的改变。基础逻辑变量是序参量的重要构成要件,基础逻辑变量的联动变化即意味着序参量的局部转变,当这种局部变化累积到一定程度时,就会引发序参量的质变,因此,基础逻辑变量的量变是最终引发序参量质变的铺垫。

基础逻辑变量的量变当中又潜藏着质变。序参量在所在运作层次中是一种质的体现,序参量在更高运作层次中,则变成基础逻辑变量,此时它的演进变化就由质转变为一种量了。序参量的变化在基层运作模式看来是一种质变过程,但在高层运作模式看来则是一种量变,这是因为这种变化对于基层运作模式来说是整体性的、结构性的,但对于高层运作模式来说则是局部性的。换句话说,同一种变化,从微观视角来看更有可能是一种质变,从宏观视角来看更有可能是一种量变。要注意的是,由量变而引发的质变,并不意味着系统一定向着更复杂的层次进化,也有可能是向更无序的低层次回归。

总体来看,雪花模型当中的量变与质变存在着辩证性,其中既有量变引发质变的过程,也有质变转换为量变的过程。

(2) 对立性的相互渗透与转化

好的事物里面蕴藏着坏的一面,坏的事物里面蕴藏着好的一面,这是对立性的相互渗透规律的通俗说法。这一规律在规则裂变图(图3-1)当中有着较为直观的体现。例如消解过程的"趋苦"是一种负面效用表现,当置身于特定的环境之中时,"趋苦"就有可能衍生出"趋苦弱化"这一正面效应表现,虽然每时每刻都是"趋苦"的,但总体态势趋向缓解,这就是坏的事物里面所蕴藏的好的一面。当把两个相邻层级的规则表现放在一起来看时,就能直观地看到对立性价值的相互渗透,并且在相互渗透之后,价值也有可能发生反转。

从机动过程开始,规则网络开始有了基于完整作用链条基础之上的质性裂变,三个高层运作模式所裂变出来的28种价值表现总体上可分为正面和负面两大类。每一次裂变,既有的价值表现就在高一层规则变量中派生出一组相互对立的价值表现(例如,从"避苦"中裂变出"避苦强化"和"避苦弱化"),每一次裂变,高一层规则变量就衍生出一套新的分化维度(如"趋—避""强—弱""升—降")。对立性的相互渗透即体现在低层规则表现与高层分化维度的相互交叉配对上,高层价值表现相对于低层的对立性渗透都是通过这种交叉配对方式而产生(见表3-1、表3-2、表3-3)。从遗传算法来看,交叉算子是推进适应规则迭代进化的关键算法(见13.1节说明),其中同样内含着对立性的相互渗透。

规则表现的裂变数量越来越多,且其中存在着多组价值对立性,不过,每一个层次当中的所有价值表现均共享一套分化维度,这也意味着所在层次诸多价值对立性的内在统一性。对立性的相互渗透蕴涵着矛盾性的对立统一,这种统一不是体现在原有的层面上,而是体现在容纳相互纠缠的各种矛盾对立性的更宏观演绎范畴当中。

由于规则涉及状态与对策的衔接,对立的相互渗透规律在对策网络和状态网络当中同样有所体现。状态部件、对策部件和规则部件共同组成或简单或复杂的正负反馈控制回路(参考第4章),任何一个稳定模式的形成,都是由正负两方面的优化调节所共同界定的,价值反馈是调节的信标,当价值表现趋向正面时予以维系,当价值表现趋向负面时予以抑制,这里优化调节的对象是低一层运作模式当中已经习得的子目标或子对策,经过不断优化后的稳定子目标关联结构和稳定子对策演绎系列,成为当前模式的状态目标与行为对策,这些目标或对策的成型是低一层运作模式当中的子目标或子对策的相互交叉配对的结果,其中依然内含着对立性的相互渗透,表 4-1、表 4-3、表 4-5 示意了对策变量的对立性渗透(耦合),表 4-2、表 4-4、表 4-6 示意了状态变量的对立性渗透(耦合)。

不同层次间的状态变量或不同层次间的对策变量都存在对立性的相互渗透,而状态变量与对策变量之间也存在相互渗透现象。当规则既定时,意味着状态与对策之间存在着稳定的匹配关联,其中状态目标牵引行为对策,行为对策组织推进状态的演变,状态的演变动向可以通过行为对策来呈现,行为对策的作用表现可以通过状态演变的关键节点来表征,因此,规则既定时,状态与对策有着运作机制上的耦合统一。状态触发对策、对策生成状态,体现的是两者的相互转化;状态与对策之间的不断交融,以致越到高层越难以区分彼此(见 4.5 节说明),体现的是两者的相互渗透。

黑格尔在阐述本质论时重点提到了形式与内容两个概念,其表现与状态、对策变量之间的演绎逻辑是类似的。黑格尔指出:"内容并不是没有形式的,反之,内容既具有形式于自身内,同时形式又是一种外在于内容的东西。有时作为返回自身的东西,形式即是内容。另时作为不返回自身的东西,形式便是与内容不相干的外在存在。形式与内容的绝对关系的本来面目,亦即形式与内容的相互转化[①]。"黑格尔阐明了形式与内容之统一性的基本条件,即形式返回到自身(而非返回它处),从雪花模型来看,内容概念相当于状态变量,形式概念相当于对策变量,两者的统一体现在规则之中。规则既定,即相当于状态通过对策而返回自身,规则转变,意味着行为对策的转变,其对状态的组织推进从一种形式转换至另一种形式,状态就不再返回自身,相应的转换形式就与原有的状态脱离了。

形式逻辑将知识的形式与知识的内容做了分离,黑格尔并不认同这种做法。黑格尔认为,内容和对象不是外在于思想形式的、完成了的、离开思想形式而独立存在的;思想形式就是内容与对象的本质,二者是和谐一致的、不可分离的,因而逻辑不能只研究思想形式而不管思想的内容[②]。从雪花模型来看,映射内容的状态网络与映射形式的对策网络之间同样存在不可分离性,两者耦合于环境与主体系统所构成的反馈回路(即产生-检验循环回路)当中,如果对其中任何一个进行剥离,那么回路就会失效。

思维规律可由特定的内容和形式而体现出来,恰如规则可由特定的状态与对策的匹配衔接而呈现出来。思维规律、思维内容、思维形式三者之间的关系,与规则网络、状态网络、对策网络之间的关系具有一定对应性(如图 8-1 所示),这种对应性也预示着以自适应调控机制为内核的雪花模型不仅能够勾勒人的行为与认知发展,也能够演绎人的思维层次、反衬人的思维形式与思维规律。

(3) 否定之否定规律

规则反映了个体所适应的各种环境的演绎规律,从而能够基于此来评判类似场景的适应表现,不过,所习得的规则并不是绝对可靠的。当习得的基层规则失效时,意味着实践表现与经验之间经常出现偏差,此时基层规则当中的状态变量与对策变量存在一定程度的量变(即不同于原有经验的变化),基于基层规则的矛盾与对立开始出现,这种矛盾也意味着基层规则对个体所适应场景的规律反映不够完善、不够充分,基层规则评价的随机性与混乱性即代表着对规则效度的自否定。

否定之否定是对自否定的进一步否定,它同时否定既定规则下的各种矛盾与无序表现,相

[①] 黑格尔.小逻辑[M].2 版.贺麟,译.北京:商务印书馆,1980:280.
[②] 周礼全.黑格尔的辩证逻辑[M].北京:中国社会科学出版社,1989:39.

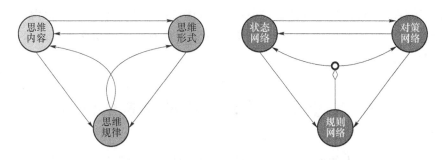

图 8-1　思维架构与主体架构之间的对应性

当于否定既定规则本身,并在这种整体否定基础上引入了新的对立性,从而在一种新的关系维度和作用尺度上建立自否定。否定之否定相当于从基层规则到宏观规则的逻辑演绎,它存在尺度和维度的跨越,它与上文讲到的自否定不处在同一个否定范畴之中。例如效应规则中的强化、弱化是对效用规则中的所有四种表现(趋乐、避乐、趋苦、避苦)的整体演绎趋势之上的相互否定,这种否定内含着新的分化维度。汤姆逊的对角线引理可视为否定之否定的一种形式化表示(见7.5节说明)。

否定之否定内含着自否定,规则网络中,每一次裂变均分化出两种质性表现,其中一种相对于另一种来说都是一种否定,由于这两种质性表现同属于同一套分化维度,因此这种否定等同于是一种自否定,不过是在宏观规则演绎下的自否定,它同基层规则失效下的自否定是同一套东西,但不是同一种自否定,因为两者的观察视角不同、观察层级不同,所获得的认知深度存在不同。从宏观规则来看,否定之否定是在同一个关系维度和作用尺度上的自否定,是基于同一套规则之中的互否定,这种相互否定凸显出了规则的评价基准和评价范畴。

(4) 辩证法三大规律的内在统一性

上述分析证实了雪花模型当中同时蕴涵了辩证法的三个规律,进一步对照分析会发现,这三个规律都涉及逻辑层次的跨越,都与运作模式的演进升级有关。自否定相当于基层规则因执行偏差而带来的矛盾性,否定之否定则对应宏观规则从整体势态上分化出来的矛盾对立性。从基层规则到宏观规则的迭代演进,发生了认知结构与适应策略的质变,基于基层规则的矛盾对立性相互渗透并融合于一体,形成了整体层面的质性界定,这一界定也是对基层矛盾对立性的进一步否定。

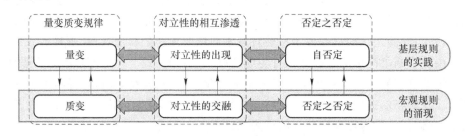

图 8-2　辩证法三大规律的内在统一性

图 8-2 示意了辩证法三大规律的内在一致性,其中,自否定可视为针对量的否定,否定之否定可视为针对质的否定,自否定体现出一种对立性,否定之否定又将这种对立性统一在新的逻辑结构之中。从雪花模型来看,量变、对立性的出现、自否定都属于基层规则演绎表现的刻画,而质变、对立性的融合、否定之否定则都属于宏观规则演绎表现的刻画。

由于辩证法三大规律具有普适性,这也预示着能够指正辩证法三大规律内在统一性的雪花模型同样具有一定的普适性。15.2节会进一步说明雪花模型中层次性跨越演进规律(层次建构论)在自然系统中的表现。

8.3 雪花模型当中的辩证思维结构

形式逻辑呈现出了人的思维当中机械性的一面,即用一种相对确切的规则和范式来理解事物,用一种相对明确的逻辑基础来演绎事物。从雪花模型来看,形式逻辑属于规则不可变易的逻辑系统,形式逻辑难以容忍内容上的偏差,也难以容忍推理演绎上的矛盾性。

辩证逻辑则表现出了思维当中的灵活性、包容性与抽象性,它建立于既有的演绎范式之上,但又不局限于特定的演绎范式,并侧重于从范式规则的破与立当中推敲事物的本性。从雪花模型来看,辩证逻辑属于规则可变易的逻辑系统,辩证逻辑不仅能够容忍内容上的对立性,还能够容忍演绎上的矛盾性。

形式逻辑当中有思维形式化的四个基本规范:同一律、不矛盾律、排中律、充足律。辩证逻辑当中有辩证思维的四个典型表现:归纳与演绎的统一、分析与综合的统一、抽象与具体的统一、逻辑与历史的统一,这四种表现在雪花模型当中都有对应的结构,具体说明如下:

(1) 归纳与演绎的运作结构

归纳主要体现在状态网络之中。在每一次的系统适应过程中,状态网络所依赖的感觉系统都会采集极为巨量的场景信息,并对场景的状态信息流变进行梳理,提炼出其中的状态特征,筛选特征之间的关联性,从中凝练出能够映射复杂场景的有效状态演变模式,这些本质上都是归纳的表现。归纳是在众多的潜在数据集合中寻找出最具代表性的样板数据或逻辑关联,这意味着归纳需要摒弃众多的非关键数据,丘脑对显著刺激的过滤,皮层神经网络对庞大信息流的同步性筛选,都是在摒弃无关数据,与此同时,可表征场景事物的关键特征及其演变模式的关键信息能够从中沉淀出来。状态部件对数据的归纳与筛选,为快速搜索与场景特征最为匹配的历史演变模式奠定了基础,也为演绎创造了条件。

演绎主要体现在对策网络之中。对策部件是行为的产生者,是状态演变的组织者,它突破了状态网络以时间同步性为主的特征筛选模式,提供了一套可以解码连续性运动的复杂处理系统,为建构连续时变上的因果关联奠定了基础。对策网络的更新迭代依赖于不断的行为实践,实践表现与经验之间的反差成为推动对策不断调节优化的价值参照,更具可靠性与适应性的对策也由此不断沉淀出来。机体以行为为基础,以行为关键节点的同步状态为采样标记,通过采样标记的流转异动而反衬出了演绎的生成变化,从雪花模型来看,演绎与推理即是行为逻辑的映射。在黑格尔那里,行动与实践就是逻辑的"推理",逻辑的格[①]。行为实践、推理演绎、组织对策,它们都可视为复杂度各异的行为描述。

对策网络和状态网络是相辅相成的,它们是自适应调控内核(图2-3)的重要组成部分,两者的匹配对接,既是规则部件的分化基础,也是规则部件的分化对象(参考图4-5)。缺乏状态网络,行为对策的执行将失去标的,系统将陷入盲目性和无序性;缺乏对策网络,就不能组织起状态目标在不同时序、不同空间中的有序演变,即不能够将系统自身耦合至与环境要素相互作

---

① 列宁.哲学笔记[M].中共中央马列著作编译局译.北京:人民出版社,1956:233.

用的对接环路当中,由此,系统就不能够基于自身的内部结构性变化来映射耦合于该结构性变化之上的环境事物的生成变化,换句话说,系统不能够理解环境事物的演绎逻辑。状态网络对应于感觉系统,对策网络对应于运动系统,感觉系统和运动系统都存在一个多级处理系统,并在各个层面发生纠缠,并且越到高层,两者之间的纠缠越深入,越难以分清彼此,从动力模型中我们也可以较为直观地看到这种相互纠缠、层层嵌套的复杂形态。在高层运作模式中,对策网络当中夹杂着状态关联特征,状态网络当中夹杂着对策演绎信息,两者互根互用、相互支撑,形成一个紧密联系的统一体。

归纳是从无数的个别当中提炼出一般性,是一种关联逻辑,与状态目标相对照;演绎是以归纳所给出的一般性来引导、组织既有的个别性,或是产生全新的个别性,是一种过程逻辑,与行为对策相对照。状态目标和行为对策统一于各种或简单或复杂的适应性规则之中,这种统一性也意味着归纳与演绎的统一性。

(2) 分析与综合的逻辑结构

分析通常针对的是较为复杂的问题,其关系维度较高,或作用尺度较宽,个体通常不能快速直观地给出问题的总体演绎规律。从雪花模型来看,所谓复杂的问题,就是个体还未完全掌握其运行规则,在面对该问题时,个体不能预判其状态关联,或是无法掌握其组织对策,也难以准确定性问题的总体性质表现。分析是处理复杂问题的一种基本手段,当个体不能给出复杂问题的整体性质判定时,以问题局部为切入点,以可匹配局部问题的习得规则为抓手,来尝试定性复杂问题的局部环节表现。当问题局部依然比较复杂时,可以进一步细分,直至找到可以用经验处理的细分领域。划分越细致,处理起来越简单,个体越有可能从较为基础的习得规则中找到可匹配项。因此,分析的过程,相当于以整体为起点,通过不断向低层经验溯源,用低层规则来对问题的细节进行考察勘定,以确定其部分性质。分析不同于基于基层规则的模式探索,分析是基于经验的,分析过程中始终有一个隐形的整体背景;而模式探索是基于实践的,探索过程基于一个随时受实践影响的基层经验规则,其最终演绎导向存在不确定性。

综合是基于已定性的局部性质,将其不断整合而形成对事物或问题的总体看法。综合的过程,相当于统筹低层规则所定性的数据,并尝试给出基于高层规则的判定。各运作模式的动力模型中,越是高层,能够同时处理的并行规则就越多,其进行综合统筹的能力就越强。越是高层运作模式,涉及的问题越复杂,进行分析溯源的路径越多。进行综合统筹时依赖于基础数据,原则上来说,如果进行分析溯源时所遍历的基础数据越多,综合统筹时的结果越具有参考性,不过这并不是绝对的。跨越层级不同,综合统筹的方法也会有所不同,一般情况下,综合统筹方法可借助于层次建构论的演绎框架来进行:相邻层级间可通过相关性统计来呈现整体层面的性质,隔一层级间则要既兼顾相关性统计,又要在这种多重相关性统计中找出相对稳定的因果关联性……跨越层级越多,综合统筹方法越复杂,且越底层的数据,规模越小的数据,对整体层面性质的影响度越小。进行分析与综合时都存在一个度的把握问题,即分析时不能过细,综合时不能覆盖面太窄。

分析过程中涉及综合处理,具体包括两方面:一是历史的综合经验。分析时所运用到的任何基层规则,都是相应运作层次反复摸索下的经验总结,是更低层运作表现的综合呈现。二是当前的综合框架。分析通常起源于超过经验认知的复杂问题,越复杂越容易激活高层规则,其相应的运作机制为进一步分析锚定了初步的框架,虽然问题性质并不明朗,但对于接下来的局部分析进程来说,这是一个综合指导框架,缺乏指导框架,分析将变得盲目和无序。这两种综合中,前者奠定了分析的起点,后者限定了分析的范畴。

综合过程中涉及分析处理,具体包括两方面:一是总体的质性分析。综合过程需要高层运作模式支撑,层次越高,其相应规则变量所分化出来的价值表现类型就越多,界定复杂问题究竟属于哪一种表现时需要进行分析。二是关键的节点分析。用于进行综合整理的各种细分数据,并不是每一样数据都是重要的,那些能够带来显著价值转变(包括向好的利益与向坏的风险)的关键节点需要重点把控,它们可通过状态变量中的关键标识,以及对策变量中的关键流程来明确,这一从大量数据中的筛选过程即涉及分析。两种分析中,前者体现了综合的内部结构,后者代表了综合的权重取舍。

分析是从大处着眼,小处着手,综合是从小处着笔,大处着题。在雪花模型当中,基层规则预估实践表现,相当于对实践可能作用性质与演变模式的检验分析,宏观规则引导实践走向,相当于对经验与实践偏差的综合,每个高层运作模式当中都内含着基层规则和宏观规则的运作,它们缺一不可,这种模式上的统一性也折射出了分析和综合的统一性。

(3) 具体与抽象的关联结构

逻辑全景图(图 2-2)反映了一个感性与理性交织、抽象与具体相统一的逻辑体系。

横向来看,图中第一行的规则变量反映的是个体感性的一面,它能够实时而快速地反馈个体在适应过程中的质性表现,其计算非常粗糙、主观,因而显得较为感性。第二行的状态变量反映的是个体的具象认知,从低层到高层,具象认知逐渐从"感性具体"走向"理性具体"。第三行的对策变量是支撑个体完成具象认知的组织系统,其与具象认知一起,构成个体解码和演绎世界的具象思维,从低层到高层,具象思维愈趋复杂、愈趋理性。

第四至六行的六个逻辑变量都是较为综合的描述,它们是规则变量、状态变量、对策变量相互协同联动下的全局呈现。第四行的三个变量反映的是主体系统的内部协调性(需求本体)、外部协调性(颉颃本体)、发展协调性(抵兑本体);第五行的两个变量反映的是主体价值异动而衬托出来的客体影响性(颉颃环境),以及因特定因子加持下的客体影响性转变(抵兑环境);第六行的一个变量反映的是主体和多种环境相互纠缠中的有利势态转变(抵兑时机)。这六个逻辑变量越到高层越显理性,变量所涉及的关系维度愈来愈复杂、作用尺度愈来愈宽广,它们都不能由单独的行为对策或状态目标来表征,只能由一系列的状态与对策的综合演绎态势来体现。

具体与抽象的分界面是现实,与现实的状态关联度越高、与现实的运动形式越契合,则越具体,相反则越抽象,因此,实时的、沉浸式的感知过程所形成的状态目标是具体的,而经验中唤醒的状态目标是抽象的,因为经验目标只保留了关键特征而筛掉了大部分细节;实践过程中参与组织实施的行为对策是具体的,而经验中唤醒的经验对策是抽象的,因为经验对策的本质是行为演绎,它是不能浮现在意识当中的,只能通过状态演绎来间接呈现。从雪花模型的六个运作模式来看,最能呈现具体性的是机动过程,机动过程就是基于现实场景的实践交互。感受过程和感知过程可视为是机动过程的局部功能体现,更高层的三个运作模式则是基于机动过程这一具体实践经验基础上的再运用、再加工,其中既有具体性的一面,也有抽象性的一面,具体性的一面体现在基于实践的试错摸索与偏差调节,抽象性的一面体现在习得经验在摸索与调节功能当中的辅助支撑或分化引导。对于任何一个模式来说,当以经验为主时,就是偏抽象的,当以实践为主时,就是偏具体的,两者的区别在于,具体情境下的信息输入量要远远大于抽象情境下的信息输入量。具体情境下,人脑对信息的加工处理是由低层向高层延展(Bottom-Up 模式),整个通路的信息显得更为充实、饱满;抽象情境下,人脑对信息的加工处理是由高层向低层回溯(Top-Down 模式),整个通路的信息更为稀疏、跳跃。

雪花模型的三个高层运作模式中,都包含基层规则与宏观规则的运作,基层规则代表着低一层运作模式的经验沉淀,宏观规则代表所在层次的运作机制,其核心职能是用于调和基层经验规则与实践应用之间的偏差,因此,三个高层运作模式都是具体与抽象的协同。

(4) 逻辑与历史的演绎结构

逻辑全景图中,各逻辑变量之间存在着大量的连线,由于其中的基础逻辑变量本身即代表着序参量的交互(参考表5-3、图5-4),逻辑变量之间的连线就意味着序参量交互的再交互,这种再交互实质上就是历史与逻辑的纠缠本现。

为了说明这种再交互的性质,首先需要对各变量之间的连线进行分解还原。逻辑全景图中每两个相邻层次之间的连线数量,与低层建构高层的途经连线数量,以及高层重塑低层的途经连线数量之和相等(参考表8-1)。基于此,可以将相邻层次间各逻辑变量之间的连线关系还原为低层对高层的建构关系,以及高层对低层的重塑关系。

表8-1 逻辑全景图相邻层次连接关系综合了建构与重塑作用

序号	逻辑全景图相邻层次连线数量 (图2-2)		低层建构高层途经连线数量 (图5-2)		高层重塑低层途经连线数量 (图5-3)	
Ⅰ	感受过程⇌感知过程	2	感受过程→感知过程	1	感知过程→感受过程	1
Ⅱ	感知过程⇌机动过程	6	感受过程→机动过程	3	机动过程→感受过程	3
Ⅲ	机动过程⇌消解过程	12	感受过程→消解过程	6	消解过程→感受过程	6
Ⅳ	消解过程⇌调谐过程	20	感受过程→调谐过程	10	调谐过程→感受过程	10
Ⅴ	调谐过程⇌趣时过程	30	感受过程→趣时过程	15	趣时过程→感受过程	15

以机动过程与消解过程这两个相邻层次为例,机动过程的3个逻辑变量与消解过程的4个逻辑变量之间存在12条连线,它们可以分解为刺激感受、感知目标、作用方式、需求本体这四个序参量之间的6条由低向高的建构作用连线,以及6条由高向低的重塑作用连线,具体如图8-3所示。这其中,连线④⑤⑥代表着正在进行中的建构过程,它预示着从低层逻辑变量向高层逻辑变量的升级方向,这种升级源于低层逻辑变量在不断试探摸索中的经验沉淀,它体现的是一种归纳与综合。作用体验的经验历史中沉淀出需求效用,作用目标的经验历史中沉淀出需求目标,作用方式的经验历史中沉淀出需求方式,需求效用、需求目标、需求方式三者的协同与融合即代表着需求本体。连线①②③代表着更底层的建构过程,包括规则变量对状态变量与对策变量的建构支撑,以及状态变量对对策变量的建构支撑,这种建构支撑是在消解过程这一运作模式的框架中进行的,这种更宏大叙事环境下的建构过程比孤立环境下的建构过程拥有更为丰富的意义。

消解过程指向机动过程的6条连线(即(1)(2)(3)(4)(5)(6))代表的是高层逻辑变量对低层逻辑变量的定性,这种定性界定了低层逻辑变量的运作范畴。对于低层逻辑变量中的众多样本,高层变量明确了哪些是可靠的,哪些是需要优化的,哪些是需要禁止的,哪些是可以综合的,进而从中调节分化出更具适应性的组合样本(序列)。其中,(4)(5)(6)是相对宏观的分化调节,(1)(2)(3)是更微观层面的分化调节。

逻辑全景图中,每一行的各个逻辑变量都存在性质相似性,它们都是起始序参量所具有性质的延伸,这种延伸记录了逻辑变量所经历的具有整体稳定性的各层次序参量的性质,因此基础逻辑变量间接印刻了序参量的演绎历史,基础逻辑变量因参与其中而成为了历史的一部分。例如,需求目标是感知目标的延伸和发展,需求目标在感知目标的基础上,附加了作用方式、需求本体这两个序参量的性质。

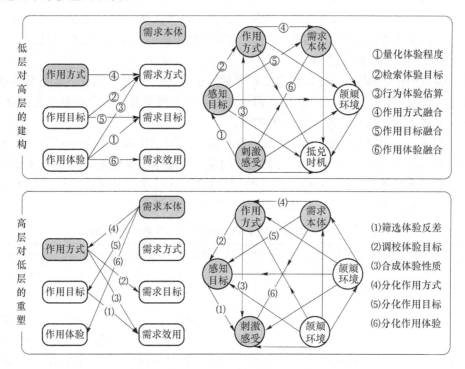

图 8-3　机动过程与消解过程逻辑变量连接关系的分解

表 8-1 对相邻层次连线数量做了统计，共有 5 组逻辑变量连线，其中 I 组包括刺激感受、感知目标这两个序参量（代表相应运作层次）之间的 2 条连线；II 组包括刺激感受、感知目标、作用方式这 3 个序参量之间的 6 条连线，这些连线均可以进一步还原为基础逻辑变量之间的交互。从中可以看到，II 组"重复"了 I 组的 2 条连线，这种"重复"的意义体现在：I 组的 2 条连线记录的是变量的初级演绎历史，II 组的 2 条连线记录的是在更宽广作用尺度中的演绎逻辑，它包容原有的初级演绎历史，是在更宏大背景下的更宏观演绎呈现。III 组包容 I 组和 II 组的历史，并呈现出更为宏观的逻辑演绎。类似的，IV 组、V 组也都分别包容前一组的演绎历史，并在更宽广的范畴中呈现出更为复杂的演绎表现。不同基础逻辑变量进行交互时，在不同的条件下，其所代表的历史会有所不同，图 8-3 中虽然是同一组逻辑变量，但连线①②③及连线（1）（2）（3）映射的是更为底层的演绎历史，而连线④⑤⑥及连线（4）（5）（6）映射的是更为宏观的演绎历史。

逻辑全景图相邻层次之间的逻辑变量连线，代表的并不只是两个相邻层次之间的交互，而是包含了所有的基础运作层次，它们代表了一种演绎历史，与此同时，当前的交互逻辑并不是所有演绎历史数据的汇聚，而是能够适配于当前适应情景的特定历史数据的呈现，它是历史与逻辑相互交织的结果。逻辑全景图当中存在着逻辑与历史的演绎结构，变量之间的交互逻辑演绎着新的历史，既有历史成为后续演绎的参照和台阶，推动更宏观结构上的逻辑演绎。

第9章 基于雪花模型的情理逻辑探析

雪花模型内含多个运作层次,以及多套运行规则,每套规则在进行关系评判和行为调节时存在维度和尺度上的差异,不同层级间的规则不能直接通约。形式逻辑相当于基于既定规则、既定范畴下的逻辑演绎,辩证逻辑相当于规则不断变易下的逻辑演绎。人的思维逻辑既有形式的一面,也有辩证的一面。形式逻辑对演绎规范的高标准要求,使其很难完整映射个人思维当中的丰富逻辑表现,尤其是涉及复杂情感方面的逻辑演绎。辩证逻辑并不要求条件与结论的绝对真假,它弥补了形式逻辑的一些短板,能够提炼出规则变易过程中的一般性规律(如辩证法三大基本规律),不过这些规律非常抽象,它们可作为实际问题的原则性指导,但很难给出具体层面的逻辑指导。为此,我们需要考虑新的逻辑范式。

9.1 情理逻辑的演绎进路

人的思维逻辑不仅仅能够判定真假,还能够判定是非、对错、好坏、成败、优劣、正邪……类似的判定标准还有很多,其中有基于现实的对比判定,有基于情感的主观判定,有基于个人的价值判定,也有基于社会的价值判定。那么,这些判定是否存在复杂性的不同?复杂性的差异是否意味着这些判定存在着逻辑层次上的差异?不同的判定之间是否存在着内在的逻辑关联?

基于雪花模型的演绎体系,可以对各种质性判定问题给出一套相对系统的回答。雪花模型包含6个运作模式,各运作模式能够处理不同复杂度的待适应场景,将6个模式的调节分化机理进行简并,可归约为6种主观判定逻辑,具体如表9-1所示。为了描述方便,这里将基于雪花模型的主观逻辑判定体系称为情理逻辑。

表9-1 情理逻辑的多层级价值判定

运作模式	主观逻辑判定	逻辑功能
感受过程	判定〖有|无〗	界定感受性(逻辑之起始)
感知过程	判定〖总|别〗	界定代表性(相关性建构)
机动过程	判定〖实|虚〗	界定存在性(作用性建构)
消解过程	判定〖好|坏〗	界定自主性(主体性建构)
调谐过程	判定〖利|弊〗	界定影响性(社会性建构)
趣时过程	判定〖得|失〗	界定前景性(发展性建构)

下面对6种主观评判标准进行逐一说明。

(1)〖有|无〗是对感受性的判定

情理逻辑的判定从〖有|无〗开始,〖有〗代表刺激信号在当前可感受,〖无〗代表刺激信号在当前没有感受。这里要特别注意的是,〖无〗不是指那些不能被机体所采集的信号,而是指可感受的信号在当前并没有处于激活状态。机体内置了许多不同类型的感受器,各类感受器所能检测的刺激信号存在较大差异,每种感受器大多只能接收特定的刺激信号,超过其敏感度范畴的刺激信号不能被机体所处理,这种不能处理的信号不能归为〖无〗之中,由于无法感受,它直接被隔离于人的主观精神世界之外,除非因为某些技术手段而实现了间接感受,才能界定这类无感信号的〖有〗与〖无〗。

感受性是逻辑认知的起点。〖有〗意味着感受性的实时性、临场性,〖无〗意味着刺激源当前未与人的感觉系统对上线。〖有|无〗判定是一维的(更形象的说法是单通道),它只能给出当前感受性是〖有〗还是〖无〗,而不能给出一种类型的〖有〗与另一种类型的〖有〗之间的关系,也不能给出不同类型的〖无〗与〖无〗之间的关系。总体上来说,〖有〗和〖无〗所给出的不是一种类型的界定,而是一种量级的界定,突破了某个量(激活阈值)即为〖有〗,没有突破即为〖无〗。

(2)〖总|别〗是对相关性的判定

〖总〗与〖别〗能够同时对多种类型的刺激感受进行整体判定,各种刺激感受同步汇聚所形成的统计特征,可以作为特定对象的状态表征。〖总〗,指界定一个对象的全体状态特征的关联集合,是一种全局映射;〖别〗,指界定一个对象的显著性特征,是一种局部代表。局部代表和全局映射共同界定了目标对象。一只猫,所有与猫相关的特征集合,诸如头部、躯干、内脏、四肢、尾巴、毛发,以及颜色、声音、大小、胖瘦、食物、代谢物等,这些用来断定猫的全体特征集合即代表〖总〗。这其中,可用于区分猫的显著性特征即为〖别〗,诸如头部特征、声音等。对于任一个对象来说,通过〖别〗一般就能够对该对象做类别区分。例如,看到猫的面部特征,可以极大概率确认那是一只猫。相对的,通过〖总〗当中的部分特征并不一定能够区分该对象,例如看到部分毛发,它可能是一只猫,也可能是一只老虎,也可能是一件毛毯。〖总〗中的一般特征虽然不能准确界定对象为何物,但并不意味着这些一般特征就不重要,〖总〗中的一般性特征通常有着特定的空间排列规律或时间同步规律,这一表现是界定目标对象的重要辅助手段,也是判断目标对象是否出现反常的重要依据。例如,正常的猫应该有完整的躯干,但是有一只猫的躯干少了一大截,并且还活蹦乱跳的,虽然少掉的一部分单独看来属于并不起眼的一般特征,但是这一情形一定会让人感到不可思议。

〖总|别〗判断是一种相关性判断。〖总|别〗是在〖有|无〗这一逻辑判定的基础上,判定一批〖有/无〗与另一批〖有/无〗之间的关系,如果有关联,则可以基于一批〖有/无〗而引出另一批〖有/无〗。这里的一批〖有/无〗对应的就是一个或一组状态特征。有些状态特征间可能与许多事物有关联,有些状态特征可能仅出现在少数事物当中,甚至只出现在特定事物当中,相对而言,前者就属于一般状态特征,后者则属于关键状态特征。一般特征与关键特征并没有绝对的界限,它们的区别仅在于界定特定对象或事物的概率(权重)上的不同。

〖总〗囊括了目标对象的所有已习得的关联性特征,〖别〗指向了目标对象的最具代表性特征。老是以〖总〗来区分目标事物,意味着每一次都要把目标事物里里外外看个透,稍微有一点特征变化,那么就有可能被判定为不是目标对象,这种高要求必然带来极低的识别效率,同时也有可能错过目标对象,因此是不可取的。老是以〖别〗来区分目标事物,能够既高效又便捷,但是〖别〗并不等于〖总〗,单独出现〖别〗而没有出现〖总〗中的其他一般特征,在界定目标对象时有可能发生错误。以〖别〗来进行识别时,需要在〖总〗的框架内来确认目标对象,其中〖别〗的识别精度要求相对较高,而〖总〗中除〖别〗以外的其他特征的识别精度要求不高,这也是个体识别目标时具有较高容错性的原因所在。这种兼具效率但不保障绝对准确性的折中办法,可以从生理上得到解释。人的视觉系统中,视网膜可以映射整个场景的光点信息,而中央凹则聚焦于特定的信息,整个视网膜相当于映射〖总〗,中央凹相当于映射〖别〗,中央凹的分辨率很高,容错性较低,而整个视网膜分辨率不高,容错性较高,这与〖总〗的高概括性,以及〖别〗的关注显著性的性质表现是相称的。基于〖总〗可以界定某对象的关联范畴,基于〖别〗可以界定对象的关键线索,〖总〗〖别〗相结合可以快速界定和明确对象。

理论上来说,在人的认知中,一个对象有可能与任何一种特征之间存在关联,只要该对象与该特征在某个场景中经常同步出现,这也意味着界定某一个对象的〖总〗可能囊括人所识别过的所有特征,区别也在于其相关概率的大小。人脑感觉皮层网络的神经元纵横交错,任意两个神经元之间都有可能紧密相连,这也预示着任意两个特征之间都有可能有关联,同时也揭示了辩证哲学的普遍联系原理的产生基础。任何一种特征都有可能成为在特定场景中界定某对象的关键特征,只要该特征在场景中相对唯一,且与该对象在场景中总是同步出现。例如,在家里,界定自家小孩只需要出现小手或运动的小儿衣服等特征就可以,而在幼儿园里,要界定自家小孩则需要更多的特征来筛选,这两种情形下目标对象是相同的,但区分目标对象的〖别〗有较大的不同。这一案例也意味着,界定同一对象的〖总〗与〖别〗并不是完全固定的,它会随着场景的不同而发生变化。

认知经验也会对目标对象的分类识别带来影响,通常来说,对某类对象的经验越丰富、认知越深入,〖总〗所包含的特征关联就越多,相应的〖别〗也越细致。一种〖别〗可能是某个简单目标的〖总〗,一种〖总〗可能是某个复杂目标的〖别〗,〖别〗与〖总〗会因场景的不同、经验的不同而不断生成交错、演变迭代。〖别〗与〖总〗以〖有〗为起点,以批量的〖有〗与〖无〗来界定各种〖别〗与〖总〗,进而开启映射自然世界内在相关性的序幕。只有〖总〗,没有〖别〗,无法界定感知目标的代表性;只有〖别〗,没有〖总〗,无法界定感知目标的完全性。

人的认知过程中,经常出现以〖别〗代〖总〗,因为这样可以极大地提高信息处理效率。语言是以〖别〗代〖总〗的一种典型体现,每一个语言符号都是对特定对象或事例的指代,它们会随着使用习惯和使用范畴的迭代而不断调整,一些符号会逐步一般化,一些符号会进一步特指化,一些符号会叠加新的含义、合成新的概念。一种指代〖总〗的一般性符号有可能因为一种极为特殊的事件而成为一种〖别〗。实际上,组成〖总〗的所有特征当中的任何一个特征都可视为一种〖别〗,区别仅在于它与〖总〗的相关概率的大小,一般特征是相关概率较小的〖别〗,显著特征是相关概率较高的〖别〗。〖总|别〗判定逻辑给我们的重要启示是,用单一的符号来指代目标事物实际上是对人的认知过程的一种简化,它忽略了组成目标事物的各特征要素的相关性权重分布,这种简化提高了效率,同时也产生了多歧义性、模糊性等问题(14.1节有进一步解析)。

(3)〖实|虚〗是对作用性的判定

基于〖别〗可以唤醒对特定〖总〗的关联认知,这种关联认知建构在特征与特征在时间或空间的同步性之上。基于作用性也可以建立特征与特征之间的关联认知,相应的判定称为〖实|虚〗判定。进行〖实|虚〗判定比〖总|别〗判定更为复杂一些,它首先要进行〖总|别〗判定,其次是要对〖总〗与〖别〗的进一步转变进行跟踪,包括〖总〗中的特征构成与特征组合形态的变化、〖别〗中显著特征及其权重变化等,变化过程的可跟踪、变化形态的可识别、变化感受的可以采集代表一种〖实〗,变化过程的难以跟踪、变化形态的难以识别、变化感受的难以采集代表一种〖虚〗。任何一种场景状态演变,无论个体是基于观察还是亲自互动,都会生成过程体验,它代表了一

种变化的可感受性，它可视为界定演变事物存在性的一种生物信息标签。通常来说，状态切换越剧烈，演变形式越新奇，刺激信号越敏感，过程体验就会越强烈。根据体验过程是否触发了适宜性、非适宜性的刺激信号，可将其分为积极体验和消极体验两种类型。

〖实｜虚〗判定基于一种过程性，它打破了相关性判定对时间或空间的严格同步性要求，以容纳和承载状态的持续演变，跟踪到的状态前后演变意味着一种因果性，它界定了状态演变的起始条件和演变结果。整个状态演变过程可拆解为从起始状态，到一系列中间状态，再到结果状态的状态组合序列，其中的每一幅实时状态组合则相当于一种〖别〗，所有的状态组合系列相当于一种〖总〗，从电影胶卷中可以直观地感受映射运动场景的〖别〗与〖总〗。由〖别〗可唤醒整个过程的状态演变，即使〖别〗所指代的对象并没有运动。例如，我们看到杯子里平静的水时，可以想象水的不断流动，也可以想象杯子的破碎；看到照片里的一只鸟时，可以想象鸟的飞翔。

〖实〗与〖虚〗的判定是相辅相成的，只有〖实〗，没有〖虚〗，无法界定状态演变的真实性；只有〖虚〗，没有〖实〗，无法界定状态演变的可靠性。〖实〗充实于实践之中，是对实践的筛选编码，实践中的丰富信息为这种编码提供了较为充分的素材；〖虚〗意味着编码的不充分、不到位，实践表现相对于经验认知有所脱节或虚无。支撑〖实｜虚〗判定的源于一种附加了机体特定观察视角、特定跟踪轨迹的作用方式，它是状态演变的解码者，是机体适应环境的底层执行者，缺乏行为方式的支撑，将无法完成〖实｜虚〗判定。

(4)〖好｜坏〗是对主体性的判定

主体性源于一系列作用交互当中的系统自持性，具体体现在存在冲突的作用方式的分化调节之中，基于作用进程而获得的积极或消极体验标签为这种分化调节提供了数据参考，对分化结果的质性判定即为主体性判定，具体分为〖好〗与〖坏〗两类。当标注为积极的作用性（反映在经验目标上）得到有效建构时（即该作用性判定为〖实〗），则主体性判定为〖好〗，没有得到建构时（即该作用性判定为〖虚〗），则主体性判定为〖坏〗；当标注为消极的作用性得到有效建构时（即该作用性判定为〖实〗），则主体性判定为〖坏〗，没有得到建构时（即该作用性判定为〖虚〗），则主体性判定为〖好〗。上面的主观运算过程可以用表9-2来表示。

表 9-2　界定主体性的〖好｜坏〗判定逻辑

经验体验	当前作用性	主体性判定
积极	〖实〗	〖好〗
积极	〖虚〗	〖坏〗
消极	〖实〗	〖坏〗
消极	〖虚〗	〖好〗

〖好｜坏〗判定界定了不同作用方式及其执行程度之间的价值表现差异。作用方式是机动过程的序参量，特定的作用方式支撑着特定的状态演变，以及相应的作用体验，对作用方式的分化调节，也意味着对作用目标和作用体验的调节。在机动过程中，各种状态条件和各种行为响应之间都有可能发生匹配关联，而在消解过程中，只有特定的行为对策与状态演变才是符合个体调节意向的，这一意向是由那些无效的，或是表现相对较差的状态与对策关联所衬托出来的。5.6节中的主体性建构部分所列举的笔纸案例即涉及某种意向调节，这一意志的背后，是对众多无效作用方式的否定或抑制，包括握笔姿势不对，用其他不能写字的棍棒物体作画，用笔在墙上乱画（这种事情出现时通常会即时叠加来自父母的同步消极体验）……不断地调节和引导之下，才逐步形成了笔与纸之间的特定作用关联。

日常生活中，针对大量常态化的行为对策下的状态演变，个体通常不觉得有什么〚好〛、〚坏〛之分，这与个体对常态事物演绎走向的高度习惯化而带来的越来越弱的体验反差有关，而后续实践中一旦出现对策执行或状态演绎的高度偏差，个体就会较为明确地意识到其中的〚好〛、〚坏〛之分。

〚好|坏〛判定也是相辅相成的，只有〚好〛，没有〚坏〛，无法界定主体行为动向的无效性；只有〚坏〛，没有〚好〛，无法界定主体行为动向的有效性。有效与无效反衬了不同作用关系的〚好〛与〚坏〛。

(5)〚利|弊〛是对社会性的判定

社会性源于主体之间的矛盾与调节，它体现的是主体与客体（环境）之间的协调性。对社会性的〚利|弊〛判定是在〚好|坏〛判定的基础上，来界定与客体纠缠时的作用效度。当主体对作用关系的经验判定为〚好〛时，如果与客体纠缠时这一经验得到顺利建构，则判定为〚利〛，否则判定为〚弊〛；当主体对作用关系的经验判定为〚坏〛时，如果与客体纠缠时这一经验得到顺利建构，则判定为〚弊〛，否则判定为〚利〛。表 9-3 汇总了针对社会性的主观逻辑判定。

表 9-3　界定社会性的〚利|弊〛判定逻辑

历史作用性	环境影响下的作用性	社会性判定
〚好〛	〚实〛	〚利〛
〚好〛	〚虚〛	〚弊〛
〚坏〛	〚实〛	〚弊〛
〚坏〛	〚虚〛	〚利〛

如果把表 9-3 中第一列的〚好|坏〛判定进一步还原至作用性判定之上，可以得到〚利|弊〛的完整判定逻辑，具体如表 9-4 所示。表中的两列〚实|虚〛判定有着不同的关系基准，偏左一列的〚实|虚〛判定以作用性为基准（用于界定作用方式的真实性和可靠性），偏右一列的〚实|虚〛判定以主体性为基准（用于界定主体系统的实在性和可靠性），它们虽然都是作用性建构，但是基准的关系维度和作用尺度是有区别的，由此带来的质性判定也存在维度和尺度上的区别。

表 9-4　〚利|弊〛判定逻辑的进一步细分

经验体验	历史作用性	环境影响下的作用性	社会性判定
积极	〚实〛	〚实〛	〚利〛
消极	〚虚〛		
积极	〚虚〛	〚虚〛	
消极	〚实〛		
积极	〚实〛	〚虚〛	〚弊〛
消极	〚虚〛		
积极	〚虚〛	〚实〛	
消极	〚实〛		

〚利|弊〛判定也是相辅相成的。只有〚利〛，没有〚弊〛，无法界定主体需求意向的失调性；只有〚弊〛，没有〚利〛，无法界定主体需求意向的协调性。主体与客体所达成的交互稳态相对于主体的初始需求意向，所反映的即是〚利〛与〚弊〛。

(6)〖得|失〗是对发展性的判定

发展性源于对环境作用效度的再建构,以从中明确不同背景因子下的效度差异,以及背景差异所映射出的选择时机。基于发展性的〖得|失〗判定建立在〖利|弊〗判定基础之上:当主体的社会经验判定为〖利〗时,如果这一作用效度在新的背景条件下得到进一步建构,则判定为〖得〗,否则判定为〖失〗;当主体的社会经验判定为〖弊〗时,如果这一作用效度在新的背景条件下得到进一步建构,则判定为〖失〗,否则判定为〖得〗。表 9-5 汇总了基于发展性的主观逻辑判定。

表 9-5 界定发展性的〖得|失〗判定逻辑

社会作用性	社会效度的再建构	发展性判定
〖利〗	〖实〗	〖得〗
〖利〗	〖虚〗	〖失〗
〖弊〗	〖实〗	〖失〗
〖弊〗	〖虚〗	〖得〗

如果把表 9-5 第一列的〖利|弊〗判定一步步还原至作用性判定之上,可以得到〖得|失〗的完整判定逻辑,具体如表 9-6 所示。表中存在三种作用性建构,其复杂度逐次提升,三种建构分别与需求方式、颉颃方式、抵兑方式相对应。

表 9-6 〖得|失〗判定逻辑的进一步细分

经验体验	历史作用性	环境影响下的作用性	社会作用性的再建构	发展性判定
积极	〖实〗	〖实〗	〖实〗	〖得〗
消极	〖虚〗			
积极	〖虚〗	〖虚〗		
消极	〖实〗			
积极	〖虚〗	〖实〗	〖虚〗	
消极	〖实〗			
积极	〖实〗	〖虚〗		
消极	〖虚〗			
积极	〖实〗	〖实〗	〖虚〗	〖失〗
消极	〖虚〗			
积极	〖虚〗	〖虚〗		
消极	〖实〗			
积极	〖虚〗	〖实〗	〖实〗	
消极	〖实〗			
积极	〖实〗	〖虚〗		
消极	〖虚〗			

〖得|失〗判定也是相辅相成的。只有〖得〗,没有〖失〗,无法界定主客体纠缠当中的价值损失;只有〖失〗,没有〖得〗,无法界定主客体纠缠当中的价值增益。主体与客体的交互稳态在不同背景条件下的进一步波动,反映的即是主体价值的〖得〗与〖失〗。

综上,从〖有|无〗、到〖总|别〗、到〖实|虚〗、到〖好|坏〗、到〖利|弊〗、到〖得|失〗,情理逻辑的6种判定原则中的每一组,既存在对立性,又存在统一性,对立性体现在每个层次的两种逻辑判定是不相容的,统一性体现在两种判定中的每一种都必须以另一种为参照,每一种判定均无法独立存在。没有〖实〗,就不能定〖虚〗,没有〖弊〗,就不知其〖利〗,没有〖得〗,就不能断〖失〗。更高层的逻辑判定,都是对低一层逻辑关系的综合定性,是对一系列低层逻辑关系系综表现的统计推断。6种逻辑判定存在逐级复杂化的趋势,把各级逻辑判定串联起来,可以得到情理逻辑各层级主观判定的演绎路径图,具体如图9-1所示。

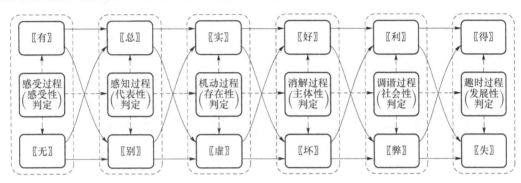

图9-1 情理逻辑判定的演绎路径图

从情理逻辑的整体演进过程来看,越是低层级,逻辑判定所涉及的关系维度和作用尺度愈简单、愈局部,越是高层级,逻辑判定所涉及的关系维度和作用尺度愈复杂、愈系统。我们平常所言的好坏、利弊、得失等主观价值判断,它们并不是随意给出的,相互之间也不是平行或独立的关系,而是有着特定的演进历程,每种判定存在着维度和尺度上的差异性,了解其中的差异性,了解这些主观判断的层级递进关系,可以帮助我们更好地理顺思维的演绎框架,以及更准确地分析推演主观情感和社会价值的演绎变化。

总体上来看,情理逻辑的前三级判定表现出一种物质性和事物属性,后三级判定表现出明显的精神性、主体价值性。若将前三层视为物质演绎,后三层视为精神演绎,那么这两个世界的跨越有四个必要条件:一是对作用过程的表现进行采样评分;二是对作用过程的状态演绎进行表征;三是形成作用性建构的组织和反馈体系;四是建立作用性建构的历史与当前的分化调节机制。这四个条件与主体系统的四个部件存在对应关系,这也意味着,要探究复杂的主观情感,应当以主体系统为基准。情理逻辑即是基于主体系统的主观判定逻辑,这种判定与主体系统的环境适应表现是相对应的,也与个人的认知能力是相称的。主体系统越特别,其主观性通常表现得越明显,而主体系统越一般、代表的范畴越宽广时,通常会表现得相对客观一些(9.4节有进一步讲解)。

9.2 关于情理逻辑的真假判定

"真"概念是逻辑学当中的基本概念,关于这一概念的确切含义至今依然未得到有效澄清[①]。本节将尝试从情理逻辑的真假判定体系当中来解析如何把握"真"概念,以及与"真"相对的"假"概念。

情理逻辑包括 6 个主观判定层次,主观意味着相关判定可能符合个体的有限经验,但不一定符合客观事实,以主观判定为待议命题,以事实表现为依据和准绳,就可以对命题的真假进行界定。表 9-7 初步梳理了基于这一原则的真假判定,表头中的"名"代表当前主观陈述,"实"代表实践表现或基于经验的进一步推理,"判定"是对"名"与"实"的吻合程度的计算,其中"实"作为标杆,"名"作为判定对象,当"名"与"实"相符时,即判定"名"为真,当"名"与"实"不符时,即判定"名"为假。

表 9-7 基于情理逻辑的真假判定

名	实	判定	名	实	判定
〖有〗	〖有〗	真	〖有〗	〖无〗	假
〖无〗	〖无〗	真	〖无〗	〖有〗	假
〖总〗	〖总〗	真	〖总〗	〖别〗	假
〖别〗	〖别〗	真	〖别〗	〖总〗	假
〖实〗	〖实〗	真	〖实〗	〖虚〗	假
〖虚〗	〖虚〗	真	〖虚〗	〖实〗	假
〖好〗	〖好〗	真	〖好〗	〖坏〗	假
〖坏〗	〖坏〗	真	〖坏〗	〖好〗	假
〖利〗	〖利〗	真	〖利〗	〖弊〗	假
〖弊〗	〖弊〗	真	〖弊〗	〖利〗	假
〖得〗	〖得〗	真	〖得〗	〖失〗	假
〖失〗	〖失〗	真	〖失〗	〖得〗	假

虽然给出了真假的判定原则,不过,这里依然有一个非常关键性的问题:"实"所对应的事实表现或演绎推理的准确性又应当如何界定?如果用于判定的准绳不可靠,又如何保障真与假的确切性?我们不能将这一问题挂靠于一种抽象的哲学式答案,如基于自然世界的绝对现实,或基于本质上的有效论证推理,这些回答容易将"名"与"实"隔离于两个不同的世界当中,使问题更加复杂。更可取的做法是从人的思维逻辑或认识过程当中来考察现实是如何投射进人的思维与认知当中,进而将"名"与"实"的吻合度计算过程拉回到同一体系当中,这样更易于探究真假的生成逻辑。

对于形式逻辑体系来说,经典逻辑更多地考察各种"事实性"命题,而涉及人的主观或价值取向方面的命题则更常见于各种扩展逻辑之中。不过,无论是"事实性"命题,还是经验常识,

---

① 余俊伟. 不同层次的逻辑多元论[J]. 逻辑学研究,2019,12(2):1-12.

或者带有主观性的价值判断,实际上都源于自适应调控机制的不断分拣的结果,其背后都与某种校验规则有关。从4.6节的解析中可以看到,人的许多经验常识或事实认知来源于规则部件的沉寂,即规则检验不出经验预估与实践表现之间的偏差,规则部件暂不发挥引导调节作用并不意味着其中没有指导规则。基于5.6节中的纸笔案例所衍生出来的事实判定"笔可以在纸上写字",就是规则对作用关系不断分拣的结果;13.5节进一步解析了各种与事实或经验有关的命题的演绎框架及其背后的分拣机制。从这些解析中可以看到,由于规则校验的正是经验与实践之间的偏差,当偏差不明显时,经验就与基于实践的"事实"相贴近了,从这里我们可以看到人们心中的"事实"产生方法,即充分吸收了现实的经验,这一表现与8.1节中实践空间的定义是类似的。

"实"可视为基于实践空间的事实或推理,"名"可视为基于经验空间的预估或判断。经验空间是过往经历的沉淀,它在认知中是离散的、静态的(这种离散性可以建立在局部的连续运动单元之上),体现的是一种相关性;而实践空间因与现实相映射,其在认知当中一般表现出过程性、持续性、秩序性、连续性、变化性,体现的是一种作用性。从层次演绎逻辑上来看,实践空间是基于经验空间的相关性建构,实践空间可简约为经验空间的统计表现。统计能够有效降低主观性的一面,因此基于经验统计的"实"也能更贴近现实,进而对"名"的真假作出判断。

情理逻辑包含6个判定层次,所给出的"名"以及用于判定的"实"可以来自相同或不同的层次,这样的话总共的"名""实"配对将有144种,表9-7仅罗列了其中的24种,它们都属于同一层次内的"名""实"配对。如果"名""实"分别来源于不同的层次,那么就会出现一些新情况,具体可分为两种:

(1) 当"名"来自高层,而"实"来自低层时,对"名"的真假界定存在随机性。比如"名"是一种关于发展性的陈述(考虑损失的进一步减少这一情形,基于发展性的经验判定为〖得〗),而"实"是一种关于主体性的实践经验,用"实"来验证"名"时,就可能呈现出随机性和无序性,因为关于〖得〗的陈述当中,损失的进一步减少可能源于一种较为辛苦的劳动付出,可能源于一种较为激烈的对抗,也可能源于外部的环境支撑,这其中既有被主体性判定为〖坏〗的情形,也有被主体性判定为〖好〗的情形,这些判定不能够有效支撑对〖得〗的校验,因此其真假存在不确定性。

(2) 当"名"来自低层,而"实"来自高层时,对"名"的真假界定同样存在随机性。例如某件事情基于主体性的经验判定为〖坏〗,这一事件的陈述在发展性判定看来既有可能是〖得〗,也有可能是〖失〗,关键在于叠加在该事件上的额外影响因子及其影响表现,影响因子不同,表现也会有所不同。如果界定为〖得〗,那么关于该事件的陈述并不见得是坏事;如果界定为〖失〗,那么关于该事件的陈述确实是坏事。由此,基于主体性判定的〖好〗或〖坏〗陈述,在更高层的发展性逻辑看来,它既可能是真也可能是假。换句话说,高层逻辑可以认定低层的判定,也可以否定低层的判定。

上述两种情况的主要问题在于,基准尺度与校验尺度存在较大差异,难以保障认知上的同一性(16.1节会进一步解析这一问题)。当"名"来自所在层次的基层规则预判,"实"来自所在层次的宏观规则检验时,两者同属于同一个运作层次,判断尺度相近,并且宏观规则是基层规则无序运作、相干运作的系综体现,也是一种统计表现,基于宏观规则的"实"能够一定程度上界定基于基层规则的"名"的表现。

另一种"实"的产生方法,就是在给定关于"名"的经验陈述时,由不同的人来对"名"的真假与否来进行推演,最后综合所有人的意见,这属于基于第三方的统计推断。为了避免第三方因校验方法的不同而带来的混乱,可考虑加载形式逻辑的四个演绎规范(即逻辑四律)来进行约束。9.4节会进一步讲解情理逻辑中不同视角下的判定异同。

"名""实"之辩给我们的启示是多方面的:一是对于任何命题判断,如果不指明判定基准,那么其真假将不具有绝对性;二是真假判定应当考虑主体的认识能力,认识能力不足,或者认识过于超前,对判定结果都会造成影响;三是不同层次上的真假判定是不能像布尔逻辑那样直接混同,因为其背后的校验基准不同,给出的真假判定的条件与机理也不同。

9.3 情理逻辑与规则评价之间的异同

第3章中系统介绍了规则网络的判定体系,9.1节中给出了一套多层次的逻辑判定体系,两套体系均源自于雪花模型演绎体系,表9-8对两套体系的6个演进层次做了对比,总体上来看,这两套体系之间有许多相似性,也有一些不同之处。

表9-8 规则网络与情理逻辑的判定体系对比

规则网络的偏差评估体系			情理逻辑的主观判断体系		
规则变量	功能	规则判定	序参量	功能	原则判定
刺激感受	评估感受性	有感|无感	刺激感受	界定感受性	〖有|无〗
感知焦点	评估显著性	显著|一般	感知目标	界定代表性	〖总|别〗
作用体验	评估体验度	积极|消极	作用方式	界定存在性	〖实|虚〗
需求效用	评估有效性	趋近|规避	需求本体	反衬主体性	〖好|坏〗
颉颃效应	评估协调性	强化|弱化	颉颃环境	反衬社会性	〖利|弊〗
抵兑效果	评估机会性	升级|降级	抵兑时机	反衬发展性	〖得|失〗

两套体系的相似之处体现在:

(1) 两套体系的判定存在一一对应性,每组判定都可归属于雪花模型的相应运作层次。规则网络的分化维度,与情理逻辑的主观判定都是二分性的,并且从消解过程开始,这些二分判定还可以进一步细化,并且细化的数量也是一致的(参考图3-1以及表9-2、表9-4、表9-6)。

(2) 两套体系都存在低层级判定支撑高层级判定,高层级判定包容低层级判定的性质。低层级相当于高一层级的局部表现判定,高层级相当于低一层级的系综表现判定。

(3) 两套体系都存在判定的多样性和对立性。每一组判定都是互相对立、互为参照。每个层级的判定都无法同时兼顾完全性与无矛盾性,其中的完全性由所有判定细则来体现,矛盾性由其中的多组对立性判定来体现。所在层次可以判定其中的每一种具体表现,但是无法对多种表现混杂在一起的情况进行判定,这种情况需要高层来完成。

两套体系的不同之处体现在:

(1) 规则网络的判定是基于既定经验之上的偏差运算,各层级的分化维度可用某种数学方法进行核算,虽然体现的也是价值表现,但计算过程具有某种机械性,我们可以从伴随偏差的情绪反馈的高效性与粗糙性中感受这一点;情理逻辑的判定是一种主观价值判定,其表现与人们的意向、情感等精神要素有关,情理逻辑的判定倚重于认知的实在性与行为的合理性。

(2) 规则判定体系存在规则的变易性问题,以及不同层次间规则的协同运作问题,这一复杂局面需要靠一套系统的演绎架构来解析,自适应调控机制、产生-检验循环架构、动力模型等都是解析规则协同与变易的演绎架构,因此,规则判定体系属于一种动力学的演绎视角;情理逻辑对运作机制的考究相对模糊一些,从形式上来看,情理逻辑是雪花模型演绎体系的一个简化版本,情理逻辑不考究规则的变易性问题,它淡化了模式探索当中的过程和细节,而强调了模式总体层面的运作表现,并给出了表现的阶段性层级,这种多层次体系当中的每一层都近似于一种相对固定的形式化系统,由此,情理逻辑可视为一种逻辑学的分析视角。

总体上来看,情理逻辑体系偏向于静态分析,规则演绎体系偏向于动态演绎。如果纯粹基于经验来分析人的行为认知及其情感演绎,可以考虑用情理逻辑;而如果要结合实践来探究人的行为认知是如何迭代演进的,则应当运用规则演绎体系。

情理逻辑与规则演绎体系的对照,对于科学探究人性具有重要的启发意义。精神世界的极具复杂性给人们的各种主观情感披上了一种神秘主义色彩,情理逻辑与规则判定体系的一一对应性,使这种神秘色彩得到极大的消解(规则演绎机制预示着情感强度是可以运算的),某种意义上来说,关于人与社会的情感与价值计算将不再是不可跨越的难题。

9.4 关于情理逻辑的视角差异

形式逻辑追求真假判定的客观性,即尽量要求判定结果不会因为进行评判的人的不同而发生改变,这是由形式系统的四个基本规律所决定的。对于情理逻辑来说,追求判定的客观性是一件较为困难的事情,这是因为每个个体的经验和阅历存在着不同,使得同样的事情,每个个体的判定基准很难保证绝对一致,由此可能给出各种不同的质性判定,这些判定对于个体自身来说有其正当性。个体的经历越特别,判定通常会越独特(主观),个体的经历越一般,判定通常会越随众(客观)。

为了更好地分析和比对不同的判定结果,需要对判定条件进行明确,一种方式是根据视角的不同来区隔判定条件,具体可分为三种情况:一是沉浸视角,即观察者亲身实践并给出相关判定;二是旁观视角,即观察者以自身的经验来对他人的表现或外部事件进行判断;三是综合视角,即不偏向于自身或其他观察者,而是兼顾自己和其他观察者的知行表现,进而给出综合判定。前两种属于主观视角,后一种更接近于客观视角,这三种不同的视角下,情理逻辑的判定结果通常会有所不同,下面结合各个层次进行说明。

(1)〖有〗与〖无〗的主客观判定

〖有〗与〖无〗是一种感受性判定。无论是菜味、气味、触感、音质,还是颜色,每个人的感受只能自己体会,个人很难去把握他人的确切感受。例如,一道开水白菜的味道如何,只有品尝后才知道,无论别人说的如何形象、如何秀人,它始终无法替代亲自品尝所带来的实时味觉反馈。此外,每个人的生理条件不同,对各类刺激的感受阈值也多少会存在一些差异(例如发生感觉减退时与正常情况下存在较大差异),同时对刺激源的感受角度不能保证绝对一致,这些情形使得不同个体对同一刺激信号所给出的反馈可能不大一样。

〖有|无〗判定是逻辑起点,在逻辑中主要起初始化的作用,即给出基本的初始定义,原则上这种定义可以用任意的符号来指代,以及用任意的数量基准予以量化。要保障沉浸视角与旁观视角下的判定统一性,需要有统一的感受性范畴,一个统一的初始化标准,以及公认且可靠的第三方检验机制;另一种方式就是用批量数据来进行检验,通过消除个性差异,呈现集体特

征来界定统一标准。仔细审视这些条件,会发现它们不可避免地涉及相关性建构与作用性建构,换句话说,纯粹的〖有|无〗判定是无法建构客观性的,其根本原因在于这种判定是单通道式的一维判定,它是单一的、原子式的存在,它没有可用于进行分析比对的内部结构(要注意的是,生理上的解剖似乎证明了感受过程存在极为丰富的内部结构,但这种认识一定要借助于相关性建构和作用性建构)。

在〖有|无〗判定中,沉浸视角下是纯粹的〖有|无〗判定,不需要依赖其他的辅助手段就能够完成;旁观视角下由于旁观者不是刺激信号的直接感受者,必须借助于相关性建构才能间接判定被观察者可能的〖有〗〖无〗感受,例如被观察者的特定表情或语言反馈;综合视角下,要考虑不同个体判定〖有|无〗的异同,相当于类比多种相关性之间的异同,这种类比依赖于作用性建构的演绎框架(因为界定相关性的感知过程本身不能同时处理各类已有相关性之间的异同)。从中可以看出,三个视角对〖有|无〗判定的技术性要求是不一样的,综合视角比前两种视角的要求更高。

(2) 〖总〗与〖别〗的主客观判定

〖总〗与〖别〗是一种相关性判定,它是二维的。理论上来说,任何一个特征,与包含该特征的集合之间都有可能存在〖别〗〖总〗关系,区别仅在于其相关概率的高低。任何一个特征,也许当前与某特征集合之间不存在明显的〖别〗〖总〗关系,但是经过某种作用性建构之后,就可能形成明确的〖别〗〖总〗关系(原来没什么关联的〖别〗也成为〖总〗的一份子)。

由于相关性判定所处维度较低,并不能够区分额外的作用性建构,既有的〖别〗、〖总〗关系的各种组织演变在相关性判定看来会产生某些混乱性。形式逻辑通过同一律的约定来规避这种"广泛联系性"的情况,使得每一个目标对象都有明确且不变的类别归属与要素构成,这种方式能够使得不同的个体之间能够快速地达成认知的一致性,不过这并不代表每个个体都认同这种约定,刺激感受的差异,感知焦点的差异,作用建构的差异,都会影响个体对目标对象的认知。

三个不同视角下,对〖总|别〗的判定是不同的。沉浸视角下,通过感知过程即可完成〖总|别〗判定;旁观视角下,可以跟踪他人的知觉焦点(〖别〗)以及他人的关注范畴(〖总〗)来预判他人的状态认知,然后结合自身的经验来检验他人的识别情况,这种判断通常并不准确,因为他人的〖别〗与〖总〗同自己意会的〖别〗与〖总〗并不能保障绝对一致,旁观者与沉浸者之间更多地交流会减少这种不一致,这一交流相当于两个认知系统之间的相干;综合视角下,需要考虑不同个体间加工〖别〗与〖总〗的条件与过程差异,对比的个体越多,越能够从中提炼出针对特定场景的一般性、大众性的〖总|别〗判定。某种意义上来说,人类所传承下来的语言符号就是这种判定的呈现。

(3) 〖实〗与〖虚〗的主客观判定

〖实〗与〖虚〗是一种作用性判定,〖实〗意味着一种可感受、可跟踪的状态演变,〖虚〗意味着难以跟踪、不可感受的状态关联,两者相结合可以辅助个体判断一件事情的描述是真是假、是虚是幻。作用性支撑了个体对状态目标有序演变的认知,这种支撑建立在个体所具备或所习得的行为解码能力之上。人的行为对策由小脑所主导,由于它并不产生意识,因此在人的主观认知中,作用性通常是不直接显现的,而是通过状态演绎间接体现。行为对策是个体认知事物演变的解码器,它依附于人的身体,它通过认知体系所沉淀下来的有序性状态演变而间接呈现出来,换句话说,行为对策显性化于个人的实践,潜藏于其所组织的状态演变编码中。每个个体的行为解码能力会因为其先天条件和实践经历的不同而不同,这使得不同个体间以及不同视角下的〖实|虚〗判定都会有所不同。

当基于沉浸视角来判定事物演变的〖实〗与〖虚〗时,个体组织场景的状态演变,以及由状态演变所映衬出来的行为方式均可以被他人所觉察,但作用过程中的交互体验只有自身才能实时体会,这种独特体验代表着个体的主观感受,并依附于个体所感知的交互对象,以及所实施的行为方式之上,从而形成特定的对象属性认知与行为实践体验。

当基于旁观视角来观察他人的〖实|虚〗判定时,个体需要明确解码事物演变的具体行为对策是什么,虽然通过观察可以看到别人的行为动作是什么,但与沉浸视角相比,两者是有重要区别的,一个是基于实践互动,另一个是基于纯粹的观察,前者有"主动"的行为组织,而后者是"被动"的状态采集,这种差异并不意味着双方有着完全一致的行为解码程序,由此使得两种视角很有可能产生不一样的结论。然而许多情况下,人们还是能够通过观察而"理解"他人的行为表现及其感受,这意味着通过观察实际上是可以建立与沉浸者相类似的行为解码程序的,自适应调控机制(图 2-3)可以对此给出一种解释:当特定的状态演变与行为对策相匹配对接时,意味着某种适应性规则的成型,单独基于场景的状态演变能够"唤醒"与之相匹配的经验行为对策,由此使得观察者能够"理解"他人的行为表现,这种"理解"实际上是将自己的行为对策嫁接至被观察者所组织起来的状态演变之中。研究显示,人脑中的镜像神经元具有编码和储存特定行为模式的能力,在观察他人的行为表现以及自己亲身实践同样的行为程序时,镜像神经元都会被激活,这一研究间接证实了用于编码状态特征的感觉皮层同用于映射行为动作的运动皮层之间可能存在着某种捆绑关联。

当基于综合视角来考察不同个体针对特定事物演变的〖实|虚〗判定时,需要尽量明确不同个体界定事物演变时行为解码能力的差异、行为触发条件的差异、状态模式编码与焦点特征感知上的差异,并从中找出不同个体间的最大共性,基于此而形成的〖实|虚〗判定也会更具代表性。

上述三种视角的侧重点有明显的差异。沉浸视角对作用体验的感受是非常直接的,旁观视角则主要基于状态部件来推进理解,综合视角会更多地考虑行为方式上的异同,这些表现也预示着三个视角的计算深度的不同。

(4)〖好〗与〖坏〗的主客观判定

〖好〗与〖坏〗是一种主体性判定,这是一种内含价值意向的判定。主体性判定可理解为多套作用性之间的类比分化,分化的方向是获得相对较优的体验感受。不同的个体,对〖好〗与〖坏〗的范畴界定是存在差异的,这一问题是不同个体间〖有|无〗判定、〖总|别〗判定、〖实|虚〗判定差异性的进一步延展。

主体性判定是基于主体系统的,主体性意味着特定的状态演变与特定的行为对策的相互适配与耦合,这种耦合受规则部件的监控与调节,使得特定对策支撑下的状态演变维系在一个特定范畴内,三个部件的联动与协同使得系统具备可自持于环境的自主行为趋向,从中体现出了一种自组织性。当既定的状态演绎与适配的行为对策没有特定的主体系统来统摄时,这一组合有可能迁移至任意主体之上,而不同主体基于其特定的历史经验参照,有可能产生不同的价值与关系判定,因此在检视〖好|坏〗判定的真假时,必须明确主体是谁。

沉浸视角下进行〖好|坏〗判定时的主体一定是进行需求活动中的个体,个体的经验和当前的实践表现共同决定了〖好〗与〖坏〗的判定,其中包括体验的积极与消极、目标对象的定与乱、行为对策的优与劣。

旁观视角下进行主体区分时存在逻辑深度的问题。最基本的是基于相关性来区分主体,如相貌、声音等关联主体对象的关键特征;其次是基于作用性来区分主体,如通过主体对象的

外在行为表现来区隔不同个体;再次是基于主体性本身来界定主体,即主体对象的内在需求,它体现在主体对象的特定行为对策与状态目标演变的调节机制之上,它不仅仅包括实时的行为表现,还包括行为所要达成的意向状态。在进行旁观时,观察者考察主体性的深入程度会影响其所界定的〚好|坏〛判定,对他人考察深度不够时,容易将自身不完备经验嵌入其中,即容易表现出"以己度人"的情况。

综合视角下进行〚好|坏〛判定时,需要考察不同个体的内在需求,评判这些需求的异同,进而从中提炼出一般性的经验基准和需求意向。

在进行〚好|坏〛判定时,沉浸视角容易过于自我,旁观视角容易"以己度人",综合视角往往针对性不强(过于一般化而丧失个性化),这些都预示着主体性判定的复杂性,它不仅涉及个人,而且涉及社会环境。

(5)〚利〛与〚弊〛的主客观判定

〚利〛与〚弊〛是一种社会性判定。社会性判定包容主体性判定,社会性判定能够给出多主体间需求纠缠的演绎走向,包括个体的效用可达范畴感知,以及相应的适应对策和纠缠状态认知,个体也能够基于自身的需求波动而评估出客体(环境)的价值影响力。

社会性判定是基于多主体系统的,进行社会性判定时,需要明确参与纠缠的各个主体是谁。由于主体需求的多样性,客体影响的多样性,多主体纠缠时的表现也具有更多的可能性,由此也带来〚利|弊〛判定的多样性,在不同视角下,〚利|弊〛判定往往表现不同。

沉浸视角下,个体就是参与需求纠缠的主体之一,对〚利|弊〛的判定落脚于个体既定需求进程受到客体的支撑或限制表现,或是个体把控客体影响性的应对表现,所给出的判定代表了以个体自身为中心的交互倾向。

旁观视角下,所观察到的是两个或多个外部主体的相互纠缠与影响,观察者在界定纠缠的主体性时同样存在逻辑深度的问题。当基于外在表象特征来界定纠缠双方时,个体有可能代入其中一方,进而用自身的经验来体会该方受到的环境影响,或者感悟该方所达成的交互表现。在观察国际比赛时,人们容易将自身代入参与对抗的运动员身上,自己的情感也会同运动员的实时竞技表现一起波动。参与需求纠缠的一方与自身有一定的特殊关联或利益纠葛时,代入倾向会更为明显。基于双方的实际行动来界定纠缠双方时,会自然地唤醒观察者的相应交互经验,两者的对比也会引发观察者的情感波动。例如,对其中一方优异交互表现的敬佩与赞赏,或者对一方较差表现的嘲笑。当基于各自的内在需求来界定双方的纠缠情景时,能够对纠缠的起因与纠缠过程有更进一步的认知,进而更为全面地评价双方的交互表现。从旁观视角中,可以看到心理学当中所经常探讨的"共情"概念的产生机理。

综合视角下,通过融合不同观察者对双方纠缠起因与纠缠过程的分析评判,能够获得更具代表性的〚利|弊〛判定,它能够进一步剥离或降低观察者本身的经验和阅历的不同而带来的分歧。

(6)〚得〛与〚失〛的主客观判定

〚得〛与〚失〛是一种发展性判定。发展性判定针对的是多主体系统及其演绎空间。作用层面的各种对策效度,主体层面的各种需求异动,客体层面的各类交互影响,这些经验能够组合出无数的潜在场景,其中有许多是个体所未经历过的,发展性建构所计算的空间即从属于经验所组合出来的所有潜在场景空间。发展缘于现状的失衡或重组,已经达成平衡的需求纠缠再次失衡,处于矛盾之中的需求纠缠发生显著异动,其中都存在着价值的进一步发展空间。

基于发展性建构的〚得|失〛判定包容所有的低层逻辑判定,其判定结果同样受制于个体的

经验,它影响着个体对价值波动幅度的敏感度计算,也影响着个体对现状进一步波动中的期望水平运算,这些都会体现在个体的〖得|失〗判定中。期望越低,实践越勤,越有可能发现所〖得〗;期望越高,实践越怵,越有可能迎来所〖失〗。这些个性化的表现也意味着不同视角下的判定差异。

沉浸视角下,〖得|失〗判定是对观察者自身价值发展程度的判定。个体对自身的价值异动相对更为敏感,但对与自身价值发展有关联的其他主体的价值发展不一定敏感,过于关注自身价值异动同时忽略外部价值转变,会使得个体对既定〖得〗与〖失〗的理解容易存在偏颇,难以真正把握导致现有结果的有效影响因子和确切行动时机。

旁观视角下,观察者将自身的经验叠加在被观察者的行动决策之上,这一迁移过程实际上内含着对个人经验使用范围的检验,因为被观察者的肢体语言、情绪表现间接暗示了结果是〖得〗还是〖失〗。相比沉浸视角有选择性地吸收那些与自身价值高度关联的影响因子,旁观视角下有可能观察到其他影响结果走向的关键因子,以及基于观察者自身经验而唤醒的影响因子,更多因子影响下的效果比对,有助于观察者给出更为合理的判断。不过,如果观察者只是单纯地看到最终效果,没有去深入探究到引发这一状况的背景条件与个人意志,那么观察者的界定可能只是表面的。有很多成功者或失败者的经验让人难以理解,就是对其背景和经历缺乏了解的体现。

在综合视角下,通过综合不同个体针对类似情景的发展经验,能够更好地避免只关注那些有个人特色的高敏感度影响因子,也能够减少因背景了解不足而带来的认知困惑,基于更多影响因子和完整背景条件下的价值碰撞,能够分化出更具广泛代表性的〖得|失〗判定。不过,如果引入的影响因子过多,用于筹算的可能演绎空间过多,有可能给不出有效的〖得|失〗判定,这与综合者的计算深度过甚、计算宽度过广有关。

综上,针对同一事物,不同视角下的判定逻辑可能存在不同。主观视角(含沉浸视角和旁观视角)是把序参量当作解码器,综合视角是把序参量当作一个拥有多种表现的可变量,这意味着,以综合视角来分析事物性质,比起主观视角来解码事物性质,所用到的逻辑关系层次要更高一些,因为只有在更高运作层次当中,序参量迭代为该高层次当中的基础变量时,才能成为可进行类比的可变量。

沉浸视角涉及一个观察主体,旁观视角涉及两个以上观察主体,综合视角涉及多个观察主体。如果主体范畴不断扩展且逻辑演绎深度合理,那么逻辑判定就会不断由主观迈向客观。

9.5 关于情理逻辑的实际应用

雪花模型的 6 个运作层次中,前三个层次是对主体系统的局部功能描述,后三个层次则是基于主体系统上的运作演绎。衍生于雪花模型的情理逻辑体系,其前三层与后三层的逻辑判定也有着极为显著的差异,前三层表现出了更多的机械性,后三层表现出了更为明显的人性化特点。

解析人的思维逻辑的逻辑系统有许多,相对来说,情理逻辑更符合我们的直觉。下面将结合日常生活中的典型场景来说明情理逻辑在解析思维逻辑方面的独到之处。

情景一:

　　学生 X:让我们今晚去看电影吧。

　　　　学生Y:我饿得不行,得找个餐馆填饱肚子再说。
　　情景二:
　　　　学生X:让我们今晚去看电影吧。
　　　　学生Y:我失恋了,哪儿也不想去。
　　情景三:
　　　　学生X:让我们今晚去看电影吧。
　　　　学生Y:我得温习功课以准备考试。
　　上述三个情景都涉及学生Y的行为选择,但是学生Y行为背后的判定逻辑是各不相同的。

　　情景一是进行〖好|坏〗的逻辑判定,在该情景下,饥饿信号成为强烈刺激学生Y的显著信号,并形成一种较为消极的体验,而学生X的建议仅能唤醒学生Y的经验记忆,其感受性不能与实时的饥饿信号强度相比,因此排解饥饿成为学生Y的优先选择,此时进餐馆就是一种能带来积极体验的〖实〗,而进电影院就是一种〖虚〗,前者判定为〖好〗,后者判定为〖坏〗。

　　情景二是进行〖利|弊〗的逻辑判定,在该情景下,学生Y受到了来自外部的强烈情感冲击,该冲击源于一种密切的、默契的、互补的日常交流互动的断裂,相当于许多需求纠缠进程的割裂。此时,这种被判定为〖坏〗的进程如果在当前能够得到激活或加强,就是一种〖实〗,否则就是一种〖虚〗,看电影可能进一步激发学生Y的伤感(〖坏〗+〖实〗判定为〖弊〗),而找个地方安安静静地清空思绪,将〖坏〗的现实进一步虚空化,可能是一种当前场景下的合适选择(〖坏〗+〖虚〗判定为〖利〗)。

　　情景三是进行〖得|失〗的逻辑判定,在该情景下,学生Y的决策来自于一个与当前行为选择有关的潜在影响因子:考试。Y所评估的不是当前的价值表现,而是评估当前行为选择所可能引发的效应转变(涉及一种后续价值表现),支撑这一运算的是趋时过程,其原理是搜索各种潜在影响因子,分别预估与之关联行为对策所带来的价值波动,并从中择优。对于情景三来说,学生Y在考试这一潜在影响因子下,将看电影判定为〖弊〗,将温习功课判定为〖利〗,如果实际去看电影,就有可能带来不佳的考试成绩,这种负面效应转变即是一种〖失〗,如果温习功课,就有可能带来较优的考试成绩,这种正面效应转变即是一种〖得〗,因此最终决策是温习功课。一般来说,同等条件下时效性越强的因子,越有可能成为界定行为趋向的关键影响因子,因此,一周后考试与一天后考试,人的行为选择通常会有所不同。

　　哲学家塞尔给出了情景三的另一套分析思路,其基于言语行为理论的分析过程显得较为烦琐[①],且与人们的直觉并不完全相符,相对来说,情理逻辑能够更为全面地呈现塞尔所强调的人的意向性问题。〖实|虚〗是催生意向的基础,〖好|坏〗是意向的逻辑起点,〖利|弊〗是意向的相干运算,〖得|失〗是意向的跨期运算。

　　总体上来说,三种情景中学生Y都做出了否定学生X所建议的行动,说明两个学生对每一个情景都有不同的价值计算基准。每个人会习得无数的演绎规则,进而形成无数的价值基准,这正是人性的魅力所在,语言成为嫁接人与人之间价值意向的重要桥梁。如果用形式逻辑来分析这些案例,实际上是比较吃力的,因为形式逻辑体系中缺乏行为意向方面的系统性演绎规则。人们很容易领悟"看电影"与"温习功课"之间的矛盾性,但对于形式逻辑来说,这种矛盾形式是非常不地道、不严谨的,因为两者似乎"毫不相干"。实际上,支撑〖得|失〗判定的趋时过

---

① 陈波.逻辑学十五讲[M].北京:北京大学出版社,2008:307-308.

程，可以建立在任何两个"毫不相干"的行为趋向之上，它们之间唯一的关联在于对行动主体的有限行动资源的竞争，抵兑效果规则能够对竞争情况进行评判，从而指导行动主体的行为选择。"看电影"与"温习功课"的矛盾性不在这两件事情本身之上，而是体现在这两件事情对时间与空间的对接之上，它对应的即是抵兑时机这一逻辑变量，并反映在〖得|失〗判定中。

第四部分　雪花模型与行为科学

在心理学中,人的行为因极端复杂而难以建模,在西方古典经济学及新古典经济学中,人的行为又被预设为若干简单的公理(如"经济人假设"),其复杂性被显著压缩了。把人的行为体系处理得过于简单时,就难以有效界定现实社会当中因人而引发的各种复杂现象;把人的行为体系处理得过于复杂时,一些简单的现象可能演绎出无数种解释,使得不同学者之间的意见较难得到统一。因此,对人的行为体系的刻画应当权衡实用性与简洁性。

雪花模型给出了人的行为逻辑发展的四个阶段(参考 5.4 节第(3)小点说明),以及每个阶段的动力演绎模型(参考第 4 章),这些模型初步解释了人的各种价值意向和行为趋向的产生缘由,为进一步解析人在自然和社会环境中的各种行动表现提供了初步的演绎框架参考。

第 10 章　雪花模型与心理学

心理学有着众多的流派,我们可以从美国心理学会旗下数量众多的专业分会中窥见一二。虽然成果斐然,但是心理学还没有达到范式阶段,没有一个学派或观点在统合各种观点方面是成功的[1]。芦笛·本杰明写道:"心理学领域正沿着分裂和破碎的道路越走越远,各式各样的、独立的心理学已经无法相互沟通,或者在不久的将来就会无法相互沟通[2]。"从雪花模型当中可以预见这种趋势,因为越是复杂的系统,其状态演变模式就越多,其组织演变策略也越多,不同模式和不同的策略相结合,就构成了不同的演绎方法论,它们都是探究心理问题的一个侧面,在以方法论为本位的情况下,很难达成相互之间的沟通。各种元分析法尝试跳出单一的方法论,并试图从不同方法论的组合运用中找出一般性和代表性,这一尝试在探究相对具体的心理问题或现象时能够起到一定的作用,但是面对已经成型的各种专业性的心理学理论分支时则无能为力。

用于刻画行为与认知发展逻辑的雪花模型,与心理学体系有着密切的关联。雪花模型以心理问题或现象为出发点,但并不注重于探究具体的心理问题,而是专注于与心理有关的各种行为与认知表现当中的一般演绎模式及其演绎规律,这一框架式演绎特点使得雪花模型对心理学当中的诸多专业方法或研究流派均具有一定的包容性。本章将运用雪花模型的演绎架构来分别解析心理学领域当中的几个代表性理论,诸如弗洛伊德的精神分析理论、马斯洛的动机

---

[1] Duane P Schultz, Sydney Ellen Schultz. 现代心理学史[M]. 叶浩生,杨文登,译. 北京:中国轻工业出版社,2017:24.

[2] Benjamin L T, Jr. American psychology's struggles with its curriculum: Should a thousand flowers bloom? [J]. American Psychologist,2001,56:735-742.

理论、斯金纳的强化学习理论、皮亚杰的认知发展理论等。雪花模型对这些经典流派的兼容也预示着建构心理学的统一理论范式是完全有可能的。

10.1 雪花模型与弗洛伊德人格理论

弗洛伊德所创立的精神分析学说比较适合解释和挖掘人的各种内心想法，但却难以进行学术上的实证探究，例如无意识、前意识、力比多、自居作用，以及本我、自我、超我等人格结构概念，我们可以通过弗洛伊德的学说大体感悟这些概念的内涵，但要确切地说明这些概念的实际结构或具体所指则非常困难，这也间接说明了为何其理论在学术界的地位远远没有商业界那么高。雪花模型给了我们另一个视角来探究精神分析理论的概念体系，有助于我们更准确地把握精神分析理论的内涵。

在弗洛伊德学说中有三个非常关键的概念：本我、自我、超我，它们在雪花模型当中均有对应的逻辑变量。

"本我是最原始的、无意识的心理结构，它是由遗传的本能和欲望构成的。本我中，充满着自发本能和欲望的强烈冲动，它们始终力图获得满足。因此，本我其实是一种非理性的冲动，它完全受唯乐原则的支配，一味地寻求满足[1]。"本我的表现与消解过程是相近的，消解过程的效用分拣规则总是驱使个体趋向积极体验、规避消极体验，只要场景中还存在与过往经验存在差异的体验，消解过程就会有所表现，并且差异越大，行动意向越强烈。消解过程的这一简单规则使得个体总是倾向于获得积极的满足感，以及远离危害的安全感，其表现与唯乐原则存在一致性。弗洛伊德指出，不愉快与兴奋量的增大相一致，而愉快则与兴奋量的减少相一致[2]，从效用分拣规则来看，当当前实时体验与过往的积极体验经验差距扩大时，属于避乐表现，效用规则给出负面的评价，当当前实时体验与过往的积极体验经验差距缩小时，属于趋乐表现，效用规则给出正面的评价，因此，效用规则与弗洛伊德的阐述也是一致的。从多方面来看，本我概念与消解过程都存在着逻辑上的一致性，需求本体是消解过程的序参量，也与自我意识有关，它可以作为本我概念的对应逻辑变量，由此，我们就有了对标本我概念的演绎结构，那就是针对差异性作用关系的收敛调节而呈现出的系统稳态，其在心理中的反映就是趋乐避苦的行动意志。弗洛伊德特别点出了费希纳的部分观点："愉快和不愉快与稳定和不稳定的状态之间存在着一种心理物理学的关系[3]。"图4-2的消解过程反馈控制回路直观地展示了这种"心理物理"关系，人的心理意向背后，是由特定的正反馈或负反馈机制支撑起来的，其中的正反馈体现了不稳定性和心理上的愉悦，负反馈体现了稳定性和心理上的不愉悦。

弗洛伊德的自我概念与雪花模型的调谐过程之间有着密切关联。在解释自我概念时，弗洛伊德特别强调了自居作用，凡提到自居概念时，一定会涉及其他个体或集体，而不是单单个体自身，因此，自居实质上就是外部对自身唯乐原则的影响，而自我就是这种影响投射至本我之上时的对外体现。用雪花模型的术语来说，自居就是个体与环境之间发生的需求关系纠缠，自我就是纠缠时个体需求的可达范畴。自我之所以比本我显得理性一些，是因为自我是环境

---

[1] 弗洛伊德.自我与本我[M].张唤民,陈伟奇,林尘,译.上海:上海译文出版社,2011:(译者序)7.
[2] 弗洛伊德.自我与本我[M].张唤民,陈伟奇,林尘,译.上海:上海译文出版社,2011:4.
[3] 弗洛伊德.自我与本我[M].张唤民,陈伟奇,林尘,译.上海:上海译文出版社,2011:5.

不断调校的结果,在不断地碰撞中,自我能够明了各种本我在各种环境当中可能达到的各种交互后果,自我印刻了环境对本我唯乐原则的一般性影响,正如弗洛伊德所言:"自我企图用外部世界的影响对本我和它的趋向施加压力,努力用现实原则代替在本我中自由地占支配地位的快乐原则①。"在阐释自我时,除了自居概念,另一个概念就是知觉,弗洛伊德指出:"自我源自知觉系统,这个知觉系统是它的核心②。"知觉系统对应雪花模型的感知过程,自我对应调谐过程,在雪花模型当中,感知过程对调谐过程同样起着非常关键性的作用;感知过程的状态前后演变反差是调谐过程的触发条件,状态演变差异的波动趋于平衡是调谐过程的收敛条件(参考5.2节说明)。本我的稳态调节基于感受差异的收敛,自我的稳态调节基于感知差异的收敛,由于感知过程比感受过程的层级更高,关系维度更宽广,因此自我的界定相比本我会更复杂一些。调谐过程所沉淀的颉颃关系中包括5个逻辑变量,与自我最匹配的逻辑变量应当是颉颃本体,它是本我在环境中的延伸,也是本我在环境中的塑造。

弗洛伊德的超我概念与雪花模型的趣时过程存在着密切关联。弗洛伊德在解释超我时特别指出:"被奥迪帕斯情结所控制的普遍结果可以看作是自我中一个沉淀物的形成,它包含着某些方面互相结合的两个自居作用。这种自我的改变保留着它的特殊地位,它面对着作为超我的自我的另一个内容③。"一个自居作用代表一种主体与客体的需求纠缠,两个自居作用就是两套需求纠缠,超我就是在两套需求纠缠当中的抉择结果,用雪花模型来解释,超我就是趣时过程分化颉颃关系矛盾的体现,每一个颉颃关系即对应一个自居作用。本我因外部环境影响而催生了自我,这种自我是有局限的本我,它依赖于客体的支撑,或是受制于客体的限制,因此自我虽然更理性、更唯实,但它是一种嵌套式的本我,它内部依然存在着一种原始的本能,这种本能因为客体的存在而有所放大或有所节制。当本我所内含的本能冲动与不同的客体发生纠缠时,可能会产生不一样的结果,并且两者之间可能存在着价值上的反差。例如,一种影响程度高,另一种影响程度低,这就为自我再次调整本我的可达范畴提供了选择余地,这种选择结果就是超我的体现。弗洛伊德指出:"任何个人的两个自居作用的相对强度会反映出他身上的两个倾向中有一个占优势④。"由此我们就能理解,弗洛伊德为何会提到自我的改变,以及改变的同时存在自我的另一个内容,这个内容就是个体选择优势自居作用的对立参照,也是通常被摒弃的那个待选项。趣时过程内含6个逻辑变量,与超我最匹配的逻辑变量是抵兑本体,它是本我在自我对抗之中的优选。

从本我,到自我,到超我,这三个概念是逐步趋向复杂化的,并且后者都是在前者的基础上进一步演绎而产生的。这种特点与需求本体到颉颃本体,再到抵兑本体的演绎进路和演绎表现是非常类似的,表10-1梳理了弗洛伊德三个人格概念同雪花模型三个本体概念之间的对应关系。

表10-1 弗洛伊德人格结构理论与雪花模型逻辑变量间对应关系

弗洛伊德人格结构理论	雪花模型逻辑变量	判定原则(情理逻辑)
本我	需求本体(消解过程)	〖好|坏〗
自我	颉颃本体(调谐过程)	〖利|弊〗
超我	抵兑本体(趣时过程)	〖得|失〗

---

① 弗洛伊德.自我与本我[M].张唤民,陈伟奇,林尘,译.上海:上海译文出版社,2011:213.
② 弗洛伊德.自我与本我[M].张唤民,陈伟奇,林尘,译.上海:上海译文出版社,2011:211.
③ 弗洛伊德.自我与本我[M].张唤民,陈伟奇,林尘,译.上海:上海译文出版社,2011:225.
④ 弗洛伊德.自我与本我[M].张唤民,陈伟奇,林尘,译.上海:上海译文出版社,2011:225.

本我、自我、超我之间经常发生冲突，Wayne Weiten 列举了一位学生早起时的案例：

想象从床上关掉烦人的闹钟。现在是早上 7 点，该起床去上历史课了。然而你的本我（遵循快乐原则）敦促你去马上满足你的睡眠。你的自我（遵循现实原则）指出你必须去上课，因为你自己不能看懂教科书。你的本我（处于典型的非现实状态）得意地确定你会得到你需要的 A 等级并建议你躺回去继续做你的室友会如何被你所折服的梦。正当你放松的时候，你的超我闯进了争吵中。它尝试让你感到内疚，因为你即将逃掉你父母花了钱的课。你还没离开床，但你的精神已经产生了一场争斗[①]。

从这个案例中，可以进一步呈现人格理论与雪花模型之间的对应关系：本我进行〖好｜坏〗判定，重点关注自身感受，继续睡眠即是一件好事，而被吵醒就是一件坏事；自我进行〖利｜弊〗判定，重点关注外部影响，老师能帮忙指明教科书内容，而自己单独则不能，因此上课是有利的，不上课是不利的；超我进行〖得｜失〗判定，重点关注后续效果，逃课会浪费钱财，因此逃课是一种损失。

人格理论三个成分之间的冲突与竞争可以用需求本体、颉颃本体、抵兑本体这些逻辑变量来进行描述。需求本体是完全以自我为中心的，所有的价值都指向机体本身，它通过与感受异动相关的需求倾向而体现出来。颉颃本体融合了环境的影响，可能限制了原有的自主需求，也可能扩展了存在短板的需求，环境的影响凸显了个体的需求可达边界。抵兑本体重新审视自身和环境的动态演绎，从状态和对策的进一步演绎中发现价值的前后波动，进而即时调整或重塑底层的需求边界，以便适配更为有利的价值异动。

弗洛伊德提出了意识、前意识、无意识三个与意识有关的重要概念。关于何为意识，学术界并没有一个公认且可靠的统一解释，一些关于意识的概念解析往往用意识本身来进行说明，这无疑陷入了一种自循环。从雪花模型来看，意识可视为规则变量的活动反映，当规则检测到差异时，意识就显现出来了，其中差异包括刺激感受的差异、状态目标的差异、状态演变的差异，以及这三者综合交互中可能存在的势态差异，有差异就有对比，有对比就有界定，这种基于差异的关系界定过程，其思维表现就是人的意识过程；当规则没有检测到差异时，机体进行的是一种由既定状态引导的机械化程序，此时就是一种无意识体现。无意识并不意味着机体没有任何知觉性的东西，而是没有凸显出所知觉的东西的关系差异，机体在无意识的行为过程中，所知觉的东西依然是行为有效推进的重要标识和牵引，这个所知觉的东西与弗洛伊德的前意识概念有相近之处。有意识与无意识的显著差别在于，有意识意味着个体觉察到了明显的状态演变差异，或是对策执行差异，而无意识则有觉知但无明显的差异性觉察。面对新奇的事物，面对不熟悉的场景，尝试一种全新的行为实践，进行未掌握的复杂演绎推理，都会激发人的主观意识，而在熟悉场景中的活动，则有许多是无意识的。

10.2 雪花模型与马斯洛需要层次理论

马斯洛的动机理论在心理学发展史中有着特殊的意义，它改变了当时学术界以病态心理研究为主的现状，使心理学更容易被大众所接纳。动机理论的核心是需要层次理论，具体包括

[①] Weiten W. 心理学导论[M]. 高定国，等译. 北京：机械工业出版社，2016：370.

5个层面,分别是生理需要、安全需要、归属和爱的需要、自尊需要以及自我实现[①]。从雪花模型来看,这5个层面都可以归结为需求关系,但需求的关联结构存在差异。个体的各种需要是从消解过程基于作用实践的分化而形成的,更底层的感受过程、感知过程、机动过程是支撑消解过程正常运作的基础。消解过程能够催生各种基本需求,更复杂的需求则由调谐过程和趣时过程产生,从基本需求到复杂需求,存在着逻辑结构的演绎升级。

下面结合雪花模型的需求产生机理来阐释马斯洛的需要层次理论。

(1) 生理需要

生理驱力通常被视为需要的产生缘由,马斯洛指出,生理驱动力是可孤立的,在身体上是可定域的,在许多情况下都可能为这种趋力找到一个局部的、潜藏的躯体基础[②]。马斯洛将生理需要与机体内环境平衡联系起来,内环境平衡存在生理学方面的原理性解构,而需要是一种涉及精神层面的心理与动机表现,这两者之间有怎样的联系性,马斯洛并没有做机制上的进一步解释,雪花模型能够部分弥补这方面的缺憾。

饥饿是一种典型的生理表现,人饿了就需要进食,但这种需要并不是天生就有的,其原因在于,一个完整的进食行为建立在饥饿信号的触发,对可进食物品的搜索识别,定位物品、接近物品并操持物品,然后入口吞食。对于初生的婴儿来说,要完整地实践上述步骤,需要一个漫长的学习过程。婴儿逐步适应外部环境,是从机体先天预置的各种原始条件反射开始的,在这些原始条件反射中有四种与进食需求的学习密切相关,分别是觅食反射、吸吮反射、吞咽反射和抓握反射,表10-2列举了这四个反射的功能表现。

表 10-2 催生进食需求的原始条件反射

原始条件反射	初始表现[③]	功能意义
觅食反射	把头转向脸颊受刺激的方向	催生自主性头部转动,以寻找乳房或奶瓶
吸吮反射	吸吮口中物体	训练进食需求,辨别食物味道
吞咽反射	吞咽口中物体	训练进食需求,使食物进入胃部
抓握反射	自动握持刺激手心的物体	双手协调动作,控制与食物有关的物品

婴儿初生时,这四个反射是相互独立的,在父母或看护者的辅助下,婴儿有机会将这四个原始反射有机地整合起来。觅食反射使得婴儿在脸颊受到触碰后自动将头转向受触碰的方向,吸吮反射使得婴儿能够辨别进入口中物品的味道,即时吐出那些不舒服的物品,而没有不良反应的物品则很有可能因吞咽反射而吞食。婴儿有吸吮手指的习惯,这是抓握反射和吸吮反射,以及手臂的随机上扬等一系列因素造成的,这一习惯使得婴儿有更多机会练就出抓握正在吸食的奶瓶。当看护者多次喂奶成功时,奶味的愉悦感会使得婴儿的两眼张得很大,从而更有效地习得与奶味有关的同步信息,包括看护者的声音、看护者的相貌与体味、奶瓶的形状等,进一步从感官上强化了对进食信息的辨认,它们与原始条件反射的反复同步,使得更具适应性的操作性条件反射能够逐步形成。感知信息与吸吮反射的同步,使得婴儿能够对看到或闻到的可食物品也会触发与吸吮有关的动作;感知信息与觅食反射及吸吮反射的同步,使得婴儿能够不通过脸颊触碰就能够自动将头转向传来妈妈声音的方向;感知信息与抓握反射及吸吮反

[①] 马斯洛. 动机与人格[M]. 许金声,等译. 北京:中国人民大学出版社,2012:19-29.
[②] 马斯洛. 动机与人格[M]. 许金声,等译. 北京:中国人民大学出版社,2012:20.
[③] Shaffer D R, Kipp K. 发展心理学[M]. 邹泓,等译. 北京:中国轻工业出版社,2016:133.

射的同步,使得婴儿能够主动够持附近物品并塞入口中。四个原始条件反射都是能够激发机体的某种感受体验的,在婴儿不断进行适应性学习的过程中,体验积极的行为能够不断得到强化,由此使得能够促进进食的有效行为能够从各种随机的、无序的动作中逐步沉淀出来,最终使得婴幼儿习得完整的进食行为。那些无效进食行为不会减缓婴幼儿的饥饿感,而有效进食行为则能够减缓婴幼儿的饥饿感,两者的差异形成了意识上的需要和动机。本质上来讲,意识上的需要产生于各种作用性的不断比对分化而沉淀下来的特定行为动向和认知倾向。

基于原始条件反射而催生的需求都与特定的身体部位有关,其中有很多是涉及生存本能的,因此这些需求有着比较高的优先级。与身体各部位直接刺激感受相关联的需求目标与需求方式,是催生新需求的基础,其呈现与否以及呈现节奏都会影响到需求的实现,其效度可通过身体的感受体验变化而测算出来。在新的场景中,状态目标的异动以及习得对策的组合程序与承接顺序的不同,都会影响着体验表现,因此也成为分化的对象,在效用分拣规则的不断调节优化下,由特定状态目标和行为对策组合而成的各种新需求也会陆陆续续催生出来。

(2) 安全需要

从雪花模型来看,安全需要与生理需要是同属于需求关系的两个不同剖面,生理需要源于营养物质带来的奖励(积极感受),安全需要来自于伤害刺激带来的惩罚(消极感受)。机体全身布满了各种可采集伤害性刺激的感受器(如神经末梢),它们实时监督机体与周边环境的交互情况,当伤害性刺激感受器激活时,当前的互动行为通常会受到抑制,以避免机体受到进一步的伤害。婴幼儿在面对受到伤害的情形时,通常的应对手段非常有限,例如屈肌反射或缩手反射等,这只是一种应急手段,很多状况婴幼儿根本没有自行解决的能力,一种更为常见的反应是大声啼哭,以促使周边大人能够即时解决婴幼儿所面临的问题。这种方式是如何进化得来的,我们不得而知,但有一点可以明确的是,这种本能式的反应能够大大提升婴幼儿生存的概率。

安全需求对应消解过程的避苦需要,实现避苦涉及三个方面的转换,一是与消极的刺激感受信号异步,二是与消极的感知目标异步,三是与消极的作用方式异步。三者结合可以确保个体规避消极的表现,回归正常或积极的表现。只隔离消极的刺激感受,但是仍能够观察到可引发消极体验的作用目标的存在,个体依然有不安全的感觉;能够隔离消极的刺激感受,能够逃离可引发消极体验的作用目标所在区域,都依赖于恰当的作用方式,如果行为方式不妥当,那么个体依然有可能无法摆脱消极或危险的处境。这三个方面的转换即对应着作用关系三个逻辑变量的定向调节分化(定向针对的是体验水平),分化的结果就是需求关系。

马斯洛将安全作为动机理论的第二个层次,并且具体指出了安全需要的类型:稳定,依赖,保护,免受恐吓、焦躁和混乱的折磨,对体制的需要,对秩序的需要,对法律的需要,对界限的需要,以及对保护者实力的要求等[①]。从雪花模型来看,这些安全需要既有涉及消解过程的,也有涉及调谐过程、趣时过程等更高的运作层次,因此这些安全需要是可以在机制上进行进一步细分的。

马斯洛理论在营销与管理领域得到较多的应用,对需要的层次进行分类,是简化问题的一种基本手段,但不是解决问题的办法,更为根本的是界定各种需要的产生缘由,相对来说,雪花模型在这方面能够给出更为系统的解析。

---

① 马斯洛.动机与人格[M].许金声,等译.北京:中国人民大学出版社,2012:22.

(3) 归属和爱的需要

归属和爱的需要是较为高层的需求关系,消解过程不能直接处理这类需要,通常在调谐过程中才能有效处理。归属感并没有明确的生理学解释,但是从雪花模型当中可以大体给出一种说法。

当个体习得了一定的需求关系认知后(即建立了需求关系的内部表示,可通过所在层次的基础逻辑变量来体现),就为进一步认知外部环境对自身需求的影响奠定了基础。环境对需求的影响有很多种,正面的影响有协助、支撑、帮扶、看护、关爱、哺育、孝敬等,这些影响能够帮助个体更好地实现基础的需求,或者扩展了原来无法单独完成的需要;负面的影响有抢夺、强制、干扰、抵制、捣乱、阻止、胁迫等,这些影响使得个体既有的需求遭遇破坏或限制,压缩了个体需求效用的可达范畴。外部环境的这两类影响存在影响方式、影响目标、影响程度上的种种不同,颉颃效应的 8 种表现即是各类影响的某种体现,这些正面或负面的交互体验,以及类型各不相同的交互经验让个体形成了关于各种需求纠缠的明确价值与关系认知。

社会所能涌现出来的需求总是远远大于个人所能摸索出来的需求,这使得个体天然地具有被社会各类需求所吸引的趋势,而众多的潜在需求在缺乏他人配合、缺乏有效分工的情况下,个人很难去单独实现或满足,因此很多时候,个体依赖于他人,依赖于社会,这是滋生个体归属感的重要原因所在。一方面,个体基于消解过程对体验差异的无尽追求(即从自身的价值需要出发),使其在社会的历练中很容易碰壁;另一方面,父母和亲朋经常无私协助个体缺失的需求。这两方面的对立加深了个体对归属感的认知。与归属感相对立的,是孤独感,它产生于将需求缺失的补偿寄托于外部,但又得不到外部响应的境况。

马斯洛指出:"训练小组、个人成长组织、专门性社群的大规模和迅速的增加,也许部分是由于受到了(没有得到满足的)对接触、亲密、归属的需要的推动①。"当多数人都有归属需要时,群体性的互助互乐就有了不断生长的土壤。

爱是一种特别的颉颃关系,爱有亲属之爱、社会之爱、异性之爱,前两者与归属感有关,后者与生理因素有关,这里主要说明后者的成因。婴儿在与环境当中的各种物品互动时,与吸吮动作同步的味觉体验成为婴儿辨别物体可食与否的一个重要感觉反馈,也是婴儿体验物体性质的一个重要信息来源,它们加载于物体的交互动作之中,影响着婴儿对物体的喜好程度。而异性之爱也有类似的特点,异性之间可以相互配合完成日常生活中的各种基本需求,因异性而激发的荷尔蒙加载于双方的各种需求纠缠之中,成为助力这种需求适配的重要催化剂,使得双方之间可以为配合对方的需求缺失而不顾一切,也可以为抵御双方特殊关系可能遭受的外部影响而不顾一切。当双方经历更多的社会冷暖,以及更加习惯而带来效应的逐步降低之后,异性之爱会渐渐归于平静、归于理性。用层次建构论来解释,对于婴儿,味觉叠加于相关性建构与作用性建构之上,左右着婴儿对建构目标的喜好;对于异性,荷尔蒙叠加于主体性建构与社会性建构之上,塑造着青年对异性之间各种纠缠的爱恨情仇。

(4) 自尊需要

马斯洛将自尊需要分为两类:一是对实力、成就、自重和来自他人的尊重的需要或欲望;二是对名誉或威信的欲望,对地位、声望、荣誉、支配等的欲望②。从这些词汇中可以发现,自尊同需求掌控度有关,也就是自身对外部的特定影响性,这种影响性表现为外部更加迁就、顺从

---

① 马斯洛.动机与人格[M].许金声,等译.北京:中国人民大学出版社,2012:27.
② 马斯洛.动机与人格[M].许金声,等译.北京:中国人民大学出版社,2012:28.

或注意自身。个体与社会的交互过程中,逐步了解了各类需求的可达范畴,以及自身需求被环境所限制或支撑的程度。在确定的外部环境下,个体各类需求的边界可能是相对固定的,而在不断变异的环境中,个体类似需求在历次实践中的可达范畴可能发生较大波动,使得需求的边界时而扩展时而压缩,这为个体进一步把握更为有利的纠缠效应提供了经验参照。一般来说,个体对需求进程的可掌控度越高,环境的支撑或协同的程度越高,代表更优的纠缠效应,个体对需求进程的可掌控度越低,环境的限制或对立的程度越高,代表较差的纠缠效应。趋向更优纠缠效应,规避更差纠缠效应,就成为个体的一种追求,这种追求就是自尊需要,这一需要既涉及调谐过程,也涉及趣时过程,其中调谐过程提供效应经验,趣时过程依据效应表现进行进一步的分化与调节。

马斯洛指出,自尊需要的满足导致一种自信的感情。从表现上来看,自信就是非常明确环境对自身需求的影响,并且能够有效主导需求的波动或走向,它体现的依然是一种掌控度。自尊是需求关系在多主体间交互而逐步催生的一种个人主观心理趋向,自尊实质上是对外部环境适配自身需求有所欠缺下的一种期望。

(5) 自我实现的需要

自我实现是对自尊需要的进一步升级,自尊侧重于某种社会性的感受,而不是如何去达成这种感受,相对来说,自我实现则更多地考虑如何实现自尊,如何达到自重。一般来说,自我实现起源于某种强烈的价值反差而带来的触动,或是某种持久存在的价值缺失感,并且对于个人来说,这种缺失并不是那么容易实现的,否则它就跟基本的需求没什么两样。

自我实现对应雪花模型的趣时过程,自我实现意味着价值的预期可达范畴要比当前有一个较大幅度的提升,趣时过程的每一次运作,效应都有可能发生转变,可能向好也可能向坏,而价值范畴的大幅提升,则需要趣时过程的反复和持续运作,个体不是去搜索出一两个影响效应转变的有效影响因子,而是不断去搜索所有可能影响效应转变的潜在影响因子,从中模拟出可最大化成就预期价值的影响因子序列。因此,自我实现依赖于趣时过程的暴力运算。

马斯洛指出:"一个人能够成为什么,他就必须成为什么,它必须忠实于他自己的本性,这一需要即自我实现的需要[①]。"这句话间接呈现了马斯洛的抱负与期望,也是成就其一生事业的内在动力。趣时过程是雪花模型的最高运作层次,也是关系维度和作用尺度最为宽广的运作层次,过往的趣时过程运作经验成为后续趣时过程谋求效应进一步转变的基础,每一次趣时过程的叠加,关系维度和作用尺度就得到一次扩展,趣时过程的反复和持续运作,也就有了对标人生这一宽广尺度的潜力。

马斯洛关于需要的 5 个层次,在雪花模型当中都可以找到相应的解释,并且是一种机制上、原理上的解析。需求起始于作用关系的对比分化,作用关系以机体先天预置的原始条件反射为基础,不断组合,不断排列,不断延展,不断调节和重塑,如此循环,不断推动着需求向着越来越复杂的方向进化,因此,需求的层次性是必然存在的。马斯洛的需要层次理论是以成人为中心的,其所划分的动机层次存在着复杂度和优先级上的差异,这种优先级划分并不具有绝对性。动机理论与雪花模型有许多契合点,雪花模型的丰富演绎体系能够为马斯洛动机理论的进一步精细化提供分析工具,也能够为解决涉及个人动机方面的现实问题提供理论参考。

---

① 马斯洛.动机与人格[M].许金声,等译.北京:中国人民大学出版社,2012:29.

10.3 雪花模型与斯金纳强化学习理论

斯金纳是行为主义学派的突出代表,并被誉为20世纪最伟大的心理学家[①]。斯金纳的主要贡献在于系统性考察了强化的类型和强化的安排对学习的影响,这一理论能够在一定程度上描述复杂行为模式的产生过程。

斯金纳把由刺激引发的反应称为"应答性反应",把由机体发出的反应称为"操作性反应"。在应答性行为中,有机体是被动地对环境做出反应,这一表现类似于经典条件反射;而在操作性行为中,有机体是主动地作用于环境[②]。从雪花模型来看,机动过程可归类于应答性反应,消解过程、调谐过程或趣时过程可归类于操作性反应。应答性反应是"被动的",操作性反应是"主动的",这种质性差异可以在雪花模型中得到一种解释。机动过程是针对当前刺激目标而触发相应行为反应的实践过程,刺激与反应之间有着相对确切的联结关系,这种联结性起始于机体先天预置的原始条件反射,并能够泛化迁移至与刺激相同步的状态目标之中。机动过程中的行为反应通常取决于刺激条件,机动过程不进行行为优劣的针对性调节,而只是根据当前环境触发条件而反应,整个过程表现出一种机械性、程序性的特点,对环境的适应是相对被动的。消解过程体现在机体对历史和当前作用进程的对比分化,即从多套作用关系表现中进行对比择优,以趋近积极体验,规避消极体验,这一分化过程使得机体不再完全跟随环境的状态演变,而是根据机体自身的状况来选择合适的行为对策,从中体现出一种选择性和主动性,更高层的调谐过程和趣时过程也有类似的特点,它们是在更为复杂的关系条件中进行对比择优。主动与被动的区分并不是绝对的,主动性意味着机体在可实施的行为方式具有冗余情况下的一种场景适配或遴选。

斯金纳认为人类大多数有意义的行为都是操作性的,雪花模型中,与操作性相对应的消解过程、调谐过程与趣时过程均内含着个体的意向性,它体现了行为的动机,也反映了行为相对于个体的意义所在。在斯金纳看来,重要的刺激是跟随反应之后的刺激(即强化物),而不是反应之前的刺激[③]。关于这一点,雪花模型有不同的解释。消解过程运作模式可以用来解释操作性反应的内部机理,消解过程建立在机动过程之上,机动过程的主要任务是推进行为的实施,在这个过程中,场景的状态演变和实时的感觉反馈,对行为的顺利实施起到重要的辅助作用,无论进程中的体验是积极还是消极的,机动过程都予以刻录,但并不对执行方式进行调整。机动过程所沉淀的作用关系中,作用方式、作用目标和作用体验是一体的,三者是对同一进程、同一对象、同一链条的三个不同剖面的描述。作用方式的调节分化由消解过程来完成,在机体已经有了类似场景的体验经验后,当这种场景再现时,就能够唤醒机体所刻录的过往作用关联,它与机体当前的实时行为方式、作用体验、作用目标可能存在局部差异,这种差异成为引导机体实施定向调节的运算素材。从整个运作过程来看,推进机体行为动向的,并不是缘于行为实施之后的强化物,而是过往经验与当前实时表现的对比分化,关于这一点,维纳做了精辟的

[①] Haggbloom, S J, et al. The 100 most eminent psychologists of the 20th century[J]. Review of General Psychology, 2002, 6: 139-152.
[②] 施良方. 学习论[M]. 北京: 人民教育出版社, 2001: 116.
[③] 施良方. 学习论[M]. 北京: 人民教育出版社, 2001: 116.

说明：预测就是基于某种算法或装置来运算消息的过去[①]。那些能够不基于过往经验而提前预知还未到来的反应体验，要么是神仙，要么有一部神奇的时间穿越机器。斯金纳之所以重点强调反应之后的强化物，恰恰是因为忽略了机体内部的作用，即漠视了刺激和反应之间可能存在的内部处理机制，人们也因此将这种纯粹描述的行为主义称为"空洞有机体"[②]。

强化是斯金纳理论体系当中的核心概念，强化描述的是使行为反应发生概率增加或维持某种反应水平的作用机制。强化作用的具体表现会因人而异、因情境而异，斯金纳从各种强化表现中分离出了两种强化类型：正强化（也称积极强化）、负强化（也称消极强化）。当环境中增加某种刺激，有机体反应概率增加，这种刺激就是正强化物。当某种刺激在有机体环境中消失时，反应概率增加，这种刺激便是负强化物。此外，斯金纳还提出了与强化有关的另一个重要概念：惩罚。惩罚具体包括两种类型：其一是Ⅰ型惩罚，即通过呈现厌恶刺激来降低反应频率；其二是Ⅱ型惩罚，即通过消除愉快刺激来降低反应频率。这些概念与雪花模型的规则分化表现之间存在着一定的对应关系，具体如表10-3所示，从表中可以看到，雪花模型的分拣规则进一步细化了斯金纳的强化概念，其中正强化、负强化，以及Ⅰ型和Ⅱ型分别有7种复杂度不同的表现。

表10-3 斯金纳强化概念与雪花模型规则判定表现的对应关系

	反应后呈现	反应后消除
奖励性刺激	正强化	Ⅱ型惩罚
效用规则表现	趋乐	避乐
效应规则表现	趋乐强化　避乐弱化	避乐强化　趋乐弱化
效果规则表现	趋乐强化度升级　趋乐弱化度降级 避乐强化度降级　避乐弱化度升级	避乐强化度降级　趋乐弱化度升级 避乐强化度升级　趋乐弱化度降级
厌恶性刺激	Ⅰ型惩罚	负强化
效用规则表现	趋苦	避苦
效应规则表现	趋苦强化　避苦弱化	避苦强化　趋苦弱化
效果规则表现	趋苦强化度升级　趋苦弱化度降级 避苦强化度降级　避苦弱化度升级	趋苦强化度降级　趋苦弱化度升级 避苦强化度升级　避苦弱化度降级

在强化理论的基础上，斯金纳进一步提出了一级强化物（也称初级强化物）和二级强化物（也称次级强化物）的概念。一级强化物包括所有在没有任何学习发生的情况下也起强化作用的刺激，如食物和水等满足生理基本需要的东西，二级强化物包括那些在开始时不起强化作用，但后来作为与一级强化物或其他强化物配对的结果而起强化作用的刺激[③]。从雪花模型来看，强化物可由涉及主体的状态变量来描述，状态目标的演进存在一个逐级复杂化的过程，高一层的状态目标是低一层状态目标嵌套耦合的结果（参考表4-2、表4-4、表4-6），这一演进总共有三个层次，因此，强化物实际上可以细分为三级，需求目标是一级强化物，颉颃目标是二级强化物，抵兑目标是三级强化物，这三级强化物都满足斯金纳的正强化、负强化、惩罚等概

[①] 维纳.控制论[M].2版.郝季仁,译.北京:科学出版社,2009:8.
[②] Duane P Schultz, Sydney Ellen Schultz.现代心理学史[M].叶浩生,杨文登,译.北京:中国轻工业出版社,2017:336.
[③] 施良方.学习论[M].北京:人民教育出版社,2001:118-119.

念。斯金纳认为一级强化物是不需要学习就能起作用的,这一结论是有偏颇的,10.2 节中讲到了最基本的进食需求,其中有一个漫长的学习过程。只有那些原始条件反射才不需要学习,然而绝大多数原始反射都在后期"退化"了(实质是因为不断分化调节而融入进了更为复杂的行为体系当中),这也意味着强化物一般都是通过学习得来的。

斯金纳所提出的与强化有关的一系列概念,已经初步反映出了人或动物的行为分化规则,以及一种层次性的行为机制,相对于传统的刺激-反应等学习理论来说,斯金纳的理论体系对日常行为动机有更为直观的刻画,也更能够被心理学专业领域以外的普通大众所理解,这正是斯金纳的卓越贡献之处。虽然斯金纳的理论存在局限性,但相对于其所处的时代来说,仍然是具有重要现实意义的。

10.4 雪花模型与皮亚杰认知发展理论

皮亚杰是瑞士著名的心理学家,发生认识论的开创者。皮亚杰提出了认知结构的构造理论,强调主体认知结构在认识形成过程中的重要作用,并以不同水平的认知结构作为划分儿童认知发展阶段的根据[①]。雪花模型也是一套涵盖多个知行发展阶段的理论体系,两套体系在许多方面存在相似性,下面结合皮亚杰认知理论的主要概念来进行对比说明。

(1) 内部逻辑构造

皮亚杰认为,认识既不起因于主体,也不起因于客体,而是主体与客体之间的相互作用,认识的成长是在先天遗传赋予的生理条件下,以内发的、主动的反应向环境中各种事物去探索、思维、了解,从而获得的[②]。皮亚杰的发生认识论注重探究主体内部的逻辑构造,图式、同化、顺应、平衡等基本概念正是这种逻辑的体现。

图式是指个体对世界的知觉、理解和思考的方式[③],图式使个体能对客体的信息进行整理、归纳,使信息秩序化和条理化,从而达到对信息的理解,个体的认识水平完全取决于个体具有什么样的认知图式[④]。皮亚杰认为,认知发展从根本上说,是从较低水平的图式不断建构更高水平的新图式,从而使认知结构不断完善的过程。从这个意义上来说,图式概念与雪花模型的 6 个运作模式有相近之处,这些模式呈现了个体从刺激感受,到分类感知,到有序作用,到主观需求,到交互博弈,到决策反思的发展进路,个体的行为与认知体系也随之趋于复杂、趋于理性、趋于完善。图式和运作模式都是一种结构性描述,它与具体的内容表现无关,只与内容加工的形式和机制有关。

同化是指个体把新鲜刺激纳入原有的图式之中的心理过程。从雪花模型来看,同化相当于基于既有规则的应用实践和泛化迁移。个体习得一个新的运作模式,其标记就是一个归属于该运作模式的宏观规则的形成,每个运作模式的框架是既定的,而该模式下的规则样本可以有无数个,每个规则样本都与具体的状态和对策匹配情况有关。个体在适应环境时,如果既定

---

① 孙君. 世界著名心理学家皮亚杰[M]. 北京:北京师范大学出版社,2013:17.
② 孙君. 世界著名心理学家皮亚杰[M]. 北京:北京师范大学出版社,2013:101.
③ 施良方. 学习论[M]. 北京:人民教育出版社,2001:172.
④ 孙君. 世界著名心理学家皮亚杰[M]. 北京:北京师范大学出版社,2013:41-42.

规则没有检测到差异,那么个体会基于该规则所对应的过往经验来应对环境;如果既定规则检测到偏差,那么规则部件会对适应进程进行调节,以保障个体基于相应运作模式下的价值实现。皮亚杰提出了同化的3种水平,即再生性同化、再认性同化、概括性同化[1],这3种同化可以在雪花模型的调节分化机制中找到对应性:规则部件在检测到差异并引导分化调节时,存在多种情况,第一种是仅对状态目标进行调节(行为对策不做调节),以更新既有关联对策下的环境事物构成要素及其关键标识,这种情况对应的是"再认性同化",相当于形成对环境事物特征的内化;第二种是仅对行为对策进行调节(状态目标不做调节),以更新针对既有状态目标的组织实施策略,这种情况对应的是"再生性同化",相当于提升既定事物的运动智力;第三种是状态与对策都有局部调节,形成内化经验的逻辑智力,这种情况对应的是"概括性同化"。

顺应是指个体调节自己的内部结构以适应特定刺激情境的过程。同化通常针对的是不超出原有认知框架的应用迁移过程,而顺应通常针对的是超出原有认知框架的反复引导调节过程,直至个体形成了对陌生场景的有效内部认知结构。从雪花模型来看,同化就是在适应场景的过程中,习得的经验规则主导当前的运作表现,能够即时收敛运作过程当中的偏差,从而有效把控当前场景;顺应则是在适应场景的过程当中,既定规则检测到了差异,但偏差难以通过分化调节而收敛,只有在通过反复分化调节而涌现出来的系综演变中才可能达成一种平衡,顺应即存在于这种反复试错之中。同化是量变的过程,顺应是质变的过程,在认知结构的发展中,同化与顺应既相互对立,又彼此联系,认识永远是外物同化于内部图式、内部图式顺应于外物这两个对立统一过程的产物[2]。换句话说,同化主要是个体对环境起作用,顺应主要是环境对个体起作用。雪花模型的高层运作模式(对应图式)中,既有基于基层规则的摸索尝试(对应顺应),又有基于宏观规则的实践应用(对应同化),两者存在机制上的对立性,同时又统一于同一个运作模式之中,这是一方面。另一方面,基层规则的摸索尝试,可以看作是低一层运作模式的宏观规则应用,而宏观规则的实践应用,可以看作为高一层运作模式的基层规则摸索(参考第4章解析),两者之间存在一种基于发展的辩证性。雪花模型的模式运作特点与同化、顺应之间的紧密联系性及其对立统一性是基本一致的。

平衡是指个体通过自我调节机制使认识的发展从一个平衡状态向另一个较高平衡状态过渡的过程[3]。平衡涉及认知图式的升级,这个过程中伴随着不断地同化与顺应。从雪花模型来看,平衡就是从低层运作模式向高层运作模式迭代演进的过程,个体在面对复杂场景时,在基层规则失效后反复尝试下,一种系综层面的稳定表现逐步沉淀出来,个体达成了与复杂场景之间的交互均衡。平衡是一个比顺应更为复杂的演进过程,当未达成平衡时,新的顺应过程与过往的同化经验经常存在冲突,两者有时兼容,有时对立;而当达成平衡时,新的顺应过程能够在一个更高的层次上兼容过往的同化经验,两者不再直接对立,顺应对过往同化经验的兼容,实质上就意味着一种更高层次上的同化基准的形成。皮亚杰指出了平衡的3个方面,包括调节同化与顺应之间的关系,调节认知结构中各子系统之间的关系,以及调节个体部分知识与整体知识的关系[4]。雪花模型的运作模式演进中,也存在这3个方面的类似表现:运作模式的

---

[1] 皮亚杰.发生认识论原理[M].王宪钿,等译.北京:商务印书馆,1981:26.
[2] 孙君.世界著名心理学家皮亚杰[M].北京:北京师范大学出版社,2013:44.
[3] 孙君.世界著名心理学家皮亚杰[M].北京:北京师范大学出版社,2013:44.
[4] 施良方.学习论[M].北京:人民教育出版社,2001:174-176.

升级是规则网络不断尝试摸索和不断应用迁移的结果,当宏观规则形成时,基于宏观规则的模式探索就与模式应用同一了,两者的一致性是运作模式完成升级的重要标记,运作模式的升级过程就是调节探索模式和应用模式之间对立性的过程(相当于调节同化和顺应之间的关系);在这个过程中,基层规则所对应的低层逻辑关系向宏观规则所对应的高一层逻辑关系演进,它们代表着认知能力和行为能力的迭代升级(相当于调节认知结构);在逻辑关系中,序参量是整体性的体现,基础逻辑变量是局部性的体现,在模式升级过程中,当各基础逻辑变量达成稳定的协同交互时,即代表着序参量的成型,也意味着部分与整体之间的协同。

(2) 认知发展阶段

皮亚杰将儿童的认知发展分为4个主要阶段:感知运动阶段、前运演阶段、具体运演阶段、形式运演阶段。皮亚杰指出,这些阶段的划分具有不因文化差异的某种普遍性,各阶段的发展顺序是固定的,前面的阶段是后续阶段的基础,每一阶段都是具有逻辑性的组织整体,并且各阶段的图式可以泛化为各种不同的行为[①]。

雪花模型的6个运作模式,与皮亚杰所划分的认知发展阶段存在一定程度上的对应性,表10-4给出了两套体系的大概对应关系,这些对应性给了我们一套理解和剖析皮亚杰认知发展理论的新视角。下面结合雪花模型的理论体系来简要分析皮亚杰认知发展理论四个阶段的表现。

感知运动阶段是发生认识论的起始,具体可分为6个亚阶段,其中包含着各种复杂程度不同的多级循环反应。感知运动阶段的大部分亚阶段与机动过程相对应(其中的 Dc 阶段属于消解过程的模式探索阶段,也可视为机动过程的实践迁移阶段),机动过程即基于特定状态目标的作用实践过程,实时的作用进程由状态网络和对策网络组成的反馈循环(即图2-3中顶部两个组件构成的反馈环)来推进。在感知运动阶段的发展初期,由于实践经验相对缺乏,幼儿还难以形成针对各类特定作用进程的经验参照对比,规则部件无法对作用表现进行实时分化调节,因此状态目标与行为对策的反馈循环并不容易收敛,这间接解释了为何感知运动阶段存在各种循环式反应,对于幼儿来说,重复的循环反应有助于形成更好的经验记忆,为后续复杂调节奠定基础。

皮亚杰在论及认识的起因时指出,一开始起中介作用的并不是知觉,而是可塑性要大得多的活动本身,知觉确也起着重要的作用,但知觉是部分地依赖于整个活动的,每一种知觉都会赋予被知觉到的要素一些同活动有联系的意义,所以研究需要从活动开始[②]。雪花模型的运作模式是从感受过程开始的,而皮亚杰强调从行为开始,两套体系的起点似乎不一样,这种差异与两者的研究视角不同有关。皮亚杰是一种基于第三方的客观视角来探究儿童的认知发展,而雪花模型是一种基于个体自身的主观视角来探究自身的行为与认知发展,从9.4节中可以了解到,不同视角下所认定的事物性质及其逻辑结构是有所不同的。从客观视角来看,个体对刺激信号的体验感受依赖于行为的接触,对状态演变的认知依赖于行为的解码(参考2.5节说明),以行为为背景或中介来研究人的认识,这是洞悉人的动机和意向的关键所在。

---

① 于珺. 重读先哲皮亚杰[M]. 长春:长春出版社,2013:90.
② 皮亚杰. 发生认识论原理[M]. 王宪钿,等译. 北京:商务印书馆,1981:22.

表 10-4　皮亚杰认知发展阶段与雪花模型各运作模式之间的对应关系

认知发展阶段	亚阶段	典型活动表现	雪花模型各阶段
感知运动阶段	反射活动 (0~1个月)	练习和顺应先天反射 (觅食反射、吞咽反射)	C
	初级循环反应 (1~4个月)	重复以肢体为中心的行为 (吸吮手指、移动头部)	C
	二级循环反应 (4~8个月)	重复指向外部客体的行为 (摆弄周边可见物品)	C, Dc0
	二级模式间协调 (8~12个月)	解决简单问题的联合行为 (理解手与玩具异动的因果性)	Dc1
	三级循环反应 (12~18个月)	尝试解决问题的新方法 (体验多种玩玩具的方法)	Dc2
	符号问题解决 (18~24个月)	思考解决问题 (用工具来操作高处食物)	Dc3, De
前运演阶段	(2~7岁)	使用语言、符号表征物体, 自我中心化,缺乏可逆性认知	De, Ed
具体运演阶段	(7~11岁)	去中心化,具有可逆性认知, 理解数量关系与逻辑关系	Ef, Fe
形式运演阶段	(>11岁)	能够进行假设演绎推理,使用符号 进行抽象思维和逻辑演算	Ff

皮亚杰所提出的"客体永久性"概念,就是用行为来解码认知的一个具体实例。"客体永久性"出现于感知运动阶段的第 4 个亚阶段,它指的是当物体不在眼前或通过其他感官不能察觉时,幼儿仍然知道物体是继续存在的。通过基于身体的互动操作,幼儿刻录了关于物体的特定状态演变,这种基于行为方式之上的状态异动认知,使得幼儿能够将不同的状态联系起来,行为的过程性与连续性能够包容这种状态联系性,缺乏行为的支撑,幼儿很难建立起不同状态之间的逻辑关联。状态目标牵引行为,行为推进状态演变,两者之间的匹配耦合构成一个反馈循环回路,使得基于其中一方就能够触发或唤醒另一方,物体特征消失之前的运动过程激活了行为逻辑,行为逻辑所对应的循环回路依然能够唤醒所记忆的状态目标演变,因此当目标物体的特征暂时从视野中消失时,幼儿的状态网络中依然活跃着目标物体的特征演变,这为幼儿找回物体提供了指引。从这里可以看到,状态网络和对策网络的耦合机制有力地解释了为何幼儿能够形成"客体永久性"认知,如果孤立地看待状态感知和行为动作,实际上是较难以解释"客体永久性"的成因的。

幼儿并不是一出生就具备认识"客体永久性"的,这代表幼儿一开始并不具备用行为来解码状态演变的能力,这间接证实了行为并不是主观视角下的认知起点,不过,这并不意味着皮亚杰以行为为研究起点的方法是错误的。行为依然在幼儿的认知活动当中起着作用,但是初生的婴幼儿还没有吸收足够的信息来充实状态与行为对接环路所构成的记忆池,因此还不能够运用行为逻辑来理解周边的世界。换句话说,行为从一开始就参与了人的各种知觉活动,只是从主观上明了行为逻辑的存在依然有一个不断演进的过程。

当幼儿具备了基于行为来理解场景的状态演变时,意味着幼儿习得了一定的作用关系认知,这为幼儿进一步分化作用关系奠定了基础。从雪花模型来看,感知运动阶段的第4个亚阶段即是分化不同作用目标的过程,第5个亚阶段即是分化不同作用方式的过程,第6个亚阶段即是尝试分化作用目标和作用方式匹配组合的过程,这3个亚阶段既可以视为机动过程多种经验的随机配对(不考虑规则部件的作用),也可视为消解过程的模式探索(考虑规则部件的分化引导作用)。

前运演阶段与雪花模型的消解过程有较多的对应性。前运演的意思是儿童思维方式尚未完全达到合乎逻辑的一段时期,其思维上还存在一些限制,主要表现有3个方面:一是知觉集中倾向,即重点注意于实物的单一维度或层面,忽略实物的其他维度或层面;二是不可逆性,即可以从正面思考,但不能从反面思考,可以从原因看结果,但不能从结果分析原因;三是自我中心主义,即只会基于自身的角度出发,不会考虑别人的不同看法[1]。这3个方面的局限性是相对于成人的成熟思维模式而言的,它们均可以从雪花模型中给出解释。

调谐过程是比消解过程更为成熟的运作模式,在调谐过程的运作框架中,可以更为清晰地看到消解过程运作模式所存在的问题。消解过程由效用分拣规则所调控,其具体表现是趋乐避苦,效用分拣规则会引导个体不断趋近积极事物,远离消极事物,只要效用规则依然检测到未弥补的积极性或未避离的消极性,这种动向就不会停止。在调谐过程看来,一味地趋近积极事物可能引发客体的反感,进而带来负面的效应;一味地远离消极事物会使得个体无法反过来将其用来保护自身、驱逐外来威胁,从而失去运用消极事物当中可能潜藏的正面效应。从中可以看到,消解过程中的个体是直接的、笃定的、短视的,思想上难以转弯,其特点与前运演阶段的3个局限性相类似,具体来说:知觉集中倾向体现在需求目标相对于颉颃目标的局限性之中,个体总是表现出对特定对象的偏好或抵触,而不会想到这些对象可能关联的附带价值;不可逆性体现在需求方式相对于颉颃方式的局限性之中,个体的行动倾向是相对单一的,要么进要么退,而不会想到先进后退,或者先退后进;自我中心主义体现在需求本体相对于颉颃本体的局限性之中,个体总是优先考虑自身的效用实现,而很少考虑到实现自身价值的同时可能引发的客体价值波动。

前运演阶段与感知运动阶段的对比,能够反映出感知运动阶段的局限性。在感知运动阶段,婴儿把每一件事物都与自己的身体关联起来,好像自己的身体就是宇宙的中心一样,幼儿以自身身体的不自觉活动来解码周边事物,在幼儿还未建立起不同活动方式的表现对比之前,幼儿是难以意识到这种自身中心化的。皮亚杰特别指出,在一岁到两岁的时期,发生了一种哥白尼式的革命,即活动不再以个体的身体为中心了,个体开始意识到自身是活动的来源,从而也是认识的来源,于是个体的活动也得到协调而彼此关联起来[2]。皮亚杰所说的哥白尼式的革命,实质上就是基于消解过程的自我意识萌芽。机动过程基于作用方式来组织和感受场景的状态演变,此时即是以身体为中心的,演进至消解过程时,个体能够对比分化多套作用方式及其所组织的状态演变,分化的依据来源于多套作用进程的体验差异,正是这种有参照的优劣分化,使得个体能够从参照中认识到作用方式这一变量,具体表现在个体能够了解到有些行为方式是有益的,而有些行为方式是有害的,这种对行为的认知分化即标志着个体开始摆脱以身体为中心,而转向于考虑环境当中的事物性质,并从这种性质分化中反衬出自身的价值意向。从机动过程到消解过程的演进,是从一种机械性的、被动性的物质世界作用关联,向主动性的、

---

[1] 孙君.世界著名心理学家皮亚杰[M].北京:北京师范大学出版社,2013:61-63.
[2] 皮亚杰.发生认识论原理[M].王宪钿,等译.北京:商务印书馆,1981:23-25.

意向性的精神世界的跨越,因此,皮亚杰称其为"哥白尼式的革命"并不会显得浮夸。

具体运演阶段与雪花模型的调谐过程有对应性。皮亚杰所说的运演并非我们日常生活中的算术,而是一种认识活动,这种认识活动是内化了的动作,它包括逆向性与互反性[①]。皮亚杰认为,具体运演阶段的儿童在一定程度上能够做出推论,即考虑事物如何从它们原来的样子改变成现在的样子[②],这一点可以从调谐过程的运作机制中得到解释。消解过程使得个体了解到在一定的对策支撑下,当前的状态演变能够达到什么样子,以及当前状态与所能达成状态之间的体验差距,而调谐过程既能够了解当前状态演变能够达到什么样子,也能够了解在特定环境因子影响下,当前状态演变被限制或支撑到什么样子,这其中可能存在负面的影响,进而使得个体抵制这一表现,以便回归至初始的效用水平。相对于消解过程来说,调谐过程多了一套用于对比状态演变程度的经验与现实参照,使得个体能够完整推演状态演变的来龙去脉。通俗的说,消解过程只考虑当前想要什么或远离什么,而调谐过程则考虑当前想要的东西能不能得到,当前想远离的事物能不能有效规避,在与环境客体的纠缠中,个体能够逐步了解自身价值趋向的波动范畴,可能是不及原有的水平,也可能达到一个全新的水平,个体选择处于哪种水平,与环境客体的影响性密切相关。从时间线上来说,消解过程是向前看的,调谐过程既可以向前看,也可以往回看。皮亚杰指出,运演的特性是对错误预先就予以纠正,是预见和回顾相结合的结果[③],这种筹算能力也是经历过各种需求纠缠的调谐过程所具备的基本能力。

相较于前运演阶段来说,具体运演阶段能够基于经验来运演环境客体影响下的事物状态流变,它不是一种简单的因果转换,而是因果转换的另一种可能性,正是因为有了不同因果转换的相互对照与分化,才促成了"运演"。从上文关于前运演阶段的3个思维局限性的分析中可以得出,具体运演阶段是去知觉集中化的,去自我中心化的,以及具备可逆性思维的,这些特点间接说明了个体对事物演变的运演能力。在具体运演阶段,主体与客体逐步发生了分离(这意味着个体具备了认知客体的能力),这里的客体不是一种物质,不是一种固有对象,而是类似于主体一样的具有特定的自持价值倾向,这种分离直接促进了个体的去自我中心化。

形式运演阶段与雪花模型的趣时过程有对应性。形式运演阶段的典型特点是个体能够进行假设-演绎推理,这一特性同样可以从雪花模型中得到解释。趣时过程起源于个体多样化的价值趋向之间的矛盾,个体大体知悉每种趋向的价值可达范畴,但由于特定条件的限制使得个体暂时无法同时兼顾两种价值意向,也不知道怎样在这种无法兼顾的多种意向中进行选择,这一问题的解决过程,即内含着假设-演绎推理逻辑:首先是搜索潜在影响因子,模拟该因子作用下的两种价值的可能转变趋向;其次是基于模拟情景的价值转变幅度而筛选出具有更优效应保障的选项,即形成矛盾意向下的预期决策,这是一种还未经检验的设想。上述两个环节即构成假设运算。然后是以预期决策来指导行为实践,及时分析实践表现,看是符合预期还是不及预期,并据此判定潜在影响因子的合理性(即假设条件的合理性),这一环节即为演绎运算。上述两种运算可以不断循环,直至找出更为合理的影响因子,以获得更优的效果表现。

形式运演阶段是对运演进行的运演,也就是二级运演[④]。运演是解析事物如何从原来的样子转变成现在的样子,而运演的运演,就是对影响事物状态转变的因素进行再运演,即假设

---

① 于珺.重读先哲皮亚杰[M].长春:长春出版社,2013:88-89.
② 施良方.学习论[M].北京:人民教育出版社,2001:178.
③ 皮亚杰.发生认识论原理[M].王宪钿,等译.北京:商务印书馆,1981:42.
④ 皮亚杰.发生认识论原理[M].王宪钿,等译.北京:商务印书馆,1981:57.

有其他性质的影响因子加持,原有的事物状态演变又会变成什么状况,其中有没有满足自身价值取向的特定节点,这一节点就是一种时机的体现,因此,代表趣时过程的抵兑时机变量蕴涵着双重运演的性质。皮亚杰指出,在这个阶段,运演从其对时间的依赖性中解脱了出来,也就是说从儿童活动的前后心理关系(某种因果性的逻辑特性)中解脱了出来,运演最后具有了超时间性,这种特性是纯逻辑数学关系所特有的[①]。这里的超时间性,可以从趣时过程的运作特点来说明:通过假设-演绎推理,个体既可以依托于当前场景中的因果演绎,也可以搜索匹配经验中的任意潜在影响因子,并演绎其因果作用,针对同一个矛盾场景或问题场景,选择的影响因子不同,演绎的作用尺度不同,最后的效果表现可能大不相同,于是个体理论上可以有许多种应对举措,每一种举措的背后都关联着某种因果运算,对应着某种场景空间,这种在不同情景运作空间中进行选择的自主性和跳跃性,体现的即是一种超时间性,其内涵与时机概念是一致的。

皮亚杰认为认知发展达到形式运演阶段的水平,即代表个体的思维能力已经发展到了成熟阶段。雪花模型当中,趣时过程是最为复杂的运作模式,是个体适应环境的最有力代表,这一模式也预示着个体行为和认知能力的初步成熟。

上面简要说明了雪花模型与皮亚杰认知发展理论之间的联系。要补充说明的一点是,从雪花模型来看,中心主义实际上在每个运作模式中都存在,只是中心化的复杂度存在差异:感受过程可以基于机体先天预置的各种感受器而界定环境中的各种刺激信号,但是不能界定这些刺激信号相互关联组合会是个什么情况;感知过程可以界定不同状态特征之间的联系性,但是不能有效区分两组状态特征组合进行切换时可能内含的多种作用关联差异;机动过程可以界定状态演变的因果关联,但是不能脱身于既定因果关联来比对与之类似的因果关联之间的性质表现差异;消解过程可以界定自身的行为动机,但是不能理解这种动机的外部影响;调谐过程可以界定在特定环境因子影响下的价值可达范畴,但是不能明晰当前条件在不同景况中的价值转变;趣时过程可以界定既有情境在不同影响因子下的价值异动,但是难以明了价值转变的上限是多大,以及最优的解决方案是什么。每个运作模式都有其局限性,每个运作模式都有代表该模式的序参量,但是每个运作模式都不能处理所在层次序参量的多样性,也不能理解序参量的多样性,这种认知单一性就是中心化的体现。借用哥德尔的话来说,中心主义就是在系统自身层面不能断定系统矛盾性的认知局限。

---

① 皮亚杰.发生认识论原理[M].王宪钿,等译.北京:商务印书馆,1981:56.

第 11 章 雪花模型与需求评价

人是推动社会经济不断演化的源动力,研究社会经济问题,无法脱离对人的研究。门格尔认为,经济学的方法必须落实在一种个人主义的基础上,经济现象只不过是个人经济行为的产物,只有通过分析个人的行为,才有可能理解总体的经济过程[①]。人的许多行为趋向会反衬在社会系统中。例如,个人对更优质产品的需求,映射出企业对新产品新服务的研发迭代;个人对以更小代价换取更大收益的期望,映射出公司对利润最大化的追求;个人对无忧生活的期待,映射出国家对公民医疗、养老等福利的支出……从无数的个性化个体中抽象出具有广泛代表性的一般性个体画像,成为研究经济问题的起点和捷径。对个体的行为动机理解得越透彻,越有助于我们去探究社会经济的可能演绎机制。从第 10 章的解析中可以初步看到,雪花模型在人的行为与心理认知方面能够给出更具包容性和更具一般性的原理性刻画,这使得雪花模型也具有分析经济学相关问题的潜力。本章将结合雪花模型理论体系,来解析与个体的经济行为有关的一些基本概念,以探究经济行为分析的底层演绎内核。

11.1 社会经济中的需求概念

需求问题是微观经济学的演绎主线,也是微观经济学的分析起点,阐明需求概念的关系结构及其演绎机制,对于微观经济学的发展具有重要的现实意义。雪花模型为解构个体层面的需求问题提供了一个系统性的视角,需求关系是雪花模型理论体系的核心,感受过程、感知过程、机动过程 3 个层次界定了需求关系的建构条件和建构基础,消解过程界定了需求的形成原理和关系结构,调谐过程和趣时过程则进一步演绎了需求关系在开放环境和不确定环境下的发展走向。社会经济中的需求可细分为 3 个层次,分别是原生需求(效用上的需求)、权益需求(效应上的需求)和跨期需求(效果上的需求),具体说明如下。

(1) 原生需求

理解原生需求,可以在需求关系这一逻辑框架中进行。需求关系包括需求本体、需求方式、需求目标、需求效用这 4 个要素,缺一不可。笔者在拙作《认知的维度》中给出了需求的一种简明定义:客体契合主体的作用过程。这一定义正是根据需求关系的 4 个要素而给出的,其中的"主体"指的是需求本体,"客体[②]"指的是需求目标,"作用过程"指的是需求方式,"契合"针对的是需求效用,整个定义的核心落在作用过程之上,是因为需求关系是在作用关系基础之上分化而来的。对于个人来说,需求是一种基于意向的作用势能,而不是一种数量指代。

[①] 杨春学. 米塞斯与奥地利学派经济学[J]. 云南财经大学学报, 2008(4):5-16.
[②] 注:此处的客体既指人,也指物,前文的客体主要是指另一个主体。

Suzanne 和 James 给出了软件开发当中的需求定义:"需求是产品支持其拥有者的业务所必须完成的事,或让拥有者接受并感兴趣所必须具备的品质[①]。"这一定义强调的是特定的支撑性服务(相当于经过优化的作用方式),或特定质量的产品(相当于经过分化了作用目标),这两者均是需求关系的重要构成因素。

将需求的基点归结为一种作用过程,初看起来似乎与我们的直觉不符。某种缺失的东西,比如填补饥饿的饭菜、辅助出行的轿车、防止溺水的游泳圈,这些具体的事物通常更符合我们心中的需求意向,为何不将需求归结为满足意向的产品呢?如果总是从个体自身的角度(沉浸视角)来分析需求问题,将需求归结为产品并无不妥,因为需求的实践者就是自己,具体的操作和实现方式自己心中有数,可以不用做说明就能知晓,问题在于这种"心知肚明"并不一定能够被他人所明了。如果从商业的角度,或是从学术的角度来分析个人的需求问题,应该站在旁观视角或综合视角来审视和界定需求的所有关键构成要素,这样才能更好地定性需求,也能更为全面地演绎其构成要素不断变化下的需求异动。将需求的分析基点不归结为产品,而是归结为作用过程,这就是一种客观视角的体现。作用概念能够更有效地唤醒个体的临场性,能够加强个体对作用流程和路径的回忆,其优点在于,过程所能够串联起来的信息,要比状态目标所呈现的信息通常要丰富得多,它有助于我们更好地探究需求实践当中可能存在的各种异动,而不是从浮于外表的状态相关性(如产品形态和产品说明)中理解需求。

以作用过程的异动表现来界定需求,还有另一个重要原因——作用过程(即机动过程)是建构需求关系的基础。机动过程中,作用方式是序参量,也是推进状态演变的组织者,特定作用方式衔接下的状态条件与状态结果之间的关联,代表的是一种因果关联。米塞斯指出:"为了行动,人必须知道事物之间、过程之间或者各种状况之间的因果联系……行动需要并且必须以因果关系的范畴为前提[②]。"需求关系即内含着事物、过程及状况之间的定向联系性,需求是消解过程的效用分拣机制对多个作用进程进行分化的结果,没有过往基于机动过程的体验情景作为标杆和参照,就无法准确判定当前的状况是否存在体验差异,也就无法生成明确的需求意向。需求蕴涵着基于主体的目的性,陈一壮在给莫兰译著所做的序言中提到:"主体的目的就存在于客观世界的因果链条的缺口中。主体根据自己的需要把客观世界中的有限的因果链条加以不同方式的连接,来实现不同的目的[③]。"这进一步说明了界定需求离不开对因果作用的考察。

以作用过程为基点来分析需求,使得我们能够始终基于现实、基于实践来探究需求的演变,而不是仅凭有限的信息去揣测需求。忽略作用过程,等同于忽略需求的产生基准,进而导致对需求问题理解上的不充分。例如,如果我们不去亲身提起一整桶水,就难以体会为什么塑料桶会有卷边设计,如果我们不去试穿一件衣服,就不知道它到底合不合身。机动过程存储的往往是先天遗传的行为模式,或是后天习惯化的行为模式(4.6节),很多时候它们表现为一种下意识的自动化的本能反应,它是规则网络进一步检视关系执行差异的基础,差异是生成有意识认知的条件,而辅助测定差异的参照基准很少会成为有意识认知的对象,由此使得我们很少反思构成这一参照的作用性本身,而很多时候,正是作用性决定了需求的质量和潜力。在现代化商业竞争中流传着这样的一种策略:要避免在红海中厮杀,应该回到商业模式最为初始的状

[①] Suzanne R, James R. 掌握需求过程[M]. 3版. 王海鹏,译. 北京:人民邮电出版社,2014:8.
[②] 米塞斯. 人的行动:关于经济学的论文[M]. 余晖,译. 上海:上海人民出版社,2013:29-30.
[③] 埃德加·莫兰. 复杂性思想导论[M]. 陈一壮,译. 上海:华东师范大学出版社,2008:(译者序)6.

态,然后重新打磨优化这种最初始的设计,基于此而建构的新商业模式更有潜力创造出差异化竞争优势。这种策略实质上就是重新设计机动过程的自动流转程序(经济传导链条),相当于重新打造商业模式的内核,因而是一种有效的策略。不过,由于这种方式所连带的既成利益关系太多,因而实施起来也存在相当的难度。

每个人的需求通常会因为其成长经历的不同而各具特色,需求关系界定了需求的构成要素,不正视这些要素,对需求的把握就可能出现问题。忽略了需求本体,就容易将自己关于需求的单方面理解简单套用在他人身上,或是针对具体问题给出千篇一律的需求意向,难以从他人的角度去观察思考其真正的需求指向。忽略了需求方式,就不容易觉察不同行为方式带来的效用上的差异,对于商业领域来说,很多时候淘汰掉一个企业的不是其产品质量,而是其落后的需求实现方式,例如数码相机对胶片相机的替代,二维码消费对刷卡消费的替代,点外卖对下馆子的替代等等,它们实质上都是需求实现方式上的升级。需求目标即对应经济活动中的各种需求品,这一变量很大程度上代表了需求,但它不是需求的全部。需求效用是需求关系的判定规则,可以通过实践过程中的状态与行为的对接情况来评估,基于过往经验可以初步判定其大体实现状况,不过这种效用评估一般是极为粗糙和抽象的,一些操作上的细节极易被忽视,而许多时候导致效用评价发生逆转的,往往就是那些被忽略的细节,要更好地把握需求效用,应当通过行为实践来亲身体会,这是确保效用真实性和完整性的不二法则。需求关系的每一个要素,都是界定需求质性的关键要素,只有统合这些内在要素,才能更好地洞悉需求的外部演绎。

(2) 权益需求

基于消解过程而沉淀出的需求关系,可以初步勾勒个人关于需求的目标意向和行为趋向,但是难以有效反映社会当中的需求,尤其是涉及交换行为的需求,这是因为,消解过程层面无法解释实现特定的需求为什么要进行交易,在消解过程的演绎逻辑中,只要感受到了体验反差,机体就有趋近或规避倾向,用皮亚杰的话来说,这是一种具有知觉集中倾向、不能从对立面思考和自我中心主义的不成熟运演机制(参考 10.4 节中的"前运演阶段"解析),而交易行为一定是破除知觉集中倾向和自我中心主义,并从对方角度思考时才有可能达成的理性行为,这一复杂知行逻辑是消解过程运作机制所难以驾驭的。由此,定性经济活动中的需求还需要更为复杂的演绎机制。

马克思在《资本论》中提出了商品的二重属性:使用价值和交换价值,使用价值体现在物的有用性之上,而交换价值则体现在一种使用价值同另一种使用价值之间的兑换上[①]。从雪花模型来看,使用价值与需求效用这一规则变量有对应性,交换价值与抵兑效果这一规则变量有对应性,而在需求效用和抵兑效果之间,还有颉颃效应这一规则变量,这给我们的启示是:在使用价值和交换价值之间,实际上还有一重价值,这里称其为权益。权益与颉颃效应存在对应性,其性质可在颉颃关系框架中予以解释。颉颃关系成型于多个主体之间的需求反复纠缠而达成的某种交互稳态。此时,因体验反差而引起的趋乐避苦倾向被调谐至一个特定的区间内,个体自我中心式的原生需求倾向因为有了客体的介入而有了特定的效用边界,一般表现有两种,一种是主体在客体的影响当中有效把握住了原生需求的实现度,另一种是主体在客体的影响中脱离了对原生需求的有效保障。这两者都体现为一种利益分割,其中对需求目标的分割

[①] 马克思.资本论(第一卷)[M].中共中央马克思恩格斯列宁斯大林著作编译局译.北京:人民出版社,2004:48-49,54.

体现的是对目标物的权属关系,对需求方式的分割体现的是对需求事项的权力关系,权属与权力统称为权益。权益包容使用价值,没有使用价值做基础,就难以演绎出权益。

权益折射出了主体对需求主导权的把握度,也界定了不同主体间的需求纠缠边界,伴随权益而分割出来的物品权属与行为权力,是社会经济进一步发展演绎的基础所在,深入探究权益,对挖掘经济现象的生成演变具有重大的意义。

(3) 跨期需求

经济问题属于社会层面的问题,由于经济所涉及的事物关系尺度(市场消费层面、企业采购层面、行业发展层面乃至国家进出口层面)一般要大于个人日常生活行为的关系处理尺度,因此关于需求概念的解读上,偏重了社会层面的经济学与偏重于个体层面的心理学、营销学等存在侧重点的不同。前文基于需求关系来说明原生需求,就是基于个体层面的一种解析,而西方经济学中一般将需求理解为意愿且能够购买的商品数量[1][2],这是基于市场或行业层面的考量,这是一种宏观上真实可测的数据,并且是直接反映大众基于需求意愿的最终消费结果的强关联性数据。不过,这一定义并不能够完整反映经济当中各类需求的成因,这一基础性问题没有弄清楚的话,就难以有效建构经济发展的演绎模型。

原生需求对应需求关系,权益需求对应颉颃关系,跨期需求对应抵兑关系。抵兑关系中的"抵兑"二字即含有交易的意思,经济学所定义的需求概念,可以在抵兑关系中得到解释。"抵"代表付出,"兑"代表获得,抵兑关系刻画的是个体为实现特定效应转变而采取的针对性行动,行动效果取决于个体对原有颉颃关系所界定价值边界的再调节之上。抵兑关系中的抵兑效果即对应交换价值,交换价值当中,促成交换的出发点是使用价值与效应价值,但交换这一进程本身的功能在于交换权益(包括权属或权力),从趣时过程(模式应用阶段)来看,交换就是从一种权益需求向另一种权益上的转变。在没有有效的影响因子加持下,权益通常不会发生变更。在日常经济活动中,促成权益交换的常见影响因子就是金钱,反映在行为上就是购买力,在消费者购买商品时,就是从拥有金钱的权益需求转变至拥有特定商品的权益需求。权益需求包容原生需求,跨期需求包容原生需求和权益需求。跨期需求意味着需求不是当即实现,而是后期实现,这与交换行为的表现是吻合的。

对于趣时过程来说,付出代表着促使特定影响因子发挥作用的适应策略,收获代表效应转变当中有利价值的把控,付出与获得之间的匹配关联理论上是没有限制的,这也预示着权益交换的形式可以极其多样化。跨期需求涉及权益的改变,能够促成权益改变的不仅仅是金钱,还有其他的因素,如劳动、技术竞争等正当手段,以及暴力、欺诈等不良手段,这些都是社会经济的有机构成,侧重于购买力并不能够涵盖经济现象的全貌。此外,权益当中的权属由于与需求目标相关,因而可以用数量来进行衡量,但权力是难以用数量直接衡量的,要衡量权力的效度,必须基于主体系统之上。从中可以看到,西方经济学对需求概念的定义限定在金钱(或等价财货)这类单一影响要素之上,同时忽略了权力变更所可能导致的经济秩序演变,因此有其固有的局限性。

原生需求消弭体验缺失,权益需求维系权益平衡,跨期需求追求价值增益,要准确理解需求概念,需要综合考虑其3个层面的演绎机理。

---

[1] 门格尔. 国民经济学原理[M]. 刘絜敖, 译. 上海:格致出版社, 2013:22.
[2] 马歇尔. 经济学原理[M]. 廉运杰, 译. 北京:华夏出版社, 2013:92.

11.2 经济人的效用论新解

效用是经济学当中的另一个基础性概念,效用关乎人的主观感受,也影响着人的认知偏好和行为决策。经济学的许多基础分析工具都与效用概念有关。更为精确和全面地定性效用概念,对于有效分析个体的行为决策,以及推演社会消费与社会生产方面的发展与演绎规律,都是有重要促进作用的。

(1) 涉及效用评价的4个变量

马歇尔指出,效用被当作是与欲望或需求有关的术语[①],这一解释由于涉及主观情感,使其较难以量化。Kahneman注意到了效用概念的表现多样性,并将其分为"体验效用"和"决策效用"两种类型[②],前者与需求效用相当,后者与抵兑效果相当。雪花模型中,与效用有关的概念总共有4个,分别是作用体验、需求效用、颉颃效应、抵兑效果。

要理解何为效用,首先应理解何为体验。作用体验隶属于作用关系,它是个体对作用过程的一种实时评价,也是定性效用的基础和参照。不同的作用关系,意味着作用目标和作用方式的不同,它们属于不同的事物,一般来说很难进行直接比较,但附加的作用体验评价使得不同作用关系间的比较成为可能,它相当于一套与作用过程同步的打分系统,它能够协助区分不同作用关系的极性(即积极或消极之分)和程度差异。

需求效用是需求关系的一个基本逻辑变量,也是评价需求表现的规则变量。需求效用指的是当前实时体验表现与过往经验体验(即记忆)之间差异的消解程度。基于对作用体验两种表现(积极和消极)的异动分化,需求效用生成4种典型表现:趋乐、避乐、趋苦、避苦,前两者反映了个体应对积极事物的满足度,后两者反映了个体应对消极事物的安全度。效用的4种表现反映了个体需求的4种行动意向:实践趋乐,抵制避乐,实践避苦,抵制趋苦,市场经济当中的许多产品和服务与这4种行动意向有关。作用体验可视为一种标量,需求效用可视为一种向量。需求效用可用实践体验表现与经验体验表现之间的差值来衡量,当差值较大时,可能是较高的满足度(当实践优于经验时),也可能是较低的满足度(当实践劣于经验时);当差值不明显时,通常意味着某种习惯化的需求场景。

颉颃效应是颉颃关系的规则变量,它衡量的是客体影响下的效用实现范畴。在社会当中,主体的任何需求实践都有可能受到客体的影响,这种影响既有可能是正面的,也有可能是负面的。在客体的影响下,主体除原生需求外,还额外叠加了因客体反应而导致的衍生需求,颉颃效应可以用原生需求与衍生需求之间的效用纠缠度来衡量,纠缠结果决定了客体加持下的主体效用可达范畴。这一范畴体现在状态目标上,代表主体对目标对象的权属关系,它意味着主体对目标事物的状态演变预期在客体的影响下是否能够达成;这一范畴体现在行为对策上,代表主体对需求事物的权力关系,它意味着主体针对目标事物的需求进程在客体影响下是否能够顺利推进。

抵兑效果是抵兑关系的规则变量,也是雪花模型中最为复杂的规则变量。抵兑效果计算的是存在矛盾的多个颉颃效应的调节分化,它是主体正面效应增幅与负面效应降幅之间的博

---

① 马歇尔.经济学原理[M].廉运杰,译.北京:华夏出版社,2013:87.
② 丹尼尔·卡尼曼.思考,快与慢[M].胡晓姣,李爱民,何梦莹,译.北京:中信出版社,2012:347.

弈,或是多个正面增幅与多个负面降幅之间的竞争。对事与物的权力与权属所进行的分割,并不意味着这种分割是永久性的,当引入新的影响因子后,原有的权属与权力关系就有可能发生变化,从而存在原有效应水平发生向好转变的机遇,或是向坏转变的遭遇。由于影响因子的多样性,转变权属或权力关系的方式方法也具有多样性,不同的方法所付出的努力不一样,收获的效果也不一样,抵兑效果地不断分拣会使得个体倾向于用最少的付出来获取最大的回报。

从主体自身来说,与效用有关的价值评价是有着丰富的层次性的,如果不能明确是基于哪个层次的规则变量所给出的评价,就很难弄清楚主体的价值倾向是如何形成的,更不用说去客观衡量其价值感受度了。例如,去商场买手机,有两款产品都非常喜欢,但不知道选哪个好,这是由于消费者有限的预算所造成的矛盾,如果是个富二代,通常不会纠结这个问题(都买走),前一消费者是用效果分拣规则来做决策,更多地考虑有限付出(预算支出)如何带来更多功效,而后一消费者是用效用分拣规则来作判断,只考虑好用不好用。许多公司会推出一系列功能存在多寡的同型产品,实际上就是在适配不同消费者的决策差异,从而获得更大利润。类似的案例还有很多,通过分析消费者进行判断时的分拣机制,可以更为准确地界定消费者是基于哪种"效用"来界定自己的价值趋向的,从而为企业的生产提供指引,从这里也可以看到效用问题与经济运行之间的密切关联。

(2)经济学中的效用衡量方式及其局限

西方经济学给出了衡量效用的两种典型方式:一个是基数效用论;另一个是序数效用论。这两种量化方式实际上都是对主体"效用"评价的简化处理,它们都存在着一定的局限性。

基数效用论认为效用同物理单位一样,有可以用来衡量大小的计量单位,从而使得不同的效用计量值之间可以进行比较。基数效用论的主要分析方法是边际效用递减规律,这一规律在雪花模型当中可以得到一种解释:当待适应场景既定时,消解过程的动力反馈控制环路(参考图4-2)会不断引导主体趋向更优价值表现,规避较差价值表现,直至实践表现与经验表现之间的反差得到收敛,这一过程就是一个边际效用价值不断递减的过程。不过,由于主体在适应场景的过程中存在着既有要素相干而引发的混乱,以及各种潜在影响因子加持下的不确定性,使得主体实际所获得的价值可能出现各种波动,价值偏差不一定能够得到有效收敛,相应的边际价值并不一定是呈递减趋势的。从颉颃效应中可以看到,一些正面效应实现当中可能包含着负面的效用价值(例如,趋苦弱化这一正面效应中包含着趋苦这一负面效用),而抵兑效果的正面效果实现中,则包含着更为复杂的效用波动,这两个高层的规则变量预示着效用价值不完全是边际递减的,有可能是先递增、再大幅度递减的情况(或者其他的不规律波动)。换句话说,边际效用价值递减规律是有条件的,它通常针对的是固定场景中的使用价值,而对于那些存在各种要素相干、结构异动、局势变化的场景,边际效用递减规律将不再适用,对于这些复杂场景中的价值异动,需要运用更高层的规则变量来进行演算。

序数效用论认为效用的大小是无法具体度量的,要比较效用只能通过顺序或等级来实现,这一设想与雪花模型的多层次效用评价是相吻合的。序数效用论者约定了消费者偏好的三个基本假定:偏好的完全性、偏好的可传递性、偏好的非饱和性[①],这些约定尝试在剔除特殊性、探讨一般性的同时,又尽可能控制问题的复杂度,这一目的实际上是难以做到的。对于个体从未体验过的多个商品来说,准确判断需求偏好是存在一定困难的;对于个体已经体验过的不同类型商品来说,比较其偏好也是存在困难的;而对于个体已经体验过的同类型商品来说,如果

---

① 高鸿业.西方经济学(微观部分)[M].7版.北京:中国人民大学出版社,2018:68.

实现效用时叠加了一些个体还不熟悉的限制条件或操作流程,那么个体依然有可能难以判断自己的需求偏好。上述表现意味着偏好的完全性只是针对一类特殊情况的约定。很多商品的功能和卖点不是单一的,而消费者也并不一定能够关注到商品的所有卖点,因此在比较多个商品之间的偏好时,可能会出现商品 A 好于商品 B(针对卖点一),商品 B 好于商品 C(针对卖点二),而商品 C 又好于商品 A 的情况(针对卖点三),商品卖点越多,这种非传递性越有可能出现。非饱和性反映的是在未达效用饱和点时,消费者对相应商品数量存在多多益善的偏好,这一表现很有代表性,但并不具有绝对性:当个体在越接近饱和点时,体验反差越小,个体对该类效用的敏感度越低(逐渐趋于无感),同时对其他效用价值的敏感度会显著提升,这一特点使得个体通常会对某类效用适可而止(很多时候会因为从中难以感受到新的价值反差而开始嫌弃了),同时倾向于从其他项目中寻求带来更为显著体验反差的需求。此外,难以持有或难以把控、保有成本的显著提升、对质量问题的担忧、对商家策略的反思等都有可能引发消费者对过多数量的抵触。

研究效用问题时,应尽可能进行分层处理,这样就能够更为清晰地界定主体进行经济活动时价值评价的运作条件和运作机理,从而避免逻辑的混乱。基数效用论和序数效用论说明了一些问题,但并不全面。多层次价值理论能够给我们研究个体需求和效用问题提供一些新的思路,不过,要解释清楚经济主体的微观动因,要解构经济系统的演绎与发展规律,仅仅依靠四个层次的规则变量是远远不够的。经济系统是个人、资源、环境、社会等众多要素相互交织的系统,其关系维度和作用尺度的跨度并不亚于个人这一对象,对经济系统的探究需要做整体性、系统性的考量,鉴于这一问题的复杂性,本书暂不做展开。

11.3　雷克汉姆大订单销售法

尼尔·雷克汉姆是著名的咨询培训机构——哈斯韦特公司的创始人,在如何提高销售效率和成功率方面积累了许多研究心得,其中最为人称道的是针对大订单销售的 4 类问题分析法,即背景问题、难点问题、暗示问题、需求-效益问题的考究分析。哈斯韦特公司通过数万个销售实例数据,有力证实了这一分析方法的有效性。雷克汉姆仔细分析对比了较优效度与较劣效度之间的方法差异,系统阐述了大订单销售的处理技巧与处理原则,但关于这一方法的背后演绎原理,雷克汉姆并没有给出深入的解读。基于雪花模型,可以对雷克汉姆方法的有效性给出原理性解释。

大订单销售不同于日用品销售,因为涉及较高的支出成本,买方决策人通常会进行较为全面的考量,从雪花模型来看,买方所激活的运作模式有很大概率会是趣时过程,其规则变量(抵兑效果)重点关注的是特定的付出所能够换回来的效应转变幅度。要界定效果分拣规则是如何起作用的,需要向前回溯规则进行分拣的关系基准是什么。对照雷克汉姆分析方法中的四类问题,可以发现它们其实是逐步建构买方的抵兑效果判定基准的推进过程,具体说明如下:

第一步是背景问题,用于咨询与待销售产品有关的基础业务问题,它框定了买卖双方交流的大体范畴,以及这一范畴下的业务或市场现状。背景问题通常不涉及利益问题,只是探究利益演变的条件和基础。对于个体来说,机动过程的先天种子对策或后天习得对策就是个人进一步适应成长的基础,而在社会经济活动中,这一基础则对应的是经济组织的基本业务情况。了解业务现状有助于进一步分析和评价业务表现,企业或公司通常也倾向于多搜集业务方面的有用意见与建议,以促进自身的发展。不过,当卖方过多地探讨背景问题时,买方基于抵兑效果规则会给出效应转变毫无进展的结论,因而很大可能会视当前的交流为一种无效交流。这解释了为何背景问题过多会导致会谈失败。

第二步是难点问题,用于咨询买方当前的业务痛点、困难等负面因素。从雪花模型来看,这类问题主要用来激活买方的效用分拣规则,让买方给出对当前业务与现状的负面效用评价,进而引发其对当前业务流程的排斥、抵触倾向。

第三步是暗示问题,用于进一步呈现业务痛点与困难的影响与后果。从雪花模型来看,这类问题主要用来激活买方的效应分拣规则,让买方在第二步问题中已经初步形成的负面效用判定基础上,逐步叠加关联环节所带来的价值负面性,使得买方对当前业务流程的排斥与抵触倾向得到进一步增强。

第四步是需求-效益问题,用于传递卖方解决方案的正面价值。从雪花模型来看,当买方处于较为强烈的负面效应之中且难以化解时,趣时过程运作模式会触发,通过不断搜索潜在影响因子来试探当前效应的各种转变,从中搜寻可能存在的负面效应降级或正面效应升级的契机,恰当的需求-效益问题能够使得买方的搜索进程能够较为自然地落到卖方的解决方案上来,从而有机会促成双方的交易。

从规则裂变图中,可以找出两条符合雷克汉姆分析方法的价值分化路径,一条是"避乐→避乐强化→避乐强化度降级",另一条是"趋苦→趋苦强化→趋苦强化度降级"(如图11-1所示),两条路径都属于"负面效用→负面效应→正面效果"的演绎表现,并且后续的价值判定都是在前面价值判定的基础上给出的。规则裂变图中有许多条演绎路径(参考图3-1),其中只有图11-1所展示的两条路径所获得的价值反差是最为显著的,其他路径当中也有产生正面效果的情况,但前后的反差没有这两条路径明显。进一步分析会发现,如果买方当前正处于业务痛点的消极体验状态时,那么图11-1中的下面一条路径比上面一条路径所获得的价值反差会更为显著。从这些对照中可以看到,雷克汉姆所给出的4个步骤,其背后实际上有着一套严密的规则判定体系,每个步骤都不是随意给出的。

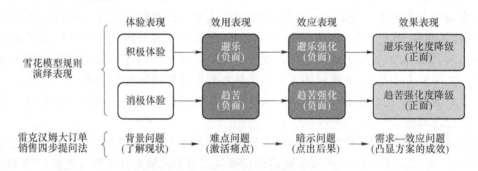

图 11-1 两条高价值反差演绎路径

雷克汉姆分析法中,卖方都是以提问的方式来与买方进行交流,而不是单方面的陈述,这是有原因的。卖方如果进行陈述时,所给出的通常是相对确切的事物信息,其中有基于卖方的诸多事实判定,买方在吸收卖方的陈述信息时,要经过买方自己所习得的经验规则的过滤,由于买卖双方的经验阅历不同、价值敏感度不同、事物侧重点不同,使得买方很有可能产生对卖方陈述信息的理解偏差,而卖方很难觉察到买方可能滋生的异议,因为卖方无法明了买方进行理解时的内部思维过程。而以提问的方式进行交流时,卖方把事实判断的权力交还给了买方,由于问题相对明确,这样会极大地降低双方事实判据发生冲突的可能,同时在把握提问技巧的情况下,还能引导买方在偏正面或偏负面的框架中进行思索。提问交流法控制的关键变量是定性价值的规则变量,陈述交流法控制的关键变量则是状态变量与对策变量,由于规则变量是更为低阶的变量,引导起来会相对更容易。陈述交流法实际上是在挑战对方的经验知识,其中出现纰漏的可能性较大,而提问交流法则较少存在双方知识与经验的对抗,更多的类似于一种限定框架下的填空题。陈述交流法下,听者通常处于旁观者的角色,而提问交流法下,听者在思索问题时通常处于沉浸者的角色,前者的思考维度更高(参考 9.4 节说明),其中的不可控因素也更多。总而言之,在大订单销售中,提问法比陈述法相对更可控,卖方也有更多机会说服买方,从而缔结交易。

第 12 章 雪花模型与行为经济学

人类行为一直是经济学领域研究的基础性问题,各种经济活动大都可以溯源至人的行为之上。近年来,融合心理学、生物学以及神经科学方面的行为经济学发展日益成熟,提炼出了个人的许多典型经济行为表现,如理性与非理性、心理核算、认知偏好、参考点、心理博弈、跨期决策等,建立了一套独具特色的个体决策解析体系。雪花模型是刻画个体知行发展的系统理论模型,其对心理认知与行为决策同样具有较强的解析能力。本节我们尝试用雪花模型来解析行为经济学的一些代表性成果,以从中探寻行为经济学与雪花模型相融合的可能路径。

12.1 风险规避与损失厌恶的雪花模型解释

前景理论是行为经济学的基石所在,其中比较有代表性的是风险规避与损失厌恶。Amos Tversky 和 Daniel Kahneman 通过研究发现,人们面对确定的获得时有规避风险的倾向,面对较大概率损失时有冒险的倾向,而相对于获得,人们对损失更为敏感。下面是实验所设计的两个问题:

  问题 1:(A)肯定会得到 900 美元,(B)有 90％可能会得到 1 000 美元

  问题 2:(C)必定会损失 900 美元,(D)有 90％可能会损失 1 000 美元

参与实验的被试者要回答自己中意的选项,对于问题 1,大多数被试者选择 A,而对于问题 2,大多数被试者选择 D[①]。对于这一实验结果,可以用雪花模型的效用分拣机制来进行解释。

对于问题 1 来说,个体面对选项 A 的参照基点是没有收获(也没损失)的常态,A 中的必得 900 美元是一种趋乐的正面效用表现,个体会形成趋近 A 的行为趋向;面对选项 B 时,B 中的"可能"预示着个体存在获得 1 000 美元(趋乐)与分文未得(避乐)两种情况,趋乐行为会得到增强,避乐行为会受到抑制。选项 A 是完全增强倾向,而选项 B 中既有行为增强倾向,又有行为抑制倾向,选项 B 中所内含的抑制倾向会使得受试者更偏向于选项 A。

对于问题 2 来说,个体面对选项 C 的参照基点是没损失(也没收获)的常态,C 中的必失 900 美元是一种趋苦的负面表现,个体会形成抵触 C 的行为趋向;面对选项 D 时,D 中的"可能"预示着个体存在损失 1 000 美元(趋苦)与分文未失(避苦)两种情况,趋苦行为会受到抑制,而避苦行为则会得到增强。选项 C 是完全抵触倾向,而选项 D 中隐含着有利倾向,两相比较,个体更偏向于选项 D。

上面的判断过程主要是基于效用规则表现的情感分化,是一种较为迅捷但略显粗糙的价值运算,其中并没有关于"90％"这一概率的数值运算。实际上,沉浸视角下与综合视角下,两

---

① Daniel Kahneman. 思考,快与慢[M]. 胡晓姣,李爱民,何梦莹,译. 北京:中信出版社,2012:254.

者对概率的关注度是有较大区别的,沉浸视角更有可能忽略概率运算,因为概率这一"事物"同实时的行为动向关联度不大(它不是一种有行动能力的直接影响因子),而综合视角下则会更看重概率运算,因为概率本身即代表了一系列表现的综合。

所谓风险,是因为其中存在机遇,没有机遇的危险不能称为风险,只能称为危险。所谓转机,是因为损失当中存在机会,没有机会的损失不能称为转机,只能称为损失。由此,上面的两个问题可以简化为:

　　问题Ⅰ:A*是机遇,B*是机遇＋危险(风险)

　　问题Ⅱ:C*是损失,D*是损失＋机遇(转机)

问题Ⅰ中,A*是正面价值,B*是正面价值与负面价值相同步,同步的负面价值降低了个体对B*选项的评价。问题Ⅱ中,C*是负面价值,D*是负面价值与正面价值相同步,同步的正面价值提升了个体对D*选项的评价。虽然问题Ⅰ和问题Ⅱ的形式是完全一致的,但由于两个问题所内含的价值极性不同,从而引发了人们不同的行为反应和价值判断。在3.2节解析4种效用表现所列举的幼儿案例中,实际上给出了这种反应倾向的解释:当存在避乐倾向时,个体不是去终止与乐有关的行为,而是调节目标以便回到趋乐;当存在趋苦倾向时,个体则是倾向于终止与苦有关的行为,以便实现避苦。换句话说,风险规避中重点调节的是状态目标,而损失厌恶中重点调节的是行为。

要补充说明的是,实验中,并不是所有人都倾向于A和D选项,依然有少部分被试者选择了B或C,这与每个人可能启用的运作模式及其判定视角的不同有关。某个情景看起来是很复杂的,但是不同的个体因为关注点的不同,既往经验的不同,应对习惯的不同,使得一些个体只注意到局部场景信息,一些个体注意到全局信息,一些个体还有可能透视场景之中或之外的各种潜在关联信息。虽然题目表述非常简单,但处于实验当中的被试者临场所接收的信息一定远远超过实验组织者所给出的两道题目所蕴涵的信息,这就给每个被试者处理题目时带来了变数。一些被试者可能激活了效应分拣规则,并注意到了收获1 000美元所带来的效应价值高于收获900美元所带来的效应价值;一些被试者因为对二选一的选题犹豫不决而激活了效果分拣规则,进而不断从经验或场景中搜索关联因子来辅助判断,例如揣测出题人的初衷,想象其他人的可能答案等。这些情形使得被试者可能出现各种各样的答案。总体上来看,效用分拣规则由于处于低层,比效应和效果分拣规则更容易激活(因为高层规则是建立在低层规则基础之上的),因此大部分人更有可能基于效用规则而选择A和D,少部分人给出相异的答案。

雪花模型的演绎体系中,高层能够重塑低层的价值判定,改变低层的关系认知和行为对策,这意味着个体过往习得的任何价值倾向,都有可能在新的条件下发生反转。此外,由于每个个体的经验阅历不同,对场景信息的敏感度不同,对关联信息的搜索唤醒能力(与记忆储备有关)也不同,由此导致不同个体在面对同一场景时,其关系认知与行为对策也可能存在较大差异。因此,在研究个体的经济行为表现时,基本不会出现所有受试者都给出完全一致的选项,虽然有些实验研究数据具有统计显著性,但并不能就此下确切性结论,只能下统计性结论。

风险规避和损失厌恶的一个推论是人们对损失更为敏感,典型的例子是"捡到100美元所带来的快乐抵不上丢失100美元所带来的痛苦"。造成这一表现的原因在于,两种情形引发的后效是有较大差异的:拣到100美元激活的是消解过程,其规则给出趋乐的正面效用评价,当个体开始将其视为自有财物时,意味着效应规则上线,此时效用规则评价所获得的积极情绪会趋于收敛(因为权属关系暂时明确了,并达到了稳态);丢失100美元时,首先激活的也是消解过程,其规则给出趋苦的负面效用评价,进而引发抵触的行为倾向,由于标的(100 美元)已经消失,已经触发的抵触行为可能会转向与周边目标相对接,使得周边特定目标叠加了负面的效用转变,这种延伸触发了调谐过程运作机制,其调控规则倾向于减缓或收敛负面的效用表现,于是个体可能出现向周边特定目标泄愤(趋苦弱化)的情况,这种行为并不会导致 100 美元的回归,各种缓解举措的无效以及对丢失财物的回归期待,此矛盾状况会进一步激活趣时过程,其调控规则倾向于搜寻减少损失的机会,包括回溯事前行为找寻丢失线索,无果后会形成趋苦弱化度降级的负面效果评价,并产生对粗心大意的行为倾向的抑制,由于所抑制的行为已经是过去式,这一倾向会伴随一股后悔情绪。从上述分析中可以看到,捡到 100 美元的正面奖励会在调谐过程中收敛,而丢失 100 美元的负面惩罚会在趣时过程中徘徊,后者所激活的运作模式的层级更高,其状态网络和对策网络的搜索空间更大(意味着更广泛的影响和更持久的处置时长)。个体对负面事物保持持续敏感,有利于促进个体不断搜索有效应对方案,进而改善当前境况,这实质上是一种很有必要的生存策略。

　　问题 1 和问题 2 的一个共同特点是,其收益或损失预期大体相近,状态网络并没有采集到两者的显著差异。如果给出的预期价值相差较远时,就会出现新的状况。例如:

　　　　问题 3:(E)肯定会得到 1 美元,(F)有 1% 可能会得到 100 美元。

对于这一问题,多数人可能选择 F,这一表现既不同于问题 1,也不同于风险规避的推论(即人们对损失更为敏感),对此问题,雪花模型的规则分拣机制依然可以进行解释,且该选择的判断机制存在多种可能性:

　　第一种是基于效用分拣规则进行判断。当被试者面对这个问题时,会快速捕捉到"得到 1 美元"与"得到 100 美元"的差异,由于两者差异的显著性而忽略了"肯定"与"1% 可能"等附加条件,以及价值是由特定客体所施与的这一隐性条件,这种情况下效用分拣规则会趋向更为积极的选项(1 美元是趋小乐,100 美元是趋大乐)。对于这种用局部显著性差异进行快速判断的个体来说,即使把问题 F 中的 1% 改到更小,其选择依然大概率是 F。

　　第二种是基于效应分拣规则进行判断,被试者意识到了价值获得的客体因素(即实验组织者)。选项 E 由于有新的带有正面价值的权属物到手,是一种趋乐强化的正面效应表现,但由于这一效应当中的效用波动幅度(从 0 到 1)非常有限,所感受的效应值也是较为有限的。选项 F 中既存在有较为显著的趋乐强化效应表现(其效用波动幅度从 0 到 100),也有存在完全无效应的表现(没有收获),后一表现同选项 E 类似,其感受度相对较低,对比之下,选项 F 中的显著效应表现就从题目中凸显出来了,因而被试者大概率会选择 F。

　　第三种是基于效果分拣规则来进行判断,由于所引入的潜在影响因子因人而异,结果会存在着一定的不确定性。

　　从上面多个案例的解析中可以看到,在面对问题时,个体有多套应对处理机制,并且不是完全根据期望值的大小来做选择判断,而是基于场景信息所激活的特定规则来进行分化,其判断机制看起来似乎不是太"理性"的。对于每个个体来说,理性并不是一开始就具备的,尤其是对某些情景、某类问题还比较陌生时,对该领域内的信息组织还相对欠缺时,对该领域内的是非、真假、好坏、利弊等对立性的价值分化经验有限时,是难以支撑起"理性"判断的。基于基层分拣规则的即时判断,无论这些判断的质量如何,它们都是个体迈向成熟的不可或缺的历练过程。

12.2 框架效应的雪花模型解释

框架效应是指当人们对一个客观上相同问题的不同描述导致了行为决策的变化。例如：

假设某医疗防控中心正为一场地区的异常疾病作准备，这场疾病估计会夺取600人的性命。为战胜这一疾病，防控中心提出了两种方案。假设对方案结果的科学估测是准确的，对结果的陈述现有两种框架，其中框架一为：

◇ 如果采用了方案X，200人会获救。
◇ 如果采用了方案Y，有1/3的可能会救600人，有2/3的可能一个人也救不了。

框架二为：

◇ 如果采用了方案X′，400人会死。
◇ 如果采用了方案Y′，有1/3的可能没人会死，而有2/3的可能有600人都会死。

对于框架一，受试者多数会选择方案X；对于框架二，很多人选择方案Y′[1]。仔细比较两个框架中的两组方案，会发现它们的救治概率实际上是一致的，其区别主要在于描述角度的不同，一个框架是从相对正面的角度去描述，一个框架是从相对负面的角度去描述。以情理逻辑判定原则来看，框架一中的方案X在描述上侧重于〖利〗，方案Y在描述上则〖利〗、〖弊〗皆有；而框架二中的方案X′在描述上侧重于〖弊〗，方案Y′在描述上〖利〗、〖弊〗皆有。不考虑具体价值表现的类型，仅考虑价值表现的极性，那么这两个框架所呈现出来的价值同上节中的问题1、2以及问题Ⅰ、Ⅱ是一致的，因此受试者的选择也带有风险规避和损失厌恶的倾向。稍有不同的是，上节的判断是基于沉浸视角，而此案列的判断是基于旁观视角。

本案例再次印证了人们在进行判断时，更多是基于价值极性的直觉判断，极性的界定源于个体的适应经验，它们直接或间接勾勒了个体在维系自身生存时的行为趋向和价值意向。雪花模型中，规则部件是定性价值极性的关键组件，其界定过程粗糙而快捷，具体表现在个体还没有完全弄清楚各个方案当中的数字的含义时，规则部件就已经计算出了价值极性，这一表现可从与规则部件运作密切相关的情绪反馈机制中体现出来。

框架效应表明，本质上一致的事情，因为表达方式的不同，人们的认知和行动趋向会有所不同。这给我们的启示是，一件事情发生后，恰当的描述很有可能推动事情的进一步向好发展，而不恰当的描述则有可能导致事情变遭。

12.3 参照依赖的雪花模型解释

参照依赖（也称参考点依赖）是指人们对得失的判断往往根据参照点来决定。Kahneman和Tversky指出，人们是依据财产相对于某个参照点的变化而不是现有财产的多少来决策的，

---

[1] Daniel Kahneman. 思考，快与慢[M]. 胡晓姣,李爱民,何梦莹,译. 北京:中信出版社,2012:339.

如果人们感到其财产高于参照点,就会获得收益感;如果感觉其财产低于参照点,就会有损失感[①]。这一表现可以用趣时过程来解释。趣时过程的规则变量对效应的转变较为敏感,当没有效应转变时,趣时过程会遵循基层规则(即效应分拣规则)的判定,这一判定涉及需求的各种纠缠,其中包括权力与权属的分配,财产所属即为这种判定的体现;当存在效应转变时,趣时过程会遵循宏观规则(即效果分拣规则)的判定,以定性转变当中的正面与负面性,并根据这种定性来调节后续的目标与行为。因此,"自身财产高于参照点"即内含着效应的有利转变,个体会产生成就感;"自身财产低于参照点"即内含着效应的不利转变,个体会产生失败感。两种表现反映在抵兑目标变量上,就有了收益认知与损失认知。情理逻辑中,衍生于趣时过程的〖得│失〗判定能够比较直观地呈现参照依赖的两种表现(高于参照点有收益感、低于参照点有损失感),除此之外,〖得│失〗判定还有另外两种表现:有高于参照点的财物获得机会但没抓住时,会有损失感;有预期上的财产损失可能但实际没有发生时,会有收益感(参考表 9-5)。

　　雪花模型的 3 个高层运作模式的动力模型中,都可以找到参照依赖的形成机理。从消解过程到趣时过程,其运作机制都包括 3 个基本步骤:执行前的预评估、执行过程的实时反馈、执行后的调节优化。预评估是基于基层规则的经验判断,执行过程用于检验当前实际表现与经验之间的反差,当无反差时会依循经验执行,当有反差时会推进后续的调节优化进程。这其中,经验表现就是实际执行的参照点,过往的知行表现会成为当前的经验参照,当前的知行表现会成为后续的经验参照,若没有参照做基准,动力模型将无法有效运转。

12.4　锚定效应的雪花模型解释

　　锚定效应是指当人们需要对某一未知量进行估测时,会有意或无意地受到某个特定参考数值的影响。例如 Tomas Mussweiler 和 Fritz Strack 向不同被试者分别提出的两个问题:

　　(G) 德国每年的平均温度是高于 20 摄氏度还是低于 20 摄氏度?

　　(H) 德国每年的平均温度是高于 5 摄氏度还是低于 5 摄氏度?

研究发现,受试者听到"20 摄氏度"时更容易识别和夏天相关的词(如太阳、沙滩),听到"5 摄氏度"时更轻松地识别出关于冬天的词汇(如冰冻、滑雪)。两位学者给出结论:大小不同的数字能激发起记忆中不同的观念体系,这些观念成为受试者估测年平均温度的依据[②]。

　　锚定效应与我们从小到大的教育训练有一定的关联。日常的教师讲解或学习考试当中,绝大多数情况下不会出现题目上的差错,如果有差错,大概率是学生把题目理解错了。专家组织的实验测试题目也大体是类似的情况,一方是全面掌握题目来龙去脉的组织者,另一方是不完全明了题目背景的被试者,这同样会造成被试者对题目的笃信。在进行答题的过程中,题目所给出的有限信息是指引正确答案的重要参考,挖掘出题目参考信息与答案之间的有效关联,是保障答题正确的关键,这是为何被试者的答题倾向容易受题目参考信息所左右的原因所在。

　　上述解答是基于情景的运作背景而言的,不过锚定效应更关注的是特定的暗示对个人观念的影响机制或影响规律,这一问题可以从自适应调控机制当中得到部分解答。在实验研究

[①] Kahneman D, Tversky A. Prospect theory: An analysis of decision under risk[J]. Econometric: Journal of the Econometric Society, 1979,47(2):263-291.

[②] Daniel Kahneman. 思考,快与慢[M]. 胡晓姣,李爱民,何梦莹,译. 北京:中信出版社,2012:105.

中,两位学者指出了温度高低引发了受试者不同的情景联想。对温度的感觉属于一种作用体验,在作用关系中,作用方式、作用目标和作用体验是一体的,这种一体化是由状态和对策组件的耦合循环所造就的,因此,对特定温度的识别会唤醒与该温度体验相适配的场景状态目标与行为对策。当受试者能够唤醒更多的日常生活中的温度体验情景(即搜索与温度体验相关的状态信息与对策信息),就给出了与题目有关的更多参考信息,从而辅助作答。这解释了为何特定的暗示会影响人的观念,因为这些暗示会唤醒更多与之相捆绑关联的认知记忆。要补充说明的是,感受体验是不能直接被储存的,本案例中对温度的记忆,是通过有形的测量温度这一特征值的同步关联,它映射在状态网络中,并成为刻录与温度体验有关的场景事物的关键标识,因标识而唤醒的状态目标与行为对策循环回路,能够粗略地复现过往的感受体验,但这一体验没有实践来得真切、全面。

参照依赖和锚定效应都显示了个体的选择或决策当中是存在基准的,从雪花模型各运作模式的规则分拣机制中可以看出,当失去参照基准时,规则是无法完成价值或质性评判的,因为规则激活的条件就是差异性,没有参照基准是无法计算出差异性的。6个规则变量都存在参照基准:刺激感受是以激活阈限为参照,感知焦点是以一般性刺激信号为参照,作用体验以特定形式的感受分布为参照,需求效用是以作用体验为参照,颉颃效应是以需求效用为参照,抵兑效果是以颉颃效应为参照。所有的价值表现都是基于参照的分化结果。

12.5 禀赋效应的雪花模型解释

禀赋效应由 Richard Thaler 提出,是指个体一旦拥有某个物品,其对该物品价值的评价就会比拥有之前大大提高[①]。这个结论可能与我们的经验并不相符,因为生活中有许多让我们后悔的、觉得浪费金钱的物品。问题在于定义中出现的词汇"一旦",它暗示了物品获得的不容易,物品本身的特殊性,以及个体对物品效用的审慎和期待,当个体拥有这类物品时,可能经过了一定的思想斗争。我们可以将这类物品视为有用物品,而不是垃圾用品。

Kahneman 敏锐地指出了个体面对已拥有的有用物品时,更多地侧重于其"使用"性认知,而不是"交换"性认知。对"使用"的侧重意味着有用物品能够较好地弥补个体的某种效用缺失,帮助个体较好地实践特定需求,这一基本认知将辅助个体定性物品所有权转移时可能引发的各种价值异动。当他人提出对有用物品的洽购需求时,会先后激活个体的多种规则评价机制:一是对物品的效用评价,以估测它在弥补自身需求缺失时起到多大的作用。二是对物品的效应评价机制,当他人倾向于拿走有用物品时,对于个体来说存在着效用可实现程度的波动(从能够实现到不能够实现),他人支付的金钱对这种效用波动是一种补偿(趋苦弱化)。三是两种不同效应带来的矛盾趋向,将有用物品转交他人时会造成效用缺失,这种负面效应会抑制个体向他人转交所属物品的倾向,而收取他人一定数量金钱时带来的正面效应又会支撑个体转交所属物品,当个体在取与舍之间无法权衡时,就需要潜在关联因子来化解矛盾对立性,此时,与物品有关的一些隐性成本就有可能被唤醒,例如出一趟门才能购买、比较费脑的遴选甄别、网购时较长时间的流通转运过程、较稀缺的获取途径导致不一定买得到等情况,如果舍弃所属物品,那么再次弥补效用缺失时就需要付出相关的隐性成本,这成为影响个体卖出拥有品

---

① Daniel Kahneman. 思考,快与慢[M]. 胡晓姣,李爱民,何梦莹,译. 北京:中信出版社,2012:263.

的一个负面影响因子,使得个体倾向于保留有用物品。如果洽购者进一步加价,增加部分就成为促成交易的一个正面影响因子,个体有可能卖出物品。

总结起来,如果是垃圾用品,那么原价卖出对于个体来说就是一种正面效果,因为该物品不能弥补个体的效用缺失,原价卖出后让个体既没有损失,又多了一次选择真正有用物品的机会,既能趋利又能止损自然是上选。而对于有用物品来说,原价卖出虽然获得了金钱,但是效用缺失依然存在,这种持续的负面因素会影响个体的转卖倾向,直至洽购者给出更多的正面利好,如甜言蜜语、增加购买金额、提供其他服务等。如果物品所有者不是日常的使用者,而是一个专门进行物品销售的生意人,那么只要有赚钱机会,生意人就有可能选择成交,而不是放任销售机会的丧失。

在研究禀赋效应时,Kahneman在诸多实验中的一个意外发现是:"与经济理论预测不同的是,价格上涨的效应(基于参照价格的相对损失)竟然是收益效应的两倍[1]。"即物品使用者转卖物品的心理价位通常是物品原价的两倍,上面的分析给出了造成这种现象的原因:物品所有者(非生意人)原价卖出时通常会因各种隐性成本而形成一种纠结矛盾状态,而两倍的出价有可能弥补对隐性成本的顾虑,从而化解这种矛盾状态,进而促成交易。当然,化解物品所有者的矛盾心理并不只是加价这一种方式,还有其他许多方式可以选择,这也给了从事产品销售的工作者一个重要的启示:当潜在客户犹豫不决时,一定存在抑制客户购买行为的负面因素,销售人员应该设法了解这种负面因素,然后进行针对性地排解处理。

12.6 心理核算的雪花模型解释

心理核算理论是Thaler行为经济学理论体系的核心,它是关于消费者选择的程序理性模型,它揭示了人们使用不同于理性人假设的特定经验法则来进行决策。心理核算理论假定,人们为了记录支出并进行支出决策,会在头脑中按类别对收入和费用建立心理分类账户,而不是将所有的交易放在一起考虑[2]。心理核算有许多表现,心理账户是其中的一个典型概念。下面是关于心理核算的两个情景:

(J) 计划观看今晚的CBA球赛,比赛门票花了300元,出发时弄丢了一张300元的超市购物卡。你是否继续观看球赛?

(K) 计划观看今晚的CBA球赛,提前花了300元购买的门票突然找不到了。你是否准备再花300元补张门票,并继续观看球赛?

面对情景J,人们倾向于继续,而面对情景K,人们倾向于放弃。两个案例的关键区别在于,当前发生的意外损失与计划任务的相关度是有差异的。情景J出现的购物卡丢失事件虽然是负面的,但它不是当前计划任务的限制条件(起弱化效应)或支撑条件(起强化效应),对当前任务趋向的抑制或增强作用有限,因此人们倾向于按原计划进行。不过,如果丢失的是其他与当前任务相关度不高但却价值不菲的物品,激发了个体强烈的缺失感和不安感,规避更大损失的效果分拣规则会驱使个体执行临时地找回任务,从而停止观看球赛。情景K出现的门票丢失事件与当前计划任务高度相关,它是当前计划任务的支撑条件,支撑条件临时消失带来趋

---

[1] Daniel Kahneman. 思考,快与慢[M]. 胡晓姣,李爱民,何梦莹,译. 北京:中信出版社,2012:270.
[2] David R Just. 行为经济学[M]. 贺京同,高林,译. 北京:机械工业出版社,2016:29,32.

乐弱化的负面效应,而弥补支撑条件需要额外的成本付出(趋乐弱化度升级),效果分拣机制会产生抑制倾向,因而面对情景 K 时选择放弃的可能性更高。当然,如果是追星一族,或是有其他特殊的情感寄托,那么依然有可能继续舍本参加。

　　心理核算中会出现各种独立核算的心理分类账户,这一现象依然可以用雪花模型来解释。在雪花模型的自适应调控机制(动力内核)中,基本的目的性行为是由状态目标与行为对策的对接匹配来定义的,撇开两者之中的任何一个,就无法推进目的实施。状态与对策的稳定衔接代表的是一种规则,它成为规则部件进行差异检测的重要参照,基于反差而引发的目标或行为调节,针对的是既定状态目标及其与之适配的行为对策,而不是其他状态目标或其他无干系的行为对策。心理账户实质上就是不同状态目标与行为对策组合而形成的一条条经验规则数据,人们在进行账户核算时,不是简单地比对金额大小,而是考察与金钱相关联的目标与对策异动。每一个习得的规则,就相当于一个账户空间,不同的规则之间可能会存在相干性,但对这种相干性的筹算依赖于更高层运作模式,因为只有在更高层当中才能同时处理多组规则数据(参考图 4-1 至图 4-4)。将每个心理账户分隔开来进行处理,是一种相对局部的运算过程,而综合各个心理账户并进行总体统筹,实际上就是同时运算多组状态与对策组合数据,因此这种总体上的考量显得更为理性。

12.7　小　结

　　研究人的行为对于经济学有着特殊的意义。米塞斯指出:"没有一个经济理论可称为完美的,只要它不是确实建立在人的行动范畴上面,用一种不容反驳的推理程序而得到。缺乏这种联系的陈述必定是武断的,如空中之浮云。如果脱离完整的人的行动学体系而欲解决具体的经济学问题,那是件不可能成功的事情[①]。"行为经济学正在践行着米塞斯的"忠告",如今已日渐成为经济学的研究主流。Thaler 认为,"行为经济学"这个术语终将从词典中消失,所有的经济学都将像一般规则要求的那样看待行为,届时,人们将会得到一个具有更强解释力的经济学方法[②]。

　　相比西方主流经济学,行为经济学对人的研究更加微观,也更加贴近现实生活,在涉及个体的经济决策方面更具有现实指导性。行为经济学侧重于研究人的行为决策当中的各种不太"理性"的现象,并尝试给出数理方面的解析。目前来看,研究成果虽然丰富,但具体内容依然非常零散,还未形成统一的逻辑体系[③]。雪花模型有可能改变这种状况,具体体现在:

　　(1)雪花模型给出了剖析个体行为调节机制的一套系统性的理论工具。雪花模型的 6 个运作模式给出了直接推演个体行为决策的机制性参考,可以减轻学者进行相关问题建模的难度,可以更好地辅助研究者设计实验,包括分析特定场景下的行为表现,控制场景的实验条件,实验参数,并结合生理学或其他观测手段来全方位搜集行为调节前后的数据,从而进一步深化对行为决策机理的研究。

[①] 米塞斯.人的行动:关于经济学的论文[M].余晖,译.上海:上海人民出版社,2013:79.
[②] Thaler R H. Behavioral economics: Past, present, and future[J]. American Economic Review,2016,106(7):1577-1600.
[③] David R Just.行为经济学[M].贺京同,高林,译.北京:机械工业出版社,2016:译者序.

（2）行为经济学当中，众多研究案例的解析方式和方法不尽相同，难以实现方法论上的总体兼容或整合。雪花模型给出了解析行为经济学主要研究成果的一套新方法。基于雪花模型的理论体系可以直接对相关案例下的知行表现进行推导，并且能够与研究数据相吻合，这种原理上的解析要比局限于案例类型的单一解析更为深入和全面，它不仅能够解释案例研究当中所搜集到的各种测试表现，它还能够进一步分析演绎不同测试条件下，以及受试者基于不同调节机制而呈现出来的各种行为表现。

（3）雪花模型有助于进一步分析从幼儿到学生，到成人，到老年等各种年龄段人群的特定行为决策表现，也可以根据各职业人群的环境条件来分析各特定职业个体的行为决策表现，这将进一步丰富和细化行为经济学的研究范畴。

（4）雪花模型是一个多层次的动态演绎模型，模型当中的每个运作模式都有其特定的运行机制、特定的运行功效和特定的触发条件，每个模式既兼顾学习，又兼顾应用。在适应环境的过程中，每个运作模式都有其优势，也有其短板，高层模式更理性但效率低，低层模式更高效但相对感性。在每个即时场景的适应过程中，可能只激活了其中某一个运作模式，或是先后激活了多个运作模式，无论是哪种情况，都不可能做到绝对完美，尤其是在经验不足的情境中。通过进一步分析各运作模式的信息加工与行为调节机理，可以更快速地找出其在实践过程中可能形成的某种认知偏差，可能造成的某些固有行为偏向，这些"非理性"表现都可以归入行为经济学的研究案例库，相比既有的研究案例，这种基于机制的思考能够使得案例体系更加系统、更加全面。

总体上来说，雪花模型的内在流转逻辑是极为丰富多样的，各种适应本能、选择机制、决策模式都蕴藏在模型当中，这也意味着，还有相当多的局部机制等待我们进一步挖掘，还有相当多的局部短板等待我们进一步去透视，这为行为经济学的进一步发展提供了广阔的空间。不过，行为经济学要真正成为一门系统性的科学，不能侧重于决策机制的各种不理性之上，而应放眼于人的行为决策机制本身。人在适应每一个具体情景的过程中，可能存在着诸多的不理性表现，然而，如果把视野放宽至更长远的一段时期，那么就能看到每个人不断吸取教训、不断学习先进、不断重塑自身、不断进取奋斗的强大适应能力。在形式各异的外部环境中，在高度变化的社会关系中，理性的作用并没有看起来那么凸显，相对而言，适应性比理性要重要得多，在适应过程中，各种不理性带来的负面表现恰恰是促进个体知行能力发生质变和升级的关键性素材，从这个意义上来说，拥抱不理性不见得是坏事。一味以"理性"的视角来探讨人的行为决策，总是强调差错规避和损失控制，从适应性角度来看，这实质上是一种不理性的体现。因此，研究人的行为决策时，理性与非理性应当辩证地看。

第五部分　雪花模型与系统科学

系统科学侧重于探究各类系统的结构与功能当中的一般性规律，同时也尝试建构能够统摄各类系统的一般性演绎理论。系统指相互作用的多元素的复合体[①]，对系统一般性规律的提炼，既涉及系统内部元素的相互作用，也涉及系统与环境的相互作用，同时还涉及系统与环境在作用过程中的结构性变化，系统形式的多样性，元素构成与规模的多样性，作用交互的多样性与演变的多样性使得对系统的一般性演绎规律的提炼变得困难重重。相对而言，从已有的各种理论范式当中找出最具代表性、最具一般性的那一个，并从中推演各类系统可能具有的典型演绎范式，也许是一条捷径。

从遗传算法到图灵机架构，到人工智能模型，到各种复杂性理论，这些体系各具特色，然而，它们均与雪花模型演绎体系存在或多或少的共通之处，这进一步凸显了雪花模型演绎架构的广泛适用性，也使得贝塔郎菲的建构一般系统论的设想有了实现的可能。

第13章　雪花模型与计算智能

人们的认知水平总是深深烙印着时代的气息，自然与社会科学的发展成果是孵化时代特色认知的温床，而神经科学和智能计算的高速发展，不仅有助于强化人们的认知水平，也使得系统性探究人类认知内在结构和原理的期望不再遥不可及。

关于人的认知体系与计算系统之间究竟有着怎样的逻辑关联，依然是令人困惑的问题。派利夏恩认为，人的认知与计算之间存在着很强的等同性，计算是心理行为的实际模型而不仅仅是模拟[②]。雪花模型当中的许多演绎结构和演绎规律是在霍兰的普适框架基础上而给出的，其中的状态、对策、规则等概念对社会与人文学科来说不太友好，不过它们是智能计算领域的基本概念，借助于由这些基本概念所搭建起来的雪花模型演绎体系，可以更便捷地建立其与计算领域之间的逻辑与结构关联性，为定性与分析计算模型与人的认知体系之间的关系提供对照，也为进一步推动智能计算的发展提供模式参考。

13.1　规则裂变中的遗传算法

雪花模型的每个层次都包含有一系列的运行规则，低层规则建构高层规则，高层规则包容低

[①] 冯·贝塔郎菲. 一般系统论[M]. 林康义，魏宏森，等译. 北京：清华大学出版社，1987：31.
[②] 派利夏恩. 计算与认知[M]. 任晓明，王左立，译. 北京：中国人民大学出版社，2007：译者前言，9.

层规则,在规则从低层向高层演进的过程中,呈现出了许多形式化极强的演绎规律。任何系统的演进都可视为是一种进化,遗传算法是对进化机制的一种有效模拟方法,它能够呈现系统的结构是如何在特定的筛选机制下实现升级的,也能够通过计算仿真而复现进化历程。遗传算法有助于更清晰地透视系统的结构性演进。

霍兰指出:"广义的遗传操作实际上是在新的环境(情景)中不断地测试旧模式,产生新模式实例的过程[①]。"这一描述与雪花模型的习得规则在新场景的不断尝试中而逐步迭代出全新规则的逻辑是类似的。进一步对比研究发现,雪花模型规则体系的逐层演绎进化过程与遗传算法有诸多相似之处。以单纯型遗传算法(SGA)为例,其计算流程包括6个基本步骤,分别为初始化、个体评价、选择运算、交叉运算、变异运算、终止条件判断[②③],把雪花模型规则演绎体系中的规则视为个体(旧模式),则从低层规则向高层规则的迭代演进过程当中,也基本包括这6个基本步骤,具体说明如下:

(1) 初始规则:即先天遗传的种子规则,体现在基于特定刺激而触发的原始条件反射。初始规则界定了特定状态演变与特定对策之间的联系性,它们是个体进行适应性生存的基础。规则中的状态是表征外部环境的,对策是表征个体行为秩序的,两者的联系性是对个体与环境之间特定交互关系的一种映射,也是对个体适应性的规范性描述。

(2) 规则评价:对基于初始规则或后天习得规则的实践适应表现进行评价,生成积极与消极(或正面与负面)两类价值表现,并根据表现情况而给定相应的评价权重。后天习得的规则由第(3)至(6)步迭代演化而成。规则越简单,其适应度计算也相对简单,规则越复杂,其适应度计算也会更复杂。

(3) 选择运算:选择过程是一个基于规则适应度表现的优胜劣汰的筛选过程。对标注了积极和消极(或正面与负面)评价的规则进行区别对待,在适应环境的过程中,表现更积极或更正面的规则得到增强(有更大概率被调用),成为主体适应环境的主导规则,而表现更消极或更负面的规则得到抑制(后期运用的概率相对较低)。

(4) 交叉运算:交叉算子是整个进化过程的核心所在。以既定经验规则来适应环境时,实践当中的各种潜在因素会导致执行偏差,具体体现在不同于经验的实践目标与实践对策组合而成的临时反馈回路,它同样属于规则,只不过是吸收了场景因素的临时规则,对该规则的评价与经验表现之间存在差异。既定规则代表的是个体的经验规则,临时规则代表的是糅合了环境价值的实践规则,规则部件既然能够运算出这两者之间的表现偏差,那么实践规则与经验规则一定是同样的逻辑结构。在适应过程中,实践规则与经验规则相纠缠(参考图4-2、图4-3、图4-4),这一纠缠过程即相当于交叉运算,这一算子具体可细分为两个层面的运作:一个是交叉,即用状态网络以及对策网络当中的经验素材的交叉匹配来映射实践情境当中的规则,在实践过程当中,因特定潜在因素的影响,经验中的任意一个状态目标、任意一个经验对策都有可能被临时撮合而形成临场的实践规则(2.5节提到的衍生需求、4.5节提到的荔枝案例,都是用临时组合的经验来表征映射实践表现);另一个是组合,它将一组经过往检验有效的习得规则,与另一组因适应外部场景而临时撮合形成的实践规则耦合在一起,作为宏观规则的基本结构,它是经验规则与实践规则相干性的体现,其是否有较好的适应表现是存在不确定性的,不断地

[①] 约翰·霍兰.自然与人工系统中的适应[M].张江,译.北京:高等教育出版社,2008:77.
[②] 王安麟.复杂系统的分析与建模[M].上海:上海交通大学出版社,2004:100-103.
[③] 朱云龙,陈瀚宁,申海.生物启发计算[M].北京:清华大学出版社,2013:10-11.

交叉匹配并进行组合检验（涉及选择算子），也许就能找出较好的整体性适应规则（即具有运作稳定性的宏观规则）。每一次进行交叉和组合运算之后，就产生一批倍体规则（即待检验的宏观规则），相对于原有规则体系来说，倍体规则的潜在数量是呈幂次增长的（如果从价值表现上来看则是倍数增长），这也意味着并不是所有的倍体规则都有机会得到检验，除非个体实践所有可能的潜在场景，这显然是不现实的。在进行倍体规则的适应效度筛选时，机体只进行优劣分化，而不是进行最优选择，因此所筛选出来的倍体规则可以保障一定的适应性，但不能保障完美性与绝对可靠性。

（5）变异运算：变异算子能够跳出交叉算子可能导致的局部最优问题。经过交叉运算后，所生成的倍体规则的适应表现既有可能是正面的，也有可能是负面的，初期表现较为负面的规则并不意味着完全没有价值，当面临更为复杂的环境时，它们之中依然有可能演绎出能够契合特定环境的适应性规则，例如从表现负面的"趋苦"中迭代出"趋苦弱化"这一表现正面的规则，从负面的"避乐强化"中迭代出正面的"避乐强化度降级"。因此负面规则不应当被忽视。变异运算能够避免表现负面的规则被过早淘汰的情况。从单纯型遗传算法来看，变异算子的操作方式是对遗传要素进行微观片段上的随机替换，从雪花模型来看，变异算子所进行的局部随机替换操作，实质上相当于用低层规则的分拣机制来主导当前的进化。表现负面的高层规则实例，在低层规则看来是比较复杂和混乱的，其中既有可能存在积极的局部表现，也有可能存在消极的局部表现，因而在低层规则分拣机制的主导下，整体上表现负面的高层规则实例依然有机会被筛选出来并参与后续的迭代。例如高层规则当中的"趋乐弱化"是负面的，但在低层的效用规则看来，其中包括"趋乐"这一正面表现，在更为低层的体验规则看来，其中包括"乐"这一积极表现。相对于高层规则来说，低层规则分拣机制不是一种全局的、整体的适应性思考，因而是不够"理性"的，正是这种不够妥当的考虑使得个体的行为更具随机性，从而有机会跳出当前的局部较优适应性规则，并最终习得全局性的更优适应性规则。这给我们的启示是，总是从整体层面来思考问题并引导实践，很多时候可能还不如随机试错、误打误撞之中总结出来的经验可靠。

（6）终止条件判断：评估所有规则（习得规则和倍体规则）的总体适应表现，如果系统有多套复杂度不同的规则，则基于具有最高适应性测度的规则（即关系最为复杂的高层规则）的表现来进行评价和分拣处理。最高层规则通常代表的是整个规则演绎体系，它是由低层规则一步一步迭代演进出来的，交叉算子是生成高层规则的关键算子。终止条件取决于历次迭代当中最高层规则的前后价值偏差的幅度控制要求，当要求越高时（例如，要求前后历次反差趋近于0），则终止条件越严格，通常需要更为持久和漫长的迭代过程，最终迭代出来的适应规则也表现更优；而当要求较低时，能够更快地找出总体适应性规则，但可靠性难以保障。每次迭代不一定能够达到设定的偏差值控制要求，当未达要求时，则继续按照前述(1)~(5)的步骤进行迭代。

以上即是雪花模型的规则进化过程，相比遗传算法来说，雪花模型明确指出了规则演进当中的层次性，以及不同层次规则的现实意义。无论是高层规则，还是低层规则，都有其存在的价值。高层规则包容低层规则，且计算更为全面，行为更为理性，能够促进个体在环境当中占据更为有利的位置；低层规则对微观表现更为敏感，对局部异动反应更为直接，有利于保障个体在各种紧急状况下的快速应对，有利于系统快速吸收环境的各种变化，进而保障个体的生存与适应。基于低层规则分拣机制来主导系统针对特定场景的适应性，不容易遗漏场景中的细节，但难以获得较优的整体性适应度表现；基于高层分拣机制来主导系统的适应性，有更大概率获得较优的适应度表现,但运作效率难以保障;高低层规则协同运作,能够既保障执行效率,又能够兼顾适应性。在评估规则表现时,应尽量兼顾能够适应各种场景的整套规则体系,而不是仅仅评估单个规则。

霍兰指出,遗传算法中的许多操作进行了理想化,丢掉了探索复杂生物机制的细节[①],从上文解析中可以看到,遗传算法中的变异算子就是一种简化了的操作,通常是通过符号串的局部随机替代来实现,这一方法实质上对应的是主体系统在运作机制上的层次性,以及不同层次间运作机制相互纠缠、相互影响下的系统演绎问题,尤其是微观规则如何从局部来影响全局的问题。

如果把变异算子视为由个体主导的算子,那么交叉算子就相当于由环境所主导的算子。霍兰指出:"交叉的作用相当于从模式库中生成一类不存在的模式并使它们扩散。交叉操作是通过持续的引入用于测试的新模式,从而在测试其他现存模式的同时建构适应性过程的[②]。"这种"不存在的模式"就是用于测试环境的内部全新组合素材,交叉算子将大量的内部重组结构置于环境中检验,从而间接筛选出能够适应环境的有效组合结构,交叉算子是建构新结构、沉淀新规则的关键算子,这一算子最终由环境所筛选出来。

雪花模型给出了从低层规则向高层规则演进的系统性迭代进路,指出了个体适应性测度不断提升的内在机制。雪花模型与单纯型遗传算法的逻辑相似性,为阐释遗传算法的理论原理提供了新的借鉴,也为剖析生命进化的本质结构提供了新的参考。遗传算法不仅是生物系统不断演进的基本动力机制,也是一切复杂系统不断演化的一般性演绎机制,在经济领域,在社会领域,遗传算法也有其重要的潜在应用价值。因此,与遗传算法存在通约性的雪花模型也必能在这些领域中发挥其作用。

13.2　雪花模型与人工神经网络

探究人脑智能,除对神经生理系统的直接探测研究外,还可以从神经网络仿真建模着手。人工神经网络即是一种旨在模仿人脑结构及其功能的信息处理系统[③],不断发展的各类神经网络模型,在解决诸多现实问题方面起到了积极的促进作用。以人脑为对象的神经网络研究反过来促进了人们对人脑的一些局部功能的理解,不过,对于人脑作为一个整体上的功能解释,对于人脑的完整的信息加工处理过程,人们还缺乏深入的认识,甚至连一个可令人接受的假设也没有[④]。对于越来越复杂的神经网络模型,其运作过程的透明性,以及运算结果的可解释性方面依然存在着许多令人困惑的地方。雪花模型虽然不是直接探究人脑运作规律的,但人的认知与行为体系的层次化演绎间接映射了人脑的运作职能,因此雪花模型的演绎体系可作为人工神经网络的研究参考。本节将结合雪花模型来解析一些经典的神经网络模型的演绎架构,这些对照分析有助于增进神经网络的可理解性。

---

① 约翰·霍兰.自然与人工系统中的适应[M].张江,译.北京:高等教育出版社,2008,84.
② 约翰·霍兰.自然与人工系统中的适应[M].张江,译.北京:高等教育出版社,2008:86,89.
③ 董军,胡上序.混沌神经网络研究进展和展望[J].信息与控制,1997,26(5):360-368.
④ 朱大奇.人工神经网络研究现状及其展望[J].江南大学学报(自然科学版),2004,3(1):103-110.

(1) 神经元模型

神经元是人脑进行信息运算处理的基本单元,它既能够接收其他神经元传来的信号,也能够向其他神经元传出信号。McCulloch & Pitts 给出了模拟神经元运算过程的人工模型(如图 13-1 所示),其中 x_i 为传入信号,w_i 为信号关联权重($w_i>0$ 表示兴奋作用,$w_i<0$ 表示抑制作用),Θ 为激活阈值,当输入信号的加权求和超过阈值 Θ 时,神经元发放(用输出 1 来表示),否则不发放(用输出 0 来表示)。

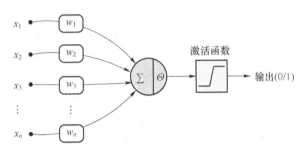

图 13-1　人工神经元模型

人工神经元模型中,x_i 构成的输入集可视为状态阵列,加权求和过程可视为对策转换,与阈值进行比较的过程可视为规则分拣,由此,一个基本的神经元模型当中就隐含了主体系统的核心要素。这一解构建立在神经元模型的内部组件拆解上,如果把神经元模型当作一个整体,不考虑内部组件的角色和功能,那么其性质则由输入和输出来体现,即一定条件的输入是否引发神经元的发放,它实现了对特定输入条件的编码,这一表现相当于情理逻辑的〖有|无〗判定,发放表示〖有〗,不发放表示〖无〗。某种意义上来说,人工神经元模型可视为对感受过程的建模。

神经元模型具有二值输出,一些学者据此认为该模型实现了对输入模式的分类,这里的分类一说实际上是不太严谨的,其原因在于,神经元模型的权重和结构是固定的,它不能界定不同输入条件的具体构成,也不能将一种输入条件与另一种输入条件进行直接对比,它只能对当前输入条件的可响应性进行界定。相对于神经元模型来说,分类一说实际上属于一种旁观视角,它是神经元模型对一系列输入数据的响应结果的综合描述,而不是针对神经元模型本身的功能说明。

(2) 感知机模型

在 McCulloch & Pitts 神经元模型的基础上,Frank Rosenblatt 给出了一种关联权重和输出表示均可变的神经网络模型,即感知机模型。图 13-2 是感知机的一种示例,它能够实现对输入矩阵数据进行模式识别。

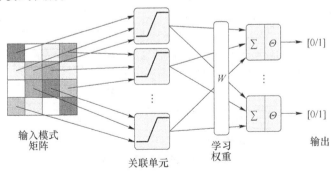

图 13-2　感知机模型

感知机模型当中内嵌了多个神经元模型(关联单元),每一个神经元能够界定特定的输入条件,通过学习,感知机能够沉淀出可映射输入模式的关联单元分布权重数据,不同的分布权重,对应着不同的输入模式。相对于人工神经元模型来说,感知机模型的输出不再是单一的,而是数据序列,一种常见的输出编码序列是一个 1 相对于所有的 0,1 的位置不同,所界定的输入模式也不同。这里"所有的 0"并不意味着没有数据,而是反映了一种逻辑结构,其中的 1 是这个结构当中的关键代表性数据。这一表现与情理逻辑的〖总|别〗判定存在相似之处,其中 1 代表〖别〗,1 与所有的 0 一起代表〖总〗。〖别〗与相关关系中的感知焦点变量相对应,〖总〗与相关关系中的感知目标变量相对应。从数量关系上来看,〖总〗对应所有相关性权重数据的分布,〖别〗对应其中的最高相关性权重数据,对于神经模型来说,〖别〗与〖总〗映射的都是同一个对象,但〖别〗所占用的存储空间要比〖总〗小许多,这就使得以〖别〗代〖总〗能够极大地提高模型的运算效率,同时也具有更强的泛化能力,潜在问题就是识别精度和完整性方面存在不足。

感知机模型能够实现对输入数据的模式分类,不过,它也存在一定的局限性。例如判断数据的奇偶性、判断互嵌线条的连贯性等问题时,感知机无能为力[①]。进一步分析会发现,界定这两个问题的背景知识都涉及数据的不可穷尽性,奇数和偶数是无穷的,线条从中断到无缝连接的跨越也涉及数据点的无穷性,无穷性通常意味着一种连续性的运动过程,感知机作为一种线性分类模型,难以定性连续性的运动过程数据。从雪花模型来看,这一问题是比较明朗的,感知机相当于感知过程,它可以处理既定的状态关联数据,但是无法处理与过程有关的连续演变数据,这一局限可以在机动过程中得到解决。

(3) 多层感知机

感知机模型的局限性可以通过引入一个中间层(即隐藏单元或隐藏层)来解决,扩充后的模型称为多层感知机,原有模型可称为单层感知机。图 13-3 所展示的是只有一个隐藏单元的多层感知机,其中隐藏单元的权重(W)是固定的,输出单元的权重(W')是可调的。隐藏单元之后的部分可视为单层感知机,它具备对输入模式的识别编码,隐藏单元与单层感知机的结合能够实现多组编码的相互交涉,因此,隐藏单元的功能相当于对感知机的模式识别进行再组织。从雪花模型来看,单层感知机相当于感知过程,对识别模式的再组织相当于机动过程,其中,隐藏单元相当于机动过程中的对策部件,隐藏单元的权重固定意味着组织对策是既定的,这与机动过程基于既定的种子对策或习得对策的组织推进逻辑是一致的。机动过程中,作用方式是序参量,也是组织状态演变的背景因子,它不能通过单一的状态来呈现,而是通过一系列状态的流变来间接呈现,这一特性与隐藏单元的功能表现也是相近的。

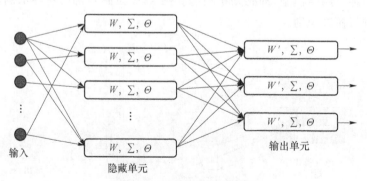

图 13-3　多层感知机模型

---

① Minsky M L, Papert S A. Perceptrons[M]. Cambridge:MIT Press,1969.

特定的对策产生特定的状态演变,状态变量与对策变量之间存在着某种呼应性。当对策不合适时,可能对场景的状态演变起不到组织和推动作用;某种状态演变基于特定的对策而产生,但在解码状态演变时不用该对策而使用其他的对策时,有可能无法实现对状态演变的解码(即匹配不了该状态演变)。多层感知机当中也会存在类似的问题。如果隐藏单元的结构设计不合理,权重设置不恰当,那么就有可能无法解构出输入当中的特定状态演变;输出单元不同权重分布对应着不同事物,如果其权重分布的调节力度不恰当,那么所对应的事物转换可能同输入数据脱节。隐藏单元与输出单元的匹配对接情况,与基于作用性的〖实|虚〗判定有一定的对应性,〖实〗代表场景演变可识别、可跟踪,〖虚〗代表场景演变难以识别、难以跟踪。

在多层感知机中,若隐藏单元的权重和结构不是固定的,而是可变的,则问题会急剧复杂化。不同的结构和权重代表的是不同的组织策略,而这一策略需要通过网络的实际应用才能得到体现,在未得到充分的应用反馈之前,是较难以明确既定隐藏单元的功能表现的。因此,在用多层感知机来解决实际的问题时,就面临一些比较棘手的问题:如何设计隐藏单元的结构?如何训练隐藏单元的权重?解决这一问题需要新的方案。

(4) 反向传播算法

关于隐藏单元的权重训练问题,Rumelhart Hinton、Geoffrey Hinton、Williams 给出了一套解决方案,这就是反向传播算法[1]。其基本思路可归结为两个步骤:第一步是信号的前向传播,通过网络学习提取训练样本数据的内在特征,形成网络输出值;第二阶段是误差的反向传播,通过梯度计算来减小输出值与目标值之间的误差,根据误差从后向前调整网络连接强度(即权重调节),以优化神经模型。重复上述步骤,直至误差得到有效收敛。

雪花模型当中 3 个高层运作模式的规则演进过程,与反向传播算法的迭代思路存在一定的逻辑相似性。个体适应新场景时,基于经验而给出初步的价值判断,这一预估可视为期望目标值,而实际的适应表现(相当于输出值)与预期之间可能存在偏差(相当于误差),由此激活规则部件,进而引发状态部件和对策部件的调节优化(相当于权重调节)。针对既定场景的实践次数越多,调节优化就越到位,经验与实践之间的偏差就越小(相当于误差得到收敛)。

反向传播算法可用于函数逼近、模式识别、非线性分类、数据压缩等众多领域,是人工智能技术得以蓬勃发展的重要基础,不过,它依然存在着一些局限性,诸如训练时间较长,训练停滞,可能收敛至局部极小值等问题[2][3]。雪花模型中,从机动过程向消解过程的迭代演进过程也可能出现类似的问题。例如,幼儿在习得自主的进食能力之前,可能经历了一个漫长的试错过程;一些需求实现方式在没有得到他人的指点时,个体有可能永远也摸索不出来;消解过程的价值调节是单向的,即总是倾向于趋向更为积极的体验,规避较为消极的体验,这种单向调节倾向使得个体比较短视,即容易错失那些退后一步反而有可能发现更优效用的机会,例如将果实播种然后来年收获更多果实,而不是直接开吃。

(5) 生成对抗网络

生成对抗网络(GAN)是由 Goodfellow 等学者提出的一种神经网络模型(如图 13-4 所示),其建构思想与二人零和博弈相近,进行博弈的两个组件分别是生成器和辨别器,生成器学

---

[1] Rumelhart D E, Hinton G E, Williams R J. Learning internal representations by error propagation[J]. Nature, 1986, 323(99): 533-536.

[2] 朱大奇. 人工神经网络研究现状及其展望[J]. 江南大学学报(自然科学版), 2004, 3(1): 103-110.

[3] 从爽, 赵何. 反向传播网络的不足与改进[J]. 自动化博览, 1999(1): 25-26, 47.

习真实数据样本的潜在分布,并生成新的数据样本;辨别器用于判断输入的是真实数据还是生成样本。这两个组件一般都用深层神经网络来实现,在运作过程中,两者都会不断学习优化,生成器不断提升自己的生成能力,而辨别器则不断优化自己的辨别能力,两者"你争我斗",直至辨别器不能有效区分生成样本和真实数据为止。

从雪花模型来看,GAN 中生成器的功能相当于基于基层规则的场景演变模式预测,基层规则来源于过往实践经历而沉淀下来的知行反应模式,将该模式运用于实践场景当中,就可以估算场景的可能状态演变,以及可适用的行为对策,这一预测不一定与实际相符;GAN 中的辨别器的功能相当于基于宏观规则的偏差检测,偏差计算源于实践表现与经验预估之间的价值反差,当宏观规则不可靠时,对偏差的界定可能存在反复,当宏观规则可靠时,能够较为准确地界定两者之间的偏差。GAN 的训练过程,即相当于雪花模型运作模式中基层规则与宏观规则的迭代演进过程,在不断地试错下,基层规则对场景模式演变的预测越来越准确,宏观规则对实践与经验之间的偏差界定也越来越可靠。

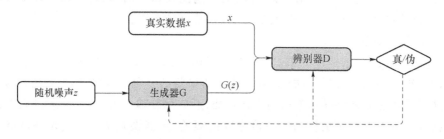

图 13-4　生成对抗网络(GAN)的模型架构

雪花模型的高层运作模式中存在模式探索与模式应用两个亚阶段,GAN 总体上更近似于模式探索阶段,这一阶段也是个体不断适应新场景,并学习新场景演变模式的历练过程,当个体对所适应场景高度熟悉之后,就能够有效预判该场景下的状态关联与行动表现,并与真实表现相差无几,此时宏观规则由于检测不到偏差而沉寂下来,这一特点与 GAN 训练完成时辨别器分辨不出生成数据的真伪是类似的。GAN 与探索模式的相近也意味着它只能够反映雪花模型当中指定运作模式的部分功能而不是全部功能。

GAN 中辨别器的输出是一个二值分类器,它给出生成器的生成样本是真是伪的判断。雪花模型中,与辨别器相对应的规则变量可以实现多值分类,越是高层的规则变量,可进行区分的价值表现越多,每一种价值表现即对应一种特定的偏差类型,这种多值分类也意味着雪花模型对场景预估与实践表现之间的对比运算更为精细。

GAN 是近年来人工智能领域的研究热点,在许多方面都能发挥其独特的作用,不过,这一模型在训练过程中也容易出现一些问题,典型表现有两个:一是梯度消失问题,即辨别器在训练之初的性能过好,能够对生成样本与真实数据进行完美分类,导致难以开展后续的训练优化;二是模式坍塌问题,即生成器倾向于生成可被辨别器认为真实的少数几种样本,而不是生成丰富多样但有可能被辨别器拒绝的样本。从雪花模型来看,梯度消失问题相当于用较高层的成熟规则来作为辨别器,它能够准确界定基层规则的预判是否符合现实,相当于一开始就进入相对成熟的模式应用阶段,因而难以开展后续的结构性优化;模式坍塌问题相当于用较低层的成熟规则来作为辨别器,它只能界定非常有限的几种偏差类型及其价值表现,最终使得生成器收敛于辨别器的能力缺陷之中。从这一对照中可以看到,在设计 GAN 时,辨别器的性能不能过优,也不能过差。由 Arjovsky 等提出的 Wasserstein GAN(WGAN)中,对辨别器做了改进,其核心就在于控制辨别器的性能,使其更"中庸"一些。WGAN 指出了用于指示训练进程的 Wasserstein 距离,该距离越小,意味着生成器生成的样本越接近真实数据。雪花模型中,规则变量在定性偏差表现时,通常伴随着情绪反馈,而情绪对实践相对于经验的表现评估也不是绝对准确、绝对理性的,但是情绪指明了机体应当如何调节状态目标和行为对策,并且当情绪反馈越来越微弱时,代表个体对特定场景越来越适应,经验预估与实践表现之间的偏差也越来越小,因此,情绪反馈力度似乎与 Wasserstein 距离有着某种逻辑相似性。

13.3 雪花模型与图灵机

图灵机是研究可计算性的一种方法,以用来模拟人们进行数学运算的过程。图灵机的功能构造可分为 4 个主要部分:一是无限长的纸带,它代表可输入图灵机的外部数据信息;二是读写头,用于采编纸带上的信息;三是状态寄存器,用来保存图灵机当前所处的状态,图灵机的所有可能状态的数目是有限的,一般可分为起始状态、接收状态、拒绝状态、停机状态等;四是机器内部的控制规则,它根据当前机器所处的状态,以及当前纸带所输入的数据信息(由读写头读取)来确定下一步的动作,并改变状态寄存器的值,令机器进入一个新的状态[1]。

图灵机嫁接了两个系统:一个是被表征的环境问题系统,反映在纸带上的信息中;另一个是用于解决环境问题的处理系统,反映在图灵机读取信息、响应信息、输出信息的运算过程之中。理论上来说,图灵机针对环境问题的处理系统可以任意设置,处理系统的输出结果可能不一定就是人们所要的结果,它只是与纸带输入信息有着一定操作关联的转换信息。不过,在人类实践经历的过滤下,用于表征环境问题的信息通常对应着人们待解决的问题空间,而运算处理过程和处理结果则对应着人们期望的解空间,从这个意义上来说,能够有效运作的图灵机实际上就是人们适应特定问题情景的等价系统,只不过一个由人来解决,一个由机器来解决。

从功能结构上来看,图灵机与产生-检验循环架构(图 1-1)存在一致性。图灵机中,无限长的纸带相当于环境,状态寄存器相当于状态组件,对读写头所采集信息的实时操作模块相当于对策组件,机器的内部控制规则相当于规则部件。只要图灵机中的内部控制规则设置得当,问题输入信息符合控制规则所能处理的范畴,那么图灵机就能够给出适当的结果。一般来说,图灵机的问题系统越复杂,用于解决问题的内部控制规则也会越复杂,如果内部控制规则不能有效映射待解决问题,那么就会出现不可判定性问题。对于个人来说也是一样的,如果个人所沉淀的经验规则当中没有可以处理复杂问题的逻辑范式,那么个人也一时难以解决该复杂问题。

图灵机的结构虽然简单,但是却具备模拟现代数字计算机的一切运算能力,不过,这一能力是建立在人工干预基础之上。图灵机的内部控制规则一旦写定,在图灵机工作的过程中是不能更改的,而产生-检验循环架构的规则网络则会随着每一次的适应过程而不断调节优化,尤其是经常出现执行偏差的情景之中。因此,图灵机中的内部控制规则相对于雪花模型的规则网络来说,功能是有缺陷的,内部规则一旦设定,图灵机的职能范畴就被限定了,它不能自行调节来适应与既定范畴大相径庭的任务,要完成内部规则的修正,只能在人的监督指导下进行。图灵机内部控制规则的更新迭代过程,依然是人的意志的延伸。机器学习是进阶版的图灵机,它能够从训练中不断优化规则,在数据充分的情况下,能够达到非常精准的模拟,但是机

---

[1] 史忠植.认知科学[M].北京:中国科学技术大学,2008:527.

器学习通常只限定于专业领域,很难实现跨领域、跨范畴的通用规则学习。实现通用领域的规则学习,不仅仅需要规则本身的可更新、可迭代,同时还需要状态网络、对策网络的可学习、可演进,换句话说,通用问题解决能力的建构依赖于所有核心部件的自学习、自演进,这对系统的可控性提出了极高的要求。

关于图灵机的一个热点问题是停机问题,这一问题源于图灵对数学判决问题的思考:是否存在能在原则上一个接一个地解决所有数学问题的某种一般的机械步骤[①]?具体来说,就是是否存在一个程序P,对于任意输入的程序w,能够判断w会在有限时间内结束或死循环。图灵运用反对角线方法证明停机问题是不可解的,7.5节中指出了反对角线方法是一种重构作用性并分化相关性的悖论解析方法,从雪花模型来看,该方法相当于嫁接了两个相邻层次演绎规则的构造法,高一层规则包容低一层规则,并能够对低一层规则的演绎成效进行界定。对于停机问题来说,程序P要能够完成对程序w的成效判定,程序P应当比程序w更为复杂(即位于更高的逻辑层次),但问题在于,程序w是任意的,这也意味着程序w所对应的逻辑结构与逻辑层次也是任意的,从层次建构论中可以看到,这种任意性使得找出固定的有效判决程序P这一任务是不可能完成的,因为一旦判决程序P固化了,就一定能够找出比该程序更为复杂的输入程序w,使得程序P无法完成判决。

停机问题意味着现代计算机并不是无所不能的,无论计算机的功能多么强大,总是能够找出其固有的局限性。如果把个人视为一个图灵机,从描述个人知行模式的雪花模型来看,停机问题依然存在,这与人的适应规则的局限性有关。规则沉淀于人的经验,而经验是不可能完全覆盖整个历史时空的,对于任何一个习得规则,总会有其不能适应的特定问题场景,该场景下,既定规则无论尝试多少遍,都有可能无法化解的问题,因为问题可能超过了个体所能影响和掌控的上限。代表个人最具适应能力的趣时过程,也依然有其局限性。在面对效应矛盾问题时,趣时过程只能给出相对较优方案,而无法给出绝对最优方案,因为趣时过程无法完成对所有潜在影响因子的搜索,只要有未进行运算的潜在影响因子存在,那么当前的方案就不能保证是最优的。而如果以更为久远的演化视角来看,历史的所有可行解决方案在新的时代背景条件下,可能不是一种有效的解决方案,甚至是起反作用的解决方案。停机问题能够因规则的可迭代升级而得到一定的缓解,但并不能完全消除,因为没有能够解决一切问题的单一规则,也没有能够解决一切问题的规则体系,无论规则体系多么庞杂,总会有更复杂的问题出现。

13.4 雪花模型与程序控制结构

程序是计算机的灵魂,计算机执行各种任务时依赖于事先写入的程序。程序是算法和数据结构的综合[②],从雪花模型来看,结构性数据可用来承载有着特定演绎框架的状态信息,相当于状态网络,而算法相当于对策网络,它通常是给定的,因此,程序(及其硬件支撑系统)相当于有着特定处理功能的运作模式。

理论上已经证明,任何可计算问题的求解程序都可以用顺序、条件和循环这3种控制结构

[①] 王荣江.算法、图灵机、哥德尔定理与知识的不确定性[J].自然辩证法研究,2002,018(003):48-51.
[②] 徐绪松.数据结构与算法[M].北京:高等教育出版社,2004:15.

来描述[①]。这3种控制结构在雪花模型当中也有所反映，具体说明如下：

（1）顺序结构是一种线性的、有序的结构，可驱使计算机按先后顺序依次执行各语句，直到所有的语句执行完为止。在雪花模型各运作模式的探索阶段，各种状态与对策组合处在无序竞争当中，当某种有序组合获得更优的价值反馈时，该组合有更大概率沉淀下来。例如，婴幼儿所习得的自助进食需求（10.2节有具体说明），就是将各个原始种子对策按照一定的顺序依次执行的适应过程。在每个运作模式的摸索阶段，都有可能生成新的顺序结构，相对于原有的适应程序来说，新的顺序结构是原有基础结构的重组与扩展，基础结构越多，意味着所获得的有效顺序结构越加难得，因为可挑选的子结构组合有很多，而其中可能只有按特定顺序串联的子结构组合才有可能完成任务，达成价值目标并规避可能的不利局面，这一经验的获得需要反复试错，串联的顺序链条越长，通常需要越多的试错尝试。顺序结构的建立依赖于基层规则的随机性尝试，顺序结构的维系则依赖于宏观规则的指导，它约定了这一结构所要实现的总体价值目标。层次建构论中，相关性建构所形成的状态关联，在作用性建构看来就是一种顺序结构，它界定了这种关联性是基于怎样的转换对策来实现的，加载了转换对策的状态演变体现的就是一种因果性。顺序结构在逻辑上即体现为因果链条。

（2）条件结构是根据条件成立与否而有选择地执行某个计算任务。在雪花模型中，条件结构有多种表现。第一种是基于体验反馈的条件结构，趋向积极的感受体验则强化执行程序，趋向消极的感受体验则抑制执行程序，这一结构源于消解过程运作模式；第二种是基于目标反馈的条件结构，当环境的状态演变趋向与积极目标同步、消极目标异步，则强化执行程序，反之则抑制执行程序，这一结构源于调谐过程运作模式；第3种是基于行为反馈的条件结构，该条件相对复杂，它不直接呈现在某个目标对象之中，而是要通过一定的行为实践（付出）后才使得进一步的价值实现成为可能，因此基于行为的反馈不是一种即时反馈，而是一种跨期反馈，支撑这一反馈结构的源于趣时过程运作模式。从上述解析中可以看到，建构3种分化条件的支撑结构是呈逐步复杂化的趋势的，体验反馈是一种基于身体实时信号的直接反馈结构，目标反馈是一种基于外在实时信息的直接反馈结构，行为反馈是一种基于潜在演变信息的间接反馈结构，这3种反馈结构分别与针对规则表现的主体系统、针对状态演变的主体系统、针对对策转换的主体系统有对应性。

（3）循环控制结构能够控制一个计算任务重复执行多次，直到满足某一条件为止。循环控制结构使得系统能够用一个相对简单且可控的程序来实现一个相对复杂的任务，主要的实现方式是小尺度试错并逐步逼近。以C语言为例，常见的循环控制结构有do…while循环、while循环、for循环，对照条件结构的3种表现，可以发现这3种循环结构与条件结构有一定对应性，其中do…while循环是先执行，然后根据执行表现再来调节，其功能与基于体验反馈的条件结构相近；while循环是在某种状态呈现之时才进行调节，其功能与基于目标反馈的条件结构相近；for循环是按照某种计划策略预先执行，直到某种特定状态或限定条件出现时再进行针对性调节，其功能与基于行为反馈的条件结构相近。有时候，循环控制结构能够解决问题，有时候则可能陷入死循环，或是趋向于失控状态（超出系统算力或容量限度），这与个体不断试错依然无法适应环境，甚至有时濒于精神崩溃的表现是类似的。

程序控制结构中，顺序结构可视为基本结构不断竞争协同下的耦合沉淀，它体现了基本结构之间的某种功能相关性；条件结构可视为适应各种状况的预定义程序，它体现了基本结构的

[①] 唐培和，徐奕奕.计算思维——计算学科导论[M].北京：电子工业出版社，2015：279-281.

因果关联性；循环控制结构可视为有着特定目标的组织系统，它体现了结构所蕴涵的一种主体性。这3种结构分别与相关性建构、作用性建构、主体性建构有一定对应性。

既然任何计算问题都可以用顺序、条件和循环这3种控制结构来描述，而个人的认知计算逻辑又与这3种控制结构存在一致性，那么是否可以运用它们来模拟人的智能呢？问题显然没有这么简单，关键之处在于，计算机在运用这3种控制结构时，处理的是有限的数据，而人在运用这3种控制结构时，处理的是大数据，因为人的感觉系统每时每刻都会采集巨量的信息。如何确保大数据处理的可靠性、高效性、低能耗，这是一个比控制结构要复杂得多的且极具挑战性的难题，当前的人工智能技术，正在一步一步地向这个目标靠拢。

13.5 雪花模型与常识推理

当前，人工智能在许多专业领域已经显现出了远超人类处理能力的卓越表现，不过迄今仍没有技术能够通过图灵测试，造成这一问题的关键症结不在于计算机到底有多强的专业能力，而是在于如何为计算机打造具有一般性的、通用性的知识交互处理能力，其中的代表性应用就是常识推理。与专业知识相比，常识性知识的范围要宽广得多，并且通常存在模糊性、非单调性、不确定性、语境依赖性等特点，因而较难以进行形式化描述①。手机中的智能语音助理是目前较为常见的常识推理应用，当问题明确而具体时，语音助理能够匹配出较为精确的答案，但是问题稍微抽象一点、复杂一点，语音助理就难以给出人性化的答案，而是跳转至搜索引擎。

智能既要求推理又要求行动，探究人工智能所需要面对的一个极其重要的问题，是知识与行动之间的联系②。知识往往代表着某些事实，而行动通常与主体的特定价值意向有关，如何将刻画常识的事实与蕴涵动机的价值联系起来，是值得深入思考的基础性课题。休谟在论述理性与道德问题时曾发出感慨："我所遇到的不再是命题中通常的'是'与'不是'等联系词，而是没有一个命题不是由一个'应该'或一个'不应该'联系起来的③。"这句话指出了进行事实判断（"是/不是"）的命题，与表露行动意向的"应该/不应该"之间是有着密切联系的。9.1节中的〖好|坏〗判定解析中，指出笔纸之间所具有的作用逻辑这一事实性认知是如何从各种不恰当的行动中逐步迭代出来的，从这个意义上来说，"是/不是"可以从一系列的"应该/不应该"中沉淀出来。这给我们的启示是，对于常识推理，应当尝试将事实描述还原为沉淀出这一事实的初始行动意向之中，有了意向或价值标签，就有可能像人一样进行主观地价值判断与价值演绎，进而提高图灵测试成绩。

雪花模型的6个运作模式所沉淀出来的6个逻辑关系，代表着6种典型的知识表示框架，大部分的事实可以借助于这6个知识框架来描述，通过还原知识表示框架的演绎背景，就能够针对这些框架范畴中的常识进行推理。具体说明如下。

（1）记事六要素推理框架

任何一件已经发生的事情均可以用记事六要素来进行描述，即时间、地点、人物、经过、起

---

① 陆汝钤.世纪之交的知识工程与知识科学[M].北京：清华大学出版社,2001：472,484.
② Russell S J,Norvig P.人工智能———一种现代的方法[M].3版.殷建平,祝恩,刘越,等译.北京：清华大学出版社，2013：8.
③ 大卫·休谟.人性论[M].关文运,译.北京：商务印书馆,2016：505.

因、结果。从表面上来看,这 6 个要素之间似乎是相互独立的平行关系,每个要素单独界定事件的一个特征,6 个要素组合起来就构成了事物的全貌,这种理解实际上是较为偏颇的。如果深入了解趣时过程的运作机制,就会发现这 6 个因子之间绝不是简单的平行关系,而是有着极其复杂的内在逻辑关联。我们之所以容易将其理解为简单的平行关系,在于它们都是映射已发生事件的关键性符号标识,事件的背景和核心要素之间的历史纠缠并不能通过这些标识而得到完整的体现,淡化了背景演绎的标识看起来就像是事物的不同观察剖面。如果能够明确事件的交互主体,能够明晰事件的运作背景,能够还原事件当中的价值纠缠与价值流变,那么就会对事件的演绎有着更为深切的认知。基于趣时过程而生成的抵兑关系提供了一个分析事件全貌的逻辑框架,具体体现在:

◇ 抵兑效果反映了多种颉颃效应对立下的价值演绎,效应冲突是趣时过程的触发条件,效应分化是趣时过程的运行结果,它反映了效应冲突进一步转变中的价值得失。记事六要素中的"结果"是对事件表现的定性描述,它暗含了与事件起初之间的价值反差,"结果"的定性即建立在这种反差之上,它与抵兑效果变量存在对应性。

◇ 抵兑目标反映的是多种颉颃目标关联下的状态演绎。效应冲突触发趣时过程,冲突表现会显现在颉颃目标的对立上,效应的进一步转变也意味着冲突目标的进一步演变,这种演变即反映在抵兑目标变量之中。记事六要素中的"起因"是对事件初始状态的回溯,"起因"暗含了特定行为后果的触发条件,而抵兑目标能够起到牵引行为对策的作用,其中隐含了对策的触发条件。"起因"与抵兑目标变量存在对应性。

◇ 抵兑方式反映的是多种颉颃方式触动下的对策演绎,它是推动场景状态演变的计划性举措,其中的计划性体现在多个颉颃方式的耦合上(参考表 4-3),每个颉颃方式均有对应的目标,多个方式的耦合代表着多个目标的衔接,换句话说,抵兑方式所组织和推动的最终状态目标不是直接的,而是间接的,其中存在中间状态的过渡。记事六要素中的"经过"描述的是从起始,到中间过渡,到结果的完整演绎,与抵兑方式的逻辑是吻合的,因此,"经过"与抵兑方式变量存在对应性。

◇ 抵兑本体反映的是主体在多种受限需求纠缠下的本体意向取舍。主体与需求概念存在等价性(参考 2.6 节解析),对主体这一对象的性质界定,可以通过需求关系来体现,需求关系转变预示着主体价值意向的调整。记事六要素中的"人物"属于主体范畴,特定事件中的人物通常有着特定的价值取向,它是推动事件向前发展的重要内因,用需求关系来界定"人物",能够更好地呈现"人物"在事件当中的作用与动机,也能够呼应事件的"起因""经过"和"结果"。"人物"与抵兑本体变量存在对应性。

◇ 抵兑环境反映的是主体对各种需求对抗中的客体环境偏向。客体要能够影响到主体的特定需求,意味着客体与主体存在着价值上的纠缠,这种纠缠并不是任何条件下都成立的,也不是在任意条件下都是同样的效应表现。不同的纠缠条件生成不同的纠缠效应,基于效应转变的优劣分化能够遴选出更符合主体意向的纠缠条件,这一条件就是特定的客体交互环境,抵兑效果、抵兑目标、抵兑方式、抵兑本体等变量都能够在该环境中得到体现。记事六要素中,"地点"是描述交互环境的关键标识,六要素中的"结果""起因""经过"和"人物"等变量都能够由"地点"所承载。"地点"并不单单指场景,它隐含着对"人物"或事件起重要作用的特定影响性,当人们谈起某个地点发生某件特别的事时,通常意味着那个地点有一股特定的推动力量。"地点"与抵兑环境变量存在对应性。

◇ 抵兑时机反映的是主客体竞争协同中的有利前景把握。主体在与外部环境的实践互动中，逐步了解了在不同的实施策略下，以及不同的环境反应下所带来的效应波动，其中并不是所有的波动趋向都能够符合主体的价值取向，通过明确每一次效应转变的状态条件和应对策略，就有可能有针对性地避开其中相对不利的效应转变，同时抓住其中较为有利的效应转变，这里的有利与不利的可实现与否不是简单通过状态标识来区分的，而是通过一定行为策略地主动实施下才有可能出现，这种特定条件下的有针对性的主动把握代表的即是时机。时机概念蕴涵着价值演变的关联背景，以及主体适应环境时的各种潜在波动中的价值抉择，时机体现了主体对自身和环境价值流变的统筹运算。记事六要素中，"时间"是描述时机的关键标识，事件在特定的时间发生，而不是在其他的时间点发生，这种特殊性即赋予了该时点的某种潜在价值关联性。时间依附于空间，并显性化于空间的运动转换之中（空间万物若静止就不会有时间），就如同时机蕴藏于环境的演变之中。"时间"与抵兑时机变量存在对应性。

从上面的分析中可以看到，抵兑关系是基于主体的逻辑演绎框架，其中的每一个变量都蕴涵着主体的某种价值呈现，并且不同的变量对价值的运筹维度是有差异的，抵兑效果处于最低阶，而抵兑时机处于最高阶。记事六要素孕育于抵兑关系，它可视为抵兑关系的旁观视角描述，它虽然可以清晰展现事件的脉络，但是淡化了主体性，对主体的主观价值呈现没有沉浸视角下来得丰富和细腻。从一种第三方的旁观视角，回归到第一方的主观浸入视角，相当于以事件中的主体身份来感受事件的发展，这种回归更能凸显人性的诸多特点，也有助于把握事件的起承转合。图13-5勾勒了记事六要素的推理背景，其中的"择时、择境、择需、择行、择象、择效"等6个问题即是站在主观视角下，来对事件各要素的背景进行还原，以进一步挖掘事件的成因。有了事实性描述的演绎背景，就能够展开针对该事件的演绎推理。

在人与人的日常生活对话中，经常只出现六要素当中的某一个要素，却并不妨碍人们的交流，但是对于人工智能来说可能是一大难题。例如下面的场景：

人物A："海边去咯！"
语音助手："???"

多数智能语音助理在面对A的这句话时做不到像人与人之间的那种较为自然地对话式交流，一个关键原因就在于没有准确把握这句话的推理框架，而只是局限于这句话的内容本身来进行处理。这句话中，有两个关键性词语："海边""去"，"海边"是并不明晰的地点描述，"去"加上"咯"字意味着将要开始但还未执行的行动，属于一种计划性任务，因此，智能程序应当用记事六要素推理框架来处理这句话。由于对话信息极不完整，智能程序应当尽可能地挖掘用于推理的背景信息，即明确"择时、择境、择需、择行、择象、择效"这6个基于主体的价值信息，挖掘方式有多种：一是基于智能硬件来提取参考信息，包括当前时间（工作日还是周末、节假日）、天气（晴朗还是雨雪天气）、位置（当前位置以及最近的海边位置）；二是基于与主体有关的大数据（日常生活信息）来提取参考信息，如出行工具、饮食偏好、娱乐爱好等；三是通过开启问话来明确六要素的相关信息，智能程序在分析基础参考信息之后，就可以开启针对性的对话了，参考信息不同，对话也会有所不同，例如当前是工作日、下雨、且是远离海边的西部城市，与当前是周末、晴朗天气、且是离海边很近的东部城市，这两种情形下的对话内容就应当有不同的设计。智能程序搜集到的信息越多，越有可能准确估测主体的行动意向，进而开启有建设性的对话。

记事六要素推理框架看起来似乎比较简单，但要让智能程序合乎逻辑地运用好这个框架，依然是一个艰巨的挑战。六要素所对应的抵兑关系变量不是简单的变量，而是极其复杂的复

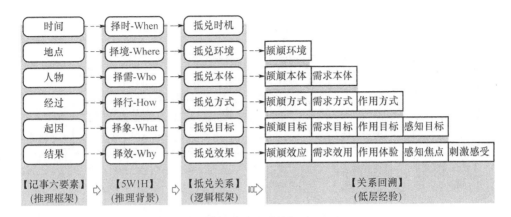

图 13-5 记事六要素推理框架的建构基础

合逻辑变量，它们不能由语义符号所完全刻画。抵兑关系的每一个逻辑变量都是更底层逻辑关系的不断交涉而逐步沉淀出来的，每一个逻辑变量都是一种体系性的存在，要弄清楚逻辑变量的确切构成，就应当不断向更低层回溯，同时又能够基于低层变量来一步步向上层建构。换句话说，对记事六要素推理框架的背景解构，除需要弄清楚其所属的逻辑层次外，还要弄清楚不同层次间逻辑变量的进化与退化关系。

(2) 竞合五要素推理框架

任何两个主体之间的价值纠缠均可以用竞合五要素来描述，即客体、主体、权力、权属、权益。这一框架用于描述主体间已经达成的价值纠缠稳态。要实现竞合五要素框架的逻辑推理，同样需要深入挖掘这些要素之间的内在逻辑关联，颉颃关系为分析这一框架提供了原理性参考，简要说明如下：

◇ 颉颃效应反映的是效用的可达边界，这一边界所界定的正是主客体之间的需求权益。
◇ 颉颃目标反映的是分割了效用边界的状态目标，具体表现在：一些状态目标的演变是可及的(受到环境支撑或压制了环境影响)，一些状态目标是不可及的(受到环境限制)，可及与否体现了主体与标的物之间的权属关系。
◇ 颉颃方式反映的是调控效用边界的可执行策略，在客体的影响下，主体有可能充分掌控状态目标的定向演变，也有可能完全丧失对状态目标定向演变的调控能力，这种可控与否体现了主体对标的物之间的权力关系。
◇ 颉颃本体反映的是主体需求所受到的外在影响，可能得到扩张，也可能遭受压减。需求是主体性的一种体现，需求在环境影响下的异动则间接显现了主体的韧性和张力，这种异动也往往预示着主体的某种交互身份。
◇ 颉颃环境反映的是影响主体需求的客体。在没有客体影响时，不存在权力、权属和权益问题，这 3 个方面因特定的客体加持而得到定义。

竞合五要素推理框架是记事六要素推理框架的建构基础。记事六要素是对事件演绎发展的描述框架，而发展一定是存在基准的，没有基准就谈不上发展。竞合五要素框架描述的是主体当前可实现价值的现状，它为主体价值的进一步演绎与发展界定了一个基准，有了这个基准，就可以刻画收获与回报、成本与损失，这些正是记事六要素中"结果"所呈现的内容。

要实现基于竞合五要素框架的逻辑推理，同样需要挖掘该框架下的背景信息，图 13-6 简要还原了竞合五要素推理框架的建构背景，以及所需要的底层知识储备。

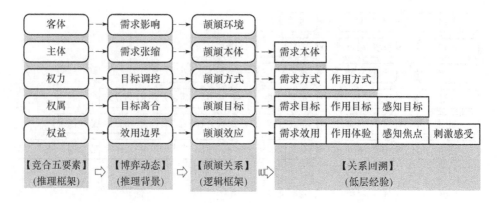

图 13-6　竞争博弈五要素推理框架的建构基础

(3) 需求四要素推理框架

任何一个主体系统都有其需求,关于需求,2.6 节、11.1 节(原生需求部分)均做了解析,概括来说,可以归结为"主体""手段""目标""效用"4 个要素,这 4 个要素分别与需求关系的 4 个逻辑变量一一对应。

需求往往反映出了主体的一种定向价值倾向,基于需求框架和当前场景条件,就能够分析出主体的需求意向,一般思路是缺什么补什么,如果没有缺失性,代表需求已经完成或实现。当存在体验反差时,会激活需求进程;当目标缺失时,主体会尝试去搜索需求目标;当行为方式缺失时,主体会尝试去寻找替代的行为举措;当处于需求实践之中且体验缺失在逐步收敛时,主体一般不会进行需求进程的切换,除非发现了新的显著性价值差异或激活了更高的运作层次。图 13-7 简要还原了需求四要素推理框架的建构背景与知识储备。

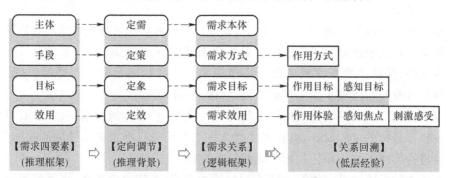

图 13-7　需求四要素推理框架的建构基础

需求四要素是竞合五要素推理框架的建构基础,有了主体层面的定向需求,才有可能产生不同主体之间的竞争与协同。需求四要素框架也是有其特定的建构背景,其中手段是各种行为方式不断试错下的调校结果,目标是不同对策支撑下的各种状态演变不断组合分化下的沉淀,效用是感受体验的竞争与趋势分拣,行为方式、状态目标、感受体验构成一体化的作用关系,需求关系是这种一体化关系的再分拣,正是这种基于一体化关系之上的再选择引发了需求要素缺失下的定向目标与定向行为。这种定向价值演绎机制即构成需求四要素框架的推理背景。

(4) 行为三要素实施框架

行为是一种泛称,作用、交互、处理、运作、操持、实践等一切涉及运动与情景演变的场合,都可以视为行为。行为等同于作用进程,描述行为可用"举措""对象""表现"3个要素来表示,它们与作用关系的3个逻辑变量存在一一对应性。行为一定伴随着状态的有序演变,以及物性的特定展现,这两者可分别用作用目标和作用体验来描述。在分析行为的对象时,不能只专注于对象的静态特征,而应关注对象基于行为的特征演变,它间接呈现了行为本身。

行为三要素框架是需求四要素框架的建构基础。图13-8简要还原了行为三要素实施框架的建构背景与知识储备。

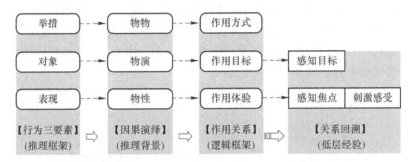

图13-8 行为三要素实施框架的建构基础

(5) 认知双要素分类框架

目标认知是基于感觉系统的分类识别过程,也是一个基于大数据的分拣筛选过程,认知结果可以用两个要素来表示,"类型"及"标识",其中,"标识"是用于定位目标对象的导引符号或关键特征,与我们通常所说的概念相对应;"类型"是诠释目标对象内在关联属性的表述,它相当于所有可用于界定目标对象的关联要素的集合表征。"类型"囊括所有的"标识",它框定了目标对象的范畴。图13-9简要还原了认知双要素分类框架的建构基础。

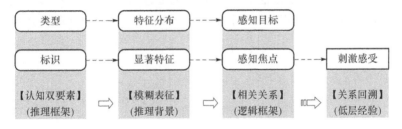

图13-9 目标认知双要素分类框架的建构基础

目标认知双要素分类框架可用相关关系来表示,它是建构作用关系的基础。日常语言即相当于一套大型的标识语言,这一特点成就了语言表示的简洁高效,同时也导致了歧义性和模糊性等问题,因为对象和事物都是由一系列的标识组合而构成的,不同对象和事物之间内含着许多共性的标识,使得标识潜藏着广泛的联系性,这种联系性即造成了歧义性和模糊性。因此,基于语言的逻辑推理并不能够完全反映人的思维演绎规律,思维中的大量处理细节是难以通过语言来直观展示的。

认,即分类识别过程;知,即同步关联过程,认知分类框架可还原为一种带有要素特征及其分布权重的模糊集,它能够更直观地展示认知这一心理过程背后的逻辑结构,它是一般(类型)和特殊(显著标识)的对立统一(14.1节有进一步讲解)。

(6) 感受单要素原子框架

感受单要素原子框架是知识推理中的底层框架,它只有一个因素"元素",元素的含义取决于元素的赋值。从形式上来看,单要素框架是最为简单的(参考图13-10),但实际上并不简单,要理解这一框架的实质内涵,我们需要回到本元关系逻辑框架之中。本元关系催生于感受过程,感受过程是雪花模型的最底层运作模式,是规则演变的起始。从机制上来看,感受过程是主体系统对环境局部影响(最基本刺激信号)的采样,并将采样信号进行质性的量化,相当于从微观层面来一点点拼凑出主体在环境当中的适应性,采样的粒度越细微,采集的数据就越丰富,最终计算的结果就越精确。感受过程的量化规则是预定义的,包括量化的类型、粒度、敏度等如何设置,都是需要深度考虑的,因为感受过程是所有高层运作模式的基础,若底层设置不当,会严重影响高层的运作表现,例如粒度较粗会导致高层功能的缺失,粒度较细会影响高层的执行效率。对于知识推理体系来说,原子框架的定义与取舍,也是需要慎重考虑的,设置不合理,有可能带来整个推理体系的种种问题。

图 13-10　感受单要素原子框架

总而言之,每个层次的推理过程,相当于"因式分解"的过程,也就是将既定的框架看作已完成的结果,然后分析这种结果是在怎样的矛盾关系下形成的,把既定框架还原为低一层次的逻辑关系对抗,并找到这个对抗组当中的每一个因素的价值表现,相当于还原出当前逻辑常识的推理背景,通过对照背景是否一致,就能协调两个对话者的逻辑,从而减少鸡同鸭讲的情况。

6个框架分别与雪花模型的6个逻辑关系相对应,6个框架之间也有与雪花模型相类似的规律,即简单框架支撑和建构复杂框架,复杂框架能够包容或重塑简单框架。这套框架为建构以个人为中心的日常生活推理提供了逻辑和机制上的借鉴,并有望提升图灵测试的成绩。

第14章 雪花模型与复杂性科学

在现代科学技术突飞猛进、社会经济高速发展、资源和生态环境变幻不定的情况下,人类社会面临着越来越复杂的组织、协调、规划、预测和控制等方面的系统性问题,具体表现在时间跨度上的变化越来越快,空间活动上的规模越来越大,影响和后果越来越深远,由此使得问题的解决愈来愈具有挑战性。面对这些系统性问题,传统的知识经验的运用效果有限,人们亟须方法论或思维范式上的突破,以找到新的处置思路。越来越多的学者将目光投向了复杂性科学,以期从中寻求解决方案。复杂性科学是专门研究复杂系统一般规律的系统科学。在任一系统中,当存在有行动自由的许多要素的频繁交互时,通常会引发复杂性问题,典型表现即是要素及系统行为的不可预测性。无论是在自然的物质世界,还是在有机生命组成的社会生态当中,复杂系统比比皆是,然而,人们对复杂系统的认知依然是比较有限的。

沃尔德罗普指出:"复杂性科学这门学科还如此之新,其范围又如此之广,以至于还无人完全知晓如何确切地定义它,甚至还不知道它的边界何在。然而,这正是它的意义所在,复杂性科学正在试图解答的是一切常规科学范畴无法解答的问题[①]。"截至目前,复杂性科学依然未形成系统而自洽的统一理论范式,不过积累了许多可用于描述复杂系统的一般特性或隐喻,诸如自适应、自组织、涌现、混沌、分形、自相似性等。雪花模型理论体系的建构很大程度上受到了复杂适应系统相关研究成果的启发,尤其是霍兰所提到的普适理论框架(参考1.2节说明),雪花模型的特殊之处在于,当前关于复杂系统的一般特性或隐喻,有很多都能够在雪花模型当中找到对应的逻辑结构,雪花模型是当前为数不多的既符合复杂系统一般特性,同时又具有相对完整演绎体系的理论模型,这为我们进一步探究复杂性科学的可能演绎范式提供了一个难得的参考样板。

14.1 雪花模型当中的复杂性特征

关于复杂性概念的诠释有许多,雷谢尔(N. Rescher)教授对此做了较为全面的梳理,具体如表14-1所示,包括计算复杂性、组分复杂性、结构复杂性、功能复杂性[②]。这些特性在雪花模型当中也基本上都有所体现,其中规则部件对实践偏差的多维度运算、状态部件对场景状态演变的模式抽取、对策部件对具有较高自由度的机体的动作协调与平稳度控制等体现了计算复杂性;逻辑全景图的21个内容各异的逻辑变量体现了组分与结构复杂性,逐级演进的多层级

[①] 米歇尔·沃尔德罗普.复杂——诞生于秩序与混沌边缘的科学[M].陈玲,译.北京:三联书店,1997:1.
[②] Rescher N. Complexity: A Philosophical Overview[M]. Transaction Publishers, New Brunswick and London, 1998:9.

运作模式则体现了功能复杂性,这些复杂性之间是相通的,它们是雪花模型演绎体系复杂性的不同侧面。

表 14-1 复杂性概念的分类(By Rescher)

认识论模型	计算复杂性 (Formulaic Complexity)	描述复杂性(Descriptive Complexity)
		生成复杂性(Generative Complexity)
		计算复杂性(Computational Complexity)
本体论模型	组分复杂性 (Compositional Complexity)	构成复杂性(Constitutional Complexity)
		类别复杂性(Taxonomical Complexity)
	结构复杂性 (Structural Complexity)	组织复杂性(Organization Complexity)
		层级复杂性(Hierarchical Complexity)
	功能复杂性 (Functional Complexity)	操作复杂性(Operational Complexity)
		规则复杂性(Nomic Complexity)

除上述分类外,一些代表复杂性的典型概念也可以在雪花模型当中找到相应的解释,下面结合实际的复杂性案例来进行对照解析。

(1) 模糊性

事物类属的不分明性即亦此亦彼性,称为模糊性。美国学者札德对模糊性问题进行了形式化,以模糊集合作为模糊事物的基本数学模型,用元素对集合的隶属度的逐步变化来反映事物从属于或不从属于某类事物的逐步变化[1]。模糊性的一个典型案例是杯脸图(如图 14-1 所示),针对同一个图像,人们会产生两种不同的对象认知,一种是造型特异的高脚杯,另一种是两张相对的人脸,对象的类属产生模糊性认知。从雪花模型来看,当感知焦点落在上端的杯口处时,目标图有更大概率会被视为杯子;而当感知焦点落在左侧或右侧的鼻口处时,目标图有更大概率会被视为人脸。这种因焦点转移而导致目标类属转变的过程与札德的模糊集合理论是相通的,焦点视域内的元素(高对比度像素点)与特定对象的隶属度较高,而非焦点视域内的元素与特定对象的隶属度相对低一些。要注意的是,低隶属度的元素并不意味着它不属于目标对象,只是与目标对象的相关性相对较低而已。

经典的集合概念是以元素组合为基础的,元素不同,对应的集合也不同,而札德的模糊集概念则破除了用元素构成来区分对象这一经典做法,札德在经典集合的基础上引入了新的参数,即元素与对象的隶属度,在区分对象时既要考虑对象的构成要素,也要考虑要素与对象的关联权重。因此,即使不同对象的组成元素完全一样,只要隶属度数据不同,它们依然可以得到区分。

札德的模糊集合理论与雪花模型中的相关关系存在对应性,其中感知焦点变量反映的是目标对象当中最具显著性的特征,这种显著性通常意味着较高的关联权重,因此感知焦点间接体现了隶属度;感知目标反映的是各感知特征集合及其关联分布,其中不仅有要素组合,还有要素的权重参数,不过权重参数是可变的,从而可以包容感知焦点在不同特征之间的切换。

除了基于事物类属的模糊性之外,还可以从雪花模型当中找到其他形式的模糊性。例如特定作用方式关联价值的模糊性,在一种条件下,指定的作用方式带来积极的体验,而在另一

---

[1] 徐国志. 系统科学[M]. 上海:上海科技教育出版社,2000:301.

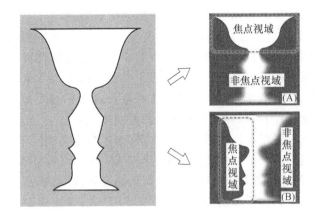

图 14-1　"杯脸图"的类别模糊性

种条件下,指定的作用方式却带来消极的体验,同一个作用方式究竟是积极的还是消极的存在模糊性,当界定了具体的演变目标和刺激感受时就能降低模糊性。进一步的,还有需求本体的模糊性,意向需求究竟表现如何,是存在不确定性的,当需求效用、需求目标、需求方式等变量能够明确时,就能够减少需求演绎的模糊性。交互客体(对应颉颃环境变量)亦存在模糊性,具体体现在客体影响的多样性上,当颉颃效应、颉颃目标、颉颃方式、颉颃本体等变量能够明确时,交互客体的影响性就能够较为准确的定性。抵兑时机亦存在模糊性,具体体现在决策时机的不可穷尽性上,只要不断引入新的影响因子,有利时点就有可能不断生变,而当确定了抵兑效果、抵兑目标、抵兑方式、抵兑本体、抵兑环境时,时机也就相应地明确了。

　　从这些解析中可以看到,从相关关系到抵兑关系中均存在模糊性问题,逻辑关系中序参量的模糊程度可以通过所在层次中基础逻辑变量的明确而得以降低。事实上,序参量正是基础逻辑变量在不断演变当中而达成的某种运作稳态的反映,基础逻辑变量的明确也就意味着序参量的明确,这给我们的启示是,模糊性问题通常会涉及一个多变量的层级演绎体系,其中部分变量的不明确而导致演绎存在多样性和不明确性,模糊性的消除在于同时明确从局部到整体的演绎。换句话说,模糊性的产生源于用一套整体性演绎框架去界定事物时,一些局部表现并不是界定得那么清楚,从而使得演绎存在多样性,相当于对事物做出原则性的约定,但在细节上没有明确。在很多场合,这种演绎模糊性是有其必要性的,例如企业高层领导对中基层员工的管理,就涉及模糊性问题,因为中基层员工的行动表现不仅仅受制于公司的管理规范,同时也受到市场环境的影响,如果高层的领导对目标和行动规定得过于明确,那么很有可能难以适应外部环境的一些异常变化,此时高层的明确规定就会被打上"死板""僵化"之类的标签,而如果适当模糊一些,在给中基层一些局部灵活发挥权力的同时,依然保持全局上的监督与引导,就有可能规避这些问题。在国内的许多法规的制定和实施中,也可以看到模糊性的运用。

　　与模糊性相对的,是中心主义(参考 10.4 节解析),模糊性不是整体层面的不确定性,而是局部层面的不确定性,而中心主义则代表着以特定序参量为演绎背景下的运作笃定性。模糊性是以整体为背景来看待局部的非确切性,中心主义是以整体为背景来看待其在更宏观层面的运作局限性。

(2) 因果循环

　　序参量是哈肯协同学理论当中的核心概念,雪花模型借用这一概念来描述每个运作模式当中的最高阶逻辑变量,这是因为这些变量具有与哈肯所描述的序参量相一致的性质:每个运作模式中,最高阶逻辑变量是基础逻辑变量竞争协同的结果(参考5.1节解析),基础逻辑变量的相互作用最终催生了代表所在运作层次的最高阶逻辑变量(即序参量);最高阶逻辑变量决定了所在层次基础逻辑变量的性质(参考表5-3,每个层次的基础逻辑变量均可由最高阶逻辑变量所定义)。迈因策尔在阐述具身心智时给出了类似的说明:"每个层次都可用一些决定其特定结构的序参量来刻画,这些特定结构是由有关特定层次等级的亚要素之间的复杂相互作用所引起的[①]。"如果有多个层次,就可以用多个序参量来刻画。

哈肯指出,子系统通过相互作用形成了序参量,而序参量又决定了子系统的行为[②]。这句话给人一种"鸡生蛋、蛋造鸡"的因果循环意味,哈肯认为这种因果循环在所有的自组织系统中都存在。普里戈金在研究耗散系统论时给出了类似的表述:涨落既是对处在平衡态上系统的破坏,又是维持系统在稳定的平衡态上的动力[③④]。实际上,雪花模型当中也存在着诸多类似的因果循环。

一是状态部件与对策部件之间的功能循环。状态目标牵引对策的执行,是促进对策执行有目的性、有方向性的重要辅助支撑,反过来,行为对策组织和推进状态目标的演变,是各种现象和事物得以呈现的重要动因。造成这种循环的关键原因,在于两个部件相互耦合在同一个循环回路当中(参考图2-3)。

二是运作模式的功能循环。运作模式存在高低之分,低层运作模式能够起到支撑和建构高层的作用,而高层运作模式则能够起到包容或重塑低层运作模式的作用。一个运作模式相对于较低层来说,它的角色是高层,而相对于较高层来说,它的角色是低层,由此可以得到类似于哈肯的序参量因果循环的表述:运作模式既起到建构和支撑作用,同时又起到包容和重塑作用。其中的建构和支撑即相当于子系统的相互作用,包容和重塑相当于序参量的决定性作用。

三是基层规则与宏观规则间的循环。从消解过程到趣时过程,每个运作模式中存在两类规则,即基层规则和宏观规则。当前模式中的基层规则等同于低一层次中的宏观规则,当前模式中的宏观规则等同于高一层次中的基层规则,因此,无论是基层规则还是宏观规则,它们都同时承担两种角色,如果不考虑规则的类型与所处运作层次,那么就可以得到类似于涨落的因果循环表述:规则(指基层规则)既有可能因反复出现的实践与经验之间的偏差而导致失效(对平衡态的破坏),规则(指宏观规则)也有可能基于偏差的有效引导分化而保障了系统的存续(对平衡态的维系)。

基于上述分析,可以总结产生因果循环的几种原因:对象本身就处于同一循环架构当中,或是对象角色的多样性,对象功能发挥的层次性和阶段性等,这些原因都预示着对象所处系统的复杂性。

(3) 多层次性

关于复杂系统,许多学者都提到了层次性这一概念。贝塔郎菲指出,一层层组合为层次愈来愈高的系统,是生物学、心理学和社会学的重要基本特征[⑤]。司马贺指出,复杂性经常采取

[①] 克劳斯·迈因策尔.复杂性思维——物质、精神和人类的计算动力学[M].曾国屏,苏俊斌,译.上海:上海辞书出版社,2013:217.
[②] 哈肯.协同学:理论与应用[M].杨炳奕,译.北京:中国科学技术出版社,1990:53-54.
[③] 徐国志.系统科学[M].上海:上海科技教育出版社,2000:191.
[④] 普里戈金,斯唐热.从混沌到有序——人与自然的新对话[M].曾庆宏,沈小峰,译.上海:上海译文出版社,2005:178.
[⑤] 冯·贝塔郎菲.一般系统论[M].林康义,魏洪森,等译.北京:清华大学出版社,1987:69.

层级结构的形式,层级系统有一些与系统具体内容无关的共同性质①。从事人工智能研究的 Stuart J. Russel 和 Peter Norvig 教授指出,层次化分解是处理复杂性的普及性思想②。这些阐述均指出了层次性这一复杂系统的典型特征,既如此,进行恰当地分层处理就成为认识和解构复杂系统的一条重要考察途径。问题在于,什么样的层次性能够有助于我们理解复杂性?我们又应当如何从复杂性当中解剖出层次性呢?下面用两个例子来进行说明。

① 艾根的超循环结构

恩格斯曾经预言:生命的起源必然是通过化学的途径实现的③。显著的化学反应中,一种物质通常会转变成为质性大不一样的另一种物质,从中很难看到某种确定性存在。催化酶是个例外,它在反应中可能有一些损耗,但质性基本保持不变,这一特性使得催化酶同具有稳定存在性的主体系统有更多的相似性。生命体是典型的主体系统,生命体吸收环境当中的营养物质,并转化为代谢物,其性质与酶将一种物质转化为另一种物质是类似的,只是复杂度有所不同。鉴于此,以催化酶为起点来探究生命系统的可能成因,不失为一种办法。

艾根对酶的催化作用进行了深入的探究,并由此演绎了基于催化的超循环理论,指出了循环组织从低级到高级发展的3个等级结构(即催化剂(反应循环)、自催化剂(催化循环)、催化的超循环),每一个循环组织涉及一类组合结构(如图14-2所示),它们体现在某种反应机制的运作过程当中,它们的持续存在依赖于特定的反应循环体系④。催化剂对应着最简单的反应循环(图14-2 的左图,中间的反应物整体构成催化酶),自催化剂是包容催化剂作用机制的联动组织(图14-2 的中图,E_i 为催化酶,整个环路构成催化剂的自复制),而超循环则是内含催化剂自复制作用体系的复杂循环组织(图14-2 的右图,I_i 为具有自复制功能的催化剂),这3个等级结构中,越到高层越复杂,同时高等级结构是包容低等级结构的。

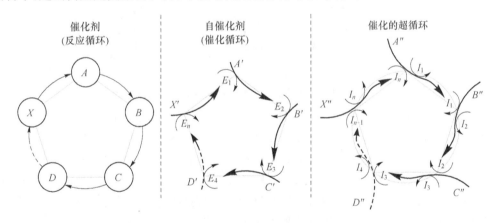

图 14-2 催化作用的 3 个等级结构

艾根在研究"生命产生机理"这一极具挑战性的课题时,采用了一种较为特别的层次分析方法,即关系复杂度不断累加的逐级演绎体系,这是一种有别于传统还原方法的新解析法,其特点在于:它不是将系统按照其构成要素进行无重叠切割,而是按照要素之间相互作用的范畴

---

① 司马贺. 人工科学——复杂性面面观[M]. 武夷山,译. 上海:上海科技教育出版社,2004:170-171.
② Russell S J, Norvig P. 人工智能——一种现代的方法[M]. 3版. 殷建平,祝恩,刘越,等译. 北京:清华大学出版社,2013:336.
③ 艾根,舒斯特尔. 超循环论[M]. 曾国屏,沈小峰,译. 上海:上海译文出版社,1990:(译者序)5-6.
④ 艾根,舒斯特尔. 超循环论[M]. 曾国屏,沈小峰,译. 上海:上海译文出版社,1990:14,17,19.

多寡来进行分层分级；它不是以基本要素为单位，而是以有着特定交互机制或相干性的要素组合为单位，并按照交互或相干的复杂程度来分层分级，较精简的要素组合代表基础的、局部的组织层次，较庞杂的要素组合代表整体的组织层次，由此实现对复杂系统从微观到宏观的多尺度解剖，进而为找寻这种不同尺度下的协变或进化规律提供便利。

在分析复杂性时，很多时候要素间的作用相干性比要素本身的性质显得更为重要。干涉项如同系统要素之间的震荡，当这种震荡协同一致时（即共振），它将发出远远超过系统当中任何一个单一要素震荡所能够产生的能量，此时决定系统动力学性质的不是其中各个单一要素的运动性质，而是要素之间的运动关联性（相干性），忽视这种关联性，显然是无法给出整体运动性质的，也难以研判系统的进一步发展。从这个角度上来说，切割了要素之间相干性的传统解析方法实际上是对目标系统的一种简化，并且是一种阉割式的简化，它可能抹掉了最终决定系统性质的关键交互机制。以要素间相干性为中心的层次分析法，是对以要素构成为中心的传统还原论方法的一种改良，这一方法能够更有效地演绎系统的复杂性。

② 智能 Agent 的工作组件

关于智能组件如何描述世界的状态，以及如何行动的问题，是探究智能系统需要弄清楚的核心问题。Stuart J. Russel 和 PeterNorvig 教授指出了进行状态表示及其行动转换的一种原则性的基础方法——将表示放置在不断增长的复杂度和表达能力的轴线上，即原子表示、要素表示和结构表示，图 14-3 是这 3 种表示的示意性描述[①]。

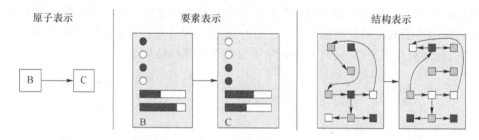

图 14-3　针对状态及其转换的 3 种表示方法

原子表示中，世界的每个状态是不可见的，因为它没有内部结构；要素化表示将各类状态表示为变量或特征的集合，每个变量或特征都可能有值；结构化表示用于描述不同对象之间的演绎关系，是关系数据库和一阶逻辑的基础。在这些表示中，表达力强的表示可以获取表达力弱的表示的所有信息[②]。对照雪花模型，会发现这 3 种表示与本元关系、相关关系、作用关系存在逻辑一致性。本元关系是雪花模型的建构基础和建构起点，沉淀本元关系的感受过程可以感受信号的有与无，但是无法明确信号本身的丰富性质；相关关系呈现本元关系集合当中的显著性特征和一般性同步特征，对目标对象的描述是通过特征集合和特征权重分布来体现的，与要素表示的逻辑是类似的；作用关系呈现特定行为方式或作用机制下的状态演变及其作用性质，行为方式相当于函数，它建立了特定输入与输出之间的转换关系和转换结果，这与结构化表示所描述的不同对象之间的演绎关联是类似的。

[①] Russell S J, Norvig P. 人工智能——一种现代的方法[M]. 3 版. 殷建平, 祝恩, 刘越, 等译. 北京：清华大学出版社, 2013：50-51.

[②] Russell S J, Norvig P. 人工智能——一种现代的方法[M]. 3 版. 殷建平, 祝恩, 刘越, 等译. 北京：清华大学出版社, 2013：51.

从超循环的等级结构,到针对状态及其转换表示法的原则性描述,到雪花模型的演绎层次(参考前言中的图2),三者都是用于解构复杂系统的层次化方法,这些方法都有着一些共性。关于层次性演绎的一般规律,《系统科学》做了较为全面的阐述,摘录如下:

> 复杂系统不可能一次完成从元素性质到系统整体性质的涌现,需要通过一系列中间等级的整合而逐步涌现出来,每个涌现等级代表一个层次,每经过一次涌现形成一个新的层次,从元素层次开始,由低层次到高层次逐步整合、发展,最终形成系统的整体层次。一般来说,低层次隶属和支撑高层次,高层次包含或支配低层次。多层次是复杂系统必须具有的一种组织方式,层次结构是系统复杂性的基本来源之一。层次提供了一个参照系,讨论问题首先要明确是在哪个层次上,混淆层次必将导致概念混乱。层次是系统科学的基本概念之一,是认识系统结构的重要工具,层次分析是结构分析的重要方面[①]。

这些阐述不仅说明了复杂系统当中的层次性演绎的基本原理,也指出了层次划分所应依循的基本规范,如高层应当包容和支配低层,低层的协同运作涌现出高层等,如果当前的分层方法不符合这些规范,那么就可能存在一些问题。

恰当的系统分层,需要在分离系统结构性要素的同时,为系统要素之间的作用联系留置空间,这对于复杂系统研究来说有着特殊的意义。复杂系统中各个子系统的相互作用与干涉既是推动系统不断演化的动力,也是维系系统稳定的原因,忽视这种相干性,有可能抹杀掉复杂系统所固有的诸多非平庸特性。子系统之间的相干性是产生复杂性的根源之一,也是带来"整体大于部分之和"的内因所在,在解剖复杂系统的层次体系时,应当注意如何系统而全面地呈现从微观到宏观的各个层面的交互与相干作用,这既是认识复杂性的关键,也是剖析复杂性的难点。

复杂系统的层次划分从理论上来说有许多种,而能够凸显出子系统相互协作而产生的涌现性时,才是一种更为可取的方法。基于涌现而产生的高层次具有低层次所没有的特性,这是因为,涌现出来的稳定模式(高层次)的功能是由其所处的环境决定的[②],该功能叠加了环境的性质,这是低层次所不具有的。因此,高层对低层的包容不是一种简单的组合关系,而更近似于一种进化关系。进化意味着子系统间各种作用关系的反复竞争博弈后的存在,基于进化而筛选出来的层次性设置,比我们基于经验、基于灵感、基于推演而推敲出来的层次性划分更具可靠性和普适性。涌现背后所蕴涵的进化特性,以及更高层次功能的难以预测性,都给复杂系统的层次性划分带来了巨大挑战,然而,简单得近乎荒谬的规则能够生成固有的涌现现象[③],这又给我们提供了一线希望,那就是从简单规则着手,不断去运用规则、迭代规则、发现规则……

(4)自相似性

自相似性是分形的最明显特征。客观事物具有相似性的层次结构,即局部与整体在形态、功能、信息、时间、空间等方面具有统计意义上的相似性,称为自相似性[④]。雪花模型理论体系当中存在大量的自相似性,具体体现在:

---

① 徐国志.系统科学[M].上海:上海科技教育出版社,2000:22.
② 约翰·霍兰.涌现——从混沌到有序[M].陈禹,等译.上海:上海科学技术出版社,2006:232.
③ 约翰·霍兰.涌现——从混沌到有序[M].陈禹,等译.上海:上海科学技术出版社,2006:143.
④ 王安麟.复杂系统的分析与建模[M].上海:上海交通大学出版社,2004:30.

① 逻辑全景图(图2-2)当中的自相似性。在6个横向发展向度中,每个向度中的逻辑变量都与起始变量的性质存在相似性。所有的规则变量都涉及一种价值感受,所有的状态变量都涉及一种目标定位,所有的对策变量都涉及一种行为方式,所有的主体变量都涉及一种需求倾向,所有的环境变量都涉及对需求演绎的额外影响。同一向度中的各变量的主要区别在于,越向高层发展,所融合的其他变量属性就越多,其性质表现就愈复杂。

② 运作模式当中的自相似性。前3个运作层次是对作用链条的逐级细分,后3个运作层次是对需求链条的逐级迭代,把需求关系作为整体进行归一,那么从消解过程到趣时过程,就是前3层的重复:感受过程的每一个刺激感受即对应消解过程当中的一个需求,感知过程的每一个感知目标即对应调谐过程当中一组需求纠缠,机动过程的每一个作用方式即对应趣时过程当中的一种需求纠缠形式到另一种需求纠缠形式的转变。从消解过程到趣时过程当中都包括模式探索和模式应用两个典型阶段,模式探索阶段都存在基于低层规则的失效问题,模式应用阶段都存在基于既定习得规则的定向调节,从模式探索过渡至模式应用,都是具有全新结构的适应性规则的涌现。

③ 规则裂变图(图3-1)当中的自相似性。规则裂变展现出一种类似树形分岔的结构,每一次裂变都是在原有的质性基础之上分化出一组对立性的价值表现,其中任何一个不断裂变下去的分支树都与规则裂变图的总体分化形式是相似的,这种相似不仅包括数量倍增上的相似,还包括价值极性(即正面性或负面性)分布上的相似性。

④ 层次建构论当中的自相似性。具体表现在:任意2个相邻层级之间都是一种相关性建构,任意3个相邻层级之间都是一种作用性建构,任意4个相邻层级之间都是一种主体性建构,任意5个相邻层级之间都是一种社会性建构,任意6个相邻层级之间都是一种发展性建构。由于层次建构论的演绎规律与起始层次的要素构成以及关联机制的复杂度无关,因此层次建构论可迁移至任意复杂系统当中,包括社会与经济系统。

(5) 倍周期分岔

由全部状态变量和控制参量为轴支撑起来的高维空间,称为乘积空间①,也可称为相空间。以虫口方程 $x_{n+1}=\lambda x_n(1-x_n)$ 为例,其乘积空间由状态变量 x 和控制参量 λ 所组成的坐标系来刻画,随着 λ 的不断增长,空间曲线开始出现了有规律性的倍周期分岔现象,直至进入混沌状态(如图14-4左图所示)。曲线中的每一个分支,都代表虫群生态系统演化当中的一个定态(稳定的周期解),当系统在分岔点上存在两个或以上的稳定新解时,系统面临着如何选择的问题。存在有两种选择方式:一是在无外部作用的情况下,每个新解是对称的,有相同的机会接受选择;二是在外部因素的作用下,迫使系统对其中某个新稳态有所偏好,从而做出选择②。

倍周期分岔现象并不是虫群生态系统所独有的,许多系统当中都有类似的规律,例如普里戈金所研究的耗散系统中亦存在逐次分岔现象③。在刻画个人行为与认知演绎体系的雪花模型当中,同样存在类似的倍周期分岔现象,具体体现在规则裂变图当中(如图14-4右图所示)。从作用体验开始,每提升一个层次,所有的规则表现分支就发生一次裂变(相当于分岔),使得规则评价类型出现倍增。对于个人来说,这些不同的分支当中的每一个都有着特定的意义,它

---

① 徐国志. 系统科学[M]. 上海:上海科技教育出版社,2000:48.
② 徐国志. 系统科学[M]. 上海:上海科技教育出版社,2000:80.
③ 普里戈金. 确定性的终结——时间、混沌与新自然法则[M]. 湛敏,译. 上海:上海科技教育出版社,2009:55.

们都是质性判定,这些判定会直接影响个体的行为选择。明确的质性判定意味着有着相应的明确适应性规则,因此每一个分支代表着个体适应环境的一种常态表现,相当于虫口方程的定态解。不同层次中的分支对质性或价值计算的深度是不同的,越到高层,对质性或价值的计算就相对越全面,并且高层级的分支印刻着低层级分支的演化历史。同一层次中的不同分支之间是有相互依赖性的,正是这些分支的共同运作界定了其中每一个分支的意义,若忽略同一层次当中的其他分支而只单独考察其中一个分支,其意义就会退化到最初始的作用体验上来(参考 4.5 节解析)。

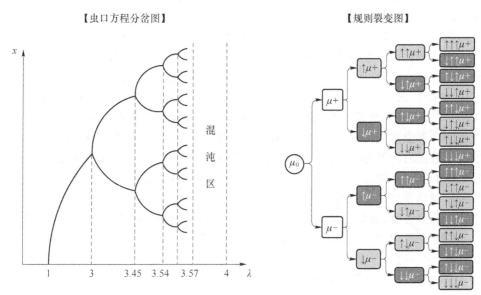

图 14-4 虫口方程分岔图与规则裂变图

规则裂变图与虫口方程分岔图之间的形式一致性并不是一种巧合。虫口方程中的 x 反映虫群的密度,它代表的是状态变量,控制参量 λ 反映从一个阶段的生态群向另一个阶段生态群的转换强度,它代表的是对策变量(即转换函数),特定的状态与对策组合即对应着一种规则,因此由状态变量和控制参量所组成的乘积空间,实际上是对规则的描述。雪花模型的规则裂变图,同样是对规则的描述。由于规则裂变图给出了每一个分支的具体意义,以及每一次裂变(分岔)的演绎机理,它能够成为我们进一步理解具有倍周期分岔现象的动力系统的一个新参考。更为特别的是,与自然物理中的分岔现象所不同的是,规则裂变图是对人的内在精神世界的一种反映,这意味着精神世界与物质世界存在着一些共性的演绎规律,也预示着用于研究物质世界的动力学知识有望应用于人的精神活动之中,同时关于人的精神活动规律可望运用在物质世界当中。

(6)动力学性质

定量描述在经典科学的发展中起到了非常突出的作用,并成为体现学术科学性的重要标记,不过在面对越来越复杂的动力系统时,定量化描述的困难也愈来愈严重了,经典科学所强调的简单性、确定性、客观性、可预测性等性质都受到了挑战。面对这一难题,庞加莱开创了一套强有力的定性工具来刻画复杂系统的演化问题,不用基于精确的定量化描述也能够对系统的性质进行准确定性,其中的代表性成果就是庞加莱映射,主要思路是用一个 $(n-1)$ 维离散时间系统的映射取代 n 维连续时间系统的流,通过周期性地观察系统运动得到一频闪型的相图[①],该相图可视为相轨线在庞加莱截面上的投影,通过分析相图中截点的分布情况,就可以定性系统的运动性质,包括平衡运动、周期运动、准周期运动、混沌运动等运动性质的界定。

第 4 章分析了从机动过程到趣时过程这 4 个运作模式的动力模型,第 3 章分析了这 4 个运作模式的规则变量表现,把其中的构图与庞加莱的定性方法进行比较,就会发现许多相似之处:如果把图 4-2、图 4-3、图 4-4 中经规则部件监测而定性出来的各个分支视为模型的相轨线,那么图 3-3、图 3-5、图 3-7 就相当于这些相轨线在庞加莱截面上的相图分布。这种相似性还有一些间接证据,主要体现在多个方面:

一是两者都是从局部来窥视整体。庞加莱映射是从低一个维度的离散数据分布来定性系统总体上的连续运动特性;规则表现是基于所在层次当中的最低阶变量(即规则变量)来界定当前的适应活动,更高阶的状态变量和对策变量都附带有这种定性。例如,规则变量定性为负面的趋乐弱化时,那么高一阶的状态变量一定是"积极目标同步性减弱",更高阶的对策变量一定是"得当方式对接度削弱"(参考表 5-4),这两个高阶变量都关联着负面价值。

二是两者都能够进行快速运算。复杂系统的整体运作性质很难进行直接量化,然而对截面上的离散数据的计算是相对容易的。规则变量的质性评价同样能够快速地运算出来,具体体现在个体的情绪反馈当中,有许多实验证据显示,在个体还没有完全意识到场景当中的目标事物以及所应当采取的应对对策时,情绪表现就已经触发了。例如,当背后很近的地方突然闪过一个朦胧的黑影时,通常会让自己吓一跳,这就是情绪表现超前于明确意识的具体体现。

三是两者都呈现出了系统的目的性。描述生命系统、社会系统和机器系统离不开目的概念,托姆所提出的吸引子概念可用来描述非线性系统的目的性[②]。庞加莱截面上的截点分布所界定出来的平衡态、周期态或混沌态都是吸引子的反映,一切存在吸引子的系统,在演化过程中均表现出"不达目的不罢休"的行为特征。目的性除体现在吸引子外,还体现在排斥子,即周围相轨道不断背离相空间中的特定点或集合的运动趋势。规则裂变图中的各种价值表现中,趋向正面的相当于吸引子,趋向负面的相当于排斥子,当规则部件检测出正面(负面)表现时,个体就会趋近(背离)这种表现,以收敛与较优表现之间的偏差,只要差异存在,这种行动机制就会持续下去,直至达到个体适应能力或环境条件的瓶颈,这种表现与存在吸引子和排斥子的非生命系统的表现是相近的。

四是多吸引子的关联性质方面。系统如果只有一个吸引子,表示系统只有一种可能前途,而如果有多个吸引子,则不同吸引子之间存在竞争关系,初态落在哪个吸引域,系统就以那个吸引子为目的态而运行演化[③]。规则裂变图当中,从效用分化到效果分化,都有多对"吸引子"和"排斥子"。从所在层次来看,每一次规则判定必处于"吸引域"或"排斥域"中的一种;从更高一层次来看,低一层次的所有"吸引子"和"排斥子"之间存在着竞争或协同关系,正是这种引入不同实践素材下的各种竞争协同,才逐步沉淀出了高一层次的适应规则。价值判定的整体统一性(共享分化维度)与表现多样性说明了多吸引子之间的内在关联性。

五是不同吸引子所在吸引域的分界线问题。对于规则的吸引子,分界线一般是规则的曲线或曲面,对于奇怪吸引子,分界线或分界面是复杂的分形结构[④]。基于规则网络的价值演绎

---

① Tomasz Kapitaniak.面向工程的混沌学:理论、应用及控制[M].2 版.施引,朱时坚,俞翔,等译.北京:国防工业出版社,2008:22.
② 徐国志.系统科学[M].上海:上海科技教育出版社,2000:62.
③ 徐国志.系统科学[M].上海:上海科技教育出版社,2000:64,66.
④ 徐国志.系统科学[M].上海:上海科技教育出版社,2000:65.

体系也有类似的性质,图 3-4、图 3-6、图 3-8 相当于规则网络中 3 个高层规则变量的相图,其"吸引域"的边界越来越复杂。

庞加莱定性方法与规则变量的相似性,有着重要的现实意义,它间接印证了以霍兰普适框架为基础来研究人的行为与认知表现是可行的,该框架在解析个人知行模式的发展演化方面提供了一套非常有效的概念体系,并且这套概念体系同样适合于解释庞加莱定性方法所探究的那些复杂系统的动力性质,这也意味着飘忽不定、难以捉摸的个人知行表现有希望运用非线性系统的数学定性方法予以解析,这是传统的心理学实证方法之外的又一强有力工具。

14.2 雪花模型与莫兰的复杂性思想

莫兰并不是提出复杂性观念的第一人,但却是当代思想史上提出相对完整的复杂性思想评述的第一人[1]。莫兰所提炼出来的许多复杂性范式,可以在雪花模型当中找到逻辑对应性。下面结合雪花模型来对其中的部分思想进行评述。

(1) 有序性与无序性的辩证发展

耗散结构理论、协同学、超循环理论、突变论等各种非平衡自组织理论,它们都试图解决一个普遍性的问题,即从无序走向有序的条件和机制问题:一个混乱无序的系统,在什么条件下,通过什么方式,会形成有序的状态[2]。关于无序性和有序性之间的关联,莫兰给出了他的哲学式思考:"莫兰强调有序性和无序性占有同样根本的本体论地位,它们在世界事务的存在和发展中都发挥着双义性的作用:有序性的积极作用是保持各种事物的持续存在,其消极作用是它的保守性抑制各种新事物的产生;无序性的消极作用是使各种事物的存在走向解体,其积极作用是它在破坏事物既有秩序的时候形成了使新事物或新性质产生的条件[3]。"

有序性和无序性在莫兰那里不再是完全对立性的概念,它们之间还可以相互转化,在事物的发展演变中,它们都能够起到应有的作用。有序性和无序性的逻辑表现不是单一的,它们在多种层次上都有所体现,表 14-2 的左半部分汇总了莫兰所提炼出来的有序与无序的表现层次划分[4],这种层次多样性凸显了系统或事物发展演绎的复杂性。

表 14-2 莫兰的有序/无序的层次性划分及其与雪花模型的关系

		莫兰提炼的有序/无序逻辑表现	与层次建构论之间的对应关系
层次 1	有序性	(现象上)不变性、稳定性、重复性	相关性建构、作用性建构
	无序性	不稳定性、变易性、动荡	
层次 2	有序性	(本性上)规定性、因果性、必然性	作用性建构、主体性建构
	无序性	随机性与偶然性	
层次 3	有序性	和谐性,可预见性,合理性	社会性建构、发展性建构
	无序性	不可控制,不可预见,焦虑	

---

[1] 陈一壮.埃德加·莫兰复杂性思想述评[M].长沙:中南大学出版社,2007:257.
[2] 吴国林.自然辩证法概论[M].北京:清华大学出版社,2014:40.
[3] 埃德加·莫兰.复杂性思想导论[M].陈一壮,译.上海:华东师范大学出版社,2008:(译者序)5.
[4] 埃德加·莫兰.复杂思想:自觉的科学[M].陈一壮,译.北京:北京大学出版社,2001:164,166.

从雪花模型来看,有序性和无序性体现在层次建构论的每一个建构过程当中,具体说明如下:
- ◇ 对于相关性建构,有序代表着集群信号的同步性、目标特征的稳定性;无序代表着集群信号的混杂性、动荡性,难以从中筛选出明确的可识别特征或稳固的特征组合。
- ◇ 对于作用性建构,有序代表着变化过程的可跟踪、变化形态的可识别、变化感受的可以采集,三者界定了作用进程的稳步推进;无序代表着变化过程的难以跟踪、变化形态的难以识别、变化感受的难以采集,三者意味着作用交互的飘忽不定。
- ◇ 对于主体性建构,有序代表着需求实践进程的协调稳健,个体的积极体验得以维持,消极休验得以消除;无序代表着需求实践进程的失调动荡,体验时好时坏,体验反差难以及时收敛,其中存在着适应表现的随机性。
- ◇ 对于社会性建构,有序代表着主体与环境之间的交互达成一种协同的状态,包括环境对主体需求的有效支撑或强力限制,主体对环境异动的有效掌控或迎合附会等情形;无序代表着主体与环境之间的反复纠缠,使得主体的需求实现处在不断的波动当中,主体难以明确双方纠缠下的需求走向。
- ◇ 对于发展性建构,有序代表着主体对当前效应矛盾在特定影响因子加持下的演绎动向能够进行较为准确的预判,并由此来引导自身在后续的价值演绎中采取较为合理的行动;无序代表着主体很难对当前效应矛盾的后续演绎动向进行评估,难以捕捉各种潜在影响因子下的价值走向,也难以指引后续的行动,价值演绎的高度不确定以及行动能力的缺乏会引发个体的焦虑和不安。

总体来看,前 2 种建构(相关性建构、作用性建构)是对主体系统的局部运作职能的描述,其中,有序性意味着秩序性和规律性,无序性意味着混乱性和易变性;后 3 种建构(主体性建构、社会性建构、发展性建构)是对主体系统整体运作职能的描述,其中,有序性意味着明确的价值表现(可能是正面的,也可能是负面的),而无序性则意味着价值反馈的不确切性。相对于莫兰对有序与无序的层次划分来说,基于雪花模型的层次建构论给出了更为精细的逻辑分层。

雪花模型中,从消解过程到趣时过程,每一个运作模式当中都包含着规则失效下的尝试探索,以及规则有效下的实践应用,前者(探索模式)体现为一种无序性,从中有可能逐步沉淀出可适应环境的全新规则,同时也充满着影响主体存续性的各种潜在风险;后者(应用模式)体现为一种有序性,从中能够明确特定价值的实现或应对举措,同时也容易导致思维和行动的僵化。从中可以看到,雪花模型运作模式中的两个亚阶段中同样存在有序与无序的双义性作用。

(2) 简单范式的特性与局限

经典科学认为现实世界的复杂性是由简单原理演绎的结果,复杂只是表象,具有内在确切性的某种简单原理或机制才是其本质所在。莫兰在肯定了这一思想所带来的巨大成就的同时,也清晰地看到了其局限性,为了凸显其问题所在,莫兰系统性地提炼了经典科学在理解方式上的一系列简单范式,包括追求规律的普遍性,消除事件性和历史性的作用,用局部还原的方法来认识总体,以线性关联来分析事物,以有序性为最高解释原则,孤立地看待环境中的对象,剥离认识的主观性[1]等,这些传统的理解方式至今仍主导着我们生活的许多方面,在理智思考系统的生成演变时,就会发现这些理解方式所面临的各种困难。

任何事物都不是孤立性的存在,每一种事物都有可能同时受到多种环境因素的影响,也有

---
[1] 埃德加·莫兰.复杂思想:自觉的科学[M].陈一壮,译.北京:北京大学出版社,2001:267.

可能依次受到多种环境因素的影响。针对每一种特定的因素影响,我们也许能够基于经典科学而精确地计算出事物的质性转变,但是多种因素同时或相继影响时,事物的发展变化就难以准确地进行描述了。按照经典科学的思维范式,所谓描述的准确性,就是用某种普遍的、确切的、有序的因果关联进行刻画。狄拉克认为,因果性仅对那些未受干扰的系统适用[①],而事物的外部干扰是带有随机性和偶然性的,这就使得因果性将被带有不确定性的各种潜在噪声所污染。因果规律通常只在极为严格的限制条件中才有较为明确的呈现,万事万物之间广泛的联系性和影响性,使得从一个特定节点状态到另一个特定节点状态的因果转换失去了必然性和绝对性。

简单范式下,自然环境中一切事物都是"自在自为"的,它们的生成变化与人们的认识过程无关,然而事实并非如此。例如,我们眼前有一块坚硬的石头,这一高度确定性的物质对象似乎与个人毫无关联,但实际上我们之所以能够认知到面前的石头,是一组不同波长的可见光线通过石头而散射进入体视网膜的结果,我们所形成的感知目标,其背后隐藏着一系列极其复杂的作用转换(将数量庞大的光波信息转换为批量的神经元冲动),是作用性支撑了感知系统对目标对象的同步特征实时提取,由此才有了人们对自然界中目标实体的认知。从整个认识过程来看,对自然物质的认知实际上是带有主观性的,因为不同生命体,对光波信息的处理能力存在不同,因而获得的认识也不一样,即使都是人类,也会多多少少出现因视觉能力差异(如色盲与正常人之间)而导致的认知差异。"'物质'不再是人们可以把'自然'还原于它的普遍存在的最基本的和简单的实在,空间和实践也不再是绝对的和独立的实体。……简单的东西不再是任何事物的基础,而只是在复杂性之间的一个过渡的环节[②]。"莫兰的这一观点深刻揭示了简单性的本质,简单性不可能独自存在,它只是复杂性的一环。用于衡量认知对象的状态变量,在简单范式看来就是最基本和简单的实在,然而人工智能想要做到像人一样建立对周边世界各类事物的通用识别能力,却是一件极为艰难和复杂的事情。

概率统计方法一定程度上缓和了经典科学在理解方式上的局限,它引入了不确定性、无序性,消解了由必然性和有序性所统治的传统思维方式,只要数据翔实,就可以从具有任意复杂性的系统中找到某些关联性规律。人类对自然事物的区分识别实际上就同大批量数据之上的概率统计有关。不过,莫兰依然对这种改进方法保持了警惕性,莫兰指出:"复杂性与有序性和无序性的某种混合相关联;这是一种密切的混合,异于统计学上的有序性/无序性的混合[③]。"统计方法是当今诸多学科研究的主流方法,但在莫兰那里,它依然不是解构复杂性的有效方法。莫兰的这一洞见可以从雪花模型的层次建构论当中找到理由。统计性方法可以归结为相关性建构,这一建构过程存在于任意两个相邻层级之间,并且与层级本身的复杂性无关,这预示着统计性方法的广泛适用性,然而,如果要梳理 3 个层级及以上逻辑层次之间的性质时,统计性方法就显得比较乏力了,涉及层次越多,统计性方法的结论越难以得到保障,因为低层级的统计显著性不是高层性质的决定因素,而是高层性质的源头之一,低层级统计显著性的进一步相干、进一步演绎才是高层性质的真正来源。图灵奖获得者朱迪亚·珀尔教授认为基于大数据的统计分析和深度学习有其天然的局限性,其所研究的对象依然处于相关关系的阶段,珀尔提出了一门用于解决诸多现实问题的新方法——具有 3 个步骤的因果关系之梯:第一步是

[①] 曹南燕.狄拉克的科学思想[J].自然辩证法通讯,1982(2):17-24.
[②] 埃德加·莫兰.复杂性思想导论[M].陈一壮,译.上海:华东师范大学出版社,2008:15.
[③] 埃德加·莫兰.复杂性思想导论[M].陈一壮,译.上海:华东师范大学出版社,2008:32.

关联(如果我观察到……会怎样?),第二步是干预(如果我实施……行动,将会怎样? 我要如何做?),第三步是反事实(假如我当时做了……会怎样? 为什么?)①。从层次建构论来看,因果关系之梯以作用性建构为起点,并尝试引入主体性建构和发展性建构,它是对以概率统计方法为代表的相关分析方法的进一步扩展。

相关性建构代表一种线性关联,对于复杂系统来说,仅基于相关性建构显然是不能有效刻画其内在的丰富演绎逻辑的,只有综合更多的建构方法,才有可能更为深入地透视复杂系统的运作黑箱。

(3) 考察复杂性的3个原则

莫兰提出了思考复杂性的3个基本原则,包括两重性逻辑的原则、循环的原则、全息的原则,这3个原则都可以在雪花模型当中找到逻辑对应性。

"两重性逻辑"是说两种逻辑、两种原则统一起来,又不使它们的二元性在这种统一性中丧失②。莫兰所提出的这一原则点出了从简单性迈向复杂性的一个关键突破口。传统的形式逻辑所确立的是一种绝对的、普遍的、单调的简单思维方式,它不允许多种规则的同时并存,杜绝矛盾性和价值多样性。复杂系统通常很难通过单一的规则来描述,通过引入并行规则乃至多重规则,就有可能勾勒出复杂系统的内在演绎逻辑。雪花模型中,从消解过程到趣时过程,其中都存在基层规则和宏观规则的协调运作问题,这是典型的两重逻辑体现,其中基层规则保障微观的有序,但无法应对整体层面的动荡,宏观规则可以调节收敛整体层面的无序,这种调节作用又依赖于基层规则的协同,并且调节动向能够从基层规则的无序运作当中而呈现出来的总体势态上得到明确。莫兰指出,两重性问题广泛存在,表现在有序和无序的必然的和难解的交织和对抗之上③,这句话高度适用于基层规则与宏观规则之间的协调运作。雪花模型是一个多规则、多机制并行交错的理论体系,来自6个不同运作层次当中的规则既可以独立运作,也可以协同运作,多规则的并行,有可能引发诸多矛盾和冲突,也有可能保障主体对特定环境的有效适应,总体上来看,它比单一层次当中的"两重性逻辑"更为复杂。

"循环的原则"说的是原因与结果之间的循环演进,所有被产生的东西通过一个自我构建的、自我组织的和自我产生的圆环又回到了产生它们的东西身上④。产生-检验循环架构(图1-1)就是满足这一特色的循环体系,从主体系统的自适应调控内核(图2-3、图2-4)当中可以初步窥视这一体系的循环演进机制,从3个高层运作模式的动力模型(图4-2至图4-4)当中可以进一步探究循环演进过程当中的各个局部调节回路。因为循环的存在,历史的果与当前的因或果相叠加,当前的果又会对历史的果或因产生影响,使得因与果之间有着极为复杂的逻辑关联,正如莫兰所指出的,循环的观念淘汰了关于原因与结果、产生者与产物之间的线性观念,一个人可以同时是产物和生产者,个人产生了社会而社会又产生了个人。只有在继承既有稳定结构基础之上的持续不断的循环演进才能够支撑起这种多样性的复合结构。马克思指出:"资本不能从流通中产生,又不能不从流通中产生⑤。"这一双重结果即产生于货币(G)与商品(W)的循环链条之中。14.1节中所讲的因果循环也是类似的道理。

"全息的原则"一说来源于物理学中的全息照相,其直观的说法是"部分存在于整体中,整

---

① 朱迪亚·珀尔,达纳·麦肯齐.为什么——关于因果关系的新科学[M].江生,于华,译.北京:中信出版社,2019:8.
② 埃德加·莫兰.复杂思想:自觉的科学[M].陈一壮,译.北京:北京大学出版社,2001:148.
③ 埃德加·莫兰.复杂思想:自觉的科学[M].陈一壮,译.北京:北京大学出版社,2001:148.
④ 埃德加·莫兰.复杂性思想导论[M].陈一壮,译.上海:华东师范大学出版社,2008:76.
⑤ 马克思.资本论(第一卷)[M].中共中央马克思恩格斯列宁斯大林著作编译局译.北京:人民出版社,2004:193.

体也存在于部分中①"。"部分存在于整体中"比较好理解,而"整体存在于部分之中"当作何理解呢?雪花模型中,感受过程是整个演绎体系当中最为基础的部分,消解过程所建构的主体性初步呈现了整个演绎体系的关键内核,趣时过程则进一步展现了这一内核在不断演变的外部环境当中的价值再适配的适应能力。感受过程中的感受性与特定神经元的激活有关,对神经元的功能进行拆解的话,那么它也相当于一套主体系统(参考13.2节中的人工神经元模型解析)。神经元作为一种特异细胞,相对于普通细胞来说则体现出了基于不断适应而引发的进化与发展,其中存在着与同类型细胞以及不同类型细胞之间的竞争与协作。从这里可以看到,感受过程虽然是雪花模型的基础部分,但是其内部仍然大有乾坤,不断向下深挖感受过程的要素构成、要素结构和运行机制,就能够从中发现新的主体性、社会性、发展性,这一表现就是"整体存在于部分之中"的具体体现。本质上来看,全息原则实际上是分形(即自相似性)的另一种表述,把具有自相似性的对象当中的部分拿出来,对其进行放大后会发现,对象的整体演绎结构又重现于部分之中。基于雪花模型的层次建构论展示了逻辑演绎的自相似性,5个建构层次与具体的起点层次无关,与初始的关系维度和作用尺度无关,只与参与交互的层次数量有关。因此,微观的、局部的简单体系交互,可以与宏观的、整体的复杂体系交互共用同一套演绎逻辑来解释。由此,局部性与整体性之间的界限就因为演绎方法的统一性而模糊化了,从整体中可以探究其局部,从局部中也可以再现整体,只不过是另一种演绎尺度上的整体。

(4)"自主的-依赖环境的-组织"概念

要更好地摒弃简单性并拥抱复杂性,就需要有一套指代或刻画复杂系统的概念,进而组织起对复杂性的展开与解析。莫兰所经常用到的一个用来指代复杂性的概念是"自主的-依赖环境的-组织",在进一步探究这一概念的内涵之前,我们就可以初步感受到它在语义上的复杂性。自主性、环境依赖性、组织论是体现这一复杂概念的3个子概念。

莫兰指出主体是自主的,主体从它的"存在"的特点中涌现出来,主体自身带有不可化解的个体性,同时表现出自足性(作为循环的存在总是形成自我回归的圆圈)和不自足性(作为开放的存在不能自我决定),它的身上含有缺口、裂缝、消耗、死亡、彼世②。这些描述界定了主体的主观能动性、价值自持性、环境依存性等特点,它与科学实证主义下的机械性、客观性是格格不入的,莫兰也借此抨击了经典科学对主体性的完全戒除,隔离了科学认识与哲学思维之间的交流。从雪花模型来看,主体性建构界定了自主性,这一成果建立在作用性建构所界定的存在性之上,主体性内含着维系个体生存的各种基本需求,在缺乏环境支撑的情况下,主体性自身总是存在着关于基本需求的价值缺口,继而引发消耗与死亡。雪花模型的主体逻辑与莫兰的主体概念阐述是相通的。

环境依赖性是复杂系统的另一个重要特性,莫兰指出:"系统的可理解性应该不仅在系统本身,而且在它与环境的关系中寻找;这种关系不只是一种简单的对外依赖性,而是系统本身的构成因素③。"系统与环境之间的交互是非常有必要性的,这是较容易理解的,然而莫兰特别强调了与环境的交互关系是构成系统的一种内因,并发挥着共同组织的作用④,这一阐述是值得寻味的。在调谐过程运作模式中,因环境加持而催生的衍生需求,是对环境影响性的内部映

---

① 埃德加·莫兰.复杂性思想导论[M].陈一壮,译.上海:华东师范大学出版社,2008:76.
② 埃德加·莫兰.复杂性思想导论[M].陈一壮,译.上海:华东师范大学出版社,2008:36,67.
③ 埃德加·莫兰.复杂性思想导论[M].陈一壮,译.上海:华东师范大学出版社,2008:18.
④ 埃德加·莫兰.复杂性思想导论[M].陈一壮,译.上海:华东师范大学出版社,2008:30.

射,也是对环境这一主体系统价值意向的反映,它与主体自身的初始需求相竞争,进而共同界定了主体的价值波动范畴,因此将系统与环境之间的关系视为系统本身的构成因素是可行的,只不过这种构成建立在内部需求对外部影响的价值映射转换之上。颉颃关系和抵兑关系当中都包含有映射环境的逻辑变量(颉颃环境、抵兑环境),这就是环境作为系统自身构成因素的具体体现。莫兰指出封闭系统几乎没有个体性[1],封闭系统相当于外部环境高度稳定下的交互系统,它是系统与环境交互的一种特例,从4.6节中可以了解到,当环境保持不变时,系统由于检测不到环境所施加的差异化作用而逐渐变得机械化,在自身的不断尝试中逐步适应了这一较为稳固的环境条件,系统行为可由稳定的环境条件所界定,由此也就失去了个体性,相当于丧失了基于需求多样性之上的自主选择能力。

莫兰强调了组织的复杂性:它超越了控制论、系统论、信息论所赋予的理解能力,要更好地透视组织论,需要一个比控制论更为深刻的认识论革命[2]。莫兰分析了机体论与组织论之间的区别,指出了组织论不致力于发现现象上的类同,而是追求更深层次的内容,包括共同的组织原则、组织的进化原则、组织的分化特点三个方面[3],这3个方面均可以在雪花模型当中找到对应性。雪花模型的6个运作模式即代表6种组织原则,6个运作模式之间的进化迭代机制(图2-5至图2-7)、动力系统的演进升级(图4-5)等体现的是组织的进化原则,进化迭代过程当中的逻辑变量演化(数量逐层增多)、规则网络裂变(图3-1)等体现的是组织的分化特点,这些内容构成雪花模型理论体系的核心。

莫兰的"自主的-依赖环境的-组织"这一概念基本上抓住了复杂系统的关键点。自主性将关注点从机械化的对象转移到具有主观性和价值意向的主体之上,明确了研究的基准;环境依赖性扩展了系统的逻辑边界,凸显了系统与环境之间的丰富联系性;组织概念尝试探究复杂系统内部黑箱的运作原理,这一问题也是复杂性科学的挑战所在。

(5)复杂范式的特性与局限

通过对复杂系统的一系列的深入思考,莫兰提炼出了复杂范式的十余条原则,这些原则大多是对简单范式的否定,其中包括:普遍性原则的局限性,基于时间的不可逆性,整体与部分之间的逻辑关联性,系统的自组织性,复杂因果性,对象与环境的不分离,认识对象与观察者之间的关联性,以主体为基础的理论体系,互补性与竞争对立性的联合等[4]。这些复杂特性在前文解析中已有部分说明。莫兰痴迷于探究复杂性,但并不迷信复杂性,在面对复杂性本身,莫兰依然保持着审慎的态度。

"任何具有某种复杂性的理论只能通过不断的智力再创造来保持其复杂性。任何听任惰性制约的理论都趋向于萎缩、片面化、异己化和机械化[5]。"4.6节解释了好不容易锤炼出来的各种复杂适应策略是如何一步步趋向僵化的,当缺乏差异化的环境刺激时,规则网络不会启动分化调节程序,复杂性就会逐步萎缩,从注重分析不同交互背景带来的效果差异,回归至只关注特定交互情景带来的效应差异(片面化),然后又回归至只关注自身需求的效用实现(异己化),最后回归至一种高度习惯化的作用交互(机械化)。

莫兰指出:"复杂性思想的悲剧性在于,它注定面对矛盾而永远不可能把它了结。复杂性

---

[1] 埃德加·莫兰.复杂性思想导论[M].陈一壮,译.上海:华东师范大学出版社,2008:29.
[2] 埃德加·莫兰.复杂性思想导论[M].陈一壮,译.上海:华东师范大学出版社,2008:26,27.
[3] 埃德加·莫兰.复杂性思想导论[M].陈一壮,译.上海:华东师范大学出版社,2008:24.
[4] 埃德加·莫兰.复杂性思想导论[M].陈一壮,译.上海:华东师范大学出版社,2008:268-270.
[5] 埃德加·莫兰.复杂思想:自觉的科学[M].陈一壮,译.北京:北京大学出版社,2001:271.

的观念本身包含着统一的不可能性、完成的不可能性、一部分不确定性、一部分不可判定性以及承认存在着最终的不可言喻之物①。"雪花模型可以用来解释复杂性的这一"悲剧"。趣时过程是雪花模型的最高运作模式,也是个体适应环境的最高智慧结晶,然而趣时过程并不是完美的:一方面,趣时过程面对效应矛盾时,并不能保障每次的实践尝试都能够圆满地解决矛盾问题,很多时候趣时过程能给到个人的可能只是一种无比懊悔的教训,它对于后续的适应依然有积极的作用;另一方面,只要有能够分化出价值差异的新的潜在影响因子介入,趣时过程就可以一直运行下去,个体对价值转变的筹算是不可能有完美答案的,因为可引入的潜在影响因子是无穷无尽的,个体只能给出特定条件下的适宜答案,而不是终极答案,因此总会存在着"不可言喻之物"。复杂性思维带来了理性,然而,过于理性(即对价值的期望较高,对行为实践极为谨慎),可能使得个体永远沉浸于这种"理性"运算之中而走不出来,而相对感性一点、价值运算粗糙一点,则有可能从试错中更快找寻出具有一定可行性的答案,因此,对复杂性的过度追求,反而会消弭主体性。

14.3 雪花模型与霍兰的复杂适应系统

复杂适应系统(CAS)理论中最基本的概念是具有适应能力的、主动的个体,即主体。CAS理论不是以被动的、固定的、没有自身目的性的"死"要素为研究单位,而是以一组规则所决定的行为体为基本元素,所有的CAS都是由这种主体元素所构成,并且这些元素在形式或性能上可以各不相同②。

CAS的核心思想可以用一句话来概括:适应性造就复杂性。所谓具有适应性,就是指主体能够与环境以及其他主体进行交互作用,在这种持续不断地交互作用的过程中,不断地学习积累,并根据学到的经验改变自身的结构和行为方式,整个宏观系统的演变或进化,包括聚合而成的更大的主体的出现,分化和多样性的呈现,新层次的产生等,都是在这个基础上逐步派生出来的③。

要特别说明的是,雪花模型框架体系很大程度上是受到了CAS理论的启发而建立起来的,雪花模型的许多概念或演绎逻辑,都与CAS理论有关联。具体说明如下。

(1) CAS的7个特性

① 聚集(aggregation)。CAS不是由单一的要素所构成的,而是由许多的要素组合形成的,通过要素间的特定交互作用而形成了较为复杂的大尺度行为,聚集概念所描述的即是这种由子要素相互关联而建构出宏观协调性的现象。雪花模型当中的21个逻辑变量中,如果把低层逻辑变量当作子要素,那么相应的高层逻辑变量就相当于低层逻辑变量以特定形式聚集的体现。3.2节至3.4节阐述了高层规则变量是如何由低层规则变量"聚集"而成的,4.2节至4.4节阐述了高层对策变量以及状态变量是如何由低层对策变量及状态变量"聚集"而成的,5.1节阐述了高层逻辑关系是如何由低层逻辑关系"聚集"而成的。

② 标识(tagging)。标识提供具有协调性和选择性的聚集体,标识是隐含在CAS中具有

---

① 埃德加·莫兰.复杂性思想导论[M].陈一壮,译.上海:华东师范大学出版社,2008:104-106.
② 约翰·霍兰.隐秩序——适应性造就复杂性[M].周晓牧,韩晖,译.上海:上海科技教育出版社,2011:7.
③ 徐国志.系统科学[M].上海:上海科技教育出版社,2000:252.

共性的层次组织机构背后的机制,它允许主体在一些不易分辨的目标中进行选择[①]。从雪花模型来看,标识相当于引导行为实施的状态目标当中的特异特征。越是高层运作模式,个体的行为对策越具有多样性,同时行为程序也愈加复杂。针对特定的场景,触发与之相匹配的行为对策,其中的关键就在于标识,每一次实践表现相对于经验预期之间存在演变模式上的偏差和质性评定上的反差时,就可以通过标识来对较优目标和较劣目标进行区分,并由此来分化与状态目标相匹配的行为对策。标识存在于从感知过程到趣时过程这5个运作模式之中,标识与状态变量之间存在〖总|别〗关系,状态变量相当于〖总〗,标识相当于〖别〗,标识是特异的,又是局部性的、不完全的,这就为行为的泛化迁移以及不断地适应性学习创造了条件。

③ 非线性。系统要素所产生的聚集行为一般是非线性的。层次建构论中,相关性建构用于提炼目标事物的代表性特征,通过从杂乱无序的集群信号中筛选出具有高度同步性的信号集合,就分离出了代表性特征,这一过程相当于从无序中筛选出线性运动规律(刺激信号间的线性代表了发放活动的同步性)。作用性建构界定了事物的存在性,也界定了状态演变的因果关联性,在作用过程中,初始的状态可能发生各种形变,打乱了原有同步信号集合的运动节奏,进而导致了非线性。相关性建构不能区分线性模式与非线性模式,而作用性建构则能够进行区分,其关键在于作用性建构嵌入了组织状态演变的方式方法,它能够将原来没有关联的各种状态目标(状态变量)通过持续性的组织过程而衔接起来,不同的非线性模式,对应着不同的组织衔接方式。

④ 流(flows)。流是对具有灵活适应能力的主体的一种形象说明,流有3种效应:易变效应、乘数效应、再循环效应[②],这3种效应在雪花模型中均有所体现。

易变效应反映的是流的多变性。2.9节所列举的水流体是"流"这一概念的现实写照,具有特定运动倾向的水流体可视为主体系统,这一隐喻正是为了说明主体适应结构和适应策略的灵活多变性。雪花模型中,主体系统不是一个完全固定的运作结构,其中的3个核心组件都是高度可变的,这种可变性进一步反映在逻辑全景图的21个逻辑变量当中。

乘数效应反映的是流的局部变化引发的一连串变化。雪花模型中,显著性的刺激感受能够引发知觉注意,并触发特定的作用方式,所形成的交互体验与交互目标唤醒了主体对所置身场景的质性感受,引发针对体验偏差的适应性调节,在适应过程中因外部客体的加持而不断引发新的矛盾,矛盾的持续会触发趣时过程,从而带动主体进行更宏观层面的统筹运算,这一由刺激感受而引发的一系列越来越庞杂的反应体现的即是乘数效应。人体中,肌肉从局部纤维带动纤维丛,单一的环境刺激信号引发人脑大批量神经元的同步激发,都是乘数效应的具体体现。

再循环效应反映的是网络中因素材的再循环而导致整体效能的提升。在面对较为复杂的实际问题时,可能涉及多个运作模式的协同运作,其中高层模式运筹整体层面的价值反差,中层模式控制局部层面的价值偏差,低层模式落实微观层面的价值误差,从而实现全局上的价值最大化,每一类价值差异都是由规则部件针对状态与对策循环回路的逐步调节而得到收敛的,这种不遗漏任何细节的多层次循环体现的即是再循环效应。

⑤ 多样性。多样性主要用于描述CAS的核心要素——具有主动性和适应性的个体(即主体)的性态多样化。CAS理论强调个体与环境的互动,环境影响着个体的存续,环境的不

[①] 约翰·霍兰.隐秩序——适应性造就复杂性[M].周晓牧,韩晖,译.上海:上海科技教育出版社,2011:14-15.
[②] 约翰·霍兰.隐秩序——适应性造就复杂性[M].周晓牧,韩晖,译.上海:上海科技教育出版社,2011:23-26.

同,使得个体适应环境的方式也有所不同,个体积累的经验也会不同,由此催生了诸多个性化、特殊化、具体化的个体。从雪花模型来看,主体由需求关系所界定,需求的多样性即反映了主体的多样化。

⑥ 内部模型(机制)。内部模型是指从川流不息的输入中剔除细节、保持基本行为规则而形成的模式,并进而转变形成一种内部结构,以预见或预言未来,从而增强它的生存机会[①]。霍兰提出的内部模型概念与盖尔曼所提到的图式(schema)概念含义相近,盖尔曼指出:"复杂性的共同特征是,每个过程中都由一个复杂适应系统来获取环境及其自身与环境之间相互作用的信息,总结出所获信息的规律性,并把这些规律提炼成一种'图式'或模型,最后以图式为基础在实际当中采取相应的行动。在每种情形中,都存在着各种不同的互相竞争的图式,而系统把实际当中采取的行动所产生的结果反馈回来,将影响那些图式之间的竞争[②]。"雪花模型的6个运作模式即是内部模型的体现,其中既有霍兰所提到的隐式模型(用于处理当前),如消解过程和调谐过程;也有显式模型(用于进行前瞻处理),如趣时过程。

⑦ 积木。积木指的是行动主体用以组成内部模型的一些具有进化特性的可以重复使用的部件。霍兰指出,使用积木生成内部模型,是复杂适应系统的一个普遍特征,低层的积木通过特殊的组合,可以派生出下一层的积木,较高层次的规律是从低层次积木的规律推导出来的[③]。雪花模型中,每个运作模式(即内部模型)的性质可由序参量来代表,积木相当于建构和支撑序参量的基础逻辑变量,它们继承了更低层运作模式中的内容和结构(参考5.4节说明),因此在面对全新环境时个体依然有经验可借鉴,虽然适应表现有可能不太理想。在更多实践样本的反馈下,规则部件所检测出来的偏差能够引导状态与对策变量不断地迭代更新,当偏差最终趋于收敛时,意味着更具适应性的宏观规则的形成,包括可有效刻画新环境状态演变模式的状态变量,以及可有效掌控或顺应新环境事物演绎的对策变量,它们都是基于低层积木块(即低层逻辑变量)基础之上不断迭代而进化出来的。

综合来看,霍兰所提炼出来的这些特点主要是基于结构或功能方面来阐述的,霍兰尝试从基本结构或规则着手来分解复杂性。一些学者将霍兰视为还原主义者也并不是毫无依据,不过从霍兰对遗传机制以及受限生成过程的深入探究中可以看到,霍兰所尝试的还原绝不是封闭的、静态的、孤立的,而是动态的、演进的,霍兰希望从基本结构的功能迭代中找到迈向复杂性的确切途径,这一思路是值得肯定的,雪花模型很大程度上就是遵循着这一思路而建构起来的。

(2) 主体的适应性机制

霍兰认为,所有具备上述7个特性的系统都应当是CAS(复杂适应系统),霍兰进一步探究了CAS当中的主体系统是如何适应和学习的,总体来说分为3个步骤[④]:

一是建立执行系统的模型,出发点是基本的刺激-反应模型,可用IF/THEN规则的语法来描述。这些模型规则可以是多样化的,并且不同的规则之间可以相互作用。例如,有些规则作用于其他规则发出的消息,有些规则发出作用于环境的消息,有些规则发出激活其他规则的消息,等等。

---

① 范东萍.复杂系统突现论——复杂性科学与哲学的视野[M].北京:人民出版社,2011:111.
② 盖尔曼.夸克与美洲豹——简单性和复杂性的奇遇[M].杨建邺,李湘莲,等译.长沙:湖南科学技术出版社,2002:17.
③ 约翰·霍兰.隐秩序——适应性造就复杂性[M].周晓牧,韩晖,译.上海:上海科技教育出版社,2011:36,37.
④ 约翰·霍兰.隐秩序——适应性造就复杂性[M].周晓牧,韩晖,译.上海:上海科技教育出版社,2011:41.

二是确立信用分派的机制,即对执行系统的表现情况进行评判,并针对评判结果进行调节优化。评判对象就是多样化的规则或规则组合,评判的结果反映了规则的适应度,这一量化了的数据为规则间的比较筛选提供了参考。不过,如何评判(信用赋值)成为一个问题。当反映规则的执行成效能够及时反馈回来时,进行规则的信用值分派是较为容易的,而规则的执行成效要过一段时间才能得到反馈时,信用分派就会变得比较困难。多规则同时起作用时,信用分派也可能会变得极为复杂。霍兰提出用特定的算法(如传递水桶算法)来解决信用分派问题。

三是提供规则发现的手段。关于适应性,其核心并不在于系统预设了多少规则,而在于系统能否不断调节优化已有的规则,乃至发现更宏观、更全面的适应性规则。霍兰用遗传算法机制来解释新规则的创造过程,主要涉及两种操作:交叉算子和变异算子。遗传算法的思路是从经验中积累,从已有的规则出发,让成功可能性比较高的规则产生出新的规则,再从与环境交互的实践过程中筛选出比较有效的规则和积木,进而产生更有效的规则[①]。

雪花模型借鉴了霍兰的这一成果,3个步骤均体现在规则部件的运作机制当中,具体是:

步骤一属于规则定义。刺激-反应模型可解释为场景状态条件与特定行为对策的匹配,它所反映的正是规则。从机动过程开始,模式当中的规则都涉及行为对策与状态目标,它界定了系统的运作应当执行的规范性参考。特定的状态条件触发特定的行为对策,而行为对策对状态的组织推进又会引发特定的状态结果,它相当于规则(即状态-对策对接环路)所发出的消息。越到高层运作模式,状态目标与行为对策愈加复杂,执行规范也愈加烦琐,触发行为的条件以及规则所发出的消息也愈加复杂。

步骤二属于规则评价。信用赋值相当于基于规则部件的质性或价值评价,评价的基础来源于实践表现与经验表现之间的对比。第3章详解了从机动过程到趣时过程当中的规则评价,共包括3个层级的28种价值表现,其中,机动过程的规则变量(作用体验)能够实时标注实践表现,它是运算价值偏差的参照基础;消解过程的规则变量(需求效用)能够即时运算实践表现与经验表现之间的价值偏差;调谐过程的规则变量(颉颃效应)能够在主客体的反复纠缠中而逐步明确自身与环境的价值协同基准;趣时过程的规则变量(抵兑效果)不能够即时反馈效应矛盾的价值走向,它依赖于预期决策中的价值来引导,并在基于决策的实践之中才能得到准确的反馈。这些情形与霍兰所提到的信用分派所面临的问题是类似的,针对信用赋值的及时反馈与跨期反馈下的运算问题,雪花模型初步给出了一套框架性的解决方案。

步骤三属于规则迭代。发现新规则是复杂适应系统的核心能力,规则的发现不是一蹴而就的,而是存在基本的迭代演进过程。规则可以不断地进化升级,这似乎是没有疑问的,问题在于,怎样的运作体系可以支撑规则的不断演进,以及新的规则又是如何从运作体系当中产生出来的?图2-5至图2-7示意了消解过程到趣时过程的适应规则是如何逐步迭代出来的,它们都是在自适应调控机制这一框架(图2-3)中进行演绎的,新规则的产生源于基层规则的不断实践探索,其间存在着状态和对策匹配数据的不断更新迭代,直至系统能够形成系综层面的稳定表现,这一稳态下的状态对策组合就是宏观规则的反映,也是系统适应全新环境时所发现和创建的新规则。新规则的产生遵循遗传算法(参考13.1节解析),其中变异算子进行微观层面的替换,交叉算子进行整体层面的适配,两个算子能够生成用于后续迭代的大量规则实例,经过不断地生成-分拣,就有可能筛选出具有高度适应性的新规则。

[①] 徐国志.系统科学[M].上海:上海科技教育出版社,2000:264-265.

(3) 从回声模型到受限生成过程

为了完成默里·盖尔曼所要求的显性化自然选择造就复杂结构的过程,霍兰提出了回声模型,并给出了模型的多个版本。基础版本中的主体由进攻标识、防御标识和资源库所构成,扩展版本中加入了粘着标识,同时增添了更为丰富的交互机制,包括"交换条件""资源转换""选择交配""条件复制"等。从实际表现来看,这些模型的描述能力是比较有限的[①],虽然如此,这一摸索过程加深了霍兰对适应性结构生成模型的思考,并为后期建立更为完善的理论框架奠定了基础。

在《涌现》这一著作中,霍兰提出了能够产生复杂结构的新的基础性框架,即由状态、对策(树)、规则、主体4个部件构成的普适理论框架。在雪花模型当中,这4个概念被赋予了更多的含义(详见1.2节讲解),它们是建构雪花模型逻辑演绎体系的根基所在。雪花模型在解释个人的行为动机方面初步展现了不亚于现有行为理论的独到之处,这也间接论证了霍兰普适框架的有效性。

在《隐秩序》一书中,普适理论框架实际上已经有了初步的轮廓:在阐述主体的适应性机制时,霍兰给出了消息传递与执行系统的基本模型,其简化形式如图14-5所示[②],其中"观察→消息"部分是状态部件的雏形,"消息→行动"部分是对策部件的雏形,消息与行动的匹配、测度与反馈部分是规则部件的雏形。之所以称为雏形,是因为这些系统是预定义的,而在更为完善的普适理论框架中,状态、对策与规则都是可以不断更新、迭代与进化的,也正是这种全方位的迭代更新,演绎出了系统宏观层面的各种涌现现象。

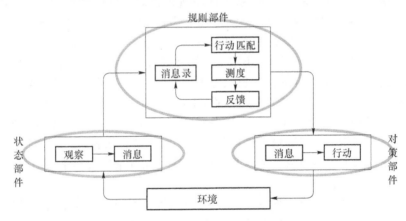

图14-5　消息传递执行系统与普适框架间的对应关系

消息传递执行系统模型是个比较特别的模型,其中,规则部件相当于整个消息传递执行系统的缩微版:规则部件当中的"消息录"对应着状态部件,规则部件当中的"行动匹配"对应着与状态部件相对接的对策部件,规则部件当中的"测度"对应着规则部件的执行评价,规则部件当中的"反馈"对应着基于环境的反应与交互表现。这种局部部件当中嵌套了整体结构的特殊构造,意味着系统是一种多层级的交互系统,局部部件进行微观层面的操作,系统整体架构进行着总体层面的操作,该结构本身就蕴涵了从微观到宏观的过渡机制,这一过渡机制的运作原理实际上也是圣菲研究所的中心议题。局部蕴涵整体的特殊构造给系统带来了许多独特的性

---

① 徐国志.系统科学[M].上海:上海科技教育出版社,2000:269.
② 约翰·霍兰.隐秩序——适应性造就复杂性[M].周晓牧,韩晖,译.上海:上海科技教育出版社,2011:45.

质,具体体现在:状态部件中的消息的可靠性建立在经规则部件的筛选匹配上(基于微观层面的操作),对策部件中的消息的有效性建立在经规则部件的测度反馈上(也是基于微观层面的操作),因此状态与对策部件中均蕴涵着规则的运作,而规则又同状态与对策的特定组合密切相关,由此形成了你中有我、我中有你的复杂交错局面,这种形态是分形学的典型标记,也是复杂性的重要体现。雪花模型中,不仅仅规则部件潜藏着整体的缩微模型,状态部件和对策部件同样潜藏着关于整体的缩微模型,这3个部件当中的每一个都涉及一种多层级的运作架构,这种架构的现实对照物就是内含多个隐藏层的神经网络,它比局部与整体的这种二分架构更为复杂。规则化了的行为,就是适应对策;规则化了的状态,就是状态演绎目标;目标化了的对策,是定向的组织规则;目标化了的规则,是定向的组织对策;对策化了的目标,是可实践的指导规则;对策化了的规则,是可预期的规划目标。3个部件相互交错,但性质是有所不同的,规则体现参照性,状态体现目标性,对策体现演绎性。

在普适理论框架的基础之上,霍兰给出了受限生成过程,它可用于解释复杂的有组织行为是如何产生的。相比回声模型,受限生成过程更具代表性,对涌现特性的机制探究也更为深入。受限生成过程可概括为4个步骤:(1)机制根据行为(或信息)做出反应,对输入进行处理并产生最终的输出行为(或信息);(2)把多种机制连接起来形成网络,机制间的相互作用催生了各种复杂的行为,其中通常只有少数组合起到作用;(3)适应特定环境约束条件的对策树的生成,它是一组特定机制的相互连接,机制之间存在着某种约束关系;(4)由基本机制的交互迭代而建立起更复杂的机制,即运作层次[①]。这4个步骤中都涉及一个关键词:机制。霍兰特别解释了机制是通过转换函数来定义的,状态的轨迹即代表机制的动态行为[②]。从雪花模型来看,机制与机动过程存在对应性,机动过程中既涉及行为,也涉及用于转换操作的状态演变。机动过程遍历了主体系统的核心要素,机动过程是建构主体性的基础。机动过程既可以输出行为(作用于环境),也可以输出信息(作用于后续规则),当一种作用进程(即机动过程)能够接收另一种作用进程的输出时,两者之间就能够形成连接,由于每个作用进程都有自己的匹配条件,多个作用进程的衔接增加了条件的复杂性,也增加了行为输出的复杂度。进程的衔接是由环境调制的,基于环境的交互反馈使得一些进程得到了增强,一些进程得到了抑制,由此而形成的作用进程系列间接印刻了环境的约束条件。从雪花模型来看,霍兰的受限生成过程就是基于一系列种子对策或习得对策来适应各种环境,各对策在适应过程中不断分化重组,进而不断趋向复杂化的演进过程。

比对回声模型与受限生成过程,会发现前者的交互机制设定更加丰富多样化,这种细致入微的约定反而容易掩盖系统不断向复杂演进的本质所在,关于这一点,我们可以从霍兰对涌现问题的研究心得中来体会,霍兰指出:"简单得近乎荒谬的转换函数(机制)能够产生固有的涌现现象;涌现现象是以相互作用为中心的,它比单个行为的简单累加要复杂得多;稳定的涌现现象可以作为更复杂涌现现象的组成部分[③]。"以机制为核心,但并不详细约定机制的演绎规范,从中依然可以演绎复杂性,从这种趋向复杂性的演进历程中提炼出关键性的演绎结构或演绎框架,相比直接约定演绎细节来说,更能代表复杂系统的适应性练就过程。

雪花模型的建模借鉴了霍兰的上述思想,其中非常关键的一点是,用于解构个人知行体系的各个运作层次不是单凭经验来划分的,相邻运作层次之间应当存在着涌现生成、博弈进化式的关系,不符合这种特性的模式分层是经不起检验和推敲的。

---

① 约翰·霍兰.涌现——从混沌到有序[M].陈禹,等译.上海:上海科学技术出版社,2006:128-130.
② 约翰·霍兰.涌现——从混沌到有序[M].陈禹,等译.上海:上海科学技术出版社,2006:131.
③ 约翰·霍兰.涌现——从混沌到有序[M].陈禹,等译.上海:上海科学技术出版社,2006:143-144.

第 15 章 雪花模型与系统演绎思想

系统通常涉及多要素的相互联动,当这种联动处在一个开放的环境当中时,系统的后续行为与状态表现通常难以有效预估,因为这种联动既有可能影响系统内的其他要素,也有可能影响环境要素,同时还可能受到其他要素和环境要素的反向影响,进而导致整个作用交互极具复杂化。系统思想通常着眼于系统演绎当中的一般性规律,而不是具体系统的特有分布、结构、功能、环境或边界。不过,大部分系统思想是在具体的研究案例中衍生出来的,它依然或多或少带有所研究对象的某种结构或功能方面的影子,要确保系统思想的系统性与普适性,应当对内容进行归纳、对演绎进行泛化、对具体进行抽象、对模式进行迁移、对成效进行分化,由此而筛选出来的一般性通常更能够代表系统性。锤炼系统思想没有捷径,一方面要尽可能地在专业领域深挖,另一方面要尽可能地在不同领域间跨界,其中的每一步都面临考验。

历史遗留下来的系统思想有很多,本章将主要结合贝塔郎菲的系统思想以及库恩的科学思想进行简要解析,以重新审视跨学科、跨领域的融合性研究的可能性。从雪花模型当中,可以初步窥探自然与社会系统的一般演绎路径,进而为一般系统论思想以及科学范式的进一步发展提供了新的研究参考。无论是跨学科探究,还是跨系统沉思,都需要与研究目标相匹配的科学思维做支撑,目标问题的高度复杂性预示着传统的科学思维范式也需要相应的改进升级。

15.1 雪花模型与贝塔郎菲系统论

贝塔郎菲提出的一般系统论至今已有大半个世纪,由于其提出的一些代表性概念及演绎思想存在局限性[1],在对许多问题和现象的解释上不及当代的复杂性科学,针对一般系统论的思想探究也逐步趋于停滞。不过,这并不意味着一般系统论思想完全过时了,在各类专业知识依然不断发生裂变、跨学科研究愈来愈紧要的当下,贝塔郎菲倡导的一些系统性研究理念依然值得我们进一步深思。

各类系统的异质同型性是一般系统论的重要思想,贝塔郎菲创立一般系统论的理论依据,就是坚信在所有不同的系统和学科之间存在着某种共同的结构[2]。基于这一信念,贝塔郎菲提出了一般系统论的发展趋势和研究主旨:

(1) 各种不同的学科,包括自然科学和社会科学,有着走向综合的普遍趋势。
(2) 这样的综合看来要以系统的一般理论为中心。

---

[1] 陈一壮.论贝塔郎菲的"一般系统论"与圣菲研究所的"复杂适应系统理论"的区别[J].山东科技大学学报(社会科学版),2007,9(2):5-8.
[2] 黄少华.贝塔郎菲模型方法论述评[J].科学·经济·社会,1993(2):65-67.

(3) 这样的理论可能成为非物理领域的科学面向精确理论的一种重要方法。

(4) 这一理论通过寻找出能统一"纵向地"贯穿各个单个科学的共性的原理，使我们更接近于科学大统一的目标。

(5) 这一理论能够导致迫切需要的综合科学教育[①]。

任何尝试建构囊括诸多不同领域的统一思维或理论范式的努力，必然会存在一个不断与既有专业知识范畴和成熟范式进行反复碰撞与博弈的改良过程，同时伴随着相当的争议，一般系统论自然也不会例外。人工智能专家司马贺认为一般系统论已走向死亡，它企图成为描绘所有系统的一种理论是不现实的[②]，图灵停机问题可视为这一结论的侧面印证。于景元认为，一般系统理论虽然想建立各种系统之共同规律的科学，但仅限于定性描述，其中关于概念的阐发、哲学的味道多些，而真正的理论成果和定量方法还很少[③]。当前兴起的复杂性科学建立于非线性、不确定性之上，并趋向于多元化和多学派，这与一般系统论的学科大统一设想也有相悖之处。

贝塔郎菲本人也反思了建构一般系统论所面对的典型问题，主要有3个方面：

第一，经典科学的方法很适用于能够分解为孤立的因果链的现象，也很适用于"无限"数目随机过程的统计结果等现象，但在大量的却有限的要素和过程的相互作用的情况下，经典的思维模式是失败的。一般系统论不需要堆积可用于不同种类问题的一般事实，而需要新的数学思维方式。

第二，一般系统论不追求模糊的和表面的类比，不能只看到相似之处而看不到不相似之处，而应给出演绎相似性和不同的概念模型或系统定律。

第三，科学解释有一定的限度，系统理论应能保证原则上的解释，而非面面俱到[④]。

这些阐述指明了贝塔郎菲对发展一般系统论的原则性思考，包括应当注意的陷阱以及可以发力的方向。贝塔郎菲强调了一般系统论的可适用性，而不是绝对可靠性，这一点与复杂适应系统思想是相近的。虽然绝对正确的系统理论不可能出现，但人类的活动范围将长期局限于太阳系这一相对固定的环境中，针对这一固有环境中的各个子系统一定是有其共性演绎规律的，因为它们都受制于太阳系这一支撑与承载环境。从这个意义上来说，构建一般系统论依然有其可行性，也是有重大现实意义的。

在如何建构相对完善的系统理论体系方面，包尔丁（Boulding）给出了两种路径参考：一是仔细审视经验世界，从中挑选出当前众多领域中的普遍现象，然后再想方设法建立与这些现象相适应的普遍的理论模型；二是按照基本行为单位组织的复杂程度将经验世界分成不同等级，然后再对每一层级分别进行抽象研究[⑤]。按这一标准，贝塔郎菲的研究应当属于第一种路径[⑥]，不过，贝塔郎菲也强调了基于层次系列的一般理论是一般系统论的主要支柱[⑦]，贝塔郎菲指出："现实是一个有组织的由实体构成的递阶秩序，在许多层次的叠加中从物理、化学系统引

[①] 冯·贝塔郎菲.一般系统论——基础、发展和应用[M].林康义，魏洪森，等译.北京：清华大学出版社，1987：35.

[②] Simon H A. Can There Be a Science of Complex Systems? In Yaneer Bar-Yam: Unifying Themes in Complex Systems[M]. Perseus Books, 2000：5.

[③] 钱学森，等.论系统工程（新世纪版）[M].上海：上海交通大学出版社，2007：334.

[④] 冯·贝塔郎菲.一般系统论——基础、发展和应用[M].林康义，魏洪森，等译.北京：清华大学出版社，1987：32-33.

[⑤] Boulding K E. General System Theory: The Skeleton of Science. In George J. Klir, Facets of Systems Science[C]. Kluwer Academic/Plenum Publishers, 2001：289.

[⑥] 齐磊磊.系统科学、复杂性科学与复杂系统科学哲学[J].系统科学学报，2002(3)：7-11.

[⑦] 冯·贝塔郎菲.一般系统论——基础、发展和应用[M].林康义，魏洪森，等译.北京：清华大学出版社，1987：25.

向生物、社会系统①。"雪花模型正是基于层次系列的演绎体系,虽然这一模型的建构初衷并不是针对一般系统的,但其演绎范式却与许多学科之间存在着通约性,并一定程度上践行了贝塔郎菲所提出的一般系统论研究主旨。雪花模型在解构个人的行为与认知成长中的典型模式与演进路径的同时,也刻画了人的认识过程与认识原理,各学科知识之间的通约性并不是因为它们都有一个共同的演绎规范和演绎内核,而是因为它们全部都生成于人的认识过程,它们不是绝对的和完美的,它们只是人们认识的阶段性成果,它们有可能因新的发现而改良,因此这些阶段性知识成果多多少少印刻了人的主观性。贝塔郎菲指出:"物理学本身告诉我们,不存在独立于观察者的终极实体②。"对现实世界演绎规律的考察脱离不开人的认识过程,由此,关于认识过程本身的逻辑反过来就成为各类知识体系的一个无法避开的共同交汇点,这预示着,关于认识的演绎规律当中很有可能潜藏着一般系统论所期望的理论范式。雪花模型主要用来反映人的知行演绎逻辑,而衍生于雪花模型的层次建构论则折射出了一般自然系统的演绎规律(详见15.2节解析),这印证了观察者与观察对象之间存在着某种逻辑上的镜像,它们是该逻辑的一体两面。一般系统论要实现其研究主旨,可考虑从认识逻辑入手。

包尔丁为尝试建构一般系统论而提出了从微观静态结构到宏观的社会文化系统的层次系列③,其中隐含了结构或图式不断向复杂化演进的可能路径,但缺乏演进机制方面的解析,相对来说,层次建构论满足演绎规律的一般性,同时对各类具体系统的生成演变具有一定的解释与指导意义,以此为抓手,就有可能打开一般系统论研究的新局面。

15.2 一般系统的演绎与发展

雪花模型是基于主体系统的理论演绎体系,需求关系是对主体系统基本演绎结构的映射,本元关系、相关关系、作用关系是主体系统的局部演绎,颉颃关系、抵兑关系是主体系统的全局演绎,局部演绎和全局演绎都涉及外部环境的影响,只不过前者侧重于局部组件的运作性质,而后者则涉及3个核心组件的联动性质。雪花模型的演绎框架主要是针对个人的,而衍生于雪花模型的层次建构论则不仅适用于个人,也适用于社会,同时还可用于描述自然界中的一般系统。这里的一般系统,不是指孤立的对象,而是指处在一定环境中的循环交互系统。只要对象在环境中持续存在,就必然伴随着对象与环境间的某种交互。

一般来说,系统相对于环境是微观的,环境相对于系统是宏观的,系统和环境本身都处在不断地演变之中,但相对来说,系统的循环演变周期通常要比环境快得多。在这类情形中,环境往往成为系统的承载者,并且很多时候,环境直接或间接塑造了系统的性质,缺乏环境的承载或影响,系统的性状表现通常会大不一样。以地球这一大环境为例,其中存在整体层面的公转与自转循环,地表的水汽循环、洋流循环,以及因地壳侵蚀、风化、沉积、搬运、重熔等运动而形成的矿物质循环,以及由这些全球大循环而带动的极其广泛的局部微循环,在这些循环体系的不断交互中,最终催生了几乎与整个地球循环体系存在直接或间接关联性的有机生命-营养物质代谢循环这一复杂链条,产生-检验循环架构即是对这一复杂循环链条的抽象刻画。

---

① 徐国志.系统科学[M].上海:上海科技教育出版社,2000:5.
② 冯·贝塔郎菲.一般系统论——基础、发展和应用[M].林康义,魏洪森,等译.北京:清华大学出版社,1987:6.
③ 冯·贝塔郎菲.一般系统论——基础、发展和应用[M].林康义,魏洪森,等译.北京:清华大学出版社,1987:26-27.

产生-检验循环架构给出了个体适应环境的总体框架,其中的环境代表自然世界,状态网络、对策网络和规则网络则代表认识和适应自然世界演绎规律的主体系统,人与环境是协同运作的,环境塑造人的行为与认知,人的经验认知和习惯行为又反向影响环境,两者整体形成一个循环的闭合回路。既然双方耦合于同一个闭环之中,那么两者的性质就必然具有对偶性,这种对偶性就体现在环境物质的异动规律与人的知行演绎规律的相互反映中。如果人的知行演绎体系不能够有效反映环境的异动规律,那么个人适应自然并与自然协同的能力必然会受到极大限制;如果环境体系不能够反映人的知行演绎规律,那么就难以解释环境当中如何能够遗存人类的各种活动成果,包括地表居住条件、地表生产资源、地表交通物流等一系列承载了人的价值取向和行动意志的各种物质呈现。莫兰指出:"宇宙的秩序可以说被整合在生物物种的组织的内部……世界存在于我们的精神的内部,而我们的精神又存在于我们的世界的内部[①]。"莫兰直接点出了自然环境的演绎秩序与人的精神世界的相互包含,这种相互包含也是自然环境演绎规律与人的知行演绎体系相互反映的体现,闭合循环回路揭示了这一特性的产生缘由。图15-1对产生-检验循环架构当中的环境这一对象做了细化,以凸显环境演绎(物质世界)与知行逻辑(精神世界)之间的对偶性,其中周期运动代表的是自然世界中物质演绎的元规则,该类运动的演绎规律无论是在过往还是将来,都是恒定的,周期性本身即暗示了演绎的恒定性;协同运动代表的是元规则之间的协同或耦合,这预示着当其中一类运动规律出现时,与之相协同或耦合的其他运动规律也有很大概率会出现;混杂运动代表的是演绎规则的不断转换,它预示着元规则间的组合与协同形式不是一成不变的,而是经常从一种形式转换至另一种形式,这种转换当中存在着一定的变换规律,同时又潜藏着各种变换相互叠加而带来的更为复杂的变换形式。这三者能够被人的知行演绎体系当中的规则部件、状态部件和对策部件所捕捉,从而形成个人对世界的认识。

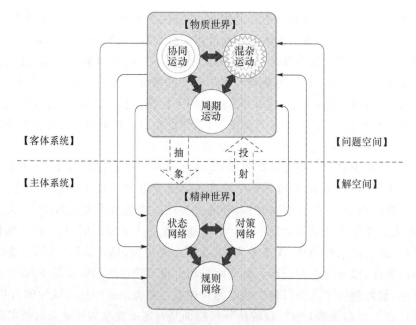

图15-1 知行逻辑体系与自然演绎体系的相互反映

---

① 埃德加·莫兰.复杂性思想导论[M].陈一壮,译.上海:华东师范大学出版社,2008:94.

人的知行逻辑对自然环境的反映程度，同人与自然之间的纠缠深度与纠缠广度有关。如果说自然世界是一个无缝的、连续的变换场，那么人的知行逻辑体系的学习过程就是不断用各种关系要素与转换函数去逼近这个变换场的过程，相互纠缠得越深入，对自然演绎规律的拟合就越到位。对个人来说，自然环境就是一个无穷无尽的问题空间，而人的适应过程就是尝试给出各种问题的答案，人的知行演绎体系就是针对问题空间的解空间。每个运作模式所沉淀出来的逻辑关系都是一种解析范式，也是人的知行逻辑体系对自然世界演绎结构的间接反映，其中都包含针对自然世界的现实要素，例如相关关系所界定的物像、物形，作用关系所界定的物变、物性，需求关系所界定的物用、物值，颉颃关系所界定的物和、物属，抵兑关系所界定的物演、物价等，如果说这种反映中有什么显著性的蜕变，那就是在自然演绎规律之上叠加了个人的主观价值意向，以支撑个人有选择性的环境适应，换句话说，人的主观价值最终依然要回归到人与自然的交互中，其中内嵌着基于价值这一"精神要素"的演绎循环。

雪花模型脱胎于产生-检验循环架构，雪花模型是一个由局部迈向整体、由微观延展至宏观的逐层演进体系，雪花模型刻画了一个具有一定自主性的演绎系统是如何一步一步由浅及深地认识到自然环境的。如果把人当作一个自然环境的检测系统（这种类比可部分减少人的判定主观性），那么这一系统的认识能力的逐级演进中就间接印刻了自然世界演绎规律的发展历程。下面将通过两种视角来依序说明这一发展历程，其中基于检测系统的视角相当于旁观视角，主要用于说明检测系统本身的演绎性质，而基于第三方的视角相当于兼顾多种检测体系下的综合视角，主要用于说明环境中目标事物的演绎性质（要注意的是，环境当中的目标事物依然有自己的运作环境，前一环境是针对检测系统而言的，后一环境是针对目标事物而言的）。

（1）演绎起始

以检测系统的视角来看，其对环境的认知是从检测系统的基本检测单元开始的，检测单元的性能决定了检测系统能够看到什么和不能够看到什么，检测单元定义了检测系统的最基本认知能力，所认知的对象对于检测系统来说就是最为基本的元素，检测系统无法界定元素的内部结构，但是能够界定该元素在环境中是否存在。

从第三方视角来看，个体是演绎的起始，个体可以是原子、分子，以及其他更复杂的物质或作用系统，乃至主体系统，无论这一对象有多么复杂，都可以把它归约为一个没有内部结构的原子系统（即不做内部分割的单一系统），这样的对象可称为元素，它是建构更复杂演绎体系的基础。

（2）相关性建构

对于检测系统来说，检测单元的数量不是唯一的，而是批量的，检测单元组的同时运作使得检测系统能够提炼出自然环境中可检测元素群体的特定同步形态，由此，检测系统获得了对可检测元素群体间的关联形态的认知，它体现的是元素群体间的某种相关关系。

从第三方视角来看环境当中的要素，所有的基本元素之间存在松散、随机的运动，在不断的碰撞交互中，一些元素组合表现出了某种形态上的稳定性，这种相对稳固的组合形式，就是相关性建构的体现，也是一种统计性的体现，它筛选掉了那些不稳定的关联形态，而呈现出了一种具有较高同步概率的关联形态，它是元素间特定关联结构的反映。稳定的关联结构即对应着人们所认知到的各种目标对象，它本质上是元素群体活动的特定呈现。

（3）作用性建构

从检测系统来看，检测单元组在任一时刻的同时运作所能提炼的是一种静态关联性，而检测单元组的持续运作则能够提炼出自然世界当中的动态关联性，它是每一时刻所提炼出来的静态关联性的接连变换,这种变换映射出了自然世界当中元素群体(目标对象)的动态演变。检测单元组的持续运作本身通常对应的是检测系统自身的一种交互行为,它与被检测对象的动态演变之间存在着某种对应性,没有这种对应性,检测系统就难以理解被检测对象的演变形式,这也意味着,检测系统对被检测对象的演变速率、演变节奏、演变深度等的探测是有能力局限的,其中只有一定形式的演绎范畴才是检测系统可检测、可理解的,超过该范畴时检测系统就难以检测、难以理解了。

从第三方视角来看,对象的特定关联结构是由元素群体的无序碰撞而逐步沉淀出来的,这种关联结构并不总是一成不变的,在外部或内部因素的作用下,对象的关联结构开始发生异动或形变,它是对象的行为呈现,它也是对象状态关联结构的演变。理论上来说,对象的要素构成越多,对象的形态演变类型就越多,不过,多数对象都有其特有的形态演变(行为呈现),或者说大多数检测系统所给出的是众多潜在形态演变当中的常态化演变行为。对象的特定形态演变代表的是基于对象自身的作用性建构,其中的关联结构依然存在,但作用性建构赋予了这种关联结构更为丰富的演绎性质。自然世界当中的作用性无处不在,明确了作用进程以何种状态开始、以何种形式推进、以何种状态结束,就基本界定了作用性本身。

(4) 主体性建构

从检测系统来看,不是所有的检测行为都能够有效获悉环境事物的演变性质,一种检测行为不可靠时,可以更换为另一种相对可靠的检测行为,这种能够更有效测定环境事物演变性质的行为遴选,代表的是检测系统针对特定环境事物演变的一种主体性和适应性。当检测系统自身不具备可调节性时,就无法探测环境当中的演变多样性,检测系统只能局限于自身所固有的有限检测能力之中,而无法理解环境当中的更多演绎规律。对于检测系统来说,如何针对环境对象的不同而进行有针对性的能力调节,是体现其适应性的关键,自适应调控机制(图2-3)为这一能力的建构提供了一种原理上的解释。

从第三方视角来看,对象不同的演变形式代表着不同的运动方式,具体表现在同一起始状态转换的中间形态不同,转换后的结果形态不同,转换的节奏不同等,运动形式不同,所呈现出来的运动性质也会存在差异。对于一个由多要素构成的目标系统来说,其能组合出的运动形式可以有很多,这种多样化的运动形式预示着系统具有多样性的运动选择,以及多样性的演绎形态与性质表现,但实践中具体呈现出哪种演绎形态存在不确定性。如果在一定的外部环境条件下,环境能够对目标系统产生局部的影响,目标系统能够消化这种影响,并最终收敛于不由环境所决定的特定结果状态,则意味着目标系统具有一定的自组织性,这种收敛性所能经受的环境影响条件越宽泛,代表系统的自组织演绎越稳固。自组织反映出了系统的演绎不完全跟随环境的影响,系统呈现出了相对于环境影响的一种运动稳态,或者说一种固有的行为禀赋。在大自然当中,这样的自组织系统很常见。人和动物都有趋利避害的行为禀性,2.6节至2.9节具体指出了3种通过自组织而逐步达成适应稳态的平衡规则;植物能够趋光生长、背地生长,受到病虫侵害时释放有毒气体,枝苗受伤时对侧生芽等[①],这体现了植物的行为自主性,它同动物基于特定刺激信号而形成的定向调节反应没有本质的区别,只是在信号鉴别能力上比动物要差一些。人、动物、植物都属于典型的主体系统,所谓主体系统,所针对的就是那些具有自组织、自适应的调节系统。

迈因策尔指出:"在物质的演化中,从基本粒子层次到星系的宇宙结构都可以观察到自组

---

① 丹尼尔·查莫维茨.植物知道生命的答案[M].刘夙,译.北京:长江文艺出版社,2014:6,43,118,154.

织过程……许多非生物系统也显示了自组织行为,分子晶体是自组织结构,胶束、乳胶以及脂质呈现种类繁多的自组织行为……自组织特性并不必然与以神经系统为基础的有意识行为结合在一起,它们甚至不必依靠生物催化剂或编码在基因里的信息设备,因此,在所谓的生命与非生命世界之间并没有断裂[①]。"物质的主体性通常对应着特属于该物质的特定演绎规律,这一规律通过其内在的行为禀赋而展现出来。一切物质都具有惯性,不同物质的惯性大小可用质量来衡量,它表征了物质状态变化的难易程度,从这一点上来说,一切有质量的物质都有保持其运动惯性的行为禀赋,质量越大,这一禀赋表现得越明显。任何自然物质都是可以无限细分的,物质之所以能够保持其特定的质地或形态,与物质内部构成要素的结合作用是分不开的,物质的流变、徐变、蠕变、相变、衰变、弛豫等异动情形,都在指示着物质的内在复杂性,包括内部要素基于怎样的相互作用而结合在一起的,以及要素又是怎样的相互联动而保持整体上的某种稳定性。贝塔郎菲所提出的"异因同果性"指出了开放系统中,从不同的初始条件和经过不同的途径可以达到相同的最终状态[②],这一演绎规律体现的即是系统所具备的特定稳态维系能力,它能够在一定范畴的环境异动中维持自身,因此也属于主体性的具体表现。

实际上,物质能够存在本身,即预示着一种主体性,因为在界定物质存在性的过程中,环境始终在变化着,这种基于环境演变中的物质不变性,代表着物质的某种演绎自持性,它是主体性的一种典型体现。由此,我们可以将主体概念从有机生命体推广至一切自然系统中,即万物皆主体,这是关于主体概念的一种广义理解,而针对生命体的主体概念,则是其狭义理解。把万物视为主体,并不是一种观点或结论,而是一种认识事物的方法论,对于物质这一一般对象,不把它看作是单一要素,而是把它看作既有丰富的内在关联组分与动力结构,又有广泛的外在作用与影响,其中的多层级交互演绎催生了物质的主体性。苗东升建议把对象作为系统来探究,运用系统思想从多角度、多层次来关注对象的内涵与外延[③],这一方法与把物质视作主体的思维方式是类似的。

(5) 社会性建构

从检测系统来看,针对环境事物的检测过程不仅会影响到环境的性质呈现,环境事物如果具备自组织性与自适应性,那么它也很有可能为了维系自身而反过来影响检测系统本身,进而干涉到检测系统对环境演绎规律的提炼,检测系统本身的可调节性会尝试消化环境事物的反向影响,这就形成了检测系统与环境事物的运动纠缠,它是检测系统的调节能力与环境事物的自组织能力的相互竞争,也是社会性建构的具体体现。典型的场景是具有一定拟态能力的动物与其天敌的斗智斗勇,以及现代战争中一方对敌情的探测与战场态势感知。当检测系统的针对性调节能够覆盖因接触环境事物而导致的部分连带影响,则意味着检测系统能够初步获悉具有自组织、自适应的环境事物的部分演绎规律;当检测系统的针对性调节不能覆盖因接触环境事物而导致的连带影响时,意味着检测系统的调节是比较固执、缺乏灵活性的,其表现同主体性建构当中的检测系统相当。

从第三方视角来看,具有自组织、自适应的系统构成一个基本的主体单元,不同的主体单元都具备自身所特有的行为禀赋,当它们置于同一开放环境中时,每一主体单元都有可能影响

[①] 克劳斯·迈因策尔.复杂性思维——物质、精神和人类的计算动力学[M].曾国屏,苏俊斌,译.上海:上海辞书出版社,2013:88,91,95.

[②] 冯·贝塔郎菲.一般系统论——基础、发展和应用[M].林康义,魏洪森,等译.北京:清华大学出版社,1987:37.

[③] 苗东升.论系统思维(一):把对象作为系统来识物想事[J].系统辩证学学报,2004(3):3-7.

到其他主体单元,每一主体单元在受到其他单元影响时都在尝试维系自身,这种相互勾连使得整体的运动表现出极大的不确定性和无序性,但长期来看,这种无序性当中又能够催生有序性,其原因在于任何运动都有特定的环境来承载,当把纠缠双方看作一个整体时,那么双方因竞争而导致的无序运动最终将收敛至承载这一整体的外在边界条件。

如果将各主体单元当作元规则来进行归一,那么就又回到相关性建构所面对的情形,其中所沉淀出来的有序性,是无数无序性运动的碰撞下而逐步显现出来的。细菌群体、蚁群、蜂群、免疫系统、元胞自动机等系统,都是由一系列主体单元所构成的群体系统,其中的每个主体单元都遵循着特定的演绎规律,相互之间的交互最终涌现出了整体层面的有序交流结构,该结构界定了置身其中的每一个主体单元的行为边界(运动范畴),每一个主体单元所担当的角色(功能)就呈现于这种行为规范之中。

(6) 发展性建构

从检测系统来看,在不断检测环境事物性质或规律的过程中,检测系统也逐步明确了自身在检测能力上的强项与弱项,如果能够在既有环境条件中发挥强项、规避弱项,就能够减少出现检测方面的问题。而如果能够借助环境条件来对弱项进行替换升级,同时巩固乃至增强强项,那么检测系统的检测能力就能够得以发展。检测能力的升级是基于过往检测经验的,基于经验的替换升级并不能保障可探测所有环境新事物的性质或规律,因此能力的发展不具有绝对性。

从第三方视角来看,由各主体单元相互纠缠而形成的有序交流结构既不是天然的,也不是固定不变的,其中存在着进一步迭代的可能性。有序交流结构是一种宏观演绎呈现,其中存在着微观层面的拮抗与耦合,由此,内部主体单元作为这一结构的局部成分,其演绎规则的转变必然会对整体演绎表现带来或多或少的影响,这是一方面;另一方面,承载纠缠群体的外部环境也会不断发生转变,进而对既有的有序交流结构形成冲击。在内部波动和外部冲击的连续加持下,既有的有序交流结构在不断调整中有可能演进至一种新的有序结构,也有可能直接崩溃而退化至无序的零散元素,这两种都属于原有结构的发展。

总体上来看,一般系统的演绎与发展基本上可以用层次建构论的演绎框架来解析。万事万物皆可以无限细分,这意味着作为演绎起始的元素还可以向更微观层面进行拆解还原,从而呈现出其内在的复杂性,其中即隐含着局部层面的主体性乃至发展性。万事万物亦可以在宏观层面无限延展,事物当中的主体性建构由于界定了事物自持于环境的特定演绎规则,因而可以进行归一,从而将复杂性进行化简。通过还原与化简,层次建构论当中的层次性演绎规律可以在任意尺度上展开,这种任意性即对标了自然界当中的一切事物,也只有这种可映射一切尺度的演绎体系,才具有一般性。

15.3 科学研究范式的演进

人类社会现代化的巨大成就发端于基于实证的自然科学研究,它显著区别于宗教神学所强加给人们的各种精神教条,而将关于世界的信念付诸符合经验与实践的事实之中,这一改进了的思维范式通常被人们冠之以科学主义。在认识世界的过程中,科学的研究方法与思路也在不断地变迁,从因果决定论走向可证伪性,从经验论走向超前或超脱于现实的数学推演,从事实陈述到定量分析,从还原论走向强调局部与整体协同演绎的系统论,从价值无涉论走向隐含了价值意向的自适应理论,从追求中立客观到郑重审视观察者角色等,与此同时,原有的方法论依然在发挥着作用,这些继承与变迁丰富了科学的研究范式,也预示着科学研究方法论的多样性和可发展性。

对任何专业领域的知识解析都依赖于一定的方法论,基于方法论就可以大体了解该领域内的知识体系是如何组织起来的,以及如何进行推演和转换的。研究方法本身是没有好坏优劣之分的,它只是解决或分析问题的一种手段,只有在与具体的专业、具体的内容相结合,并审视基于特定方法论的成果表现时,才能评价相应方法论的好坏。从中可以看到,即使在科学领域中,评价依然依赖于规则变量,它是状态变量与对策变量的结合,其中对策变量对应的是方法论,状态变量对应的是学科或专业内容。抛弃具体内容而大谈特谈方法论本身的科学性、客观性与有效性,实际上是一种自欺欺人的表现。探究科学性本身,必然要面对方法论上的考究,但不能脱离方法论所对应的研究内容与范畴,针对特定研究范畴的有效研究方法论,可称为科学研究模式。库恩的范式概念相当于具有广泛适用性的共性研究模式,它高度抽象化了研究内容与研究方法,以使人们跳出具体的科学研究领域,来审视科学体系本身的进化与发展。库恩在《科学革命的结构》一书中给出了科学范式的进化路径:前科学—常规科学—危机—革命—新的常规科学—新的危机。从雪花模型的模式演进来看,这一进化路径与运作模式的迭代演进逻辑如出一辙:底层运作模式构成"前科学",已经成型的基层规则构成"常规科学",基于基层规则的实践偏差引发"危机",通过不断地试错而逐步弥合实践带来的偏差,进而引发"革命",宏观规则从中沉淀出来,并构成"新的常规科学",基于宏观规则的实践偏差又引发"新的危机",如此反复。从基于雪花模型的认知迭代过程(见 4.6 节解析)来看,不断催生的"常规科学"相当于人们的认知和行动一次次趋于"僵化",并成为人们约定俗成的知识规范。客观来说,所谓"科学"既不是先天就存放在某个角落的,也不是后天才有的,而是人们认识世界的一种逻辑规范,对"科学"的理解程度依赖于人们对自然世界的认识深度,因此"科学"天然的与人们的认识机制相关,这就能够解释为什么库恩所给出的科学范式的进化结构与雪花模型的模式演进存在逻辑一致性。

库恩创立了范式这一概念,但对于范式的具体所指则是有较大争议的。范式既要表现出可诠释一定范畴内各种问题的高度可靠性与代表性,同时也要符合库恩所提出的科学的演进结构,因此,范式应当体现出一般性与系列性,从某种意义上来说,层次建构论就是符合这两个方面要求的参考范式。一方面,层次建构论脱胎于雪花模型,其中的五个建构层次之间存在着演绎结构上的进化,且隐含着模式上的不断革新;另一方面,层次建构论具有广泛代表性,能够映射一般系统的演绎与发展,对于许多科学研究方法来说,层次建构论也可以进行解析。

各种统计归纳方法都可以归结为相关性建构,针对特定理论假设的大样本实证检验也可视为相关性建构,它们的共同特点是从彼此独立的批量数据中筛选出某种统计显著性,以及对批量数据按其统计性质进行分类等。相关性建构可以建立在任意逻辑层次之上,无论理论假设看起来有多么复杂,其统计验证过程都涉及相关性建构。

自然界中的一切事物都处于运动之中,运动的背后必然牵涉作用性,对事物运动演绎规律的探究,可体现在推动事物运动的作用转换逻辑中。确认各种科学研究成果的一个典型标志,就是提取出目标研究领域内的特定演绎规律,它明确了特定变量、状态或结构异动的因果关联,进而构成了人们对目标问题的本质性认知。各种演绎推理方法都涉及从条件到结果的定向演绎,或是从原因到结果的逻辑转换,这类方法皆可归结为作用性建构。相比相关性构建,作用性建构不仅要明确研究对象的状态表征可靠性,同时要明确研究对象各种表征形态之间的前后作用关联。从层次建构论中可以了解到,作用性建构相当于双重相关性建构,可视为局部归纳统计基础之上的总体归纳统计,它界定了不同尺度上的相关性演绎,而作用性所内含的过程性和持续性就蕴藏于这种错位尺度的关联上。

没有绝对正确的统计分析方法,也没有绝对可靠的推导演绎法,所有以方法论为中心的研究范式都存在一个共同的问题,那就是难以对自身进行"革命"。在爱因斯坦和波尔关于量子力学波动解释的概率论和决定论之争后,物理学家得到了一个严肃的教训:只要发现和原有理念矛盾的经验事实,科学的态度不是为原有假设辩护,而是立即探讨相反的假设[①]。理论假设相当于主体系统所积累的过往演绎经验,与理论假设相矛盾的经验事实相当于基于实践的执行偏差,从一种理论假设向另一种理论假设的转换可以在主体系统基于实践与经验偏差的内在分化机制当中实现,因此,要革新旧有的研究范式,可以在主体性建构当中进行(以及包容主体性的社会性建构与发展性建构)。主体性是有序与无序的交融,是经验和教训的综合,是归纳和演绎的统一,在主体性当中,目标问题是可重组的,研究方法是可调节的,演绎规则是可修正的。主体性把对立当作演绎的核心,并从对立性中分化出行动指向,这种分化并不意味着被肯定的行动策略就一定是正确的,被否定的行动策略就一定是错误的,重要的不在于谁好谁坏,而在于这种分化机制本身!换句话说,主体性建构不局限于特定的问题,不在乎方法论的优劣,而重点考察问题与矛盾的可消解性。主体性建构包容相关性建构和作用性建构,是无数作用性的再相关,也是对众多因果关联的总体演绎态势的提炼分拣。这些阐述给我们的启示是,科学研究应当以问题为中心,而不是以方法论为中心。当存在对问题的不同研究方法上的争论,并且这种争论长期未得到消解时,就应当从更宏观、更整体的主体演绎层次来探究不同方法论所可能担负的功能与角色。

主体性当中的内在演绎规律可以不止一个,就像个人的需求可以多种多样,因此主体性可以进行横向的并列式发展,众多的基础演绎规律的不断汇聚,为更为复杂的逻辑建构提供了可能。建构专业学科领域中的主体演绎体系并不是一件容易的事,它涉及4个逻辑层次的跨越,每个逻辑层次当中都存在矛盾性,越是底层和微观层次,其(局部)演绎要素越为丰富,越是宏观层次,其(总体)演绎样式越单一,主体性建构尝试实现微观的无序与宏观的有序的协同演绎,这是一种系统性的演绎思想,它区别于经典的科学研究方法论。逻辑层次的跨越意味着演绎结构的不断变迁升级,被誉为科学研究典范的物理学当中即隐含着这种结构性的演进。物理学的一个基本研究方法是考察系统的相变,物理系统的相变通常对应着系统结构性的转型或演化,物理学探究的重点之一就是考察各种相变当中的演绎规律,即从一种稳定的相向另一种稳定的相的演进原理,这种相的演进当中往往隐含着逻辑层次的迭代升级。物理学中的相与规则部件存在对应性,相的演进升级同雪花模型的规则迭代进化有相似之处(参考14.1节中的倍周期分岔部分解析),而层次建构论正是对逻辑层次演进升级的一般性描述。相对而言,很多学科当中的基本演绎体系是不太明朗的,其中缺乏可靠的演绎内核,没有可有效进行量化评价的基准规则,以及基于该基准规则的一系列演绎结构,相关的概念也表现得较为零散与混乱,由此,对演绎结构的不断转换当中的规律考察就成为无比艰难的挑战。

上文的分析表明,既有的各类科学研究范式的复杂度可以用层次建构论来进行考察,它与问题本身的复杂性无关,只与各类范式所跨越的逻辑层次数有关。从层次建构论中,还可以窥见学科发展中可能面临的一些典型问题,简要说明如下:

---

① 陈平.经济数学为何如此落伍却自封社会科学之王?——经济学的七大困惑[J].政治经济学报,2018(2):131-144.

(1) 基础演绎内核的可靠性与否,很大程度上决定了所在学科领域知识体系的理论化程度。演绎内核不明朗,相应的基准演绎规则不扎实,会影响到整个知识体系的繁衍与发展。每一次演绎结构的迭代升级,都是大量规则相互竞争的结果,其中的每一个规则都有可能在特定的条件下符合个体的认知,进而在没有经过充分的实践检验基础上而被遴选出来,在面临新的情景时就有较大概率出问题,通过不断地修修补补并不是化解各种新问题的有效办法。

(2) 问题的复杂度不同,进行研究分析的方法也会有所不同。一般涉及元素与其集合类别的问题都属于相邻层级间的问题,可通过相关性建构来呈现整体层面的统计表现,而如果涉及 3 个层级的问题,则既要明确两个低层级间的相关性统计,又要在两个高层级间的相关性统计中遴选出相对稳定的有序关联性……跨越层级越多,研究分析的方法越复杂,且越底层的数据,规模越小的数据,对整体层面演绎性质的影响越小。换句话说,越复杂的问题,越需要涉及多层级演绎的系统性思维,否则很容易被底层的无序数据所干扰,导致抓不住其整体层面的演绎规律。

(3) 一门专业学科的成熟往往意味着其某方面演绎逻辑的固化,就像是经过反复试错而迭代出来的研发产品实现定型并成功商业化一样,此时,所在专业领域当中的知识体系内含着其特有的演绎规律,这种规律在一定条件下具有统计显著性,甚至是统计必然性(即实践检测中基本未发现违反规律的例外情况)。这一情形很容易引发认知逻辑的退化(参考 4.6 节解析),进而导致分化机制失效,其后果就是研究范式的僵化,从而难以实现范式本身的后续革新与发展。

(4) 传统自然科学的研究范式通常集中于相关性建构、作用性建构,而随着问题越来越复杂,自然科学也开始逐步向自组织、自适应、系统生态、复杂性演绎等内含着主体性建构的研究范式发展,而为了控制复杂度,从中裂变出来的细分专业也越来越多,整体形成一个庞大的知识进化树。社会与人文科学总体偏向于主体性建构、社会性建构与发展性建构,与自然科学有所不同的是,其演绎基础通常是比较模糊的,演绎框架也是比较抽象的,虽然借助于一些工具和方法可以一定程度上管控研究结论的可靠性,但个人的从业与社会经验的多寡往往对结果有着更大的影响。要改变社会与人文学科的这种高度依赖经验的现状,应当像自然科学一样,努力打造更为可靠的基础演绎内核,雪花模型可为这一内核的建构提供一些参考。

总体上来看,层次建构论提供了一套系统性的多层级演进框架,为分析科学研究范式的演进以及学科的发展提供了原则性的参考,结合层次建构论,可以让问题分析更具系统性和前瞻性,有助于搭建更为完善的演绎体系。不过,由于层次建构论是超脱于具体内容的,因此针对具体问题依然要具体分析。

第六部分　雪花模型与中西哲学

科学没有哲学是盲目的,哲学没有科学是无效的[①]。科学提供了精细化的演绎范式,哲学提供了高度抽象的逻辑原则,两者相辅相成,共同帮助我们认识不断演变的周边世界。

西方哲学体系创造了一套基本的哲学分析概念,奠定了今天的哲学分析范式,东方古老思想则蕴涵着丰富的智慧与哲理,它们是不同文化、不同文明的发展成果,它们既有着内在的逻辑共性,也有着显著的思维差异。总体来看,西方哲学偏向于思考本质与基点、探究本原与真理,而东方思想则偏向于系统性和变易性,一个着重于内在,另一个放眼于外在,两套体系具有一定的互补性。

本部分将结合雪花模型来重新审视西方哲学体系当中的基本概念,以及考察雪花模型与老子、易经等东方哲学思想中的共性之处,从这些解析中可以进一步了解东方、西方哲学在思维层次上的区别。

第16章　雪花模型的哲学启示

"我们如果手里拿起一本书来,比如神学书或者经院哲学书,那我们就可以问:其中包含着数和量方面的任何抽象推论吗? 没有。其中包含关于实在事实和存在的任何经验的推论吗? 没有。那么我们就可以把它投入烈火里,因为它所包含的没有别的东西,只有诡辩和幻想[②]。"休谟对理性、经验和事实的不断追溯,使其对空洞哲学不屑一顾。对经验和事实的强调不仅在哲学当中,也在科学当中,相对来说,科学比哲学更加容不下事实和经验以外的幻想。不过,当科学的研究尺度愈来愈宽广时,总体上的演绎规律就愈来愈抽象,其中的哲学蕴意就愈趋浓烈。

黑格尔能够全面叙述辩证法的一般运动形式,与其对当时自然科学知识素材的汲取有很大的关系。马克思和恩格斯在创立哲学和社会科学的理论体系时,也同样受到了同期自然科学知识(如细胞学说、能量守恒、生物进化等)的重大影响。哲学所研究的问题中,有许多是与自然、人和社会有关的且较为复杂和抽象的问题,随着科学的不断发展,曾经长久难以观察和量化的"抽象"问题,开始有了越来越多的实证研究,即使是思维这一不可捉摸的对象,也有了神经科学与人工智能等相关专业学科在一点一滴地深入挖掘之中。前沿科学所能探讨的许多问题,给了哲学以启发,前沿科学所不能探讨的那些哲学问题,也似乎很难在现实当中找到它的价值和意义,于是人们开始怀疑哲学的作用,甚至开始抵制哲学的存在。哲学作为思想的武

---

① 保罗·西利亚斯.复杂性与后现代主义:理解复杂系统[M].曾国屏,译.上海:上海科技教育出版社,2006:18.
② 休谟.人类理解研究[M].关文运,译.北京:商务印书馆,1981:145.

器,作为认知的纲领,理应当为个人的困惑提供灵感,为科学的发展提供曙光,为社会的进步提供指引,但面对科学的攻城略地,哲学似乎丧失了信心,渐渐退化为一种史料之学,进而与哲学自身的宗旨背道而驰。

科学虽然值得提倡,但是我们也应当清醒地看到,科学不是万能的,尤其是当前学科建制的划分越来越专业、越来越细致的情况下,科学研究成果也必然会越来越琐碎,由此使得科学在冲击具有强大包容性和指导力的总体性思想时既疲软又无力。与此相反,哲学虽然还没有沉淀出与时俱进的理论范式,但一直在为这种总体性思想而努力着。哲学要进一步发展,就应当充分汲取当前的科学成果,包括复杂性科学、行为与认知科学、前沿物理科学等,与专业领域的纵向深挖不同,哲学需要考虑的是如何横向贯穿所有这些不同专业、不同领域的共性演绎逻辑与认识规律。雪花模型的广泛通约性能够为哲学的进一步发展提供一些新的参考。

16.1　认知的同一性问题

认知的同一性问题,既是逻辑学的根本性问题,也是哲学所需要思考的基础性问题。同一是演绎变化的起点,同一是勾勒事物的参照,没有同一做铺垫,就难以探究运动,也难以界定差异。问题在于,所谓的同一究竟是谁与谁同一?是基于怎样的标准去界定同一性?又是基于怎样的逻辑去建构同一性?下面从同一律开始,来尝试解构这些问题。

同一律是传统逻辑的最底层规范,它要求在表达过程中,一切思想(包括概念和命题)都必须与自身保持同一,即概念(或对象)的同一、命题(或判断)的同一。逻辑学一般将"A 是 A"作为同一律的基本公式,部分学者认为这一公式属于同义反复,维特根斯坦认为说两个东西同一的表述是没有意义的[1],这些质疑实际上针对的都是语言本身,而不是语言所描述内容背后的认知逻辑。人们认识到一件事情,同人们把这件事情表达出来,这两者显然存在着巨大的差异性,前者潜藏着人的信息加工处理过程,个人的历史经验和现场交互信息及其处理方式在其中起到重要的作用,而后者仅仅只是加工处理的结果在语言中的映射。面对逻辑与哲学相关问题的语言描述时,最不应该将思维停留在语言表述本身。

那么,公式"A 是 A"这一看似意义贫乏的语言表述,其背后关联着怎样的认知逻辑呢?雪花模型可以给出两种解释。

第一种是沉浸视角下的解释。公式中"是"前面的 A 代表的是实践中的认知,"是"后面的 A 代表的是经验中的认知,语句"A 是 A"即相当于判定实践表现与经验认知是相符的,语句"A 不是 A"即相当于判定实践表现与经验认知存在偏差,这种偏差使得个体将经验事物与实践事物判定为两个不同的事物。由于形式逻辑主要探讨的是规则不可变易的逻辑系统,公式"A 是 A"针对的是经验与实践表现相符的情景,此情景下的规则是有效的,而"A 不是 A"这一例外情景下的经验规则是失效的,基于实践的偏差会导致规则的变易,进而引发不确定性的显著增加,这是形式逻辑所难以容忍的。由此可见,公式"A 是 A"不仅仅是对同一律的表述,也是对形式逻辑演绎范畴的约定(6.2 节有详细说明)。动力模型中,同一运作模式当中的基层规则(代表经验)与宏观规则(检验实践)可视为两个相邻层次的调控规则,判定经验与实践之间的同一性,实际上不会超出相关性建构范畴。换句话说,经验与实践之间的吻合度,可以基

---

[1] 维特根斯坦.逻辑哲学论[M].贺绍甲,译.北京:商务印书馆,1996:73-74.

于代表性来进行界定,反映在逻辑中,就是与集合有关的类属问题。三段论由大前提、小前提和结论构成,这一结构可视为动力模型的基层规则与宏观规则交锋的简化版,其中大前提由宏观规则约定,小前提由基层规则约定,结论取决于宏观规则与基层规则的兼容性。三段论中经常会出现"所有的、有的、没有一个"等量词,模态逻辑中会出现"可能、必然"等模态词,这些词汇都涉及相关性演绎范畴。

第二种是旁观视角下的解释。公式中"是"前面的 A 代表的是旁观者的经验认知,"是"后面的 A 代表的是被观察者的经验表述,公式等同于两个不同主体之间的观点碰撞,其中"A 是 A"意味着两个主体的意见是同一的,"A 不是 A"意味着两个主体的意见不是同一的。引发意见的不同除认知对象本身存在差异这一原因外,还包括不同主体思维方式上的不同,这里重点说明后一种情况。形式逻辑讲究认知的客观性,它不会因为个体的不同而导致内容形式上的不同,假若每个个体都有自己独特的逻辑表达体系,那么难以想象统一的形式逻辑体系的达成,从这个意义上来说,公式"A 是 A"是对不同个体间逻辑体例的同一性规范,它默认了不同个体间是基于同样的逻辑准则来进行思维的,并排除掉了不同个体间认知方式上的差异。

现实并不像形式逻辑所约定的那样理想化,公式"A 是 A"中的谓词"是"作为一种判定性描述,是规则评价的体现,雪花模型当中存在着规则体系的多层次性,因此关于判词"是"(或"非")的逻辑解释也存在着多样性。具体说明如下:

一是基于相关性层面的是非判定。相关性依赖于感知过程的运算,它既凸显【别】,也扫视【总】,【别】对应焦点特征,【总】对应所有关联特征及其权重分布。当实际的【别】与经验吻合,就可以近似做出"是"的判定;当实际的【总】与经验相一致时,可基本断定为"是"。在语言体系中,通常用概念符号来指代目标对象,单从文字符号本身是不能有效反映其背后的认知过程的。基于相关性层面的是非判断侧重于显著性特征以及一般关联特征的吻合程度,从本质上来说,这是一种统计性推断。图16-1示例了 5 个图样,它们都可被视为苹果,其中 A 是代表苹果的显著特征,从 B 到 E,一般性特征越来越多,细节越来越丰富,判定为苹果的可靠性也越来越高。然而,例外情况总是存在的。

二是基于作用性层面的是非判定。作用性不仅涉及状态目标,还涉及作用感受。对于图 16-1 中的 A、B、C 来说,它们显然是不完全符合实际的,它们只是实际事物的粗略勾勒,它们的实际材质是纸张(或其他图画载体),而非食物;而对于 D 和 E(假定为实物而非照片)来说,虽然两者看起来都是苹果,但是用手去感受它们的轻重、软硬等性质时,就会发现两者是不一样的,一个是真苹果(E),一个是假模型(D),因此,从作用性层面来看,E 是真苹果,而 A、B、C、D 都不是真苹果。假如 A-E 全部是照片,那么它们都不是真苹果。

图 16-1　表征苹果的不同特征组合呈现

三是基于主体性层面的是非判定。图灵临终前所吃的那个苹果,和树上刚摘下来的没有任何农药残留的新鲜苹果,这两个苹果从作用性层面来看,都是实实在在的真苹果,但是从主体性层面来看,图灵的那个苹果会被认为不是好苹果,而树上摘的苹果则被认为是个好苹果。从这里可以看到,作用性层面的同一性判断在主体性层面发生了分化。

四是基于社会性层面的是非判定。自家树上结的苹果,与隔壁家树上结的苹果,从相关性、作用性和主体性层面来看,都可判定为"是",但是从社会性层面来看,隔壁家树上结的苹果不是属于自己的苹果,而只有自家树上结的苹果才是自己的苹果。

五是基于发展性层面的是非判定。一批在手的苹果,把它卖给食品加工厂,以及把它捐给儿童福利院,两种操作下,苹果的权属关系都发生了转变,但接收方是不同的,同时苹果的后续质性转变也有着显著的不同。因此从跨期的发展层面来看,同样是苹果,但有着不同的演绎结果和演绎成效,以其中任何一种为标杆,另一种必定是非同一的。

这些阐述充分说明了,在面对同一个事物时若依循的经验规则不一致,则判定结果可能大相径庭。黑格尔将判断视为单一与普遍的统一[①],这与相关性层面的判定逻辑是类似的,相关关系中的〖总〗就是具有普遍意义的关联性,相关关系中的〖别〗就是代表这种普遍关联性的特别(单一)线索。黑格尔指出,判断中单一与普遍的这种统一和区别就成为判断发展和运动的源泉[②],从上述 5 种判定逻辑中,可以看到判断不断向复杂进化的运动轨迹。

认知的同一性问题,要比看起来的更为复杂。陈治国在研究海德格尔的《同一律》报告时提出了几个值得深思的疑问:"同一性究竟是指任一事物固有的内在性质,还是用来规范事物的一种观念?它是跨时间的单一性,还是差异中的等同性?它是静态的稳固性还是历史性运动的结果[③]?"从前文的分析中可以看到,这些疑问都是对人的认知判定逻辑的拷问,雪花模型可以为这些拷问提供解释,其中,"事物固有的内在性质"可通过作用性来体现,"规范事物的一种观念"可通过主体性和社会性来体现,"差异中的等同性"可通过不同类型事物中的要素组合一致性,或是不同作用方式中的起始或终止状态目标一致性来体现,"跨时间的单一性"可通过作用性建构当中的状态不变性,以及发展性建构当中的演变唯一性来体现,"静态的稳固性"可通过经验规则的持存性,以及主客体交互权益的固定化来体现,"历史性运动的结果"可通过新规则的迭代过程来体现。这些拷问再次呈现了同一性问题背后的逻辑演绎复杂性。

严格意义上来说,同一性既要求主客体之间的表述同一,也要求经验与实践之间的逻辑同一,还要求判定规则在层次和类型上的同一,如此,同一性问题才能够得到比较清晰地界定。

16.2 存在是一种作用性建构

许多学科中,越是基础性的概念,越难以厘清它的确切含义,造成这一困境的一个重要原因,在于基础性概念是所在领域知识体系的起点,它通常是没有内部结构的,相当于一种原子表示(参考 14.1 节第(3)小节说明),要做进一步解构,必须深入"原子"的内部,这就必然面临诸多困难。任何基础性概念,在所在领域中是相对简要的,但是从人的认识过程来看,无论这些概念有多么简洁,有多么基础,它都是一个极其复杂的信息加工处理过程的呈现,当从所在学科领域中找不到基础性概念的实质性内涵时,从认识的角度也许可以找寻到进行解构的线索。

[①] 柯普宁. 作为认识论和逻辑的辩证法[M]. 赵修义,王天厚,冀刚,等译. 上海:华东师范大学出版社,1984:172.
[②] 柯普宁. 作为认识论和逻辑的辩证法[M]. 赵修义,王天厚,冀刚,等译. 上海:华东师范大学出版社,1984:173.
[③] 陈治国. 海德格尔论同一性问题:以《同一律》为中心[J]. 安徽大学学报(哲学社会科学版),2013(1):19-28.

存在是西方哲学的一个基础性概念。"大体可以说,哲学就是关于存在的总体性思考[①]。"从这句话中可以看到存在概念在西方哲学当中的分量。关于存在概念的确切所指,学界并未产生比较统一的意见。哲学的模糊性和广泛包容性,是哲学的重要特点之一,是否一定要追求意见的绝对统一,是个值得商榷的问题,本书暂不探讨这一衍生问题,而是重点落脚于解析认识论意义上的存在概念。

存在首先意味着可觉察,如果一件事物对任何觉察手段都没有反应,那么我们是很难断定其存在性的。我们能看到目标事物的轮廓和颜色,缘于光线的反射激发了视网膜中的感光细胞;我们能闻到目标事物的味道,缘于事物分子的挥发引发了嗅觉感受器的反应;我们能感觉到目标事物的质感,缘于事物对触觉感受器分布阵列的弹压;我们能够听到目标物体的声音,缘于物体震荡引发空气分子的波动,进而振动耳膜……我们所谓的觉察,从第三方视角来看,就是一个作用结果可量化的反应过程,这里的结果可量化,是指触发反应的每一种或一组刺激信号,都有特定的编码与之对应,编码缘于一个复杂的内部处理过程:从感受器组构因环境目标对象而激发的神经脉冲系列,经神经中枢进一步加工处理,生成相应的特征值。除非借助于科学手段,否则我们自身很难以上帝视角去形象化地直接跟踪检索这个复杂的加工处理过程本身。在日常的觉察活动中,我们会非常自然地以为量化后的结果就是目标事物本身,这实质上是一种错觉,错误在于误把机体内部处理过程所形成的主观意识感受当作现实世界当中的客观存在,两者之间虽然有直接的映射关系,但是两者并不能混同。罗素对此问题有着形象的描述:"我们认为草是绿色的,石头是僵硬的,雪是冰冷的。但是,物理学使我们确信,草的绿色、石头的僵硬以及雪的冰冷,并不是我们在自己的经验中所知道的那种绿色、僵硬及冰冷,而是某种非常不同的东西。假如相信物理学,那么当观察者自己观察一块石头时,它实际上正在观察石头在他身上所产生的效果[②]。"

要更好地界定存在概念,应当站在客观视角去分析存在性本身,而不是用主观视角来感受。从客观视角来看,存在性不仅意味着可觉察到的特征,还意味着可反应,并且是适度的反应。水里的细菌,用肉眼是观察不出来的,因为视网膜的分辨精度无法区分过于微小的事物,需要借助于专业的显微镜。在没有发明显微镜之前,人类几乎不知道细菌的存在,显微镜间接将细菌的特征信息调节至人类感觉器官可采集并量化的水平,由此明确了细菌的存在性。显微镜相当于一种附加的转换器,从原理上来看,人类所有的感觉系统的前端(指感受器组构)都属于一种转换器(将作用能量转换为神经脉冲信号),人类所发明的测量仪器也都是一种转换器,区别仅在于前者是天生的,而后者是打造的。基于此,我们可以将存在性的界定归结为可测定的适度反应,其中的测定是指前端的采集和后端的量化编码,反应是指衔接前端与后端的某种特定转换过程,可测定的适度反应,就是有结果且可定性的检测过程,其本质是对可采集的原始转换信号的一种映射。

存在性除基于检测外,也有可能从理论上推导出来。从科学共同体来看,理论上推导出来的存在性如果通过了实践的检验,即在较高置信度下真实地测量出了能够代表目标事物存在性的特定性质呈现,那么就会公认其存在性,否则即使理论上有结果,那也只能视为一种预测或推测,而不能视为必定的存在,因为理论有可能出错。

前文的分析给出了界定存在性的两个关键性变量,一是适度的转换反应,二是可量化的映

[①] 罗骞.告别思辨本体论——论历史唯物主义的存在范畴[M].上海:华东师范大学出版社,2014:(序言)3.
[②] 波特兰·罗素.意义与真理的探究[M].贾可春,译.北京:商务印书馆,2009:8.

射表征,把两者与作用关系进行比对就会发现,前者对应作用方式,后者对应作用目标,两者都是作用关系的逻辑变量。界定实时存在性的量化过程通常伴随着某种主观体验(如绿、硬、冷),因此存在性与作用关系存在着逻辑一致性。触发刺激信号的感受不能完全代表存在性,形成目标对象的有形感知不能完全代表存在性,只有获取目标对象的实际作用性认知才意味着存在性,存在必然是基于作用、基于实践的。在界定存在性之前,感受性和相关性都可以触发于意识之中,它们是建构存在性的辅助材料,其中相关性建构能够采集作用过程中的状态有序变化,感受性能够采集作用过程中的实质刺激体会,这些融合在作用实践当中,形成了人们对事物的存在性认知。因此,作用性建构界定了存在性。

亚里士多德指出:"存在就等于以某种方式与某物相关联①。"这一解释既包含了作用性,也包含了相关性,与作用性建构是吻合的。存在概念与实践有着密切的关联,认识论意义上的存在是经验与实践相互交织的结果。经验与实践是对立的,两者的区别在于:经验是历史的中和,沉淀出各种确切的状态关联;实践是历史的建构,原有的状态关联在实践中有可能被打破、被重构;经验中的状态关联是抽样的、稀疏的、朦胧的,实践中的状态关联是完全的、充实的、具体的;经验中的行为对策是归一的、虚无的,实践中的行为对策是特别的、实在的。经验与实践的对立性类同于理论与现实的对立性,存在即催生于这种状态对立性的兼容中。

上述所论及的存在概念解析,是基于认识论意义上的存在,而哲学上探讨的存在,则是一般意义上的存在,或者说一种纯粹自然意义上的存在,两者的主要分歧在于,剥离人这一观察主体,存在性如何界定和描述?这个问题针对的是自然世界当中的存在性,从问题本身而言,实际上属于一种逻辑悖论,在剥离认识的同时又要界定认识,显然是不太合理的。自然中的存在体现在自然环境当中的任意一个作用进程当中,其中没有关于作用进程应当如何进行的任何约定,自然的运作本身就是一种实时的规定。认识论意义上的存在不是由单一的作用性来体现的,而是由作用进程当中的状态特征演变的矛盾对立来体现出来的。例如,如果世界的颜色全部是蓝色的,那我们实际上是不能认识蓝色的,只有既出现蓝色,又出现非蓝色,我们才能界定蓝色的范畴。类似的,只有既呈现某种作用中特定状态演变的有序性以及感受的真切性,同时又呈现特定状态演变的无序性以及感受的虚无性,我们才能界定指定作用的性质与范畴。这种基于特定作用性当中的状态关联性矛盾的对立统一,才是认识论中的存在,也是作用性建构中建构一词的功能所在。

认识论中的存在要被他人所接收或理解,可以借助于语言描述来呈现。存在涉及一种过程,对存在的语言描述有两种方式,一是基于间断性(状态表征)之上的连续性(状态演绎),一种是基于连续性(演绎方式)之上的间断性(演绎抽样),前者运用相关性来串联演变序列,后者运用作用性并点缀即时性。由于语言描述毕竟不同于沉浸视角下的主观认识过程,因此无论描述得多么细致全面,它都不能作为存在性的完全反映,相对来说,综合了光影与声音效果的影视文件更能反映存在性,之所以如此,在于后者更多地还原了认识过程当中的实质体会,而在语言描述中,这些实质体会只能通过作用属性等词汇来描述,它不能代替真实的感受。

物理学中有定义"实在"的争议问题,量子理论中有定义"真实"的争议问题,这两者都与存在概念有关,当把存在理解为作用性建构时,争议也许会缓和许多。作用性建构建立在相关性建构之上,相关性能够在一定的统计精度上消除不确定性,作用性建构中的特定作用转换形式也能够在一定程度上消除不确定性,因为它是相关性的再相关。对于量子理论中的电子运动

---

① 亚里士多德.工具论[M].张留华,冯艳,等译.上海:上海人民出版社,2015:17.

来说,位置与速度不能同时确定,但是两者满足特定的运动方程,方程本身就是两者之间的某种确定性,基于此而显现出来的交互性质,就是一种实在、一种真实。当基于作用性来界定存在性时,我们就不会去纠结光究竟是粒子还是波的问题,因为这两种表现是基于两种不同的检测手段,把检测手段和性质表现结合起来,就构成了较为完整的存在性定义,不同检测手段意味着不同的存在性。例如,电既可以用来驱动电机,也可以用来点灯,对于无形无相的电来说,人们并不会因此而陷入电究竟是机械能还是光能的纠结之中,然而光却给了实验者们巨大的困惑,类似的案例却导致不一样的评判结果,这是不应该的。

西方传统哲学关于存在概念的解读,很多是从纯粹的自然意义上去阐述的,等同于人为地割离了人的认识过程在其中所起的作用,而要认清存在概念这一任务本身,又必须借助于认识过程,这就形成了矛盾,进而使得人们很难厘清存在概念的内涵所在。了解了认识论意义上建构存在性的基础和条件、如何建构存在性概念、存在性的进一步演绎发展,以及什么情况下无法建立存在性、既有的存在性认知如何被修正改进等等,我们就能够准确把脉存在性概念的内涵,依托于雪花模型的层次建构论给了我们界定存在性概念的一套体系性框架,这种从微观到宏观的全尺度演绎中的存在性概念,比我们无根无基、无框无架时所面对的存在性概念要具体得多。

将存在视为作用性建构,有着重大的现实意义。恩格斯在阐述黑格尔哲学时指出:"一个伟大的基本思想,即认为世界不是一成不变的事物的集合体,而是过程的集合体,其中各个似乎稳定的事物同它们在我们头脑中的思想映像即概念,都处在生成和灭亡的不断变化之中①。"作用性建构即代表着一种过程性,一种变化性,这种变化性是由过程所推动的,其中有着新的映像的不断生成,以及刚成型的映像的不断消亡,由此,基于这一建构基础之上的存在概念就能够与现实对应起来。黑格尔将存在及其背后的演绎视为科学的基础,黑格尔认为存在的真理即是本质②,那么,何谓本质?本质不可能凭直觉感悟出,不可能凭想象臆造出,也不能从纯粹的观察中提炼出。这里所说的纯粹的观察,是指脱离实践、脱离交互作用的外部观察。爱因斯坦指出:"知识不能单从经验中得出,而只能从理智的发明同观察到的事实两者的比较中得出。理论观念的产生,不是离开经验而独立的,它也不能通过纯粹逻辑的程序从经验中推导出来,它是由创造性的行为产生出来的③。"知识或理论都可视为针对特定范畴的本质性认知,其获得既需要经验,也需要实践,经验是历史的归纳,实践是现实的演绎,经验可以辅助主体去理解实践,实践中的差异又能够促使主体去修正过往的经验框架,两者相辅相成才能催生出成熟的认知,才能贴近事物的本质。存在源于作用性建构,基于无数作用性建构的不断修补完善而沉淀下来的即为真理,它也是本质性的体现。换句话说,存在本身的运动凝练出了本质,也沉淀出了真理。

16.3 本体是主体性的映射

在需求关系、颉颃关系、抵兑关系中,出现了3个与本体有关的逻辑变量,本体原是一个比

---

① 马克思,恩格斯.马克思恩格斯全集(第21卷)[M].中共中央马列著作编译局译.北京:人民出版社,2016:337.
② 列宁.哲学笔记[M].中共中央马列著作编译局译.北京:人民出版社,1956:133.
③ 爱因斯坦.爱因斯坦文集(第一卷)[M].许良英,李宝恒,赵中立,等译.北京:商务印书馆,2010:402,673.

较抽象的哲学概念，其含义也长期存在着争议性，这里将其用于雪花模型当中，也表明了本书对本体概念的理解，即形成相关现象的运作实体，从结构上来看，它是一种主体系统。这与哲学上的理解似乎有一些出入，本节将结合海德格尔的存在哲学，来尝试解析哲学层面的本体概念内涵。

在中文语境中，本体概念指事物之根本、本源，或是事物本身。在西方哲学史中，本体概念事关存在性，本体论是探究关于存在及其本质和规律的学说。在20世纪的分析哲学中，本体论正式成为研究实体存在性和实体存在的本质等方面的通用理论[1]。上一节提到，存在是一种作用性建构，对存在的研究即是对作用关系的研究，对存在的本质的界定，即是对无数作用关系中可能出现的各种问题或矛盾的厘定。哥德尔定理指出，系统的无矛盾性不能在系统内部得到证明，但可以在形式更强的系统中证明。对于作用关系来说，需求关系就是形式更强的系统，对作用关系的各种问题可以在需求关系框架中予以解决，而需求关系即对应着主体性建构，对存在性之本质的研究与界定，实质上所呈现的就是主体性。因此，本体论与主体性有关。

存在对应着作用性建构，而存在者则对应着主体性建构，由层次建构论的演绎阶梯中可以推导出，存在是存在者的建构基础。海德格尔也有类似的论断。海德格尔认为传统形而上学只盯着事物静止的现在，因而无法揭示事物的存在，海德格尔指出："人们习惯于把道出命题的'时间性的'过程同'无时间的'命题意义区分开来。……只有着眼于时间才有可能把捉存在，存在问题的答案不可能摆在一个独立的盲目的命题里面[2]。"这里的存在是与伴随时间流逝的过程性高度相关的，而作用性建构同样强调的是过程性、持续性、连续性，正是这种过程性背后的特定组织方式，使得个体得以融合过程当中的状态演变与作用表现，没有行为做支撑，个体是无法理解目标事物的存在属性的。海德格尔用现实的例子来说明这个问题："仅仅对物的具有这种那种属性的'外观'做一番'观察'，无论这种'观察'多么敏锐，都不能揭示上手的东西[3]。"这里的"上手性"就是一种作用性、实践性、当下性、真实性，只有在实时的作用过程中才能把握这种真实性，而仅凭观察是不能把握这种真实性的，图16-1中关于苹果的真假判定就是基于作用性而给出的，而不是基于相关性来给出的，这两种判定方式有着本质上的区别。张汝伦指出："从表面上来看，再没有什么问题比存在问题更抽象了，可实际上它却是一个最具体和当下的问题[4]。"存在所对应的作用性建构，反映的正是具体和当下。

正是对"上手性"问题的深入探讨，海德格尔间接揭示出了个体主观价值的成因："当下上手状态是存在者的如其'自在'的存在论的范畴上的规定。……在注意不到上手的东西之际，上手的东西就以窘迫的样式出现。我们愈紧迫地需要所缺乏的东西，它就愈本真地在其不上手状态中来照面，那上手的东西就变得愈窘迫[5]。"这一描述所呈现的即是主体性建构当中所沉淀出来的需求关系，当需求目标缺失时（即当下的实践状态与经验状态存在偏差），就会激发个体的需求意识，以便找回或弥补缺失对象，当前实践中的表现与经验表现的反差愈大，个体对缺失目标的意向就越强烈，进而愈显窘迫。窘迫当中凸显了一种行为意向，只有将存在界定为针对特定状态目标的某种作用实践时，状态目标的异动才能牵动基于该作用实践的行为，否则就难以解释为什么人们看到某个特别的存在物时，就有亲近它、使用它或是避离它的冲动。

---

[1] 肖琨顺，李德顺.(1987)."本体论".《中国大百科全书·哲学卷I》,35.
[2] 海德格尔.存在与时间[M].2版.陈嘉映,王庆节,译.北京:商务印书馆,2018:23-24,25.
[3] 海德格尔.存在与时间[M].2版.陈嘉映,王庆节,译.北京:商务印书馆,2018:91.
[4] 张汝伦.《存在与时间》为什么重要？[J].中国人民大学学报,2010(2):27-36.
[5] 海德格尔.存在与时间[M].2版.陈嘉映,王庆节,译.北京:商务印书馆,2018:94,96.

海德格尔反对传统形而上学始终将存在问题当作存在者的存在方式的问题,以及以范畴来阐释存在者的存在①(这里的范畴是指亚里士多德以及康德对存在的多方面界定)。海德格尔认为只有先明确一般存在,才能探讨存在方式的多样性和范畴的多样性。在雪花模型中,作用关系中的作用方式是一定的(机动过程本身无法界定作用方式的执行偏差,也就无法界定作用方式的多样性),作用目标是与该作用方式相匹配的关系范畴,而需求关系中的作用方式是多样化的,作用目标也是多样化的,需求方式和需求目标即催生于这种多样化的竞争协同。这里的需求关系代表的是主体性,它对应的是存在者概念,存在者既不能单独用存在方式来描述,也不能单独用范畴来界定,存在者是一种能够维系自身存在性的自适应调节分化机制,它在现实中的常态表现就是有目的性的存在方式以及有指向性的范畴的融合。需求关系源于作用关系的纠缠,用海德格尔的话来说,一般存在是单一性的存在方式与关系范畴,而存在者则是多样化的存在方式与关系范畴。由于存在者作为主体能够包容存在方式,传统形而上学将存在当作存在者的存在方式似乎也说得过去,其实不然,这一认知实际上是用已经成熟的宏观视角来审视微观或局部事物性质,如果从历史演绎或生成进化的视角来看,那么就不是这么一回事了:存在是更微观主体系统的存在方式,但不是包容该存在的存在者的存在方式,因为此时该存在者还没有进化出来,只有在各种一般存在的相互纠缠碰撞中,并沉淀出具有稳定运作秩序的存在体系,才形成了存在者。在演化视角中,存在是因,存在者是果。

在存在论上,真理和价值是不能区分的,而在存在者状态上,这两者才是可以区分的②。存在(论)所对应的作用性建构中,作用体验和作用进程是一体的,在支撑作用性建构的机动过程层面,个体无法对体验的好坏进行调节分化,只是对体验表现进行标注和刻录,机动过程本身不能辨别价值,也不能定性真理,但可以界定作用的[实]与[虚]。而存在者所对应的主体性建构建立在对立性作用表现的调节分化中,主体性建构能够分清不同的作用进程及其相应作用表现的优与劣,从而能够从差异中分离出价值,从关系对错中分离出真理。

本体论落脚于可界定存在性的主体性之中。主体系统能够保持自主性、自持性,正是因为这一特点,才使得主体系统具备可研究、可探究的可能,没有这种自持性,意味着一切都是高度可变的,很难想象从这种无尽的可变中我们还能捕捉到什么?寻找本体性,就是寻找主体性当中的某种相对不变的演绎机理与逻辑规律,只有具有自持性的主体系统才有可能存在这种演绎不变性。

万物皆主体(参考15.2节说明),物质作为一种系统时也可视为是存在者,这似乎是一句废话,因为物质就存在那里,将物质视为存在者似乎是天经地义的,不过,这种认知一般是基于相关性或作用性的,而不是基于主体性的,只有看到物质内在和外在的复杂性,以及物质内部要素如何在内外复杂环境中维系其性质持存性,才算是把握住了物质的主体性,这种认识上的物质才可以作为存在者。人们对物质作为存在者的认识存在一个循序渐进的过程,即从局部到整体、再到全局的升级过程,其中局部性认识相当于对整体性的还原,而全局性认识则相当于对整体性的发展、拓展,在这种从微观到宏观的演绎视角中,物质的存在性与主体性会更加丰实、全面而具体。海德格尔对存在的解构正是基于人的理解过程而得到的③。这里要补充说明的是,支撑理解过程的是一个经过亿万年进化而沉淀下来的有机智能体,它比物质要更显

---

① 张汝伦.《存在与时间》为什么重要?[J].中国人民大学学报,2018(2):27-36.
② 王晓升.从存在论上理解价值——海德格尔的《存在与时间》及其启示[J].社会科学家,2019;(12):13-19.
③ 王晓升.从存在论上理解价值——海德格尔的《存在与时间》及其启示[J].社会科学家,2019;(12):13-19.

复杂,我们不能因为理解过程能够还原物质的主体性和存在性,就片面地否定物质的本体论地位。以物质为本体,核心在于物质所代表的主体性,当面对更为复杂的系统(如社会或经济系统)时,继续以物质为本体就会略显牵强,更为恰当的做法是寻找社会或经济系统当中最具代表性,以及可与目标系统演绎尺度具有可比性的主体单元。

16.4 逻辑学、本体论、认识论的统一本质

本体论是关于存在及其本质和规律的学说,逻辑学是关于思维及其规律的学说,认识论是关于认识及其规律的学说[①]。在黑格尔的思想体系中,逻辑学、本体论与认识论被认为是统一的[②]。问题在于,这三者如何统一?统一于何处?有许多学者对这类问题进行了探讨,并给出了诸多极具启发性的意见。例如,宫玉宽教授通过详细的论证,指出三者的统一在于辩证法[③]。

辩证法的三大规律在雪花模型中均有所体现(见8.2节说明),由此,关于逻辑学、本体论与认识论的统一性问题,亦可以从雪花模型当中寻找线索。认识论界定认识及其规律,认识生成于感知系统对客观世界的采集与编码之中,其功能实现依赖于状态网络部件;本体论界定存在及其本质规律,存在性体现于主体对作用进程的目标跟踪与过程体验的交融之中(参考5.6节、16.2节解析),其功能实现依赖于对策部件的组织推进;逻辑学界定思维及其规律,思维规律成型于具有一定代表性的适应模式之中,而思维过程则是代表性适应模式的具体运用,其中蕴涵着特定的适应规则,思维规律的逻辑实现依赖于规则部件对适应经验的不断提炼和沉淀。由于状态网络、对策网络和规则网络统一于主体系统(参考1.2节说明),因此,与3个部件存在对应性的认识论、本体论和逻辑学同主体系统也必然存在着极为密切的关联。事实上,逻辑学、认识论、本体论都是对主体系统的反映,三者都与状态、对策、规则变量有关,只是各自的侧重点有所不同,逻辑学侧重于主体系统中的规则网络,认识论侧重于主体系统中的状态网络,本体论侧重于主体系统中的对策网络(如图16-2所示)。

主体系统的3个部件不是孤立的,各部件的功能实现都依赖于其他部件的协同运作。类似的,认知规律、存在本质和思维规律同样是难以分割的。思维对存在的反映即是人的认识,思维对认识的剖析可间接把握存在性;认识能够限定存在的标的,认识能够框定思维的范畴;存在性是认识规律的支撑素材,存在性是思维规律的待选素材。

人是万物的尺度,以人为根基的主体系统亦具有映射万物演绎逻辑的能力(见15.2节解析)。主体系统除包容逻辑学、认识论和本体论外,它还有许多其他的蕴涵。第一个是方法论,它探寻的是基于怎样的一般性方法去认识世界、解决问题,这一概念可用对策网络中的4个对策变量来映射,这些变量中既有较为简单和直接的刺激反应,也有较为复杂的计划执行策略,它们体现了主体系统适应环境的一般行为模式。第二个是现象学,它探究的是各种显像及其构造本质,这一概念可用状态网络中的5个状态变量来刻画,其中既有事物的静态表象,也有事物的动态表征,还有与事物表征有关的复杂逻辑演绎。第三个是价值论,它探测的是价值的

[①] 宫玉宽.哲学原理研究[M].北京:中央民族大学出版社,2007:27.
[②] 杨祖陶.康德黑格尔哲学研究[M].武汉:武汉大学出版社,2001:323.
[③] 宫玉宽.唯物主义本体论、逻辑学、认识论的统一新论[J].内蒙古社会科学(汉文版),2013(06):58-62.

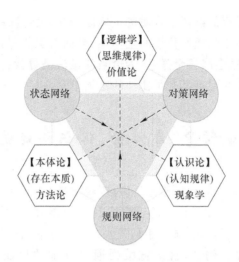

图 16-2　逻辑学、认识论、本体论的内在统一性

性质与构成,以及价值的评价基准,这一概念可用规则网络的 6 个规则变量来衡量,它们界定了个人是如何分拣从微观到宏观的各类事物演绎表现。

16.5　试论存在与思维之间的关系

恩格斯在《路德维希·费尔巴哈和德国古典哲学的终结》一文中提出了哲学的两个方面的基本问题:一是思维和存在之间的关系问题,即究竟是精神世界为世界本原,还是自然界为世界本原,这一问题将哲学家划分成了唯心主义与唯物主义两大阵营;二是思维对世界的可认知性的问题,恩格斯具体给出了三个疑问——我们关于周围世界的思想对这个世界本身的关系是怎样的?我们的思维能不能认识现实世界?我们能不能在针对现实世界的表象和概念中正确地反映现实[①]?

回答这一哲学基本问题的重要前提,在于准确界定存在和思维这两个基本概念的本质内涵。在雪花模型演绎框架中,存在与思维都有其特定的含义。存在是一种作用性建构,自然的存在通常能够通过作用交互(三维实践空间)在具有高度相关性网络中的连续投影(二维认知空间)而间接呈现出来,这一投影与认知主体的行为调节系统相结合,能够复现自然存在当中的交互逻辑。人的思维活动由特定的演绎规则所支撑,规则当中内含着相关性,也交织着作用性,相关性与作用性的深度联动,进一步催生思维对主体性、社会性和发展性的体会与认知,这一认识也间接映射出了自然存在当中的作用交互的演绎复杂度。对自然世界当中的作用交互复杂度可通过时间与空间这两个范畴来界定,时间划分越粗糙,空间界限越明显,层次越稀少,交互复杂度相对较小;时间划分越细腻,空间界限越朦胧,层次越繁多,交互复杂度相对较高。思维对现实的认识深度可通过关系维度和作用尺度这两个范畴来界定,作用尺度越狭窄,关系维度越单一,演绎复杂度越低,认识可靠度相对较高;作用尺度越宽广,关系维度越全面,演绎复杂度越高,认识可靠度相对较低。人对自然存在的认识过程,就是不断拟合自然演绎规律的

[①]　马克思,恩格斯.马克思恩格斯全集(21 卷)[M].中共中央马克思恩格斯列宁斯大林著作编译局译.北京:人民出版社.1965:315-316.

锤炼过程,不过,无论如何锤炼,拟合数据不可能做到绝对精确,也无法保障能够适用于后续的所有类似场景。从认知主体自身来看,思维对现实的反映不存在正确与否的问题,只存在适不适合的问题,明确了基于什么样的主体、什么样的关系维度、什么样的空间尺度等基准条件,才有可能界定适合程度。

存在代表着物质运作,思维代表着精神演绎,承载这两者的系统在产生-检验循环架构当中存在着对偶性(见 15.2 节解析),这预示着存在与思维之间的密切联系。从思维模式的形成过程来看,它既有先天的遗传(原始条件反射),又有后天的塑造(后天实践学习),无论是哪种情形,都依托于作用性建构,从这个意义上来说,存在决定了思维。而从思维模式的运用过程来看,主体能够基于过往所习得的适应规则来监控实时表现,并在出现偏差时及时对偏差予以修正,这是主体内在意志的重要体现,主体能够依据自身的价值需要来改造自然、优化环境,从这个意义上来说,思维决定了存在。

对于判断性问题,需先有校验规则才能进行回答;对于开放性问题,需先有理论、模型或丰富经验,才有可能进行较为全面而严谨的回答。当既没有明确的校验规则,又缺乏能够包容问题的理论或学说时,问题就很难有标准答案。存在与思维的两个方面问题即属于开放性问题,要从根本上解决问题,还是应当回归到理论当中来。如果能够明确物质世界从微观到宏观的一般演绎规律,如果能够建立物质演绎与精神发展之间的明确逻辑对应性,那么思维与存在的问题就能够划归为同一运作体系内的问题,对两者之间的关系界定就具备了较为充分的依据。雪花模型能够提供一些理论性参考,但还不能从根本上回答这两个问题,其原因有两方面,一是关于物质世界的大统一理论(物理学理论)还未成型,二是包括雪花模型在内的各种认知或思维理论还有待包括生理学、神经科学、人工智能,以及各种综合或交叉科学的进一步探索与检验,当这两方面都趋于成熟,并能够审视两套体系的逻辑一致性问题时,也许能够对恩格斯的疑问做出较为可靠的回答。当然,这个过程中更有可能衍生出比这些基本哲学问题更为紧迫和严肃的新问题。

第17章 雪花模型与老子之道

老子哲学集中体现在《道德经》一书中，《道德经》文字简练、思想深邃，被誉为中国智慧第一书。要深刻领悟《道德经》，关键在于把握"道"字真义。有人说"道"即是无，有人认为"道"是一种"实有形态"，有人推断"道"统"有无"，有人点出"道"乃宇宙的本原和实质。这些解说之辞都有一定的道理，不过问题在于，解辞本身依然局限于《道德经》的既定框架，或是西方哲学的分析范式之中。哲学本身是非常抽象的，用哲学话语来解说哲学概念，通常并不能让我们获得更为清晰的认识。要从本质上理解"道"为何物，应当用一种更贴近于自然科学的方法，从认识的机制或原理上来解释"道"的结构形态，以及"道"的生成变化。

17.1 老子的"有""无"之辩

老子哲学中，"有""无"是孕育天地万物的本始，《道德经》通篇中大量出现"有"与"无"的辨析，要深入解构老子之道，准确定性"有""无"的内涵是极有必要的。在进一步阐述之前，需要先明确人的认知演绎体系是如何加工出"有""无"之别的。

基于雪花模型的情理逻辑的第一层判定即是〖有|无〗判定，〖有〗、〖无〗之分源于人的感觉系统的分化，其中，〖有〗代表刺激信号在当前可感受，〖无〗代表可感受的信号在当前并没有处于激活状态，因此，情理逻辑中的〖无〗以〖有〗为基础，由于每个人对〖有〗的判定存在或多或少的差异性，这也造成了个体感受上的主观性，这种主观性既表现在对〖有〗的感受中，也表现在对〖无〗的感受中。

如果站在第三方的客观视角来看，那么对"有"与"无"的认知就会有所不同。对于视觉系统来说，波长在可见光之内且达到一定亮度的光源，视觉系统是能够感知的，因此它们可被视为"有"；而可见光区间以外的光源，或是亮度不够的光源，视觉系统是不能够感知的，因此它们可被视为"无"。从这个意义上来说，"无"并不是特定的刺激在当前没有激发，而是无法采集，"有""无"所界定的事物本质上是同一的，只是感受器组件相对精细的特定采集尺度将事物做了区隔。从客观视角来看，被隔离掉的"无"通常比人的感觉系统能够采集到的"有"的范畴要大得多。例如，可见光只是所有电磁波当中频率极为狭窄的一部分，可闻出的气味分子只是自然界中所有化合物质当中的极小一部分，可听出的声音也只是所有震荡波当中的一小部分……人的感觉系统所能采集到的信息，实际上只占自然万物中各种作用交互信息当中的极小一部分，换句话说，"无"所蕴藏的信息量，比"有"巨大得多，因此，客观视角下，"有"以"无"为基础。相对于主观视角来说，客观视角是对所有认知主体的认知结果的综合，这里的认知主体不仅包括个人，也包括人类所能够利用到的各种检测系统，由此，客观视角下的检测能力实际上是没有限制的（如果说有的话，主要是技术上的限制），客观视角能够认识到那些个人主观上难以直接认识到的信号,当这些信号出现时,即代表"有",没有出现时,即代表"无"。

无论是主观视角,还是客观视角,"有"与"无"实际上都是针对同一标的,这两者存在着内在的同一性。黑格尔指出:"有是绝对的否定,因此是无;反过来,无是自身等同的直接性,因此也是有[①]。"这句话体现的也是"有""无"的同一性。

"有"与"无"不是对客观事物的界定,而是对人的感觉范畴(包括借助于各种检测工具的反馈)的界定。有无并不是感受过程的专利,以任何一个运作模式为起点,其中都存在有、无之别。感知过程中,显著焦点特征会被视为"有",而一般的非焦点通常视为"无",从第三方视角来看,任意一个场景当中的非焦点特征都远远多于焦点特征;机动过程中,当前正在交互且能产生体验感受的对象会被视作"有",而当前有交互但未产生任何体验感受的对象通常会被视作"无";消解过程中,那些能够引发明显体验异动的作用进程会被界定为"有",而那些不能引发明显体验异动,不能弥补当前需求缺失,不能缓解当前消极体验的进程会被界定为"无",当机体所感受到的体验反差越明显时,"有""无"之间的界限也会越加清晰;调谐过程中,那些能够带来明确效用波动的交互进程会被界定为"有",而不能够带来明显效用波动的交互进程会被界定为"无";趣时过程中,那些能够导致效应转变的实践策略会被界定为"有",那些不能够引致明显效应转变的实践策略会被界定为"无"。这里的每一种"有""无"判定都涉及休谟在批判经院哲学时所提到的数或量的约定。整个认知的迭代演进当中,"有"的范畴越来越"狭窄"(因为限定条件越来越多),但对场景信息的鉴别度越来越深入,此外,低层运作机制当中的"有"都有可能被高层视为"无"。例如,照片中的事物在感知过程中是一种"有",但机动过程则会判定为"无",因为它无法带来任何实质性的沉浸体验。

基于上述解析,就可以来分析老子的"有""无"哲学了。老子开篇中提到"无,名天地之始;有,名万物之母",天施万物,地载万物,天地是比万物范畴更为广阔的存在,人的感觉系统可以感受万物,但是对于更加宏大的天地来说,人的感觉系统是存在局限性的,天地之端难以觉察,万物之迹可以寻踪,故而天地冠以"无",万物冠以"有"。《道德经》第四十章提到"天下万物生于有,有生于无",老子将"无"视为"有"的基础,这相当于客观视角下的〚有│无〛判定。在未建立明确的信息采集机制之前,自然当中的相关交互信息都属于一种"无",而特定的信息采集机制建立之后,相关信息就成为一种"有",因此,对万物的感知总是从无到有的过程,人的认识过程也是从零开始的。从这里可以看到,老子眼中的"有""无",不是单次感觉过程当中的"有"与"无",而是一种基于演绎的、进化的、客观的"有"与"无",其中的"无"比"有"的范畴更为广阔,也更具包容性,由此,"无"的含义可以进一步引申为承载并化育万象(万物)的基础平台。"无之以为用""为无为""无为而民自化,无事而民自富""行无行,攘无臂,扔无敌,执无兵"等中的"无"字均可做此解。

17.2 老子之"道"的真正本义

"道"乃《道德经》的题眼所在,道既不是指"有",也不是指"无",而是指主体系统当中的运行规则。《道德经》第四十章的"反者道之动,弱者道之用"深刻阐释了"道"作为规则的运行机制:

[①] 黑格尔.小逻辑[M].2版.贺麟,译.北京:商务印书馆,1980:192,195.

"反",不是指往返,而是指相对于过往表现的巨大反差、差异,这一差异是由系统的经验运作之"道"来进行检测的。当当前运作表现出现较大反差时,意味着经验之"道"开始失效,在系统弥合差异的过程中,反差表现与反差动因成为系统运作之"道"不断迭代进化的重要佐料,"道"也因此而不断变异,直至与新情境相适应;而当反差比较微弱,即当前表现与过往相差不大时,"道"则不发生变动,系统的运行依然由经验规则所主导、所运用。简单来说,当万物更替、社会生变之时,"道"也跟着转变,当万物寻常、社会稳定,"道"也显得保守,"道"因变而动,因恒而持。雪花模型中,模式探索阶段就是"道动"过程,模式应用阶段就是"道用"过程,前者存在规则的结构性更新,后者则是既定规则范畴内的素材更新。

规则不是只有一个,只有一种,而是因主体系统的不同而呈现出显著的差异。以人为代表的复杂主体系统中,规则是有多个层次的,每一个层次中的规则实例又是极其多样化的,不同层次间的规则又是相互关联、相互影响的,不同的主体面对同样的环境,规则之间相互关联的权重是不一样的,同样的主体面对不同的环境,规则之间的联动表现也是不一样的,主体的多样性和环境的不确定性,使得很难明确所激活的究竟是哪一种规则,规则的执行表现亦难有定论,这就是"道,可道也,非恒道也"的具体体现。包括自然系统在内的许多主体系统都有其内在的复杂性(参考 15.2 节说明),因此"道"之无常也是自然界的基本规律。

将"道"理解为规则时,老子的许多言论理解起来就会顺畅很多。例如,第二十一章中提到的"道之为物,惟恍惟惚","道"作为规则,"物"可理解为物象,也可理解为物体,针对物象的感知规则即为感知焦点,针对物体的作用规则即为作用体验,面对同一情景中的同一对象,感知焦点不同,生成的认知会有所区别(参考 14.1 节中的"杯脸图"),融合体验的方式不同,生成的物性体会也会有所区别,因此时而恍(有、显著或实在)时而惚(无、一般或虚假)。第七十七章提到的"天之道损有余而补不足,人之道损不足以奉有余",这里的"有余"和"不足"都是相对人而言的,由于天这一主体系统要比人这一主体系统宏大得多,因此天的运行规则不会只针对人来进行,而是要协调天之中的一切事物,这种广泛而深入的协调在人看来,就是一种公正和公平的体现,因此天道是损有余而补不足的。而对于人来说,其适应规则是要保障自身的生存和发展,具体表现在弥补需求缺失(效用规则)、巩固权属资源(效应规则)、确保远期效益(效果规则),这一机制会促使个人不断地去索取外部资源、持有既属资源,故人之道是损不足以奉有余的。

老子在第四十二章中提出"道生一,一生二,二生三,三生万物",这句话极其简练而抽象,进而导致理解上的困难,不过,由于其演绎阶段与雪花模型的层次体系存在诸多相似性,从而为解构其实质含义提供了新的可能。逻辑全景图中,21 个逻辑变量的演绎是从规则变量开始的,所有的逻辑变量都可视为初始规则变量(刺激感受)不断迭代进化的结果,这是一方面。另一方面,由于主体性的建立与所处层次无关,只与交互所跨越的层级数有关,同时任何系统又可以进行尺度或层次上的无限细分,因此主体性理论上可以出现在任一层次、任一尺度上。由此推之,作为起始的规则变量,它看起来是单一的、本原的,但是相对于更为微观的系统来说,它又是相当复杂的,因此,规则的起点并不是规则的本原,它只是规则体系不断发展演绎的参照点而已,在已有的最初始规则变量之中,还蕴涵着更为底层的规则演绎体系,它们代表着更为微观系统的演绎规律。这种无穷无尽、无所不在的规则演绎体系,在老子那里通称为"道",以其中任意一个演绎节点为起点,都可以对"道"的发展演绎进行定性:"道生一",即代表本元关系的形成,刻画该关系只用一个逻辑变量即可;"一生二",即代表相关关系的形成,表征这一关系需要两个逻辑变量;"二生三",即代表作用关系的形成,映射这一关系需要三个逻辑变量;

任意一个超过三个层级的复杂交互系统之中,都有可能催生出新的主体性(参考5.6节说明),主体映万物,万物皆主体(参考15.2节说明),故而有"三生万物"。从这些解析中可以看到,老子所言的"一、二、三",并不是简单的数量指代,而是参与规则运演的交互层级的不断提升,以及交互演绎复杂度的不断增强。

"道"从一进二再进三,预示着结构和层次的不断演进升级,老子进一步提到:"万物负阴而抱阳,中气以为和(帛书)",这句话是对万物演进机理的进一步阐释,即结构是如何从简单趋向复杂的。"负阴抱阳"是一种动态描述,可以有两种理解:一种解释是将阴阳理解为物力,万物因阴的承载而具备了稳定的后台,从而能够笃定地施事用物,就像是人因为有了地的支撑(如无支撑就会进入失重状态),才能够开展各种生存活动;另一种是将阴阳理解为物性(价值),"负阴"即"阴"这一交互环境所带来的负面价值,使得主体性有所缺失(对于狭义主体来说即是一种价值缺失,对于广义主体来说可视为一种暂时脱离于物质运动常态的非稳定震荡状态),"抱阳"即为弥补主体性缺失的主动行为趋向,万物的主体性因"负阴""抱阳"而凸显。"气"本指体积与形状不定、能自由散布的物体,这里喻指阴阳交互形态或样式的不明确性、高机动性,唯有其分布的集中区才能更好地作为阴阳交互的稳定代表,这种不确定性中的某种相对明确性,就是微观运动在统计意义上所映射出来的宏观稳态。"中气以为和",就是对阴阳交互总体稳态的原理性刻画,其中阴代表的是客体的影响力,阳代表的是主体的自持力,交互的总体稳态通常会落于双方力量的中点之处。中气致和是一种宏观势态描述,是对"道"的层次进化的原理性解析。《象传》曰:"乾道变化,各正性命,保合太和,乃利贞",意指天下万物各守其性,从而争议不断,只有确保相互间协同耦合,以及全面的、广泛的和谐,才有可能使得万物的权益长久且贞固,能够达此功业的,唯有代表天道的乾卦。《象传》对乾卦的注解与老子"万物阴阳相交,中气致和"的寓意是吻合的。

规则的表现是两两对立的(参考图3-1),"道"的表现也是两两对立的,《道德经》第二章中集中描述了多种对立性,除此之外,老子还具体说明了每种对立性的建构方式,如"有与无相生,难与易相成,长与短相较,高与下相倾,前与后相随",这与规则建立于特定的状态目标演变与行为对策的匹配对接上是相吻合的,即规则("道")的背后,既有形态表现,亦有组织策略。要注意的是老子所给出的"生"字,它有着特别的含义。与"生"意义相近的为"长"字,两者是有重要区别的:相继而成为"长",相搏而成为"生","生"内含着否定之否定,是一种质变结果,而"长"则凸显的是纯粹的量变过程。规则的迭代进化既伴随着"生",也伴随着"长",没有"长",结构就不能融合,没有"生",结构就不能升华,更不能进化。规则的进化要在开放环境中才能实现升级,如果仅仅在原有的狭窄范畴内打转,所沉淀出的规则不会超出原有的架构,甚至有可能因为系统的封闭与固化而使得新沉淀出的规则失去了感知历史的能力,进而导致功能退化。

老子之"道"的本义是规则,由于规则演绎的极其多样性,"道"的含义也极为丰富,要领悟具体语句或情景中的"道"之所指,应当结合其演绎基础和演绎层次来解析。

17.3 社会之"道"的进化路径

任何主体系统,都有相应的一套规则演绎体系,任何主体系统,也都有自身的运行之道,对于个人如是,对于社会亦如是。老子在《道德经》第三十八章中提出:"失道而后德,失德而后仁,失仁而后义,失义而后礼",这句话勾勒了社会层面的"道"的演化。社会系统以个人为核心,是无数个人这类主体要素的综合演绎。把社会整体当作一个主体系统,那么其演绎尺度要比个人更为宽广。从层次建构论中可以了解到,无论主体系统的演绎尺度宽窄,它们都有着类似的层次演绎规律。下面结合雪花模型来解析老子关于社会之"道"进化路径的演绎逻辑。

"失"可理解为失效,即既有规则在当前场景中难以有效发挥作用,一种典型表现就是基于该规则所给出的指引存在价值表现上的不稳定性、状态演变上的难以预见性、对策执行上的难以操控性等问题。

"失道"即代表个体以自身的运作规则来适应社会时,实际表现经常出乎意料,时而表现优异,时而表现糟糕,这意味着习得规则对待适应社会内在演绎规律的刻画是不充分的。随着适应经验的不断累加,个体最终会从随机表现中发现一些表现稳定的情形,这一情形意味着主体与环境(客体)所达成的某种协同状态,这种同时糅合主体与客体意志的协同状态,与"德"字的本义是吻合的。"德"的字形构造为"彳、十、目、一、心",含"彳"的字大多内含行为或道路之意,与"道"字原义相近,"十、目、一、心"组合喻指众人一致的、协同的认知或行为意向,因此"德"的字形意思即蕴涵着主客体之间的价值协同。相对于基层的"道"来说,"德"是一种相关性建构,是各种(失效的)"道"与待适应环境竞争博弈而形成的稳态结构。"德"所建立的是一种客观价值体系,它是没有中心的,它不是个体意志的体现,而是群体价值的展现,也是"道"的社会属性表现,我们今天所经常提到的修养品德,实际上是"德"的引申义,而不是它的本义。"以阳动者,德相生也;以阴静者,形相成也"(《鬼谷子·捭阖》),阴阳相对,故"德"与"形"亦相对,"德"相当于一系列动态演变之中代表之"形"、稳态之"势",也只有兼容参与演变各方的最大通约性才具有这种统计上的代表性,鬼谷子所言的"德"之本义也是不同主体在知行演绎上的协同,并可影射伦理上的价值协同。

当"德"失效时,代表着主客体间价值协同的失衡,这种失衡源于能够影响或改变双方价值协同性的差异化交互条件,失衡具体表现在双方或群体间的协同存在着形式或结构上的不断转变,使得原来已经平衡的价值边界不断发生波动,在持续失衡中,主客体间的纠缠形态有可能在动荡中逐步趋向于新的平衡,它吸收了影响原有平衡结构的一系列环境因子。纠缠形态从原有的初始平衡态趋向新的平衡态,相当于从一种形式的"德"转换至另一种形式的"德",这种转换就是"仁"。"仁"是在特定的环境刺激条件下,一种群体共识(价值协同)向另一种群体共识(价值协同)的迁移,其中涉及标的性、变化性、持续性,以"道"为起始,那么"仁"就是一种作用性建构,这一建构呈现了群体(社会)共识是如何转变的。

当"仁"开始失效时,意味着"德"的特定转换形式是不符合实际的,转换过程或转换结果偏离于群体间的共识(某种价值协同),使得"德"再度失衡,"德"的无序化为"仁"的局部变异创造了可能,同时"仁"在实际环境当中的持续失效也为群体共识的转换提供了丰富的经验教训,其中存在着一些转换后的"德"相比另一些转换后的"德"表现更为稳定(即更符合共识)的情况,越符合共识越有可能使得相应的转换形式稳固下来,越不符合共识越有可能导致相应转换形式在社会中的消亡。这种在"仁"的持续失效中而逐步沉淀出来的稳态即代表一种"义",它意味着否定一类"仁"而趋向于另一类"仁"。相对于"仁"来说,"义"开始有了中心,"义"不仅继承了"仁"的目标导向性,还能够区别并分化不恰当的目标导向,使得特定的价值导向能够保持稳固,因而表现出了一种社会层面的主体性,并具体体现在社会群体的需求进程当中。古文义字

(義)从我从羊,羊是人生存的必需品,因此"义"字暗含了需求、给养的意思①。《释名》中给出義字的解释为"制裁事物,使各宜也",《周易·乾·文言》提到"利物足以和义",这些表述既隐含需求之意,同时也表明了社会层面的共识应当如何达成。"义"合己代表满足自身需要,"义"合外代表满足他人需要,当前许多关于"义"字的组词多与后者有关,例如"义仓、义父、恩义、义塾"等词。《礼记·礼运》提到"仁者,义之本也",点出了"义"以"仁"为基础,是在"仁"基础之上的进一步发展。以"道"为起始,"义"即是一种主体性建构,它明确了社会层面的一种稳定的价值演绎趋向,即人人因需求而生存,因需求而交涉,因需求而联动,因需求而结盟,需求是社会演化的基本单元,满足各自需求的有效社会共识则是社会演化的主体性所在。要研究社会的演化与变迁,应当以需求为基核。

在一定环境条件下,任何经常纠缠在一起的群体都有可能锤炼出以该部分群体为中心的有效共识,维护这一共识成为该群体的义务。每一个具有维系群体共识的系统都是一个基本的主体系统,在社会当中,这样的主体系统有很多。当不同的主体系统之间发生纠葛时,"义"就会失效,既有群体所已经经过锤炼的有效共识开始受到了新的挑战,这种挑战不同于固定环境下的影响,因为带来挑战的是其他具有维系群体义务的主体系统,既有之"义"的主体运作结构会受到或浅或深的影响,其中不仅有"德"的失衡,还有"仁"的混乱。环境所带来的不确定性使得失衡和混乱很难通过主体系统自身的调节来单方面稳定,每一次调节都有可能引发新的影响,在不断碰撞中,最终所达成的是类似"德"一样既印刻了主体意志,又糅合了环境意志的交互稳态,这种不同共识性群体之间的交互稳态即代表一种"礼"。"君子非礼而不言,非礼而不动。好色而无礼则流,饮食而无礼则争,流争则乱。夫礼,体情而防乱者也"(《春秋繁露·天道施》),董仲舒眼中的"礼"就是对各种需求(如生理需求、饮食需求等)的行为规范。今天的礼字多指社会的行为准则、生活的交互礼节等相对正面的意思,而老子的"礼"则囊括了更多的负面含义,我们可以从"夫礼者,忠信之泊也,而乱之首也"这句话中窥探一二。从雪花模型来看,"礼"可用颉颃关系来描述,该关系的价值表现共有 8 种,总体上可分为两大类:一类是环境的支撑与巩固(强化),它可能是及时的协助帮扶,也可能是危险之中的落井下石;另一类是环境的限制与掣肘(弱化),它可能是一种极为恶劣的破坏,也可能是对自身不当行为趋向的约束与规范(参考 3.3 节说明)。8 种颉颃效应表现中既有正面的,也有负面的,它们能够反映与"礼"有关的各种需求纠缠性质。"礼"的成型源于"义"的相互竞争,竞争中弱势一方通常会表现出相对于强势方的礼节,其中存在着双方权益的再分割,从这里也可以看到为什么老子对"礼"有着相对负面的看法,老子所向往的"小邦寡民,甘其食,美其服,乐其俗,安其居②"就是去"礼"的具体体现。以"道"为起始,那么"礼"就是一种社会性建构,"礼"是对不同社会主体之间交互形式的规范,也是基于强势方利益而约定的游戏规则。

与老子有所不同的是,孔子对"仁、义、礼"的含义做了重新提炼,重点强调了其中相对正面的意思。孟子在孔子"仁、义、礼"的基础上,进一步提出了"智"的概念。"智"即社会交互的知识与智慧,这种智慧可通过对守礼的变通而体现出来,可能是打破了既有的"礼",也有可能是守礼的基础上进一步扩张了"义",使得主体的价值进一步得到体现。相对于最基层的"道"来

---

① 有将義字做"己之威仪"解,而从义的甲骨文字形(𦙫)来看,其含义与需求活动(狩猎)更为贴近一些,故此处解为需求之意。

② 注:当前通行本《道德经》文本为"小国寡民",而帛书老子是"小邦寡民","国"字古文写法为"國",从字形来看,它是武力和防御的协同体现,其中蕴涵着各种"礼"的表现,相对而言,意思相近的"邦"字的字形隐含着繁茂丰盛的都市的意思,两相比较,"邦"字更符合老子的本意。

说,"智"代表的是一种发展性建构,它呈现的是既有社会规范基础之上的合理变通。

董仲舒进一步明确了"信"的概念,"信"可视为"智"失效之后,经过无序碰撞之后而沉淀出来的社会发展稳态,这种稳态不是着眼于当前,而是着眼于未来,它是发展性建构的进一步延伸。"信"可视为"智"的矛盾对立体现,相对于"智"来说,"信"是一种相关性建构。建立"信"的基础不是两相情愿,也不是暴力强制,而是不断斗智斗勇的结果。以阿里巴巴集团网络交易信用体系的建立过程为例,担负交易中介的支付宝将买卖双方的交易风险嫁接到了中介平台身上,为信用体系的建立迈出了极为关键的一步,集团随后成立的安全部门汇聚了众多网络技术专家、公检法领域的经侦专家和网监精英,以及大批法律专家,专门研究在线交易当中可能发生的各种欺诈行为,以此来保障网络交易的安全性,维护消费者和商家的信心,由此可见打造"信"的不容易,它要比"智"考虑得更多更远,因此,"信"是"智"的进一步发展。

总体来看,"德、仁、义、礼、智、信"都是"道"在社会当中的演进,它们显示了社会之"道"的进化层次,每一个层次的演绎都面临着与其复杂度相当的社会环境,每一个层次的迭代升级都起源于低一层次在更复杂环境中的失效,复杂环境催生了低一层次运作规则的各种副本,高一层次就是在这些主、副本的反复竞争中而沉淀出来的。整个迭代路径可以简单概述为:道道相争生德,德德相携生仁,仁仁相搏生义,义义相困生礼,礼礼相克生智,智智相剥生信。其中的生字代表一种演化与合成,在演化的过程中,还存在着无数其他非稳定形态,它们是短暂的、无法持久的,它们共同构成社会的万象。"德、仁、义、礼、智、信"都是"道"的演化表现,是"道"在不同层面、不同交互复杂度上的性质呈现,每一次演进,都会有新的交互因子引入进来,没有更复杂环境因子的不断融合,"道"的演绎建构是不可能实现迭代升级的。在这个升级演进过程中,"道"的运演尺度不断扩展,进而实现更为深入、更为全面的社会价值筹算。

上述演化路径还可以进一步延伸。有了信任体系做铺垫,就可以订立盟约了,而失去信任,既有的盟约就会面临失效的风险。为了协调各同盟团体之间的各种分歧,建立联盟之间的经济秩序,就需要立法与执法……于是就有信信相融生盟,盟盟相制生法……

图17-1简要示意了包括"德、仁、义、礼、智、信、盟、法"的演绎进路,它们都是"道"在不同层面的延伸,它们的演绎层次数超过了个体,这充分说明了社会是比个人更为复杂的演绎体系。

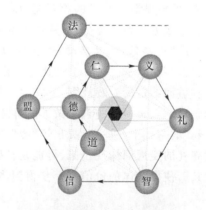

图17-1 社会之道的演绎进路

道无所不在,道无处不行,寸道可损锱铢,地道可化万物,人道可筑世态,天道可执乾坤。

第 18 章　雪花模型与易经思想

《易经》在中华文化中有着极为特殊的地位,《易经》被誉为华夏文明之根、大道之源、群经之首、社教之书,是中国传统文化与历史底蕴的最突出代表。《易经》的一大特色是运用卦象之变来指喻事物演变,所有的演变都围绕一个统一的框架——阴阳竞合的 6 画卦(也称重卦)。虽然框架看起来是简单的,但其演变形式是极其多样化的,能够影射的事物亦无穷无尽,进而为《易经》带来极为广阔的应用潜力。

《易经》形成年代久远,内容博大精深、玄奥神妙,衍生派别众多,要准确地理解把握其内涵绝非易事。雪花模型与《易经》的演绎框架与演绎形式在许多方面存在相似性,这给了我们一个审视《易经》演绎内核的全新研究视角。

18.1　《易经》的演绎层次与价值判定

(1)《易经》的多层次性

《易经》的 64 卦都包括 6 个爻,它们代表事物发展的 6 个阶段,雪花模型内含 6 个运作模式,它们代表个体适应环境的 6 种由简到繁的运作模式。两套演绎体系都包含 6 个基本层次。根据《易经》每个六画卦的卦爻辞的情景表述,《系辞传》做了大体的总结:"其初难知,二多誉,三多凶,四多惧,五多功,其上易知。"这句话表明了一般事物发展的 6 个阶段的大体表现。从雪花模型来看,其 6 个运作模式当中也有着类似的表现,具体说明如下:

感受过程可以判定刺激信号有无,但无法分析刺激信号所关联的情景演变,因而感受过程是很难获知所适应场景的情况的(难知);感知过程能够分类识别场景当中的各种特征关联性,能够明晰事物的基本类别,为个体进一步认识环境交互性质奠定基础,因此是值得肯定的(誉);机动过程代表个体适应环境的实践过程,在这个过程中,究竟获得积极体验还是消极体验是存在较大不确定性的,并且不管表现如何,个体都缺乏进一步处置的经验,使得自身随时处于危险之中而不得化解(凶);消解过程倾向于趋乐避苦,能够结合过往实践经验来判定所适应环境的好坏,对于过往体验较为消极的事情,个体再次面对时会产生惧怕心理,由于个体还处于成长初期,化解消极事物的能力还相对有限,因而这种惧怕是会经常出现的(惧);调谐过程倾向于趋同控异,可能屈服于别人的势力,也可能有效管控别人的竞争(功);趣时过程倾向于趋利止损,能够事先筹算矛盾或问题的价值走向,并能够结合实践表现反思预期决策,进而形成对事物的较为全面的认知,乃至事物的进一步生成演变(易知)。《易经》六画卦爻位与雪花模型各运作模式之间的对应关系如表 18-1 所示。

表 18-1 《易经》爻位与雪花模型的层次对应关系

规则模态	判定规则	运作层次		爻位	爻位表现	爻位性态
[规则应用] 规则表现明确 主体意志凸显	感受分化	感受过程		初爻	难知	[阳爻]
	焦点分化	感知过程		二爻	多誉	
	体验分化	机动过程		三爻	多凶	
[规则探索] 规则表现随机 主体意志不明	效用分化	消解过程		四爻	多惧	[阴爻]
	效应分化	调谐过程		五爻	多功	
	效果分化	趣时过程		上爻	易知	

(2) "易"的进化路径

《系辞传》给出了"易"的进化路径:"易有太极,是生两仪,两仪生四象,四象生八卦,八卦定吉凶,吉凶生大业。"整个路径呈现出了与复杂系统倍周期分岔特性相类似的倍增现象,雪花模型的规则裂变图中也存在着类似的倍增表现(如图18-1所示)。

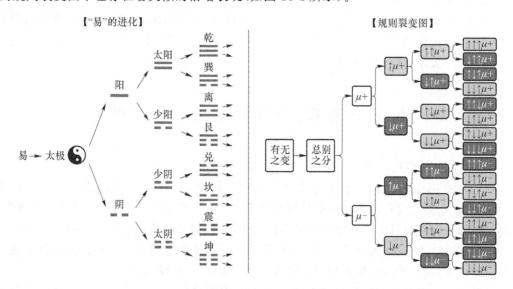

图 18-1 "易"的进化与雪花模型的规则裂变

太极是"易"的进化初始阶段,日月为易(《祕书》,见《说文解字·卷九》),易的本义与天体运动有关。太阳一年在圭表中的投影衍生出了最初始的太极图,它是日地运动在平面上的映射。目前流传最广的是改进了的阴阳鱼太极图,其中阴阳相竞,阴中有阳,阳中有阴,同时随着条件的变化,还会出现阴阳消长的异动趋势。太极图的这种逻辑表现与相关关系存在一定的逻辑相似性。任意两个对象之间都可以建立相关性,任意事物都可视为相关性建构的产物(复杂事物对应多重相关性建构),因此,任意事物当中都内含着相关性的纠缠,就如同任意事物内含着阴阳的纠葛。相关关系可用札德的模糊集理论来描述(参考14.1节解析),一批同样的元素组合,既可以看成是一种对象,也可以看成是另一种对象,对两个对象的准确区分在于元素与对象的关联权重(隶属度)的不同,权重发生变化时,判定对象归属的可靠度也跟着发生变化,权重可视为局部的参数异动(可用感知焦点变量描述),对象归属可视为整体上的势态表征(可用感知目标变量描述)。相关关系可建立在任何基准之上,其中的权重异动可以是一种目标类属之争,可以是有序性与无序性之争,可以是有效性与无效性之争,可以是协调性与失调性之争，也可以是进步与退步之争，这些竞争过程的异动表现均可以用太极图中的阴阳消长来进行形象地刻画，这是其一。其二，太极图虽然是阴阳二元相争，但它是归一的，或者说是对立统一的，正是阴阳之争所带来的稳定分布结构奠定了这种统一性，它成为更复杂演绎形态的基本单元，由于其内部稳态实质上是经验条件下的某种动态平衡，从而为复杂条件下的不断转换埋下了伏笔。相关关系所沉淀下来的感知目标也是对立统一的，对立性体现在批量刺激信号相互竞争而分化出来的焦点与非焦点，统一性体现在各种不同类型刺激特征的同步融合。在作用关系、需求关系等更高层逻辑关系中，原有的感知目标可能发生各种形变、实现各种转换，进而演绎出更为复杂的状态演变模式，其表现与阴阳交互的不断复杂化是类似的。

太极之阴阳是对立统一的，而两仪、四象及八卦中的阴阳则是这种统一性在对外交互中的分化。从两仪到八卦，阴阳不断交互演绎出了基于主体的价值取向，具体通过各爻辞当中的"吉、凶"等判词而体现出来。雪花模型的效应规则裂变出 8 种价值表现，全面界定了个体适应社会时的 8 种正面或负面表现，表现正面意味着吉利、安好，表现负面意味着弊端、凶险，与"八卦定吉凶"中的数量与质性存在一致性。在此基础上，效果规则能够对效应表现进行进一步的运算统筹，能够估算各种效应矛盾的后续价值走向，这种对未来潜在价值的运筹过程，就是操持"大业"的重要体现，这一工作成果是在调谐过程的效应表现基础上迭代进化出来的，与"吉凶生大业"的进化进路是一致的。这里应当区别的是，进行"大业"筹算的主体单位一般不是个人，而是有着庞大的社会或经济联系的复杂系统，如公司、党团、邦国等，虽然主体的复杂度不同，但其中的演绎逻辑是基本一致的。

(3)《易经》常用判词的蕴意

《易经》当中有许多判词，如"吉、凶、悔、吝、厉、咎"等，它们是对所处情境价值表现的界定，以引导人们更好地适应环境。还有一类判词如"元、亨、利、贞"等，它们通常并不直接判定价值，而是对事物发展阶段及其演绎范畴的界说，它们与雪花模型的运作模式表现有一定的对应性，具体说明如下：

"元"有起始、开端之意，这一开端不是指认知的开端，而是指行为的开端。对于任何境况来说，能够脚踏实地地迈出第一步，都应当是值得鼓励的，没有付诸实践，就不可能全面了解待适应场景的性质与势态，也就难以展开进一步的适应策略。《易经》描述的是人与社会之间的关系，其起点不是懵懂无知的婴儿，而是有一定行动能力但是对社会的人情世故还缺乏了解的个体。在初步踏入社会时，个体适应社会的主体性是不明朗的（即基于社会的需求意向还未完全成型），要有效适应社会，应当从基础开始，在反复实践尝试中逐步形成明确的主体意志，这个基础就是组织行为的机动过程，它也是"元"所对应的运作模式。基于行为实践，来觉其迹、识其形、察其类，以便定其源、觅其踪、体其性，进而为后续行动提供参考。"文言曰：元者，善之长也"，善乃"德"的体现，为社会交互当中的相关性建构，"善之长"是对"元"的解释，意指基于善的进一步成长进化，这一进程可用"仁"来描述，"仁"即对应作用性建构（参考 17.3 节说明），与"元"所指向的行为开端存在对应性。从这里也可以看到，《易经》教导人们的行为应当秉持善意，如此才能更好地融入社会。

"亨"内含行动顺畅之意，与消解过程有对应性。个体基于实践摸索而习得的社会适应性认知，代表个体在社会环境中的主体性，其所对应的需求意向能否在后续的实践交互当中顺利实现，存在不确定性，判词"亨"表明需求能够得以顺利实现。"文言曰：亨者，嘉之会也"，意思是"亨"代表美好的相会，从雪花模型来看，需求的缺失会激发消解过程，而引入能够弥补缺失的积极要素则能够收敛需求缺失，个体向积极要素的趋近、与积极要素的作用交合，与环境客体的互补协同,即是"嘉之会"的具体体现,因此"亨"与消解过程的正面表现是吻合的。

"利"意指在适应社会的过程当中,个体能够进入有利位置、占据主导地位、脱离被动局面等,与调谐过程有对应性。在明确了社会交互当中的主体性之后,个体就能够检测主体性是否发生异动,从主体性受到侵害与限制、受到支撑与保障的两种对立表现中,个体可以得出利与弊的判断。"文言曰:利者,义之和也","义"代表需求,各种"义"之间的纠缠如果能够达成和谐的交融,就意味着一种"利",如果各种"义"不能协同共处,就有可能带来"弊"。

"贞"字从卜从贝,字形意思是筹算价值,一般指个体在面对社会事物的变迁时,能够坚持自己的判断,并坚定地依照这种判断来行事,这一表现与趣时过程存在对应性。"文言曰:贞者,事之干也……君子贞固,足以干事",《文言》将"贞"解释为做事的主干,意味着做事有条理、有计划、有方向,与趣时过程基于预期决策来指导实践的处理逻辑是类似的。"君子贞固",意指君子经过筹算的意向(内含某种价值期望)非常坚定,不因局部得失而轻易改变,这正是成事的关键。

总体上来看,"元、亨、利、贞"等判词表现出了一种逐步复杂化的趋势,且与"仁、义、礼、智"等"道"的社会演绎进路(参考17.3节说明)存在逻辑相似性,两者都呈现出了关于社会适应性的演绎层次性。与儒家对"仁、义、礼、智"赋予更多正面含义有所不同的是,老子以及《易经》都注意到了社会之"道"的价值多样性。《文言》中"元、亨、利、贞"四个判词的价值表现是相对偏正面的,但这种正面不是绝对的,而是有条件的,"君子体仁,足以长人;嘉会,足以合礼;利物,足以和义;贞固,足以干事",这些解析即说明了保障正面的实施条件,这也是在告诫人们,只要积极进取,总会在事物的演绎当中发现好的一面。

18.2 《易经》中的辩证思想

(1) 阴阳的辩证发展关系

"一阴一阳之谓道"(《系辞传》),17.2节指出,"道"即规则,基于不同的规则,可以分化出不同的质性判定,规则的多样性意味着质性分化的多样性,而阴阳可视为这种质性分化的一般描述。阴阳是对立统一的,对立表现在所分化的质性上,统一体现在分化质性的规则之中,因此论述阴阳时,可以单独展开,但论述规则("道")时,是不能将阴阳分开的。

《易经》中所有卦的每个爻都存在阴阳之分(断线为阴,实线为阳),因此,每个爻的阴阳表现都可视为某种规则的体现,不同爻位对应着不同的规则。表18-1初步对爻位与雪花模型规则体系的对应关系做了梳理,不过,雪花模型的规则演绎是基于个人的,而六画卦各爻位的规则演绎是基于社会的,把社会主体单元进行归一,那么其规则演绎体系就与个人相近。

雪花模型中,每个层次的规则都能够实现特定的质性划分,其中:刺激感受能够界定信号有无,感知焦点能够界定特征一般性与显著性,作用体验能够界定过程交互的积极性与消极性,需求效用能够界定体验价值的趋近与规避程度,颉颃效应能够界定效用价值的强化或弱化力度,抵兑效果变量能够界定效应价值的升级或降级幅度。把所有层次的规则表现视为统一体,那么每一层次的规则变量都是在前一层次的基础之上实现质性的再分化,这种普遍性的二分法与六画卦各爻的阴阳二分是一致的。不过,如果单从每种规则表现的演绎进路来看,高层规则的二分与低层规则的二分是不一样的,高层兼容低层的分化维度,同时叠加了新的分化维度,因而对质性表现进行了更为全面的细分,从二分到四分、八分乃至十六分了,"易"的进化路径与此类似(如图18-1所示)。由此,在分析六画卦各爻位的阴阳表现时,低层的阴阳与高层的阴阳有着本质上的区别,高层阴阳的尺度更宽广,维度更丰富,同雪花模型类似,高层阴阳也可视为是低层阴阳协同竞争的成果。

逻辑全景图的21个逻辑变量都是规则变量衍生出来的,阴阳之分不仅体现在规则变量的分化之中,也会延伸至高阶变量之中,9.1节所给出的情理逻辑的6种判定机制,可分别视为规则变量、状态变量、对策变量、主体变量、环境变量、时机变量的阴阳分化机制。

《易经》内含着许多阴阳辩证演绎特性,如平衡规律(事物自我调节以达到发展中的动态平衡)、整体规律(个体的变动始终在整体之内)、动力规律(爻变无所不在,其中存在着不断适应、不断更新,从低级移向高级,从简单移向复杂的运动特性)、相济规律(阴阳合德,刚柔相济)、对立规律(阴阳的质性对立)、相依规律(应位之间阴阳应和的依赖关系)、互含规律(阴中有阳、阳中有阴)、消长规律(阴长阳消或阳长阴消)、转化规律(阴阳相互转化)[①]等,这些规律在雪花模型当中亦有较为充分的体现:2.6节至2.8节解析了以规则为核心的三个主体部件不断调节以引导个体趋向平衡的演绎机制(平衡规律);每个运作模式中各基础逻辑变量的运作始终在序参量这一整体框架内进行(整体规律);运作模式存在着从低级向高级的发展演变趋势(动力规律);每个高层逻辑关系都是低层逻辑关系竞争协同的结果(相济规律);每个层次的规则变量都能够分化出对立的质性表现(对立规律);消解过程的收敛依赖于感受矛盾的消失,调谐过程的收敛依赖于状态演绎矛盾的消失,趣时过程的收敛依赖于行为对策矛盾的消失,这三组收敛机制存在相应与依赖关系(相依规律);高层规则变量所分化出来的正面价值表现中内含着低层的负面表现,分化出来的负面价值表现内含着低层的正面表现(互含规律);在基于既定规则的实践运用当中,有可能从一种价值表现逐步转移至另一种价值表现,这种转换过渡当中即存在着各类价值表现力度的消长(消长规律);规则裂变图中,从体验表现到效果表现有多条分化路径,一些路径可能一直保持正面,一些路径可能一直保持负面,一些路径则从正面转向负面或从负面转向正面(转化规律)。

《易经》中的阴阳辩证演绎特性在雪花模型当中都可以找到相应的解释,这给了我们研究阴阳辩证规律的一套新的体系参考。

(2) 爻位之间的逻辑关系

阴阳的对立统一性通常是针对同一层面的判定规则而言的,对于涉及不同层面的规则,阴阳的界定也会有所不同。个体要适应各种环境,通常需要不断地调节自身的适应规则,然而,不同个体因为基础和阅历的不同,对价值反差的敏感度是有差异的,因而触发规则更新调节的门槛是不一样的,一些个体在适应特定环境时的经验规则凸显且价值导向明确,环境的局部异动不会导致经验规则的明显调整,这种表现可视为阳刚之态,而一些个体在适应环境时经验规则的主导作用并不凸显,没有自己明确的价值导向或主张,环境发生的异动能够实时引发自身的规则调节,即时根据实际情形而调节适应策略,这种表现可视为阴柔之态。换句话说,阴相当于运作模式当中的模式探索阶段,个体价值由环境所主导,而阳相当于运作模式当中的模式应用阶段,个体价值由自身经验所主导,阴在刻录环境价值属性,阳在维系自身价值空间,阴阳的消长与主体适应环境的成效是存在逻辑对应性的。

上节所阐述的阴阳之间的辩证关系具有一般性,如果考虑六画卦中阴爻、阳爻所处位置的不同,那么阴、阳之间的关系还可以进一步细分,具体有"承、乘、据、比、应"等关系,这些关系在

---

① 闵建蜀.易经解析:方法与哲理[M].北京:生活·读书·新知三联书店,2013:117-133.

雪花模型当中同样有所体现,通过两套体系之间的类比,可以为爻位间关系提供一个更为直观和感性的认识。

爻位关系中的"承"是指低位阴爻对相邻高位阳爻的烘托、支撑。雪花模型中,低层对相邻高层运作模式有建构与支撑作用(参考表 5-1),低层模式的矛盾对立性凸显了其总体运作范畴,高层模式就滋生于这种整体性的范畴演变之中,因此,低层模式本身就具有承托高层运作模式的职能,没有低层运作模式的反复运作,高层运作模式的功能就难以凸显,不过,成型的高层模式又能反过来影响低层。从雪花模型来看,"承"就是低层运作模式不以自身层面的价值导向为目标,而是结合环境情况灵活应变,以支撑和适配高层运作模式的主导规则,相当于领导给定了总体任务目标,让基层不断去想办法尝试进而逐步达成任务目标,或是让基层重新调节优化其工作模式,以适应领导的规划任务与管理风格。

爻位关系中的"乘"是指高位阴爻对相邻低位阳爻的乘便、乘机、相就。雪花模型中,当低层运作模式有明确的适应规则来引导,同时相邻高层运作模式还没有形成对待适应场景的全局性认知时,意味着高层运作模式的适应规则处于失效状态(即属于规则摸索阶段的阴柔之态),此时的系统走向和价值反馈由低层模式的规则所推动,直至形成明确触动高层的价值反馈时,高层模式才会进行针对性的调节优化,这一表现即相当于高层模式对低层模式的"乘"。在社会关系中,高层对低层的"乘"相当于一定程度放权给低层去运作,有助于低层去临时吸收环境当中的各种全新异动,然后视情况表现来决定是否要进行全局性的调节,14.1 节中的模糊性概念即提到了这种运作,它相当于管理学当中所提到的灰度管理。此外,高层能力弱,而低层能力强,使得高层就着低层的运作,这也是"乘"的体现。

"据"是指高位阳爻对相邻低位阴爻的占据、压制。雪花模型中,当高层运作模式有着明确的规则引导(对应阳),而相邻低层运作模式没有体现出明确的适应规则(对应阴)时,由于高层对低层运作模式有包容重塑作用(参考表 5-2),因此高层的规则会压制低层可能出现的与高层规则不相容的负面表现,这一过程体现的即是"据"的关系,由于低层本身的适应导向不甚明确,高层对低层的"据"通常不会产生明显的冲突。

"比"是指相邻两爻之间的关系,其原则是"同性相斥、异性相吸"。雪花模型中,当低层与相邻高层都有明确的适应规则(同为阳)时,两者之间有可能产生价值冲突,高层运作模式因其更宽广的作用尺度、更深厚的关系维度而能够从宏观上指正低层模式的走向,低层运作模式也有可能因为发现了某个局部层面的巨大价值反差而震动了高层,从而影响了高层的规则表现。由于高层本身来源于低层的竞争协同,在环境不出现重大变异的情况下,高层通常会在冲突中胜出,成为待适应场景的规则主导者。如果低层与相邻高层都没有明确的主导规则(即同为阴)时,意味着两个层面的运作都会随波逐流,究竟哪个层面会主导适应表现存在不确定性。而如果相邻层级之间一个有明确的适应规则,另一个没有明确的适应规则时,其情况可能是"承""乘""据"当中的一种。

"应"是指相隔两个位置的两个爻之间的关系,即初爻与四爻、二爻和五爻、三爻和上爻这三组关系,每一组都呈现出相互呼应、支援的内在关联性。雪花模型中,感受过程与消解过程、感知过程与调谐过程、机动过程与趣时过程这三组关系都相隔两个层次,它们都属于主体性建构范畴(见 5.7 节第(3)点解析),主体性意味着可适应一定环境的相对稳定的作用系统,表现出一定的自持价值倾向,这种稳定且明确的行动意志依赖于四个相邻层次的协同运作,具体体现在:起始层的异动触发了相应高层(即第四层)的运作规则,第二层为该高层运作规则界定状态目标,第三层为该高层运作规则界定行为对策,而高层则统筹协调前三层的运作,直至起始层的异动调整至适宜的水平,这其中,起始层既是相应高层运作规则的触发条件,也是相应高层规则收敛与否的判定条件,这两个层次之间存在着呼应关系。

18.3 《易经》的卦理解构

(1) 三画卦的原理解析

陈红兵指出:"中国传统科学是围绕人的生存主题立论的,在人与自然关系上构建起天地人三才的总体框架[①]。"董仲舒对天地人的道性做了具体说明:"天道施,地道化,人道义"(《春秋繁露》),其中"义"与需求有对应关系(参考17.3节解析),"化"指性质或形态的改变,"施"有推行、给予、恩惠之意。万物统于天,天道损有余而补不足,从而广施万物,地道兼收并蓄广生其材,而人道以需为本、以危为界。人的需求取之于地,掣之于天,地能否支撑人的需求,天是巩固还是破坏人的需求,都将极大地影响人的生存,全面深入探究天地人之间的关系,对于人类的生存发展具有非常现实的意义。三画卦(也称八经卦)可视为天地人三才之间交互关系的系统刻画,每一才在交互过程中均有两种意志表现,即阳刚或阴柔,三才的阴阳交合总共可组合出8种交互形态,它们分别对应乾、坤、震、巽、坎、离、艮、兑等八个三画卦,其中每一个卦都有特定的寓意(参考表18-2第3列)。

表 18-2 三画卦卦理的雪花模型解释

三画卦	卦象	卦意	雪花模型解释
乾卦(天)	☰	刚健,运转不息	能够明确既定场景的作用性质,能够运筹既定环境下的事物演变,并从中实现自身的价值
坤卦(地)	☷	承载,吸收一切能量而产生万物	不凸显个人的价值意向,随遇而安,能够及时适应各种场景及其外部环境
震卦(雷)	☳	象征动力,震万物而萌发	既定场景在个人的价值实现当中的作用以及后续影响不详,处于初始交互阶段
巽卦(风)	☴	无孔不入,能运载各种能量	以明确的个人价值主张,和全面的环境统筹能力,来应对各种待适应的场景
坎卦(水)	☵	水存低洼之处,陷没,灾难,有险	所适应场景不定,对环境的价值异动把握不全面,却依然坚持自身的价值主张,固执且不懂变通
离卦(火)	☲	明亮,依附,罗网	能统筹运算既定场景的各种价值演变,且不盲目践行自身的价值意向,从而更有效地与环境达成协同
艮卦(山)	☶	静思勿躁,谨慎对待事物发展	面对任何待适应的场景,优先考虑所处环境的价值演变,而不是盲目地考虑自身的价值实现
兑卦(泽)	☱	外虚内实,有喜悦之感	针对既定场景积极实践个人价值意向,忽略了所处环境可能引发的潜在价值异动,有及时行乐之意

雪花模型的6个运作模式当中,前两个运作层次(感受过程、感知过程)侧重于觉知自身所

[①] 陈红兵.试论中国传统科学范式与复杂性科学的相应[J].学术论坛,2006(7):18-21.

置入的场景,场景是什么样子,所获得的觉知通常就会是什么样子。由于所处场景是承载个人适应性活动的载体,也是支撑个体需求进程的关键资源,所感受和觉知的场景信息可视为"地道"的质性表现。中间两个运作层次(机动过程、消解过程)用于组织个体的行为活动,以及即时调节活动的目标和方式,以保障自身的需求实现,这两个层次凸显了个人的行为本能与价值意向,是"人道"的直接表现。后两个运作层次(调谐过程、趣时过程)侧重于界定需求意向的外部影响,以及运筹受限需求在不同时空背景下的价值转变,个体所能实现的价值不完全由个人所决定,而是很大程度上由外部环境所决定,这种表现可视为"天道"的体现。由此,天地人三才的阴阳组合性质可由雪花模型的三个组合层次(每组对应两个运作模式)的一般表现来界定,表18-2中的第4列是基于雪花模型的卦意解析,其中场景代表"地",环境代表"天","天""地"为阴爻代表待适应场景或环境性质不确定,或存在多样性,为阳爻代表对所适应场景或环境的性质与运演相对明确;中间爻位为阳时代表个人行动意志或价值意向笃定,为阴时代表个人没有明确的需求意向。总体上来看,基于雪花模型的卦意解析与三画卦的含义基本上是一致的。

(2) 六画卦的原理解析

《易经》64卦源于三画卦的扩展,从三个爻位倍增至六个爻位,这些爻位的阴阳交互共可组合出64种形态,同三画卦类似,六画卦的每一种形态不是对具体情景的描述,而是对阴阳交互及其发展势态的抽象刻画,它们可运用在不同的场合、不同的条件中,为分析人间万难的演绎动向提供价值或逻辑参考。

《易经》中每一个卦的卦辞、爻辞都围绕一个主题展开,卦名是对主题所表达内容的提炼,爻辞是对主题所对应事物的6个发展阶段的分段描述。

雪花模型的规则判定组合与《易经》64卦之间存在着对应性。雪花模型包含6个判定规则,对于任意一个待适应的场景来说,6个判定规则中的每一个皆有可能起主导作用(对应阳),也有可能起跟随作用(由环境主导,对应阴),即每个规则有类似阴阳的两种表现类型,将6个规则的所有表现类型进行排列,则所有的排列组合刚好有64组,与《易经》六画卦的总卦数刚好一致。表18-1罗列了雪花模型判定规则与爻位之间的对应关系,雪花模型6个规则表现的每一种排列,都对应着《易经》当中的一个卦,这种对应性为我们解析六画卦卦理提供了一个新的参照。进一步对照分析就会发现,用雪花模型的规则表现组合来分析对应卦的卦理,与《易经》的卦理解析是基本吻合的。下面摘取部分卦来进行对照说明:

① 乾卦(䷀):所有的爻都为阳,从雪花模型来看,相当于个体适应环境的时候,无论是在微观细节方面,还是在宏观整体方面,自始至终都是以自身的经验或价值取向为主导,而不以场景或环境的表现为主导,显示了极为坚强的意志,其表现与《象传》中"天行健,君子以自强不息"的卦理是吻合的。天道因其能够统御万物,其刚劲强健并无不妥,而个人的力量始终是有限的,笃定的意志对于某些领域、某些场合可能是合适的,而另一些领域或场合可能会适得其反,进而"亢龙有悔"。

② 坤卦(䷁):所有的爻都为阴,从雪花模型来看,相当于个体适应环境的过程中,不以自身的经验或价值取向为主导,积极吸取场景或环境的演绎表现,或是依附乃至成就环境的价值取向,就像是一位母亲总是不辞辛劳,无微不至地关心照顾自己的子女,与坤卦的至柔至顺从而利贞的卦理是吻合的。

③ 小畜卦(䷈):仅第四爻为阴,其他爻皆为阳。从雪花模型来看,第四爻对应消解过程,其职能是满足自身所缺失的需求,呈阴性意味着暂时搁置缺失的需求,同时积极争取需求纠缠

中的效用可实现、可管控(效应规则起主导作用),以及需求转化当中的利益获得(效果规则起主导作用),这一表现与卦名"小畜"是相吻合的。

④ 大蓄卦(䷙):第四、五爻为阴,其他爻皆为阳。对照小畜卦,大蓄卦的第五爻由阴转阳,从雪花模型来看,相当于个体在暂时搁置缺失需求的同时(效用规则起跟随作用),又在与外部环境的需求纠缠当中保持谦让(效应规则起跟随作用),但依然坚持追求效应转变当中的利益获得(效果规则起主导作用),这是一个比小畜卦更有长远眼光的适应性策略,因此结果更有可能是"大蓄"。

⑤ 谦卦(䷎):第三爻为阳,其他爻皆为阴。从雪花模型来看,第三爻对应机动过程,是描述行为的,其规则起主导作用时,意味着个体总是在付诸实践,其他皆为阴爻(规则不起主导作用)意味着个体的实践完全是追随环境的,个体总是用实践表现来衡量事物,而不是用过往的成见来定性事物,这种适应性策略能够最大程度保障个体学习到环境当中的知识,并客观公正评价环境的质性,其表现与《象传》中所提出的"君子以裒多益寡,称物平施"的卦理是吻合的,也与卦名"谦"字含义相一致。要特别说明的是,《易经》中只有一个卦的六句爻辞全部是偏正面的,这就是谦卦。谦字本意是谦虚,从雪花模型来看,其实质是从行为实践中学习,不仅在微观和局部层面的学习依从于实践,在宏观和整体层面的学习也依从于实践,这是非常难得的。谦卦的这一特例也说明了《易经》对学习的高度肯定。

⑥ 豫卦(䷏):仅第四爻为阳,其他爻皆为阴。从雪花模型来看,仅消解过程的规则起主导作用,相当于个体不管所适应场景和外部环境如何变化,总是只顾着满足缺失的需求,体现出一种及时行乐的生存观,与卦名"豫"字所内含的"欢喜、快乐"之意是相称的。个体的这种适应性策略只顾眼前的开心,而不顾世态发展,显然是容易出问题的。从豫卦爻辞中可以看到,大多数描述也是不太吉利的,例如"初六,鸣豫,凶""六三,盱豫,悔迟,有悔""六五,贞疾,恒不死"。

⑦ 同人卦(䷌):仅第二爻为阴,其他爻皆阳。从雪花模型来看,第二爻对应感知过程,其职能是界定状态关联性,以有效识别区分各类事物,《象传》中"君子以类族辨物"也表达了类似的意思。感知过程不起主导作用,而其他层次皆起主导作用,意味着无论是简单的事物认知,还是复杂的事物认知,个体都不是基于自身经验来断定的,而是在适应环境的过程中根据实际情况而断定的,体现出了一种尊重客观事实的适应性策略,与卦名"同人"的意思是相吻合的。

⑧ 观卦(䷓):五爻、上爻为阳,其他爻皆为阴。从雪花模型来看,个体在适应环境的过程中,积极争取需求纠缠中的效用可实现、可管控,以及需求转化当中的潜在利益获得,但并不参与具体的行为实践,也不下场弥补自身的需求缺失,此时环境当中的价值表现存在着各种可能性,但个体都会从利弊和得失角度进行总体调控,调控范畴针对的是从感受过程到消解过程等所有低层的适应表现,就如同组织当中的领导审察基层表现并进行指导优化。《象传》中有"风行地上,观。先王以省方,观民设教",意思是指君王应像风吹大地一样广泛巡察四方民情,根据当地风俗民情对百姓进行教化,这一意思与基于雪花模型的解释是相吻合的。

⑨ 困卦(䷮):二、四、五爻为阳,其他爻皆为阴。从雪花模型来看,个体在适应环境的过程中,能够区分识别场景模式(焦点规则起引导作用),并存在着明显的需求缺失(效用规则起主导作用),同时非常在意环境对自身需求的影响(效应规则起主导作用),但个体不知道弥补需求缺失的具体应对策略是什么(体验规则起跟随作用),也不知道可能策略的潜在后果(效果规则起跟随作用),这种既不知道怎么行动又担惊受怕的表现与卦名"困"字相称。由于五爻呈阳,意味着个体虽然不知道可能后果,但依然会积极参与缺失需求的竞争博弈,这一表现与《象

传》中"君子以致命遂志"的意思是吻合的。

⑩ 旅卦(☲☶)：三、四、上爻为阳，其他爻皆为阴。从雪花模型来看，个体在适应环境的过程中，不专注于特定的场景模式(焦点规则起跟随作用)，注重于行为实践(体验规则起主导作用)，注重于需求满足(效用规则起主导作用)，不注重于与环境竞争(效应规则起跟随作用)，同时考虑行为实践的可能后果(效果规则起主导作用)，整体表现出一种不挑场景、不与人争执、考虑长远，同时积极进取的适应性策略。《象传》曰："柔得中乎外，而顺乎刚，止而丽乎明，是以小亨旅贞吉也"，意思是无论在哪里都顺乎之，同时懂得适可而止追求光明，所以会有小的亨通，旅行守正道就会吉祥，这一含义与基于雪花模型的卦理解析是相吻合的。

⑪ 既济卦(☵☲)：初、三、五爻为阳，其他爻皆为阴。从雪花模型来看，个体在适应环境的过程中，有明确刺激感受但感知过程未分离出显著特征反差，有明确的行为动向但消解过程未分化出需求缺失，有明确的纠缠效应但趣时过程未分化出价值失衡，说明个体当前所适应的是与过往经验相符的环境，经验与实践之间没有明显偏差，因此是一种"事已完成"的状态，与"既济"卦名意思相符。卦辞"既济，亨小，利贞，初吉终乱"说明既济卦只是小有亨通，起初吉祥但最终混乱，这是因为环境不可能是一成不变的，当前的"亨小"仅仅建立在熟悉的环境中，一旦环境生变，同时感知过程觉察不到关注重点，消解过程认识不到行动好坏，趣时过程筹算不到演绎得失，那么就会造成混乱。由此，《象传》提出"君子以思患而豫防之"，就是要提醒人们考虑环境生变当中的可能隐患，以便积极预防。

⑫ 未济卦(☲☵)：二、四、上爻为阳，其他爻皆为阴。从雪花模型来看，个体在适应环境的过程中，明确场景演变模式但当前刺激感受不确定，明确需求倾向但当前行为对策不确定，明确价值转变但当前环境影响不确定，说明个体处在一种有了价值和目标导向，但是当前还未实现的情形中，卦辞"小狐汔济"描述的即是狐狸要过河但还未完成的状态，这一表现与"未济"卦的卦名意思(事未成)是相符的。《象传》曰："火在水上，未济；君子以慎辨物居方。"火在水上是一种非平衡景象，君子应当谨慎地"辨物"(分辨事物的质性)、"居方"(选择居住的地方)。这里用的是"以"(表示用、按照)字，而不是"宜"(表示应该、应当)字，意味着君子对价值是笃定的，不用别人教导就知道怎么去做，二、四、上爻为阳预示了君子价值主张的针对性，只是实际成效还没有明确的反馈。"辨物"是对行为策略的强调，分化的是第三爻的各种情形，"居方"是对颉颃环境的强调，分化的是第五爻的各种纠缠，其体现的是如何基于既定目标导向来行事，《象传》的这一释义与基于雪花模型的解释是基本吻合的。

《易经》的适用范畴极为广泛，《四库全书总目提要·经部·易类》指出："《易》道广大，无所不包，旁及天文、地理、乐律、兵法、韵学、算术，以逮方外之炉火，皆可援《易》以为说。"此话虽有调侃之意，但充分说明了《易经》的应用潜力，《系辞传》更是直接感叹："夫《易》广矣大矣！"而与《易经》演绎逻辑存在对应性的雪花模型，同样具有广泛的通约性。雪花模型不仅可以用来解析64卦的卦理，还有望成为破解《易经》内在演绎原理的重要理论参考。

第19章 结 语

雪花模型重点探讨的是人的行为与认知发展逻辑，整套逻辑体系揭示了主体系统从微观到宏观的迭代发展与演绎路径。由于很多领域都会涉及基础层面的简单问题和整体层面的复杂问题，解构这些问题的关键方法之一即在于给出从基础到整体的建构机制或原理，雪花模型给出了这样的一套方法论，这是雪花模型能够与众多领域知识体系存在通约性的原因之一。另一方面，人类所沉淀出来的各种专业知识体系，都是人脑筛选和加工处理的结果，虽然这些知识并不是天生就贮存于人脑之中，也不是针对人脑机制的直接阐述，但它们都是人脑这一复杂系统的产出品，因此，各类专业知识体系也必然会或多或少地复现人的认知生成逻辑。第三部分到第六部分的章节中运用雪花模型分别解析了一些学术领域内的知识体系，实际上，能够用雪花模型进行解析的知识远不止前文所探讨的这些领域。

雪花模型理论体系本身就是一个不断在迭代的体系，其迭代过程不是靠对人的思维模式的冥想，而是在与各领域知识地不断碰撞过程中逐步建构起来的，正是各领域知识的相互交叉最终催生出了雪花模型。没有这些跨学科、跨领域知识体系的应用反馈与应用参考，雪花模型的演绎体系是不可能得到充实的，反馈和参考的素材越多，解决的分歧越多，理论体系越有可能趋于完善。雪花模型所借鉴的只是现有庞杂知识成果当中的一小部分，这也意味着，雪花模型还有进一步改善的空间，在与其他知识体系的交互碰撞中还有可能发现不足之处，也有可能产生新的灵感或新的创见。

由各领域知识交叉碰撞而催生出来的雪花模型，反过来又能够用来解析既有的学科知识，前言中给出了检测理论效度的三个原则，即通约性检验、指导性检验、建设性检验，对效度的检测也是对解析能力的检测。对照层次建构论就会发现，通约性检验相当于相关性建构，它给出的是两套体系当中的逻辑相似性；指导性检验相当于作用性建构，它给出的不仅是两套体系之间的逻辑相似性，还能够用雪花模型的演绎逻辑去组织或推演目标体系当中的知识；而建设性检验相当于主体性建构，它能够借助于雪花模型来系统梳理目标领域当中的现有知识体系，补充、改善乃至重新打造其内核与演绎框架，使得目标领域的知识能够自成一体。由此可见，用于检验雪花模型理论效度的三个原则依然从属于雪花模型的演绎哲学，这进一步验证了雪花模型对知识和逻辑的强大包容性。一般来说，科学体系的打造基本上会经历基本概念定义、关联范畴设计、逻辑推导演绎、规律原理提炼等步骤，这些步骤与雪花模型的四个基础运作模式存在对应性，基于这种对应性即可折射出相关性建构、作用性建构、主体性建构三个基本建构层次，因此，检测理论效度的三个原则本身即是一种科学性的重要体现。

无论是在任何现实领域中，还是在任何的知识体系中，对于某种既定的现象或逻辑，可解释的方案从理论上来说可以有无数种。从人的知行发展逻辑来看，个人一旦找到了关于既定现象的一种有效解释方案，个体的行为或认知倾向就容易落入该方案的框架之中，同时继续深入探讨潜在方案的动机或意愿会显著降低，除非出现了与该解释方案存在较大偏差或严重冲突的情况。这种有方案就用的特点是符合现实的,如果不是这样,个体面对任何的现象、任何问题时就有可能停留在无尽的潜在方案搜索进程中,而不会去推进实践进程,这样的个体可能连一个很小的问题都解决不了,更不用说生存和进化了。因此,找到一个方案并实践和应用它,既是适应性的体现,也是高效节能的体现。科学的发展也基本上是类似的,虽然科学相对更为客观,但它同个人的认识一样,不可能保证绝对正确,只能在一定条件、一定范畴中保持有效性。对科学的追求一般有两种典型:一种是追求科学成果的适用性(强调实践反馈);另一种是追求科学知识的绝对可靠性(强调经验的普适性)。这两种表现影射了思维模式的不同,它们之间没有对错之分,某种程度上来说,两种模式的互补更有助于促进人类社会的发展。当前的学科知识发展存在着一种分化与融合同时进行的混沌状态,一方面,许多学科体系越来越专业,同时也越来越封闭和保守;另一方面,许多现实的复杂性问题又在推动着学术研究团体不断进行跨专业、跨组织的融合。一边精耕(强调可靠性),一边跨界(强调适用性),这两种表现相当于雪花模型运作层次当中的模式应用阶段(局部性修补)和模式探索阶段(结构性迭代),两者的交融正是催生出更宏观运作模式和演绎规律的母巢,也是凝练理论化、体系化知识体系的催化剂。

　　雪花模型不会是关于行为与认知领域的唯一方案,也不会是最终的解决方案。雪花模型所初步具备的一般解析能力有助于加速推进交叉学科的发展,在这个过程中,新的偏差和矛盾会不断出现,这一信号不仅是改良学科知识的标记,也是迭代雪花模型的素材。对于个人来说,六个层次似乎略显繁杂,对于茫茫宇宙来说,六个层次则相对单薄,这其间,还有相当多的未知等待人们去探索。

　　诸事"未济"中。